westermann

Alois Gilz, Konrad Richter

AF833396

Das Mathematikbuch

Maler und Lackierer

9. Auflage

Bestellnummer 93394

Die in diesem Produkt gemachten Angaben zu Unternehmen (Namen, Internet- und E-Mail-Adressen, Handelsregistereintragungen, Bankverbindungen, Steuer-, Telefon- und Faxnummern und alle weiteren Angaben) sind i. d. R. fiktiv, d. h., sie stehen in keinem Zusammenhang mit einem real existierenden Unternehmen in der dargestellten oder einer ähnlichen Form. Dies gilt auch für alle Kunden, Lieferanten und sonstigen Geschäftspartner der Unternehmen wie z. B. Kreditinstitute, Versicherungsunternehmen und andere Dienstleistungsunternehmen. Ausschließlich zum Zwecke der Authentizität werden die Namen real existierender Unternehmen und z. B. im Fall von Kreditinstituten auch deren IBANs und BICs verwendet.

Materialien für Lehrerinnen und Lehrer

Lösungen: 978-3-427-93396-0
Lösungen Download: 978-3-427-93395-3

BiBox für Lehrerinnen und Lehrer (Einzellizenz) 978-3-427-02967-0
BiBox für Lehrerinnen und Lehrer (Kollegiumslizenz) 978-3-427-02969-4

inkl. E-Book

Materialien für Schülerinnen und Schüler

BiBox (Laufzeit 1 Jahr) 978-3-427-85165-3
BiBox (Laufzeit 4 Jahre) 978-3-427-02971-7
BiBox PrintPlus (Laufzeit 1 Jahr) 978-3-427-85168-4

inkl. E-Book

westermann GRUPPE

Druck und Bindung: Westermann Druck GmbH, Braunschweig

ISBN 978-3-427-93394-6

Vorwort

- Praxisnah,
- schülergerecht,
- unterrichtsunterstützend

ist dieses neue Mathematikbuch für Maler und Lackierer. Es bietet in 24 sachlogisch aufgebauten Kapiteln den kompletten Unterrichtsstoff für die dreijährige Ausbildung.

- Aufmaßlesen,
- Aufmaßschreiben und
- Aufmaßrechnen

bilden in neun Kapiteln den Schwerpunkt. Diese Themen sind praxisgerecht dargestellt als Anwendung der Flächen- und Körperoberflächenberechnung, des Klammerrechnens und der Vorschriften der VOB; selbstverständlich auf der Grundlage der 2016 fachtechnisch und 2019 redaktionell überarbeiteten VOB DIN 18363. Trainiert werden auch Zeichnungslesen und räumliches Vorstellungsvermögen.
Die Schreibweise der Formelzeichen, Flächen- und Körperformeln sowie der Aufmaßregeln entspricht den Empfehlungen des Arbeitskreises Schulen im Bundesverband Farbe, Gestaltung, Bautenschutz, Bundesinnungsverband des deutschen Maler- und Lackiererhandwerks.

- Insgesamt wurden über 700 oftmals zusätzlich unterteilte Aufgaben aufgenommen, die einen leistungsdifferenzierten Unterricht ermöglichen.
- Auch Aufgaben für Lackierer wurden angemessen berücksichtigt.
- Das Werk enthält einen Abschnitt über EDV-gerechte Aufmaßschreibweise.
- Projektaufgaben, die in Teilprojekte unterteilt werden können, runden die Aufgabensammlung ab.

Wir wünschen Ihnen viel Freude und Erfolg bei der Arbeit mit diesem Buch.

Autoren und Verlag

Zu den Autoren

Alois Gilz ist Studiendirektor a. D. und unterrichtete an der Berufsbildenden Schule für Gestaltung und Technik in Trier.
Konrad J. Richter, OStD a. D., unterrichtete und war Schulleiter am Carl-Reuther-Berufskolleg in Hennef.

Inhaltsverzeichnis

1 Zahlen und Grundrechenarten

1.1 Zahlen und Zahlensysteme

Mit Zahlen werden Werte oder Mengen angegeben. Als Zahlensymbole dienen die Ziffern. Wir benutzen die arabischen Ziffern:
1, 2, 3, 4, 5, 6, 7, 8, 9, 0.
Der Wert, den eine Ziffer in einer mehrstelligen Zahl annimmt, hängt von ihrer Stelle innerhalb der Zahl ab. Deshalb wird unser Zahlensystem auch als Stellenwertsystem bezeichnet.
In der Zahl 15 084,05 beispielsweise gelten folgende Zuordnungen:

■ **Beispiel 1.1:**

Die Zahl 15084,05 hat
1 Zehntausender
5 Tausender
0 Hunderter
8 Zehner
4 Einer
0 Zehntel
5 Hundertstel

Rechts und links vom Komma sind beliebig viele Stellen möglich, je nach Wert der Zahl. Wegen der zehn grundlegenden Zahlensymbole heißt unser Zahlensystem auch Dezimalsystem (dezimal, lat.: auf die Zahl 10 bezogen).
Man kann sich die Zahlen und den Wert einer Zahl veranschaulichen anhand eines Zahlenstrahles, auf dem ein jeder Punkt einer ganz bestimmten Zahl entspricht. Vom Nullpunkt aus trägt man die positiven Zahlen nach rechts und die negativen Zahlen nach links auf.

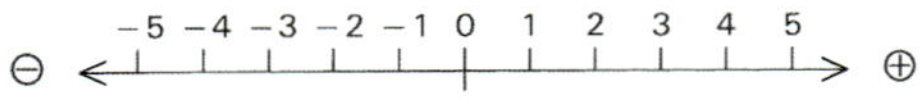

Negative Zahlen sind durch das Minuszeichen vor der Zahl erkenntlich. Das Pluszeichen vor den positiven Zahlen wird gewöhnlich weggelassen. Nach links und rechts kann der Zahlenstrahl beliebig fortgesetzt werden; es gibt keine größte positive oder negative Zahl.
Unter den Zahlen gibt es solche mit besonderen Eigenschaften, darunter auch die Primzahlen. Diese sind lediglich durch sich selbst und durch 1 teilbar; sie werden beim Bruchrechnen eine Rolle spielen. Die Reihe der Primzahlen beginnt mit:
2, 3, 5, 7, 11, 13, 17, ...

Römische Zahlen

Bei Renovierungsarbeiten stößt der Maler und Lackierer mitunter auf römische Zahlen. Sie werden ebenfalls von links nach rechts geschrieben, wobei jedes Zahlenzeichen höchstens dreimal hintereinander auftreten darf. Jede der Ziffern, deren Schreibweise den Großbuchstaben unserer lateinischen Schrift entlehnt ist, hat einen bestimmten Wert.
Die Ziffern der römischen Zahlen werden in wertmäßig fallender Abfolge hintereinander angeordnet und der Reihe nach zusammengezählt. Steht jedoch eine kleinere Ziffer vor einer größeren – auch diese Abfolge ist zur Bildung gewisser Zahlen notwendig – dann wird die kleinere von der größeren abgezogen.
Römische Ziffern (mit den zugehörigen Zahlenwerten) sind:

I (= 1), X (= 10), C (= 100), M (= 1 000).
V (= 5), L (= 50), D (= 500),

■ **Beispiele 1.2 bis 1.5:**

LIII (= 53) CCCLXXXVIII (= 388)
LXXIV (= 74) MCMXCVIII (= 1 998)

1.2 Rundungsregeln

Bei Aufmaßberechnungen, die man für die Abrechnung von Malerarbeiten benötigt, müssen Dezimalzahlen auf eine Genauigkeit von zwei Stellen gebracht werden. Daher muss oft die letzte benötigte Ziffer (Rundestelle) auf- oder abgerundet werden.
Es wird aufgerundet, wenn die Ziffer nach der Rundestelle 5, 6, 7, 8, 9, also größer oder gleich fünf ist.

■ **Beispiel 1.6:**

12,6571 ergibt aufgerundet 12,66.

Es wird abgerundet, wenn die Ziffer nach der Rundestelle 0, 1, 2, 3, 4, also kleiner oder gleich vier ist.

■ **Beispiel 1.7:**

12,6517 ergibt abgerundet 12,65.

Bei der Aufmaßermittlung aus Zeichnungen wäre es korrekt, die bei der Bemaßung angegebene dritte Dezimalstelle (z. B. 3,385) mitzuschreiben und auch mitzurechnen und erst beim Ergebnis auf- oder abzurunden. (Siehe dazu Kapitel 12)

In der Praxis der Maler- und Lackiererarbeiten werden die Maßzahlen und die Zwischenergebnisse schon gerundet. Die dabei entstehende Differenz ist ohne Bedeutung.

1.3 Grundrechenarten und Rechenzeichen

Die vier Grundrechenarten sind: Addieren (Zusammenzählen), Subtrahieren (Abziehen), Multiplizieren (Malnehmen) und Dividieren (Teilen). Der nachstehenden Tabelle können Rechenzeichen, Ausführung und Beispiele entnommen werden.

Rechenart	Beispiele und Benennungen	Rechenzeichen	sprich:	Ergebnis heißt:	Zusammenfassung
1. Addition; addieren oder zusammenzählen	6 + 3 = 9; 6 und 3 heißen Summanden oder Glieder	+	plus und	Summe	Rechnen mit + und – bezeichnet man als „Strichrechnen“
2. Subtraktion; subtrahieren oder abziehen	6 – 3 = 3; 6 heißt Minuend, 3 heißt Subtrahend	–	minus weniger	Differenz	
3. Multiplikation; multiplizieren oder malnehmen	6 · 3 = 18; 6 und 3 heißen Faktoren	· × *	mal	Produkt	Rechnen mit · und : (auch mit dem Bruchstrich) bezeichnet man als „Punktrechnen“
4. Division; dividieren oder teilen	6 : 3 = 2; 6 heißt Dividend, 3 heißt Divisor	: — /	geteilt durch	Quotient	

Weitere Rechenzeichen:

= gleich	≈ nahezu gleich	≠ ungleich	≙ entspricht	> größer als	< kleiner als
3 = 3	3,1415... ≈ 3,14	3 ≠ 5	75 cm^3 ≙ 30 %	3 > 2	2 < 3

Berechnen Sie die Ergebnisse auf zwei Stellen nach dem Komma!
(Ergebnis auf zwei Stellen nach dem Komma runden.)

1.1 3570 + 95 + 19,35 + 0,515 + 0,032
1.2 7500 + 75 + 17,25 + 0,785 + 0,023
1.3 870,5 + 70,1 + 3,142 + 0,141 + 0,005
1.4 840,5 + 60,1 + 1,414 + 0,314 + 0,004

1.5 780,5 – 70,1 – 19,42 – 5,167 – 0,141
1.6 640 – 60,1 – 12,45 – 3,245 – 0,314
1.7 95 – 17,25 – 0,617 – 0,032 – 0,005
1.8 75 – 19,36 – 0,275 – 0,075 – 0,004

1.9 935 + 78 – 60,7 – 13,25 + 1,875
1.10 535 + 175 – 80,5 – 23,25 + 2,785
1.11 732 + 19,35 + 0,834 – 60,1 – 0,314
1.12 624 – 23,73 + 0,758 – 70,4 – 0,231

1.13 375 + 42,5 – 30,1 – 140,25 + 0,375
1.14 435 + 90,5 – 37,2 – 190,75 – 3,185
1.15 18,005 + 1 700, 5 + 307,5 – 3,208
1.16 78,25 – 435,75 – 75,005 + 433,5

1.17 8450 · 3,14
1.18 6230 · 3,14
1.19 375,6 · 0,523
1.20 458,6 · 0,523

1.21 41,85 · 0,785
1.22 78,94 · 0,785
1.23 0,236 · 0,53
1.24 0,019 · 0,374

1.25 7325 : 2,5
1.26 9230 : 2,5
1.27 450,5 : 3,14
1.28 750,5 : 3,14

1.29 8,912 : 0,785
1.30 7,321 : 0,785
1.31 0,516 : 2,34
1.32 5,782 : 0,329

1.33 Erklären Sie die folgenden Begriffe:

a) Minuend
b) Divisor
c) Subtrahend
d) Summand
e) Dividend
f) Differenz
g) Produkt
h) Faktor
i) Quotient
j) Summe

1.34 Ordnen Sie die folgenden Zahlen

a) nach größer als:
152,13476; 712,985; 89,273; 152,13576; 5,68.

b) nach nahezu gleich:
18,2633; 18,75; 18,92; 18,26; 18,96; 18,755.

c) nach kleiner als:
1 265,1; 712,91; 1 265,16666; 12,345; 721,382.

1.35 Für eine Wohnung werden 158 m Fußleisten bestellt. Folgende Längen werden berechnet: Wohnzimmer 38,17 m, Küche 13,42 m, Schlafzimmer 23,82 m, Kinderzimmer 19,53 m, Arbeitszimmer 21,34 m, Flur und Diele zusammen 39,76 m.
Wie viel Meter im Verschnitt bleiben übrig?

1.36 Sie sollen Beschichtungsflächen abrechnen. Folgende Eintragungen liegen vor: 12,17 m²; 0,86 m²; 153,50 m²; 77,13 m²; 48,65 m²; 147,90 m²; 4,05 m²; 36,25 m²; 131,00 m².
Wie viel m² wurden bearbeitet?

1.37 In einem Wohngebiet mit sieben fünfetagigen Häusern soll der Treppenanstrich erneuert werden.
Wie viele Stufen müssen gestrichen werden, wenn zu jeder Etage 18 Stufen gehören?

1.38 Ein Wohnzimmer hat eine tapezierte Wandfläche von 29,25 m².
Wie viele Europarollen Wandbekleidung müssen mindestens bestellt werden, wenn der Flächeninhalt einer Rolle 5,33 m² beträgt?

1.39 Für 1 m² Beschichtung wird 0,320 ℓ Dispersionsfarbe benötigt.
Wie viel m² können mit einem 10-Liter-Gebinde beschichtet werden?

1.40 Sie sollen ein Lager mit unbrauchbar gewordenen Beschichtungsstoffen aufräumen und müssen einen Sondermüllcontainer bestellen. Sie haben Behälter unterschiedlichen Fassungsvermögens vorliegen: 23 Behälter zu 5 ℓ, 14 Behälter zu 8 ℓ, 12 Behälter zu 15 ℓ.
Wie viel ℓ muss der Container mindestens fassen können, wenn Sie wegen der lockeren Packung der Abfälle das 1,3-Fache des Gesamtvolumens aller Behälter zu berücksichtigen haben?

1.41 Für vereinbarte regelmäßige Materiallieferungen von verschiedenen Lieferanten zahlt ein Malermeister monatlich 4 830,00 € und zusätzlich vierteljährlich 3 560,00 € sowie halbjährlich 1 950,00 €.
Wie hoch sind die jährlichen Materialkosten?

1.42 Für die Lohnminute eines Gesellen werden 0,89 € kalkuliert.
Wie hoch ist der Rechnungsbetrag, wenn der Geselle drei Tage zu je 8 Stunden und zusätzlich 3 ¼ Stunden gearbeitet hat?

1.43 Drei Malermeister teilen sich einen Auftrag. Der erste Maler erledigt die Hälfte des Auftrages, und die beiden anderen übernehmen den Rest. Dementsprechend teilen sie auch die Rechnungssumme von 131 123,80 € untereinander auf.
Wie viel Euro bekommt der erste Meister, und wie viel bekommen die beiden anderen?

1.44 Sie wollen für den Urlaub eine Reise buchen und benötigen dafür 2 345,00 €. Ihr Kontostand beträgt 1 645,78 €, und Sie können in den folgenden drei Monaten noch jeweils 325,00 € sparen.
Wie viel Taschengeld bleibt Ihnen, wenn Sie noch 275,00 € Urlaubsgeld bekommen?

1.45 Ein Geselle hat ein durchschnittliches Monatseinkommen von 1 875,00 € netto und feste Ausgaben in Höhe von 960,00 €.
Wie viel kann er jährlich sparen, wenn er die Hälfte des Überschusses zurücklegt?

2 Rechnen mit Brüchen

2.1 Arten von Brüchen

Wenn man ein Ganzes in zwei oder mehrere gleich große Teile zerlegt, so führt das zu den Bruchzahlen. Ein Bruch besteht aus dem Zähler (oberhalb des Bruchstriches) und dem Nenner (unterhalb des Bruchstriches). Der Nenner gibt an, in wie viel Teile das Ganze zerlegt worden ist. Der Zähler bezeichnet die Anzahl dieser Teilstücke.

■ **Beispiel 2.1:**

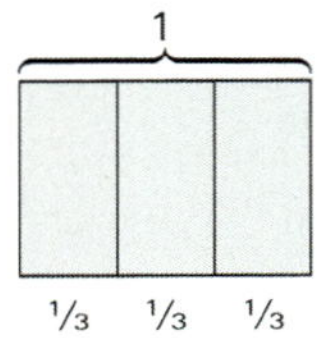

$$1:3 = \frac{1}{3} = 1/3$$

Übersicht über die verschiedenen Bruch†arten

Bezeichnung	Beispiele	Kennzeichen
Echte Brüche	$\frac{1}{2}, \frac{1}{3}, \frac{1}{4}, \frac{3}{7}, \frac{4}{9}$	Der Zähler ist kleiner als der Nenner.
Unechte Brüche	$\frac{1}{1}, \frac{12}{12}, \frac{7}{4}, \frac{13}{11}$	Der Zähler ist gleich groß wie oder größer als der Nenner.
Gleichnamige Brüche	$\frac{2}{15}, \frac{4}{15}, \frac{11}{15}, \frac{13}{15}$	Die Brüche haben gleiche Nenner.
Ungleichnamige Brüche	$\frac{1}{2}, \frac{1}{3}, \frac{1}{4}, \frac{4}{5}, \frac{7}{9}$	Die Brüche haben verschiedene Nenner.
Gemischte Zahlen	$1\frac{1}{2}, 2\frac{3}{4}, 12\frac{5}{11}$	Sie bestehen aus einer ganzen Zahl und einem Bruch.

Wenn man die Division ausführt, die durch einen Bruch vorgegeben ist, nämlich den Zähler durch den Nenner teilt, dann erhält man die Dezimalzahlen. Davon gibt es drei Arten, je nachdem, ob die Anzahl der Stellen nach dem Komma endlich, nichtperiodisch unendlich oder periodisch unendlich ist.

Bezeichnung	Beispiele	Kennzeichen
Endliche Dezimalzahlen	0,25; 0,75; 1,432; 12,876	Auf das Komma folgt eine endliche Anzahl von Stellen.
Unendliche nichtperiodische Dezimalzahlen	0,987432... π = 3,14159...	Auf das Komma folgen unendlich viele Stellen mit nicht wiederkehrender Ziffernfolge.
Unendliche periodische Dezimalzahlen	0,33333... 0,124124...	Bei diesen Zahlen steht nach dem Komma immer die gleiche Ziffer oder eine regelmäßig wiederkehrende Ziffernfolge.

2.2 Umrechnen von Brüchen

Erweitern und Kürzen

Um mit Brüchen rechnen zu können, müssen sie mitunter – unter Beibehaltung ihres Zahlenwertes – umgewandelt werden. Der Wert eines Bruches wird nicht verändert, wenn Zähler und Nenner mit derselben Zahl multipliziert oder dividiert werden.

Ein Bruch wird erweitert, indem Zähler und Nenner mit derselben Zahl multipliziert werden.
Beim Kürzen werden Zähler und Nenner eines Bruches durch dieselbe Zahl dividiert.

■ **Beispiel 2.2:**

Der Bruch $\frac{2}{3}$ soll so erweitert werden, dass im Nenner die Zahl 12 steht.

Lösung:

$$\frac{2 \cdot 4}{3 \cdot 4} = \frac{8}{\underline{\underline{12}}}$$

Ein Bruch wird gekürzt, indem Zähler und Nenner durch dieselbe Zahl dividiert werden.

■ **Beispiel 2.3:**

Der Bruch $\frac{8}{12}$ soll so gekürzt werden, dass im Nenner die Zahl 6 steht.

Lösung:

$$\frac{8:2}{12:2} = \frac{4}{\underline{\underline{6}}}$$

Umrechnen von Brüchen in Dezimalzahlen

Ein Bruch wird in eine Dezimalzahl umgewandelt, indem der Zähler durch den Nenner geteilt wird.

■ **Beispiele 2.4 und 2.5:**

$$\frac{1}{5} = 1:5 = \underline{\underline{0{,}2}}$$

$$\frac{155}{12} = 155:12 = \underline{\underline{12{,}91666...}}$$

Umrechnen von Dezimalzahlen in Brüche

Endliche Dezimalzahlen werden in Brüche umgewandelt, indem die Zahl hinter dem Komma mit 10/10, 100/100, 1 000/1 000 usw. erweitert, d. h. multipliziert wird. Der Anzahl der Stellen hinter dem Komma entspricht die Anzahl der Nullen im Erweiterungsbruch. Er hat den Wert 1 und verändert daher bei der Multiplikation den Zahlenwert hinter dem Komma nicht.
Durch dieses Erweitern mit dem Faktor 1 wird die Zahl hinter dem Komma Zähler, und der jeweilige Erweiterungsnenner (10, 100, 1 000 usw.) bleibt erhalten. Wenn möglich, wird dann gekürzt.

■ **Beispiele 2.6 und 2.7:**

$$0{,}75 = 0{,}75 \cdot \frac{100}{100} = \frac{75}{100} = \frac{3}{\underline{\underline{4}}}$$

$$4{,}125 = 4 + 0{,}125 \cdot \frac{1\,000}{1\,000} = 4\frac{125}{1\,000} = \underline{\underline{4\frac{1}{8}}}$$

2.3 Addition und Subtraktion von Brüchen

Brüche können nur dann addiert oder subtrahiert werden, wenn sie den gleichen Nenner haben. Ist das nicht der Fall, so werden sie gleichnamig gemacht. Dafür muss der sogenannte Hauptnenner ermittelt werden. Das ist die kleinste auffindbare Zahl, die durch alle Nenner der zu addierenden oder subtrahierenden Brüche teilbar ist. Der Hauptnenner wird durch eine Primfaktorenzerlegung bestimmt.

■ **Beispiel 2.8:**

$$\frac{3}{5} + \frac{7}{12} + \frac{8}{15} - \frac{5}{24} = ?$$

Lösung:

Die Nenner der einzelnen Brüche werden der Reihe nach auf ihre Teilbarkeit durch die Primzahlen – von 2 an aufwärts – geprüft. Das Verfahren ist beendet, wenn in der letzten Reihe nur noch Einsen stehen.

Das Produkt der als Teiler aufgelisteten Primzahlen ist der kleinste Hauptnenner.

5	12	15	24	: 2
⇒ 5	6	15	12	: 2
⇒ 5	3	15	6	: 2
⇒ 5	3	15	3	: 3
⇒ 5	1	5	1	: 5
⇒ 1	1	1	1	

$$2 \cdot 2 \cdot 2 \cdot 3 \cdot 5 = 120$$

Wird der Hauptnenner durch die einzelnen Nenner der zu addierenden Brüche dividiert, so ergibt sich jeweils der Erweiterungsfaktor.

$$\frac{3 \cdot 24}{120} + \frac{7 \cdot 10}{120} + \frac{3 \cdot 8}{120} - \frac{5 \cdot 5}{120}$$

$$= \frac{72 + 70 + 64 - 25}{120} = \frac{181}{120} = \underline{\underline{1\frac{61}{120}}}$$

2.4 Multiplikation und Division von Brüchen

Brüche werden multipliziert, indem Zähler mit Zähler und Nenner mit Nenner auf einen gemeinsamen Bruchstrich geschrieben und dann multipliziert werden. Das Ergebnis wird durch gemeinsame Teiler in Zähler und Nenner so weit wie möglich gekürzt.

■ **Beispiel 2.9:**

$\frac{4}{5} \cdot \frac{5}{6} \cdot \frac{11}{12} = ?$

Lösung

$\frac{\cancel{4}^1 \cdot \cancel{5}^1 \cdot 11}{\cancel{5}_1 \cdot 6 \cdot \cancel{12}_3} = \frac{220}{360} = \underline{\underline{\frac{11}{18}}}$

Ein Bruch wird durch einen anderen Bruch dividiert, indem der erste Bruch mit dem Kehrwert des zweiten multipliziert wird.

■ **Beispiel 2.10:**

$\frac{2}{3} : \frac{4}{5} = ?$

Lösung:

$\frac{2 \cdot 5}{3 \cdot 4} = \frac{10}{12} = \underline{\underline{\frac{5}{6}}}$

Doppelbrüche

Bei einem Doppelbruch wird der mittlere Bruchstrich durch ein Divisionszeichen ersetzt und nach der Divisionsregel gerechnet.

■ **Beispiel 2.11:**

$\frac{1/4}{1/6} = ?$

Lösung:

$\frac{1}{4} : \frac{1}{6} = \frac{1 \cdot 6}{4 \cdot 1} = \frac{6}{4} = \frac{3}{2} = \underline{\underline{1\frac{1}{2}}}$

Umrechnen von Brüchen

2.1 bis **2.6** Rechnen Sie in unechte Brüche um.

2.1 $3\frac{1}{2}; 4\frac{2}{3}; 5\frac{3}{4}$

2.2 $2\frac{3}{5}; 2\frac{5}{6}; 4\frac{3}{7}$

2.3 $7\frac{3}{5}; 9\frac{5}{6}; 8\frac{3}{10}$

2.4 $5\frac{5}{8}; 6\frac{3}{4}; 9\frac{3}{7}$

2.5 $15\frac{3}{8}; 13\frac{2}{9}; 16\frac{1}{12}$

2.6 $26\frac{2}{7}; 70\frac{2}{3}; 19\frac{5}{13}$

2.7 bis **2.12** Rechnen Sie in ganze oder gemischte Zahlen um.

2.7 $\frac{6}{2}; \frac{23}{3}; \frac{15}{4}$

2.8 $\frac{17}{5}; \frac{32}{6}; \frac{35}{4}$

2.9 $\frac{12}{5}; \frac{36}{7}; \frac{65}{8}$

2.10 $\frac{11}{4}; \frac{19}{5}; \frac{26}{7}$

2.11 $\frac{125}{12}; \frac{172}{13}; \frac{150}{17}$

2.12 $\frac{38}{5}; \frac{56}{13}; \frac{142}{11}$

2.13 bis **2.20** Vervollständigen Sie die Brüche.

2.13 $\frac{5}{6} = \frac{?}{48}; \frac{7}{12} = \frac{?}{72}$

2.14 $\frac{3}{5} = \frac{?}{20}; \frac{4}{7} = \frac{?}{35}$

2.15 $\frac{11}{13} = \frac{?}{91}; \frac{15}{16} = \frac{?}{48}$

2.16 $\frac{9}{11} = \frac{?}{44}; \frac{5}{12} = \frac{?}{108}$

2.17 $\frac{3}{5} = \frac{15}{?}; \frac{1}{40} = \frac{30}{?}$

2.18 $\frac{7}{8} = \frac{84}{?}; \frac{5}{6} = \frac{35}{?}$

2.19 $\frac{7}{9} = \frac{147}{?}; \frac{13}{14} = \frac{286}{?}$

2.20 $\frac{7}{5} = \frac{42}{?}; \frac{11}{12} = \frac{143}{?}$

2.21 bis **2.26** Kürzen Sie die Brüche.

2.21 $\frac{6}{12}; \frac{5}{15}; \frac{4}{16}$

2.22 $\frac{6}{8}; \frac{8}{12}; \frac{9}{12}$

2.23 $\frac{2 \cdot 3 \cdot 4 \cdot 5 \cdot 6}{4 \cdot 6 \cdot 8 \cdot 10}$

2.24 $\frac{7 \cdot 9 \cdot 12 \cdot 15}{11 \cdot 20 \cdot 21 \cdot 54}$

2.25 $\frac{10000 \cdot 12 \cdot 1500}{100000000}$

2.26 $\frac{0{,}2 \cdot 0{,}3 \cdot 4 \cdot 0{,}5}{0{,}4 \cdot 0{,}06 \cdot 10}$

2.27 bis **2.34** Rechnen Sie die Dezimalzahlen in Brüche um, kürzen Sie, wenn möglich, und rechnen Sie unechte Brüche in ganze oder gemischte Zahlen um.

2.27 0,5; 0,8; 0,9
2.28 0,4; 0,6; 0,7
2.29 0,25; 0,75; 0,85
2.30 0,35; 0,45; 0,55
2.31 0,115; 0,125; 0,375
2.32 0,175; 0,215; 0,575
2.33 1,125; 2,625; 4,125
2.34 3,125; 2,375; 4,625

2.35 bis **2.42** Rechnen Sie die Brüche in Dezimalzahlen um und runden Sie auf drei Nachkommastellen.

2.35 $\frac{3}{4}; \frac{4}{5}; \frac{7}{8}$
2.36 $\frac{3}{5}; \frac{5}{6}; \frac{5}{8}$
2.37 $\frac{9}{13}; \frac{7}{25}; \frac{8}{35}$
2.38 $\frac{7}{13}; \frac{9}{25}; \frac{11}{35}$
2.39 $2\frac{1}{4}; 4\frac{3}{7}; 8\frac{2}{5}$
2.40 $3\frac{1}{5}; 5\frac{3}{7}; 7\frac{1}{8}$
2.41 $6\frac{2}{23}; 8\frac{12}{25}; 7\frac{13}{36}$
2.42 $8\frac{3}{23}; 9\frac{13}{25}; 10\frac{11}{36}$

Addition und Subtraktion

2.43 $\frac{1}{2} + \frac{1}{3} + \frac{1}{4}$
2.44 $\frac{1}{3} + \frac{1}{4} - \frac{1}{6}$
2.45 $\frac{2}{3} + \frac{3}{4} - \frac{4}{5}$
2.46 $\frac{1}{2} + \frac{1}{4} - \frac{1}{7}$
2.47 $\frac{1}{4} + \frac{3}{5} - \frac{5}{6}$
2.48 $\frac{2}{5} + \frac{5}{6} - \frac{3}{8}$
2.49 $4 + \frac{4}{5} - \frac{3}{20}$
2.50 $4 + \frac{4}{9} - \frac{7}{12}$
2.51 $\frac{1}{4} - \frac{5}{6} + 13$
2.52 $6 - \frac{11}{15} + \frac{3}{25}$
2.53 $3 - \frac{1}{6} - \frac{1}{15}$
2.54 $3 - \frac{3}{5} - \frac{7}{12}$
2.55 $3\frac{1}{3} + 3 - \frac{5}{6}$
2.56 $3\frac{7}{15} - \frac{2}{5} - \frac{11}{12}$
2.57 $4\frac{3}{5} - 3\frac{1}{3} + 2$
2.58 $7\frac{2}{5} - 4\frac{2}{3} + 3$
2.59 $8\frac{3}{11} - 4\frac{5}{7} + 5$
2.60 $10\frac{5}{11} - 5\frac{4}{7} + 8$

Multiplikation und Division

2.61 $\frac{12}{7} \cdot \frac{21}{36} \cdot \frac{2}{5}$
2.62 $\frac{3}{10} \cdot \frac{5}{12} \cdot \frac{5}{8}$
2.63 $\frac{6}{7} \cdot \frac{5}{14} \cdot \frac{7}{12}$
2.64 $\frac{1}{3} \cdot \frac{6}{11} \cdot \frac{4}{5}$
2.65 $2 \cdot \frac{4}{5} \cdot \frac{7}{8}$
2.66 $3 \cdot \frac{5}{6} \cdot \frac{4}{9}$
2.67 $12 \cdot \frac{4}{5} \cdot \frac{5}{7}$
2.68 $14 \cdot \frac{5}{7} \cdot \frac{8}{15}$
2.69 $3\frac{1}{3} \cdot 4\frac{1}{5} \cdot 2$
2.70 $5\frac{3}{5} \cdot 4\frac{2}{7} \cdot 3$
2.71 $6\frac{3}{4} \cdot 9\frac{7}{9} \cdot 8\frac{1}{4}$
2.72 $9\frac{3}{7} \cdot 4\frac{5}{11} \cdot 2\frac{1}{3}$
2.73 $4{,}8 \cdot 7\frac{1}{8} \cdot 5\frac{2}{5}$
2.74 $5{,}6 \cdot 4\frac{3}{8} \cdot 5\frac{2}{5}$
2.75 $2{,}55 \cdot 9{,}24 \cdot 14\frac{3}{5}$
2.76 $3{,}33 \cdot 7{,}36 \cdot 8\frac{3}{4}$

Textaufgaben

2.77 Ein Auszubildender bekommt im dritten Ausbildungsjahr monatlich 699,00 € ausgezahlt. 1/3 will er sparen, und den Rest teilt er gleichmäßig für Kleidung, Freizeit und Unterhaltsbeitrag an die Eltern ein.
Wie viel Euro spart er, und wie hoch sind die Teilbeträge für Kleidung, Freizeit und Unterhalt?

2.78 Ein kleiner Firmenwagen verbraucht im Durchschnitt 10,8 ℓ Benzin auf 100 km. Im Stadtverkehr liegt der Verbrauch 1/5 über dem Durchschnitt und auf der Autobahn 1/4 darunter.
Berechnen Sie den Verbrauch im Stadtverkehr und auf der Autobahn.

2.79 Eine Malerklasse macht eine 150 km lange Wanderung. Am ersten und zweiten Tag legen die Schüler jeweils 1/4, am dritten Tag 1/5, am vierten Tag 1/6 und am fünften Tag den Rest der Strecke zurück.
Berechnen Sie die Tagesstrecken in km.

2.80 Ein Auftraggeber vereinbart mit einem Malermeister, den Rechnungsbetrag von 17 455,72 € wie folgt zu zahlen: 1/4 nach Auftragserledigung in bar, 3/5 durch Scheck und den Rest durch Überweisung nach drei Monaten.
Berechnen Sie die Einzelbeträge.

2.81 Aus einem vollen 100-Liter-Tank sollen Lösemittel in Kanister abgefüllt werden. 15 Kanister werden mit 0,7 Liter gefüllt. Für den Rest stehen 3/4-Liter-Kanister zur Verfügung.
Wie viel 3/4-Liter-Kanister können noch gefüllt werden, und wie viel Lösemittel bleibt im Tank übrig?

2.82 Der Lohn eines Malergesellen und eines Auszubildenden beträgt zusammengenommen 3456,00 € brutto. Der Geselle erhält 5/7 und der Auszubildende den Rest.
Wie viel verdient jeder Einzelne?

2.83 Ein Pkw benötigt im Durchschnitt 11,2 ℓ Benzin für 100 km. Auf einer 360 km langen Fahrt werden bei 225 km Autobahnfahrt 7/8 des Durchschnittes und auf 45 km Bergstrecke 1 ¼ des Durchschnittes verbraucht. Für die Reststrecke ist genau mit dem Durchschnitt zu rechnen.
Wie hoch ist der Gesamtverbrauch?

2.84 Auf einer Klassenfahrt beraten zwei Berufsschüler über die Aufteilung des Taschengeldes, von dem jeder gleich viel mitnimmt. Wenn jeder von ihnen am ersten Tag 1/4 davon und am darauffolgenden Tag 1/3 seines Geldes ausgibt und schließlich am dritten Tag vom Rest die Hälfte, dann haben sie zusammen noch 24,00 € übrig.
Wie viel Taschengeld hat jeder der Schüler mitgenommen?

2.85 Eine 518 m^2 große Wandfläche soll tapeziert werden. Davon werden 2/5 mit Raufaser, 4/7 mit Glasfasergewebe und der Rest der Fläche mit Reliefwandbekleidung beklebt.
Wie viel m^2 Raufaser, Glasfasergewebe und Reliefwandbekleidung müssen bestellt werden?

2.86 Um einen bestimmten Farbton zu mischen, werden 1/11 Schwarz-, 1/3 Rot- und 1/7 Umbra-Anteile Abtönfarbe mit einer weißen Kunststoffdispersionsfarbe verrührt.
Welche Mengenanteile werden für 76 ℓ fertigen Beschichtungsstoff benötigt?

3 Rechnen mit dem Taschenrechner

3.1 Funktionen des Taschenrechners

Der Taschenrechner hilft in der Fachmathematik, Aufgaben schnell zu lösen. Die Prüfungen im Maler- und Lackiererhandwerk sind so ausgerichtet, dass die Rechenaufgaben in der vorgegebenen Zeit nur mit dem Taschenrechner gelöst werden können. Folgende Funktionen sollte Ihr Taschenrechner ausführen können:

Funktionszeichen/Bedeutung

on	ein
off	aus
+	plus
–	minus
×	mal
:	geteilt
=	Ergebnis
AC	Gesamtlöschung
C	Löschen der letzten Eingabe
+/–	Vorzeichentaste
MR	Speicherabruf
M+	im Speicher addieren
M–	im Speicher subtrahieren
MC	Speicher löschen
[( )]	Klammern
%	Prozent
√	Quadratwurzel

Beachten Sie: Die in diesem und im nächsten Kapitel (Rechnen mit Klammern) stehenden Beispiele sind nicht mit jedem Taschenrechner ausführbar. Sollten Sie – bei richtiger Eingabe – nicht die angegebenen Resultate erhalten, müssten Sie ein anderes Fabrikat erwerben oder mit Zwischenergebnissen rechnen. Da das Aufmaßrechnen ein wichtiger Bestandteil der Fachmathematik für das Maler- und Lackiererhandwerk ist, empfiehlt sich die Anschaffung eines entsprechenden Rechners.

3.2 Punkt- und Strichrechnung

Bei den meisten Taschenrechnern werden die Aufgaben mit den Zahlen und Rechenzeichen in der gleichen Reihenfolge eingegeben, in der sie aufgeschrieben worden sind.

■ **Beispiel 3.1:**

53 + 4,5 − 23 = ?

Lösung:
53 [+] 4,5 [−] 23 [=]   [34.5] = 34,5

■ **Beispiel 3.2:**

7 · 8 + 14 · 5 = ?

Lösung
7 [×] 8 [+] 14 [×] 5 [=]   [126.] = 126

■ **Beispiel 3.3:**

5 · 7 + 15 : 3 = ?

Lösung:
5 [×] 7 [+] 15 [:] 3 [=]   [40.] = 40

3.3 Überschlagsrechnen und Runden

Da bei Taschenrechnern die aktuelle Anzeige bei der Neueingabe von Zahlen verschwindet, ist es nicht möglich, vorausgegangene Eingabefehler festzustellen. Daher ist es immer notwendig, eine Überschlagsrechnung vorzunehmen. Falls nach dem Komma mehr als zwei Stellen angezeigt werden, wird das Ergebnis gerundet.

■ **Beispiel 3.4:**

54,178 · 372,69 = ?

Lösung:

Überschlagsrechnung:	50 · 400 = 20 000
TR-Anzeige:	[20191.599]
gerundetes Ergebnis:	20 191,60

■ **Beispiel 3.5:**

976,58 : 48,694 = ?

Lösung:

Überschlagsrechnung:	1 000 : 50 = 20
TR-Anzeige:	[20.055448]
gerundetes Ergebnis:	20,06

Brüche

Gewöhnliche Brüche müssen in Dezimalbrüche umgewandelt werden.

■ **Beispiel 3.6:**

$\frac{3}{5} = ?$

Lösung:
3 [:] 5 [=]   [0.6] = 0,6

■ **Beispiel 3.7:**

$6\frac{2}{3} = ?$

Lösung:
2 [:] 3 [=] [+] 6 [=]   [6.66666] = 6,67

3.4 Konstante- und Speicherrechnung

Speicher

Wenn Sie den Speicher benutzen, brauchen Zwischenergebnisse nicht notiert zu werden.
Den Speicher müssen Sie bei solchen Taschenrechnern einsetzen, die die Regel „Punkt- vor Strichrechnung" nicht berücksichtigen.

■ **Beispiel 3.8:**

15 · 3 − 4 · 5 + 20 : 4 = ?

Lösung
15 [×] 3 [=] [M+]
4 [×] 5 [=] [M−]
20 [:] 4 [=] [M+] [MR]   [30.] = 30

Bei Rechnern, die keine [M−]-Taste haben, wird an deren Stelle [+/−] [M+] benutzt.

Konstante

Werden mehrere Multiplikationen mit demselben Faktor oder eine Anzahl von Divisionen mit demselben Divisor ausgeführt, dann müssen diese gleich bleibenden Zahlen nicht ständig neu eingegeben werden. Bei der Multiplikation können nach einmaliger Eingabe eines konstanten Faktors beliebig viele Multiplikationen mit diesem Faktor angeschlossen werden, indem nur die jeweils anderen Faktoren der Reihe nach eingegeben und mit der [=]-Taste die Ergebnisse abgerufen werden. Auch die Division mit einem einmal eingegebenen Divisor führt der Rechner weiter aus, sofern neue Dividenden eingegeben und die Ergebnisse mit der [=]-Taste abgerufen werden.
Legt man Wert auf die Summe aus mehreren Multiplikationen und Divisionen dieser Art, dann lassen sich diese, wie zuvor angegeben, im Speicher aufaddieren.

Beispiel 3.9:

In einem Bürotrakt ist folgendes Deckenaufmaß erstellt worden:

$6{,}75 \cdot 3{,}55$
$+ 4{,}36 \cdot 3{,}55$
$+ 3{,}87 \cdot 3{,}55$
$+ 4{,}20 \cdot 3{,}55$

Wie groß ist die zu bearbeitende Fläche?

Lösung:

3,55 [×] [×] 6,75 [=] [M+]
4,36 [=] [M+]
3,87 [=] [M+]
4,2 [=] [M+] [MR]
[68.089] = 68,09 m²

Beispiel 3.10:

Drei Kartons mit je 12 Tuben Abtönfarbe wurden geliefert. Der Karton mit roter Farbe kostet 82,20 €, der mit gelber 77,95 € und der mit schwarzer 68,79 €. Berechnen Sie den Preis je Tube.

Lösung:

82,2 [:] [:] 12 [=] [6.85] = 6,85 €
77,95 [=] [6.49583333] = 6,50 €
68,79 [=] [5.7325] = 5,73 €

3.5 Rechnen mit Zeiteinheiten

Da der Taschenrechner mit Zehner-Einheiten rechnet, können Minuten und Sekunden, also Sechziger-Einheiten, nicht ohne Umrechnung in den Taschenrechner eingegeben werden.

Beispiel 3.11:

Ein Geselle notiert auf seinem Stundenzettel die folgenden Zeiten.
Baustelle A: 3 1/4 Std. gestrichen und Baustelle abgeräumt.
Baustelle B: 25 Min. Anfahrtzeit, 35 Min. Baustelle eingerichtet, 3 3/4 Std. Untergrund zum Tapezieren vorbereitet, 1 Std. 20 Min. Wandbekleidungen vom Großhandel abgeholt.
Wie viele Stunden und Minuten hat der Geselle an diesem Tag gearbeitet?

Lösung:
Zunächst rechnen Sie die Minuten in Stunden um und addieren im Speicher:

15 [:] 60 [=] [M+]
25 [=] [M+]
35 [=] [M+]
45 [=] [M+]
20 [=] [M+] [MR] [2.3333332]

Sie addieren dann die geleisteten vollen Stunden:

[+] 7 [=] [9.3333332]

Der Geselle hat volle 9 Stunden gearbeitet. Um den Dezimalbruch in Minuten umzuwandeln, geben Sie ein:

[−] 9 [=] [×] 60 [=] [19.999992]

Gesamtarbeitszeit 9 Std. 20 Min.

3.1 Drei Malergesellen verdienen im Jahr insgesamt 106 560,00 €.
Ermitteln Sie den durchschnittlichen Stundenlohn eines Gesellen, wenn in der Woche 40 Stunden und 48 Wochen im Jahr gearbeitet werden.

3.2 Ein Geselle erhält von seinem Meister für die Besorgung von Kleinmaterial 150,00 €. An der Kasse des Warenmarktes werden folgende Beträge gebucht: 4,20 €; 28,45 €; 12,36 €; 17,85 €; 37,59 €; 11,20 €. Wie hoch ist der Restbetrag?

3.3 Berechnen Sie den Notendurchschnitt einer Klassenarbeit in Fachmathematik.

Note	1	2	3	4	5	6
Schülerzahl	2	6	5	7	4	3

3.4 Sie bestellen je 6 Stück

a) Ringpinsel	Gr. 4	Gr. 6	Gr. 8	Gr. 10
Preis in €	2,00	2,65	3,70	4,75
b) Schrägstrichzieher	1/4	1/2	3/4	
Preis in €	1,85	2,05	2,25	
c) Lasurpinsel	30 mm	50 mm	80 mm	
Preis in €	2,85	4,55	7,10	

Für wie viel Euro haben Sie Pinsel eingekauft?

3.5 Bestimmen Sie den jeweiligen Literpreis.

Anzahl	Abfüllmenge in ℓ	Artikel	Gesamtpreis in €
3	15	Superweiß	553,50
3	10	Reinacrylat-Fassadenfarbe	210,60
4	10	Latexfarbe, seidenglänzend	226,00
10	6	Universalverdünnungsmittel	108,00
12	2,5	Hochglanzlack	313,20

3.6 Erstellen Sie zunächst eine Überschlagsrechnung und rechnen Sie dann mit dem Taschenrechner (Ergebnis auf zwei Stellen runden).

a) $52{,}284 \cdot 991{,}173$
b) $912{,}023 \cdot 10{,}134$
c) $788{,}44 : 3{,}917$
d) $524{,}441 : 53{,}42$

3.7 Für einen Betriebsausflug kostet ein Bus 380,00 €. Laut Taschenrechner muss jeder der 28 Teilnehmer 13,571429 € bezahlen.
Runden Sie das Ergebnis so, dass der Rechnungsbetrag gedeckt ist a) auf ganze Cent, b) auf ganze Euro. Wie hoch ist jeweils der Überschuss beim eingesammelten Geld?

3.8 Ein Geselle reicht seinen Wochenstundenzettel bei der Buchhaltung mit folgenden Angaben ein:

Montag	8 ½ Std.
Dienstag	9 ¼ Std.
Mittwoch	9 ¾ Std.
Donnerstag	9 Std. 25 Min.
Freitag	7 Std. 40 Min.

a) Wie viel Lohn bekommt der Geselle für eine normale Wochenarbeitszeit von 39 Stunden bei einem Stundenlohn von 16,18 €?

b) Wie viel Lohn bekommt der Geselle, wenn für jede Überstunde (39 Stunden normale Wochenarbeitszeit) 17,61 € gerechnet werden?

3.9 Laut Ausbildungsvergütungsvertrag mit zusätzlichem Urlaubsgeld kann dem Auszubildenden für jede unentschuldigt ausgefallene Ausbildungsstunde im Betrieb oder in der Berufsschule der 1/169 Teil der monatlichen Vergütung abgezogen werden.
Wie viel Euro bekäme ein Auszubildender, wenn von seiner Ausbildungsvergütung von 668,00 € folgende Fehlzeiten abgezogen würden: 3½ Schulstunden je 45 Min.; drei Verspätungen je 35 Min.; 2 Tage je 8 Std. unentschuldigt gefehlt?

3.10 Ein Betrieb zahlt pro Monat als Telefongrundgebühr 27,00 € und für Zusatzgeräte 23,30 €; die Gebühreneinheit kostet 0,06 €. 20 Gebühreneinheiten sind monatlich frei.
Wie hoch sind die Jahrestelefonkosten, wenn folgende Gebühreneinheiten von der Buchhaltung notiert wurden?

Januar	372	Juli	398
Februar	398	August	426
März	412	September	532
April	502	Oktober	534
Mai	487	November	517
Juni	463	Dezember	218

4 Rechnen mit Klammern

4.1 Klammerregeln

Das Beherrschen des Klammerrechnens ist eine wichtige Voraussetzung für das Aufmaßrechnen der Maler und Lackierer.

Beachten Sie:

- Die Auflösung von Klammern hat Vorrang vor allen anderen Rechenschritten.
- Punktrechnung geht vor Strichrechnung.
- Sehr wichtig ist auch die Beachtung der Vorzeichen, wobei bei Multiplikation oder Division folgende Regeln gelten:

$(+) \cdot (+) = +$
$(-) \cdot (-) = +$
$(+) : (+) = +$
$(-) : (-) = +$

Gleiche Vorzeichen ergeben Pluswerte.

$(+) \cdot (-) = -$
$(-) \cdot (+) = -$
$(+) : (-) = -$
$(-) : (+) = -$

Ungleiche Vorzeichen ergeben Minuswerte.

■ **Beispiele 4.1 bis 4.5:**

$5 \cdot 6 + 12 =$	$\underline{\underline{42}}$	Punktrechnung vor Strichrechnung.
$5 \cdot (6 + 12) =$	$\underline{\underline{90}}$	Klammerauflösen vor Punktrechnung.
$80 - 25 - 5 - 2 =$	$\underline{\underline{48}}$	Punkt- vor Strichrechnung.
$80 - (25 - 5 - 2) =$	$\underline{\underline{62}}$	In der Klammer Punkt- vor Strichrechnung, dann Klammer auflösen.
$(3 + 4) \cdot (4 + 5) =$	$\underline{\underline{63}}$	Klammerauflösen vor Punktrechnung.

4.2 Klammerarten

Klammern umfassen zusammengehörige Rechenoperationen und ordnen die Abfolge von Rechenvorgängen. Man unterscheidet drei Klammerarten.

Runde Klammern

Runde Klammern sind Klammern erster Ordnung. Diese Klammern werden zuerst gesetzt und zuerst gerechnet.

■ **Beispiel 4.6:**

Eine Fassade hat die Ausmaße 16,75 m × 8,10 m. Sie hat je drei Fenster mit den Maßen 3,10 m × 2,20 m, 2,40 m × 1,80 m und 2,60 m × 1,10 m.
Wie groß ist die Beschichtungsfläche, wenn die Öffnungen abzuziehen sind?

Aufmaß:
$16{,}75 \cdot 8{,}10$
$-3 \cdot (3{,}10 \cdot 2{,}20 + 2{,}40 \cdot 1{,}80 + 2{,}60 \cdot 1{,}10)$

Lösung:
$16{,}75 \cdot 8{,}10 - 3\,(6{,}82 + 4{,}32 + 2{,}86)$
$= 16{,}75 \cdot 8{,}10 - 3 \cdot 14{,}00$
$= 135{,}675 - 42{,}00$
$= \underline{\underline{93{,}675\ m^2}} \approx 93{,}68\ m^2$

Eckige Klammern

Eckige Klammern sind Klammern zweiter Ordnung. Sie werden dann gesetzt, wenn mehrere runde Klammern mit einem gemeinsamen Faktor multipliziert werden. Eckige Klammern umfassen die runden.
Aufgelöst werden erst die Klammern erster Ordnung und dann die Klammern zweiter Ordnung.

■ **Beispiel 4.7:**

Drei Räume, jeweils 3,55 m × 4,20 m, haben eine Raumhöhe von 2,55 m und je ein Fenster von 2,40 m × 1,30 und 1,95 m × 1,30 m. Wie groß ist die zu tapezierende Fläche, wenn die Öffnungen abgezogen werden?

Aufmaß:
$3 \cdot [(3{,}55 + 4{,}20) \cdot 2 \cdot 2{,}55$
$-(2{,}40 \cdot 1{,}30 + 1{,}95 \cdot 1{,}30)]$

Lösung:
$3 \cdot [7{,}75 \cdot 2 \cdot 2{,}55 - 5{,}655]$
$= 3 \cdot 33{,}87$
$= \underline{\underline{101{,}61\ m^2}}$

Geschweifte Klammern

Geschweifte Klammern sind Klammern dritter Ordnung. Sie umfassen die runden und die eckigen. Liegen alle drei Klammerarten vor, dann werden sie in der Reihenfolge der Ordnungszahlen aufgelöst: 1. runde, 2. eckige und 3. geschweifte Klammern.

■ **Beispiel 4.8:**

Berechnen Sie die Beschichtungsfläche für 3 gleiche Türen, von denen folgendes Aufmaß geschrieben wurde.

$$3 \cdot \left\{ \left(1{,}24 \cdot 2{,}00 - \frac{\frac{1{,}24}{2} \cdot \frac{0{,}32}{2} \cdot 3{,}14}{2} \right) \cdot 2 + \left[\frac{\left(\frac{1{,}24}{2} + \frac{0{,}32}{2} \right) \cdot 3{,}14}{2} + 2 \cdot 2{,}00 \right] \cdot 0{,}48 \right\}$$

$= 3 \cdot \{(2{,}48 + 0{,}156) \cdot 2 + [1{,}225 + 4{,}00] \cdot 0{,}48\}$
$= 3 \cdot \{5{,}272 + 5{,}22 \cdot 0{,}48\}$
$= 3 \cdot \{5{,}272 + 2{,}506\}$
$= 3 \cdot 7{,}78$
$= \underline{\underline{23{,}34\ m^2}}$

4.3 Klammerrechnen mit dem Taschenrechner

Bei Taschenrechnern mit Klammerangabe werden Ziffern und Rechenzeichen wie aufgeschrieben eingegeben. Wenn im Anzeigenfeld ein E (für error, engl.: Fehler) erscheint, dann ist die Speicherkapazität des Rechners überschritten worden. Für diesen Fall muss die Aufgabe durch Zwischenergebnisse untergliedert werden.

■ **Beispiel 4.9:**

$2 \cdot [7 + 6 - (5 + 4)] = ?$

Lösung:

2 $\boxed{\times}$ $\boxed{[(}$ 7 $\boxed{+}$ 6 $\boxed{\times}$ $\boxed{[(}$ 5 $\boxed{+}$ 4 $\boxed{)]}$ $\boxed{)]}$
$\boxed{=}$ $\boxed{122.}$ = $\underline{\underline{122}}$

■ **Beispiel 4.10:**

$3 \cdot \{2 \cdot [(1{,}10 + 0{,}18 \cdot 2) \cdot (2{,}01 + 0{,}18) + (1{,}10 + 2{,}01 \cdot 2) \cdot 0{,}27]\} = ?$

Lösung:

3 $\boxed{\times}$ $\boxed{[(}$ 2 $\boxed{\times}$ $\boxed{[(}$ $\boxed{[(}$ 1,10 $\boxed{+}$ 0,18 $\boxed{\times}$ 2 $\boxed{)]}$
$\boxed{\times}$ $\boxed{[(}$ 2,01 $\boxed{+}$ 0,18 $\boxed{)]}$
$\boxed{+}$ $\boxed{[(}$ 1,10 $\boxed{+}$ 2,01 $\boxed{\times}$ 2 $\boxed{)]}$ $\boxed{\times}$ 0,27 $\boxed{)]}$ $\boxed{)]}$ $\boxed{)]}$
$\boxed{=}$ $\boxed{27.4788}$ = $\underline{\underline{27{,}48}}$

4.1 bis **4.13** Runden Sie die Ergebnisse auf zwei Stellen nach dem Komma.

4.1
a) $82 + 34 \cdot 5$
b) $46 - 18 \cdot 7$
c) $81 + 21 : 7$

4.2
a) $98 + 14 \cdot 3$
b) $64 + 9 \cdot 5$
c) $28 \cdot 4 + 65$
d) $88 \cdot 6 + 94$
e) $94 + 86 \cdot 2$
f) $+ 214 \cdot 14$
g) $765 + 324 \cdot 46$
h) $4{,}72 + 16{,}08 \cdot 2{,}60$
i) $18{,}3 \cdot 1{,}7 + 96{,}4$

4.3
a) $74 - 59 \cdot 9$
b) $36 \cdot 12 - 228$
c) $49 \cdot 11 - 408$
d) $846 - 512 \cdot 9$
e) $14 \cdot 9 \cdot 32 - 810$
f) $746 - 598 \cdot 4$
g) $9{,}75 - 1{,}15 \cdot 2{,}06$
h) $5{,}87 \cdot 3{,}40 - 12{,}08$
i) $18{,}40 - 0{,}45 \cdot 1{,}50$

4.4
a) $92 + 45 : 9$
b) $186 - 72 + 56 : 8$
c) $514 + 144 : 6 - 59 + 309$
d) $289 : 17 + 408 - 186 + 76$
e) $59{,} 69 : 3{,}14 + 48{,}06 - 4{,} 32$
f) $16{,}40 - 2{,}28 - 5{,}30 : 1{,}10 + 14$
g) $108{,}4 + 1\,296 : 8 - 43{,}80 + 58$
h) $596{,}90 : 3{,}14 + 240 - 368 : 8$
i) $1\,097 - 3\,364 : 29 + 2\,658$

4.5
a) $(5{,}40 - 2{,}80) \cdot 5$
b) $(56 + 18 - 6) \cdot 9$
c) $(6{,}80 - 2{,}00) : 8$

4.6
a) $(2{,}40 + 1{,}80) \cdot 9$
b) $(6{,}48 + 0{,}86) \cdot 4$
c) $(8{,} 60 - 3{,} 20) \cdot 6{,}42$
d) $(12{,}46 + 48{,}12) \cdot 15{,}80$
e) $(3{,}6 + 0{,}86 - 2{,}8) \cdot 34$
f) $(18{,}60 + 14{,}80) \cdot 2{,}30$
g) $(36 + 18 + 15) \cdot 4 \cdot 12$
h) $6{,}5 \cdot 3 + (2{,}4 + 1{,}20)$
i) $(48{,}16 + 64{,}12 - 108) \cdot 7{,}2$

4.7
a) (88 + 45 · 3) · 6
b) (94 – 33 · 12) · 7
c) (9 · 75 + 38) · 5
d) (5,85 + 4,30 · 2,5) · 9
e) (16,30 · 3 – 22,40) · 5
f) (1,45 – 0,56 · 4) · 4,40
g) (19 · 48 + 24 – 88) · 9
h) (1,85 + 2,60 · 1,90) · 5
i) (3 · 8 · 2,8 + 36,4) · 6

4.8
a) (8,60 – 3,20) : 9
b) (9,20 – 6,40) : 4
c) (86,60 – 23,00) : 12
d) (16,70 – 10,30) : 8
e) (83,60 – 15,20 + 12,60) : 14
f) (18,40 · 5 + 18) : 10
g) (45,60 – 13,90 + 2,30) : 7
h) (73,90 + 18,54 – 2,44) : 90
i) (148,60 + 3,94 – 12,54) : 20

4.9
a) (36 + 16) · (68 – 24)
b) (56 – 48) · (12 + 26) · (86 – 72)

4.10
a) (44 + 38) · (94 + 18)
b) (76 – 54) · (68 + 14)
c) (103 + 212) · (836 – 259)
d) (21,60 + 13,40) · (0,34 + 8,40)
e) (5,14 – 2, 47) · (10,60 – 9,70)
f) (2,45 + 1,30) · (1,15 – 0,45)
g) (48,60 + 14,90) · (16,30 – 8,40)
h) (66,10 – 52,10) · (65,30 – 62,40)
i) (0,56 + 0,86) · (1,90 – 1,76)
k) (67,90 + 2,50) · (10,40 – 8,50)

4.11
a) (18 + 23) · (54 – 43) · (14 + 9)
b) (59 – 66) · (17 + 12) · (96 – 52)
c) (3,88 + 5,94) · (8,14 – 5,22) · (2,30 + 1,24)
d) (10,6 – 8,9) · (22,7 – 18,6) · (3,8 + 8,5)
e) (15,60 – 12,50 + 8, 44) · (55,60 – 32,70 + 2,88)
f) (96,10 – 73,30 – 5,54) · (9,24 + 14,22 – 16,60)
g) (44,12 + 6,54 – 49,66) · (96,20 – 48,60 – 46,60)
h) (45,90 – 18,70 – 27,20) · (22,10 + 17,40 – 39,50)
i) (6,34 + 12,10 – 9,60) · (436,20 – 318,30)
k) (95,70 + 32,80 – 82,10) · (3,10 + 5,60 + 1,90)

4.12
a) [(8,50 + 2,60 · 3) – (6,90 – 3,40) · 2,4 + 7,10] · (10,40 – 8,30)
b) [(56 + 12) · 2,5 + 18] · 3,5 – (80 – 22)
c) [(88 – 53) · 5,9 – 76] · 12 – (106 + 16) : 0,5
d) 4,10 · (12,50 + 2,40 · 1,10) + [(16,60 + 4,40) · 2,30 – 0,30] : 0, 40
e) [(22,60 + 15,50) · 2,80 – (8,10 – 2,30 + 4,40) · 0,6] · 1,4
f) [6,30 · 8,60 – 14,20 – (2,40 – 1,90)] : 6 – (2,64 + 3,94)
g) 0,6 · [(522 + 112 + 86) · 0,9] + [(540 + 48 – 96) : 6 – 42] · 2,8
h) 5,70 · 3,2 – 6,90 · [24,60 · 3,1 – (16,40 + 14,90)] : 20
i) 8,9 · [(12,90 – 9,40) · 0,8 + 2,20] – [17,30 · 3,1 – (34,60 – 24,90)] · 0,6
k) 42,30 · 8,4 + 64,80 – [(86,90 – 3,80 + 10,30) · 0,15 – 4,61] · 42
l) [(154,20 – 62,90 + 12,40) · (4,30 – 0,70 – 1,60)] · 4,6 – (53,15 – 14,64)
m) (226,15 + 0,65 – 112,60) · [(18,55 – 11,78) – (12,60 – 10,83)] · 0,5 + 214,50

4.13
a) (91,30 + 76,80) · 2,15 – {[60,70 – (14,90 – 4,90) · 2,80 – 10,50] · 3,30 + 49,00} · 1,80
b) {(75,30 – 5,90) · 2,05 + [(18,30 – 5,40 · 3,10) · (7,80 – 1,90) – 8,204] · 100} · 1,6
c) {(65,30 – 32,20) · 4,9 + [(55,10 – 28,30) · (2,20 + 1,80) – 5,72] · 0,05} : 0,5 – 24,88
d) (9,50 + 3,10) · 2,40 – {[6,40 – (0,80 + 1,10 – 0,50) · 2,80] · 12} : 6 – 25,28
e) {(15,30 – 9,10) · (4,80 + 5,50) + [(15,80 + 2,10 – 7,60) · 6,20 – 43,86] : 4} · 1,7
f) {2,50 · (2,30 + 1,15 · 1,80) – [62,40 – (28,10 – 4,70) · 2,60] : 0,5} · 5,4 + 16,773
g) {[(4,80 + 4,35) · 2,10 – 2,40 · 2,15] · 1,50 – (25,60 + 4,30 – 9,10)} · 10 + 4,175
h) {(864,08 – 342,80 – 32,04) + [(48,32 + 22,05 – 0,75) · 0,46] : 0,6 – 42,615} · 0,2
i) (245,08 – 198,69) · 0,24 – {[64,56 – (16,22 + 0,94 – 12,60)] : 30 + 1,08} · 1,5
k) {[(54,09 + 118,65 – 86,94) · 2,44 – (26,32 – 16,36)] · 4,8 – 57,0816} : 30

5 Dreisatzrechnen (Proportionalität)

5.1 Einfacher Dreisatz

Beim einfachen Dreisatz sind drei Zahlenwerte vorgegeben. Die Lösung wird in drei Sätzen errechnet.

1) Bedingungssatz:
Die bekannten Bedingungen werden aufgestellt, z. B. ein bestimmter Preis für eine bestimmte Menge Farbe.

2) Mittelsatz:
Man schließt von der bekannten Mehrheit auf die Einheit, z. B. auf den Literpreis.

3) Schlusssatz:
Man schließt von der Einheit auf die gesuchte Mehrheit und kommt zum Ergebnis, z. B. auf den Preis von drei Eimern Farbe.

In der Dreisatzrechnung wird zwischen dem Dreisatz mit geradem Verhältnis und dem Dreisatz mit ungeradem Verhältnis unterschieden.

Dreisatz mit geradem Verhältnis (gerader Dreisatz)

Ein Dreisatz mit geradem Verhältnis liegt immer dann vor, wenn gilt:

Je mehr ..., desto mehr ...
Je weniger ..., desto weniger ...

Man stellt den Dreisatz so auf, dass die gesuchte Größe oder Einheit (m, €, kg) rechts steht. Gleiche Größen stehen untereinander. Im Schlusssatz werden zur Kontrolle die Einheiten mit gekürzt.

■ **Beispiel 5.1:**

15 Liter Reinacrylat-Fassadenfarbe kosten 105,30 €. Wie viel kosten 50 Liter?

Lösung:

$15\,\ell \triangleq 105{,}30\,€$ (Bedingungssatz)

$1\,\ell \triangleq \frac{105{,}30\,€}{15\,\ell}$ (Mittelsatz)

$50\,\ell \triangleq \frac{105{,}30\,€ \cdot 50\,\ell}{15\,\ell}$ (Schlusssatz)

$\triangleq \underline{\underline{351{,}00\,€}}$

Beachten Sie: Die gesuchte Einheit steht nach dem Kürzen im Schlusssatz immer auf dem Bruchstrich.

Dreisatz mit umgekehrtem Verhältnis (ungerader Dreisatz)

Beim Dreisatz mit umgekehrtem Verhältnis gilt:

Je mehr ..., desto weniger ...
Je weniger ..., desto mehr ...

■ **Beispiel 5.2:**

8 Malergesellen brauchen zum Streichen einer Fassade 15 Stunden.
Wie viel Stunden benötigen 5 Malergesellen für die gleiche Arbeit?

Lösung:

8 Maler $\triangleq$ 15 Std. (Bedingungssatz)

1 Maler $\triangleq$ 15 Std. · 8 Maler (Mittelsatz)

5 Maler $\triangleq \frac{15\text{ Std.} \cdot 8\text{ Maler}}{5\text{ Maler}}$ (Schlusssatz)

$\triangleq \underline{\underline{24\text{ Stunden}}}$

5.2 Zusammengesetzter Dreisatz

Beim zusammengesetzten Dreisatz enthält die Aufgabe mehr als drei Zahlenangaben. Die Lösung erfolgt durch Zerlegen der Aufgabe in zwei Dreisätze.

■ **Beispiel 5.3:**

4 Gesellen verarbeiten in 48 Stunden 112 ℓ Hochglanzlack.
Wie viel Lack wird in 34 Stunden von 6 Gesellen verarbeitet?

Lösung:

1. Bedingungssatz:
   4 Ges. $\triangleq$ 48 Std. $\triangleq$ 112 ℓ

1. Mittelsatz:
   1 Ges. $\triangleq$ 48 Std. $\triangleq \frac{112\,\ell}{4\text{ Ges.}}$

1. Schlusssatz u. zugleich 2. Bedingungssatz:
   6 Ges. $\triangleq$ 48 Std. $\triangleq \frac{112\,\ell \cdot 6\text{ Ges.}}{4\text{ Ges.}}$

2. Mittelsatz:
   6 Ges. $\triangleq$ 1 Std. $\triangleq \frac{112\,\ell \cdot 6\text{ Ges.}}{4\text{ Ges.} \cdot 48\text{ Std.}}$

2. Schlusssatz
   6 Ges. $\triangleq$ 34 Std. $\triangleq \frac{112\,\ell \cdot 6\text{ Ges.} \cdot 34\text{ Std.}}{4\text{ Ges.} \cdot 48\text{ Std.}}$

   $\triangleq \underline{\underline{119\,\ell}}$

5.3 Verhältnisrechnen

Größen mit gleichen Einheiten (z. B. €, ℓ, kg) kann man miteinander vergleichen, indem man sie zueinander ins Verhältnis setzt. Werden zwei Verhältnisse miteinander verglichen oder gleich gesetzt, spricht man von einer Proportion oder einer Verhältnisgleichung. Die auftretenden Größen können direkt oder indirekt proportional sein.

Direkte Proportionalität

20 : 10 = 100 : 50

$a : b = c : d$

(In Worten: *a* zu *b* wie *c* zu *d*.)

Direkt proportional verhalten sich z. B. immer Arbeitszeit und Lohn, Menge und Preis, Wegstrecke und Zeit.

■ **Beispiel 5.4:**

Ein Malergeselle verdient 722,60 € in 37 Stunden. Wie viel verdient er in 63 Stunden?

Lösung:

Bedingungsgleichung:

37 Std. : 63 Std. = 722,60 € : *x* €

Die Lösung erfolgt durch Umwandeln der Proportion in eine Produktgleichung, denn bei jeder Proportion ist das Produkt der Innenglieder gleich dem Produkt der Außenglieder.

Außenglieder

37 Std. : 63 Std. = 722,60 € : *x* €

Innenglieder

$$63\ \text{Std.} \cdot 722{,}60\ € = 37\ \text{Std.} \cdot x\ €$$
$$45\,523{,}80 = 37\,x$$
$$x = \frac{45\,523{,}80}{37}\ €$$
$$= \underline{\underline{1\,230{,}37\ €}}$$

Indirekte Proportionalität

4 · 5 = 2 · 10

$a \cdot b = c \cdot d$

(In Worten: *a* mal *b* wie *c* mal *d*.)

Indirekt proportional sind z. B. immer Arbeitszeit und Anzahl der Arbeiter oder Geschwindigkeit und Zeit.

■ **Beispiel 5.5:**

8 Maler beschichten eine Fassade in 21 Stunden. In wie viel Stunden erledigen 5 Maler die gleiche Arbeit?

Lösung:

$$8\ \text{Maler} \cdot 21\ \text{Std.} = 5\ \text{Maler} \cdot x\ \text{Std.}$$
$$168 = 5\,x$$
$$x = \frac{168}{5}\ \text{Std.} = 33{,}6\ \text{Std.}$$
$$= \underline{\underline{33\ \text{Std.}\ 36\ \text{Min.}}}$$

5.4 Mischungsrechnen

Beschichtungsstoffe und Werkstoffe, die nach Anweisung des Herstellers kurz vor der Verarbeitung zusammengefügt werden, können nach Volumenanteilen (VT) oder Masseanteilen (MT) gemischt werden. Dabei stehen die zu mischenden Stoffe in einem bestimmten Verhältnis.

■ **Beispiel 5.6:**

Ein Zweikomponenten-Polyurethanlack wird im Verhältnis 4 : 1 mit Härter gemischt.

Wie viel Härter und Stammlack benötigt man für 35 ℓ fertigen Beschichtungsstoff?

Lösung:

4 VT Stammlack

1 VT Härter

5 VT insgesamt

Stammlack:

$$4 : 5 = x : 35$$
$$5\,x = 140$$
$$x = \frac{140}{5} = \underline{\underline{28\ ℓ}}$$

Härter:

$$1 : 5 = x : 35$$
$$5\,x = 35$$
$$x = \frac{35}{5} = \underline{\underline{7\ ℓ}}$$

■ **Beispiel 5.7:**

2K-Klarlack wird nach dem Technischen Merkblatt des Herstellers aus folgenden Volumenanteilen angesetzt: 10 VT Klarlack, 5 VT Härter, 1 VT Verdünnungsmittel.
Berechnen Sie die einzelnen Werkstoffmengen für 4 ℓ Beschichtungsstoff.

Lösung:
10 VT Klarlack
5 VT Härter
1 VT Verdünnungsmittel
16 VT insgesamt

Klarlack: $10 : 16 = x : 4$
$16\,x = 40$
$x = \frac{40}{16} = \underline{\underline{2{,}5\ \ell}}$

Härter: $5 : 16 = x : 4$
$16\,x = 20$
$x = \frac{20}{16} = \underline{\underline{1{,}25\ \ell}}$

Verdünnungsmittel: $1 : 16 = x : 4$
$16\,x = 4$
$x = \frac{4}{16} = \underline{\underline{0{,}25\ \ell}}$

5.5 Goldener Schnitt

In der Renaissance, einer Kulturepoche ungefähr zwischen 1 400 bis 1 600 unserer Zeitrechnung, lebten in Europa die Formen der klassischen griechischen Architektur wieder auf. Nach diesem Vorbild wurden Tonnengewölbe, Dreiecksgiebel oder Kranzgesimse in „Goldenen Proportionen" nach dem Goldenen Schnitt gebaut.
Goldener Schnitt: Der kleinere Teil eines Ganzen (Minor) verhält sich zum größeren Teil (Major) wie der große Teil zum Ganzen (Minor plus Major).

Minor	:	Major	=	Major	:	Ganzen
3	:	5	∪	5	:	8

Der Goldene Schnitt lässt sich annäherungsweise durch folgende unendliche Reihe von Proportionen ausdrücken:

$5 : 8 \approx 8 : 13$
$8 : 13 \approx 13 : 21$
$13 : 21 \approx 21 : 34$ usw.

■ **Beispiel 5.8:**

Auf einer Fassade soll eine Werbefläche angebracht werden. Die Breite (Major) der Fläche ist vorgegeben und beträgt 6,20 m.
Welche Höhe (Minor) hat die Fläche, wenn sie im Verhältnis des Goldenen Schnittes aufgeteilt wird?

Lösung:
$5 : 8 = x : 6{,}20$
$8\,x = 5 \cdot 6{,}20$
$x = \frac{5 \cdot 6{,}20}{8}$
$= \underline{\underline{3{,}87\ \text{m}}}$

Dreisatzrechnen

5.1 80 ℓ Perlglanzlack kosten 1 472,00 €.
Wie viel kosten
a) 46 ℓ,
b) 216 ℓ,
c) 368 ℓ abzüglich 1/6 Mengenrabatt,
d) 514 ℓ zuzüglich 1/3 Teuerungszuschlag für einen Spezialton?

5.2 4 Malermeister (A, B, C, D) kaufen zusammen 260 ℓ Acryllack für 3 718,00 €.
Wie viel Euro hat jeder zu zahlen, wenn A 86 ℓ, B 54 ℓ, C 75 ℓ und D den Rest erhält?

5.3 Für eine gemeinsam geleistete Arbeit erhielten 4 Malergesellen (A, B, C, D) 2 192,40 €.
Wie viel erhält jeder Einzelne, wenn A 48 Std., B 34 Std., C 53 Std. und D 39 Std. gearbeitet hat?

5.4 Für 36 Rollen Wandbekleidung wurden 2 274,00 € bezahlt.
Wie viel kosten a) 11 Rollen, b) 13 Rollen, c) 60 Rollen abzüglich 1/5 Rabatt?

5.5 Zum Beschichten von 248 m² Wandfläche benötigen 3 Gesellen 22 Std.
Wie lange brauchen 5 Gesellen für 816 m² bei gleicher Arbeitsleistung?

5.6 Ein Malermeister hat für eine Baustelle 26 ℓ Dispersionsfarbe gemischt und dabei folgende Farbtöne verwendet: 16 ℓ weiß, 7,800 ℓ hellgelb, 1,420 ℓ echtgelb und 0,780 ℓ maisgelb.
Wie viel ℓ der genannten Farbtöne werden benötigt, um a) 45 ℓ, b) 72 ℓ, c) 122 ℓ Dispersionsfarbe zu mischen?

5.7 Auf Baustelle A haben 4 Malergesellen 420 m^2 Wandfläche in 35 Stunden mit Rollputz beschichtet. Der Materialverbrauch betrug 38 ℓ Grundbeschichtungsstoff und 145 kg Rollputz. Auf Baustelle B sind 7 Malergesellen damit beauftragt, 976 m^2 mit Rollputz zu beschichten.
Berechnen Sie a) die Zeit, b) den Materialbedarf getrennt nach Grundbeschichtungsstoff und Rollputz für Baustelle B.

5.8 In 22 Stunden verarbeiten 3 Maler 40 ℓ Alkydharzlack.
Wie viel ℓ verarbeiten 8 Maler in
a) 64 Std.,
b) 124 Std.,
c) 210 Std.?

5.9 In einem Mehrfamilienhaus sind 182 Heizkörper mit je 15 Gliedern zu lackieren. 4 Malergesellen arbeiten für diesen Auftrag 32 Stunden. In einem anderen Mehrfamilienhaus befinden sich 346 Heizkörper derselben Größe, jedoch mit 12 Gliedern.
In welcher Zeit werden 6 Gesellen diese Heizkörper lackiert haben?

5.10 8 Maler verdienen in 5 Tagen bei achtstündiger Arbeitszeit 5 600,00 €.
Wie viel verdienen
a) 5 Maler in 14 Tagen bei 8 1/2 stündiger Arbeitszeit,
b) 14 Maler in 26 Tagen bei zehnstündiger Arbeitszeit?

5.11 In einer Neubausiedlung lasieren 3 Malergesellen 186 Fenster in 75 Stunden einseitig.
Wie lange arbeiten 5 Gesellen an 134 Fenstern derselben Größe, wenn sie beidseitig lasiert werden und der Zeitaufwand dafür zusätzlich noch 1/3 mehr beträgt?

5.12 In einem Bürohaus tapezieren 3 Malergesellen in 64 Stunden 1 630 m^2.
Wie lange tapezieren 4 Maler 2 564 m^2?

5.13 In einem Bürotrakt wird eine Fläche von 218 m Länge und 1,30 m Höhe farbig abgesetzt und mit Klarlack überzogen. Dazu werden 34 ℓ Lack benötigt.
Wie viel Lack ist bei gleichem Verbrauch notwendig, wenn die Fläche 96 m lang und 1,45 m hoch ist?

5.14 Zum Bekleben einer Saaldecke wären 210 Polystyrol-Hartschaumplatten von 40 cm × 25 cm erforderlich. Es können aber nur Platten der Größe 30 cm × 30 cm geliefert werden.
Wie viel Platten müssen bestellt werden, wenn mit 1/2 der Plattenmenge an Verschnitt gerechnet werden muss?

5.15 Ein Heizkörper ist 0,21 m tief und 1,18 m hoch und hat 12 Glieder. Zum Lackieren dieses Heizkörpers werden 680 ml Heizkörperlack benötigt.
Wie viel ℓ Lack braucht man, wenn 8 Heizkörper von 0,18 m Tiefe und 0,86 m Höhe mit je 9 Gliedern lackiert werden sollen?

Proportionen

5.16 Lösen Sie die Gleichungen nach der unbekannten Größe x auf und bestimmen Sie deren Wert.

a)	4	:	5	=	12	:	x
b)	6	:	5	=	18	:	x
c)	100	:	x	=	25	:	3
d)	3	:	8	=	x	:	12
e)	2,8	:	7	=	x	:	10
f)	0,42	:	x	=	0,7	:	3,5
g)	x	:	100	=	3	:	5
h)	1	:	x	=	2	:	15
i)	x	:	24	=	116	:	86
j)	5	:	16	=	3,5	:	x

5.17 Ein Malermeister kalkuliert einen Auftrag. Dabei stehen die Lohnkosten und die Werkstoffkosten in einem Verhältnis von 3,7 : 1,6. Die Auftragssumme beträgt 14 563,00 €.
Wie hoch sind die Lohn- und die Werkstoffkosten im Einzelnen?

5.18 Eine Fassade wird von vier Gesellen in 63,5 Std. gestrichen.
Wie lange brauchen sieben Gesellen?

5.19 Ein Lieferwagen fährt mit einer Geschwindigkeit von 80 km/h eine Strecke in 45 Minuten. Wie schnell müsste er sein, wenn er die gleiche Strecke in 30 Minuten zurücklegen soll?

5.20 Ein Firmenwagen verbraucht auf 100 km 14,5 ℓ Benzin.
Wie weit reicht eine Tankfüllung mit 65 ℓ Inhalt?

5.21 15 ℓ 2K-Lack sollen gebrauchsfertig angesetzt werden. Das Mischungsverhältnis ist angegeben mit 16 VT (Volumenanteilen) Klarlack, 7 VT Härter, 2 VT Verdünnungsmittel.
Berechnen Sie die einzelnen Werkstoffmengen.

5.22 Für das Kleben einer fertigen Wandbekleidung ist ein besonderer Kleber anzusetzen. Er besteht aus 1 VT Dispersionskleber und 5 VT Spezialkleister, Ansatz 1 : 20. Das Päckchen Spezialkleister enthält 200 g.
Wie viel Liter Kleister ergibt sich insgesamt?

5.23 Ein 2K-Lack wird aus 2 VT Stammlack und einem VT Härter gemischt. Hinzu kommt 1/5 dieser VT an Verdünnungsmittel.
1 Liter Stammlack kostet 29,80 €, 1 Liter Härter 32,40 €, und das Verdünnungsmittel kostet 9,80 €.
Wie viel spritzfertiger 2K-Lack kann aus 4 ℓ Stammlack hergestellt werden, und wie teuer ist 1 ℓ fertiger Lack?

5.24 Wenn die schmale Seite des DIN-A4-Formates der Minor wäre, welches Papierformat ergäbe sich dann bei einer Aufteilung nach dem Goldenen Schnitt?

5.25 Teilen Sie eine DIN-A4-Vorlage sowohl in Länge als auch in der Breite nach dem Goldenen Schnitt? Welche Formate haben die vier Rechtecke?

5.26 Eine Strecke von 112 cm soll im Verhältnis des Goldenen Schnitts geteilt werden.
Berechnen Sie die folgenden Proportionen. Was stellen Sie fest?

a)	3 : 5	e)	21 : 34
b)	5 : 8	f)	34 : 55
c)	8 : 13	g)	55 : 89
d)	13 : 21	h)	89 : 144

5.27 Eine Werbetafel ist 2,00 m hoch. Darauf soll eine Schrift so angebracht werden, dass die Teilungslinie nach dem Goldenen Schnitt durch die Schriftmitte geht.
Wie viel Platz bleibt ober- und unterhalb der Schrift, wenn diese 80 cm hoch ist?

5.28 Für eine Gestaltungsarbeit soll ein Rechteck den Maßverhältnissen des Goldenen Schnittes entsprechen. Die große Seite (Major) ist 2,24 m lang. Wie lang ist die kleine Seite (Minor)?

5.29 Eine Wandfläche soll in Felder eingeteilt werden, wobei die beiden äußeren Felder (Minor) zu den beiden inneren Feldern (Major) im Verhältnis des Goldenen Schnittes stehen sollen. Die Wandbreite für die Gestaltung ist 3,90 m. Berechnen Sie die Breite der äußeren und inneren Felder.

5.30 Bei einer Flächengestaltung mit Rauten sollen die Höhen- und Breitenmaße den Proportionen des Goldenen Schnittes entsprechen.
a) Welche Höhe (Major) hat die Raute bei einer Breite von 60 cm?
b) Welche Breite (Minor) hat die Raute bei einer Höhe von 48 cm?

5.31 In einer Deckenfläche soll ein farbiger Zwischenfries als Band eingearbeitet werden. Außen- und Zwischenfries sollen den Proportionen des Goldenen Schnitts entsprechen.
a) Wie breit ist der Außenfries (Major), wenn der Zwischenfries 13 cm breit aufgetragen wird?
b) Wie breit ist der Zwischenfries (Minor), wenn der Außenfries 36 cm breit gemessen wird?

5.32 Auf eine Wandfläche sollen in Augenhöhe zwei senkrechte Markierungen gezogen werden. Der Querabstand der Linien (Major) und die Abstände zu den Raumecken (Minor) sollen den Maßverhältnissen des Goldenen Schnittes entsprechen. Die Wandbreite beträgt 6,30 m. Berechnen Sie den Abstand der Markierungen untereinander und zu den Außenkanten.

5.33 Im Technischen Merkblatt ist das Mischungsverhältnis für einen 2K-Lack angegeben mit 4 Volumenteilen Stammlack, 2 Volumenteilen Härter und 1 Volumenteil Verdünnung. Berechnen Sie die einzelnen Anteile in Liter für 10,5 Liter verarbeitungsfertigen Lack.

5.34 Ein 2K-Acryllack muss verarbeitungsfertig gemischt werden. Der Stammlack wird 4 : 1 mit Härter eingestellt und zusätzlich 15 % verdünnt.
a) Wie viel verarbeitungsfertigen Lack erhält man aus 5 Liter Stammlack?
b) Welche Fläche kann man mit dieser Lackmenge bei einem Verbrauch von 180 cm^3/m^2 beschichten?

6 Prozentrechnen – Zinsrechnen

6.1 Prozentrechnen: Grundwert – Prozentsatz – Prozentwert

Die Prozentrechnung (pro centum, lat.: von/auf hundert) ist die Umrechnung eines Verhältnisses auf den Grundwert 100.
Bei der Prozentrechnung treten immer drei Größen auf, wobei aus zwei bekannten die dritte berechnet wird. Die drei Größen sind der Grundwert *g*, der Prozentsatz *p* und der Prozentwert *w*.

Grundwert – Berechnung des Grundwertes

■ Beispiel 6.1:

Nachdem Fußleisten verlegt wurden, blieben 3,50 m übrig; das entspricht 8,5 % des Ausgangsmaterials.
Wie viel m Fußleisten sind verlegt worden?

Lösung:
$w = 3{,}50\ \text{m}, \quad p = 8{,}5\ \%, \quad g = ?$

$$g = \frac{w \cdot 100\ \%}{p} = \frac{3{,}50\ \text{m} \cdot 100\ \%}{8{,}5\ \%} = \underline{\underline{41{,}18\ \text{m}}}$$

Der Grundwert *g* ist der Wert des Ganzen (100 %), auf den sich die beiden anderen Größen beziehen.

$$g = \frac{w \cdot 100\ \%}{p}$$

Prozentsatz – Berechnung des Prozentsatzes

■ Beispiel 6.2:

Durch ein Missgeschick wurden von 85 ℓ Dispersionsfarbe 7,5 ℓ verschüttet.
Wie viel Prozent sind verloren gegangen?

Lösung:
$g = 85\ \ell, \quad w = 7{,}5\ \ell, \quad p = ?$

$$p = \frac{w \cdot 100\ \%}{g} = \frac{7{,}5\ \ell \cdot 100\ \%}{85\ \ell} = \underline{\underline{8{,}82\ \%}}$$

Der Prozentsatz *p* gibt die Anzahl der Hundertstel an und wird mit dem Prozentzeichen (%) versehen.

$$p = \frac{w \cdot 100\ \%}{g}$$

Prozentwert – Berechnung des Prozentwertes

■ Beispiel 6.3:

750 ml Acryllack kosten 14,75 €. Eine Preiserhöhung von 7 % wurde angekündigt. Um wie viel Euro wird der Lack teurer?

Lösung:
$g = 14{,}75\ €, \quad p = 7\ \%, \quad w = ?$

$$w = \frac{g \cdot p}{100\ \%} = \frac{14{,}75\ € \cdot 7\ \%}{100\ \%} = \underline{\underline{1{,}03\ €}}$$

Der Prozentwert *w* ist der Teil des Grundwertes, der dem Prozentsatz entspricht. Er trägt immer dieselbe Bezeichnung wie der Grundwert.

$$w = \frac{g \cdot p}{100\ \%}$$

6.2 Zinsrechnen: Kapital – Zinssatz – Zinsen

Zinsen sind Entgelt für die Überlassung eines bestimmten Kapitals über einen bestimmten Zeitraum hinweg. Sie werden von vollen Eurobeträgen für Jahre, Monate oder Tage berechnet.
Die Zinsrechnung ist eine angewandte Prozentrechnung, bei der als zusätzliche vierte Größe die Zeit t hinzutritt. Die anderen drei Größen sind Kapital k, Zinssatz p und Zinsen z.

Kapital – Berechnung des Kapitals

■ **Beispiel 6.4:**

Ein Meister möchte für einen Ausbau eine tilgungsfreie Hypothek aufnehmen und dafür jährlich nicht mehr als 3000,00 € Zinsen zahlen. Wie viel Geld kann er bei einem Zinssatz von 4 % bei der Bank höchstens ausleihen?

Lösung:
$z = 3000{,}00\,€,\quad p = 4\,\%,\quad t = 1\text{ Jahr},\quad k = ?$

$$k = \frac{3000{,}00\,€ \cdot 100\,\%}{4\,\% \cdot 1\text{ Jahr}} = \underline{\underline{75\,000\,€}}$$

Das Kapital k ist die Geldmenge, die verzinst werden soll, sie entspricht 100 %.

$$k = \frac{z \cdot 100\,\%}{p \cdot t}$$

Zinssatz – Berechnung des Zinssatzes

■ **Beispiel 6.5:**

Eine Bank verleiht ein Kapital von 12 500,00 € und erhält dafür für 3 Jahre 1 500,00 € Zinsen.
Wie viel Prozent beträgt der Zinssatz?

Lösung:
$k = 12\,500{,}00\,€,\quad z = 1\,500\,€,\quad t = 3\text{ Jahre},\quad p = ?$

$$p = \frac{1\,500\,€ \cdot 100\,\%}{12\,500{,}00\,€ \cdot 3\text{ Jahre}} = \underline{\underline{4\,\%}}$$

Der Zinssatz p gibt an, wie viel an Zinsen pro 100 € Kapital in einem Jahr zu zahlen sind.

$$p = \frac{z \cdot 100\,\%}{k \cdot t}$$

Zinsen – Berechnung der Zinsen

■ **Beispiel 6.6:**

Wie viel Euro Zinsen muss ein Malermeister für einen Kredit über 26 000,00 € bezahlen, den ihm eine Bank für einen Zinssatz von 3,5 % für 3 Jahre zur Verfügung stellt?

Lösung:
$k = 26\,000{,}00\,€,\quad p = 3{,}5\,\%,\quad t = 3\text{ Jahre},\quad z = ?$

$$z = \frac{26\,000{,}00\,€ \cdot 3{,}5\,\% \cdot 3}{100\,\%} = \underline{\underline{2\,730\,€}}$$

Die Zinsen z sind eine Vergütung für das leihweise überlassene Kapital.

$$z = \frac{k \cdot p \cdot t}{100\,\%}$$

■ **Beispiel 6.7:**

Für einen Kredit von 12 000,00 € hat ein Malermeister 15 960,00 € zurückgezahlt.
Berechnen Sie die Laufzeit des Kredites, wenn der Zinssatz 7,5 % betrug.

Lösung:
$z = 3\,960{,}00\,€,\quad k = 12\,000{,}00\,€,\quad p = 7{,}5\,\%,\quad t = ?$

$$t = \frac{z \cdot 100\,\%}{k \cdot p} = \frac{3\,960{,}00\,€ \cdot 100\,\%}{12\,000{,}00\,€ \cdot 7{,}5\,\%} = 4{,}4\text{ Jahre}$$

$$4{,}4\text{ Jahre} \cdot 360\text{ Tage} = 1\,584\text{ Tage} = 4\text{ Jahre, }144\text{ Tage} = \underline{\underline{4\text{ Jahre, }4\text{ Monate, }24\text{ Tage}}}$$

Die Zeit t wird in Jahren angegeben, für die das Kapital ausgeliehen wird. Dabei gilt:

1 Jahr = 360 Tage
1 Jahr = 12 Monate
1 Monat $= \frac{1}{12}$ Jahr = 30 Tage
$= \frac{30}{360}$ Jahre

$$t = \frac{z \cdot 100\,\%}{k \cdot p}$$

6.3 Bequeme Teiler

Manche Prozentsätze können in einfache Brüche umgewandelt werden. In solchen Fällen kann der Prozentwert bequem durch Multiplikation oder Division mit diesem Bruch errechnet werden.

1 %	= 0,01	= $\frac{1}{100}$	12,5 %	= 0,125	= $\frac{1}{8}$
2 %	= 0,02	= $\frac{1}{50}$	20 %	= 0,2	= $\frac{1}{5}$
$3\frac{1}{3}$ %	= 0,033	= $\frac{1}{30}$	25 %	= 0,25	= $\frac{1}{4}$
4 %	= 0,04	= $\frac{1}{25}$	$33\frac{1}{3}$ %	= 0,333	= $\frac{1}{3}$
5 %	= 0,05	= $\frac{1}{20}$	50 %	= 0,5	= $\frac{1}{2}$
10 %	= 0,1	= $\frac{1}{10}$	75 %	= 0,75	= $\frac{3}{4}$

■ **Beispiel 6.8:**

Während einer Grippewelle fehlen 25 % der Schüler einer Klasse mit normalerweise 24 Schülern. Wie viele Schüler fehlen?

Lösung:
25 % = ¼
24 · ¼ = 24 : 4 = 6

6.4 Prozentrechnen mit dem verminderten oder vermehrten Grundwert

Der verminderte Grundwert g_- liegt einen bestimmten Prozentsatz p unter dem reinen Grundwert von 100 %. Er ist um den Prozentwert w vermindert.

$$g_- = g - w \qquad p_- = 100\,\% - p \qquad g = \frac{g_- \cdot 100\,\%}{p_-}$$

■ **Beispiel 6.9:**
Ein Auszubildender zahlt nach einem Abzug von 15 % für ein Skateboard 204,00 €. Wie hoch war der reguläre Ladenpreis?

Lösung:
g_- = 204,00 €, p_- = 100 % – 15 % = 85 %,
g = ?

$$g = \frac{g_- \cdot 100\,\%}{p_-} = \frac{204{,}00\,€ \cdot 100\,\%}{85\,\%} = \underline{\underline{240{,}00\,€}}$$

Der vermehrte Grundwert g_+ liegt einen bestimmten Prozentsatz p über dem reinen Grundwert von 100 %. Er ist um den Prozentwert w vermehrt.

$$g_+ = g + w \qquad p_+ = 100\,\% + p \qquad g = \frac{g_+ \cdot 100\,\%}{p_+}$$

■ **Beispiel 6.10:**
Der Stundenlohn für Malergesellen wurde um 1,9 % angehoben und liegt danach bei 16,95 €. Wie viel betrug der Lohn vor der Erhöhung?

Lösung:
g_+ = 16,95 €
p_+ = 100 % + 1,9 % = 101,9 %, g = ?

$$g = \frac{g_+ \cdot 100\,\%}{p_-} = \frac{16{,}95\,€ \cdot 100\,\%}{101{,}9\,\%} = \underline{\underline{16{,}63\,€}}$$

6.5 Prozentrechnen mit dem Taschenrechner

Mit der Prozenttaste des Taschenrechners lassen sich Aufgaben der Prozent- und Zinsrechnung schnell lösen oder errechnete Ergebnisse überprüfen. Bei TR, die statt der reinen Prozenttaste eine solche mit Doppelfunktion haben, muss vor Betätigung der Prozenttaste die INV-Taste gedrückt werden.

■ **Beispiel 6.11:**
Auf einen Rechnungsbetrag von 1 342,60 € kommen 19 % Mehrwertsteuer.
a) Wie hoch ist die Mehrwertsteuer?
b) Welchen Endpreis hat die Rechnung?

Lösung von a):
1 342,60 [×] 19 [%] [255,09]
= 255,09 €

Lösung von b):
1 342,60 [×] 19 [%] [255,094] [+]
[=] [1 597,694] = 1 597,69

■ **Beispiel 6.12:**
Auf einen Rechnungsbetrag von 2 265,20 € gewährt ein Lieferant 3 % Skonto.
a) Wie viel Euro Skonto werden abgezogen?
b) Welcher Betrag muss bezahlt werden?

Lösung von a):
2 265,20 [×] 3 [%] [67,956] = 67,96 €

Lösung von b):
2 265,20 [×] 3 [%] [67,956] [–]
[=] [2 197,244] = 2 197,24 €

Prozentrechnen

6.1 Berechnen Sie den Prozentwert.

	a)	b)	c)	d)
Prozentsatz	5 %	3 %	3,5 %	4,5 %
Grundwert	1 150,00 €	675 km	435 kg	1 240,00 €

6.2 Berechnen Sie den Prozentsatz.

	a)	b)	c)	d)
Grundwert	750,00 €	1 750 €	75 kg	75 ℓ
Prozentwert	30,00 €	37,50 €	3,150 kg	3,450 ℓ

6.3 Berechnen Sie den Grundwert.

	a)	b)	c)	d)
Prozentsatz	4 %	4 %	15 %	15 %
Prozentwert	14,00 €	18,00 €	60,00 €	75 cm

6.4 Ein Geselle tritt eine neue Stelle an und erhält einen höheren Stundenlohn. Der Stundenlohn betrug zuvor 16,60 €, der neue Lohn erhöht sich auf 17,80 € pro Stunde.
Wie viel Prozent macht die Lohnerhöhung aus?

6.5 Der Preis für 1 Liter Acryllack wurde von 19,75 € auf 21,15 € erhöht.
Um wie viel Prozent wurde er teurer?

6.6 Ein Geselle erhält einen Wochenbruttolohn von 776,00 €. Die Abzüge für die Sozialversicherung betragen 19,85 %, an Lohnsteuer werden ihm 105,07 € abgezogen.
Wie viel Euro bekommt der Geselle ausgezahlt?

6.7 Ein Neubau kostet 361 200,00 €. Für die Malerarbeiten sind dabei 25 800,00 € ausgegeben worden.
Wie viel Prozent der Bausumme entfallen auf die Malerarbeiten?

6.8 Von 116 Auszubildenden im Malerhandwerk gehören 28 zur ersten, 25 zur zweiten und 33 zur dritten Berufsschulklasse. Die anderen Schüler werden in einer Förderklasse unterrichtet.
Geben Sie die prozentuale Verteilung auf die einzelnen Klassen an.

6.9 Für einen gebrauchten Kleintransporter, Neuwert 22 150,00 €, werden noch 6 800,00 € geboten.
Berechnen Sie den Wertverlust in Prozent.

6.10 Eine Werkstatt im Wert von 73 000,00 € wird bei einem Beitragssatz von 1,8 % feuerversichert. Wie hoch ist der Jahresbeitrag?

6.11 Ein Malergeselle zahlt nach mehreren unfallfreien Jahren mit seinem Pkw einen Beitragssatz von 70 % für die Kfz-Haftpflichtversicherung, das sind jährlich 212,40 €.
a) Wie viel Euro müsste der Geselle im nachfolgenden Jahr bezahlen, wenn der Beitragssatz um 10 % sinkt?
b) Wie viel Euro müsste er gegenüber dem verminderten Beitrag mehr überweisen, wenn er nach einem Unfall in die nächsthöhere Schadenfreiheitsklasse (80 %) eingestuft würde?

6.12 Ein Malergeselle hat für den Kauf eines Motorrades 4 240,00 € gespart. Der Preis für das ausgewählte Motorrad beträgt 5 840,00 €.
Um wie viel Prozent muss er sein Kapital aufstocken, um das Fahrzeug erwerben zu können?

6.13 Bei einer Klassenarbeit waren 25 % der Arbeiten schlechter als Note 4. Die Note 5 erhielten vier Schüler und die Note 6 zwei Schüler.
Wie viel Schüler schrieben die Klassenarbeit?

6.14 Nach einer Preissenkung von 6,5 % kostet ein Pkw 19 870,00 €
Wie teuer war das Auto vorher?

6.15 Ein Malergeselle hebt 35 % des Guthabens von seinem Sparbuch ab. Danach verbleiben ihm noch 2 500,00 €.
Wie viel Euro hat er abgehoben?

6.16 Eine Rente wurde zu 66 % des Arbeitseinkommens bemessen und auf 741,50 € festgesetzt.
Wie viel verdiente der Rentner am Ende seines Berufslebens?

6.17 Ein Malergeselle muss 16 % seines Monatseinkommens für Miete aufbringen. Es verbleiben ihm noch 798,00 € für den sonstigen Lebensunterhalt. Wie viel Miete muss er zahlen?

6.18 Ein Rechnungsbetrag von 2 775,50 € enthält die gesetzliche Mehrwertsteuer.
Wie viel Euro sind das?

6.19 Ein Geselle arbeitet 176 Stunden bei einem Stundenlohn von 18,35 €. Davon werden 38 % für seine Sozialleistungen und Lohnsteuer abgezogen.
Wie viel Euro bekommt der Geselle netto ausgezahlt?

6.20 Ein Altgeselle erhält einen Bruttolohn je Stunde von 18,12 €.
Wie viel bringt er als Wochennettolohn nach Hause, wenn er 39 Stunden gearbeitet hat und seine Lohnabzüge 36 % betragen?

Zinsrechnen

6.21 bis **6.24** Berechnen Sie die Zinsen.

	Kapital	Zinssatz	Zeit
6.21	1 200,00 €	4 %	½ Jahr
6.22	160,00 €	5 %	½ Jahr
6.23	1 850,00 €	6,75 %	1 ½ Jahr
6.24	15 500,00 €	11,5 %	5 ¾ Jahr

6.25 bis **6.28** Berechnen Sie das Kapital.

	Zinsen	Zinssatz	Zeit
6.25	56,25 €	4,5 %	½ Jahr
6.26	84,00 €	3,5 %	½ Jahr
6.27	182,82 €	5,6 %	1 ½ Jahr
6.28	1 051,87 €	8,5 %	3 ½ Jahr

6.29 bis **6.32** Berechnen Sie den Zinssatz.

	Zinsen	Kapital	Zeit
6.29	18,00 €	400,00 €	1 Jahr
6.30	10,50 €	350,00 €	1 Jahr
6.31	1 225,50 €	27 000,00 €	¾ Jahr
6.32	1 554,20 €	5 000,00 €	3 ⅓ Jahr

6.33 bis **6.36** Berechnen Sie die Zeit.

	Zinsen	Kapital	Zinssatz
6.33	340,00 €	4 000,00 €	4,5 %
6.34	52,50 €	5 000,00 €	4,75 %
6.35	1 235,50 €	13 000,00 €	7,5 %
6.36	788,00 €	7 500,00 €	9,25 %

6.37 Wie viel Euro Zinsen müssen in fünf Jahren für ein Darlehen von 80 000,00 € bezahlt werden, wenn der Zinssatz 3,25 % beträgt?

6.38 Ein Malergeselle hat einen Firmenkredit von 5 000,00 € für drei Jahre bei einem Zinssatz von 2,8 % erhalten. Wie viel Euro muss der Geselle nach drei Jahren zurückzahlen?

6.39 Ein Betrieb muss für neun Monate einen Überziehungskredit in Höhe von 50 000,00 € aufnehmen. Der Zinssatz beträgt 12 %, und es muss eine Gebühr von 2,5 % der Kreditsumme bezahlt werden.
Wie hoch sind die Kosten für den Kredit?

6.40 Ein junger Malergeselle möchte mit seiner Freundin eine Eigentumswohnung für 190 000,00 € kaufen. Zusammen haben beide 40 000,00 € auf Sparkonten. Ein Bausparvertrag über 60 000,00 € ist zur Hälfte angespart, für die anderen 50 % müssen 4,5 % Zinsen bezahlt werden. Für den noch nicht abgedeckten Restbetrag wird ein Hypothekendarlehen bei einer Bank zum Zinssatz von 8,5 % aufgenommen.
Wie hoch ist die monatliche Zinsbelastung?

6.41 Ein Altmeister verkauft seinen Betrieb auf Rentenbasis und bekommt monatlich 1 080,00 €. Die Jahresrente entspricht 9 % des Betriebswertes.
Wie hoch war der Kaufpreis des Betriebes angesetzt?

6.42 Ein Meister ist 65 Jahre alt geworden. Er bezieht eine Rente von monatlich 1 093,50 €.
Wie viel Kapital hätte er ansparen müssen, um den gleichen Betrag als Zinsen (Zinssatz pro Jahr 5 %) zu erhalten?

6.43 Ein Geselle hat ein Sparguthaben von 7 800,00 €, für das er nach 1 ½ Jahren 351,00 € Zinsen bekam. Für die Hälfte seiner Spareinlagen kauft er Wert-papiere, die ihm halbjährlich 136,50 € Zinsen einbringen.
a) Berechnen Sie den Zinssatz der Sparkasse.
b) Wie hoch ist die Verzinsung der Wertpapiere?

6.44 Wie viel Prozent Jahreszins nimmt ein Kapitalverleiher, wenn sein Schuldner ein Darlehen von 4 000,00 € in 10 Monatsraten zu je 450,00 € zurückzahlen muss?

6.45 Eine Spareinlage von 2 400,00 € wird bei gesetzlicher Kündigung mit 3 % verzinst.
a) Nach welcher Zeit hat das Geld 180,00 € Zinsen gebracht?
b) Wie lange hätte das Kapital bei 4 % und wie lange bei 5 % stehen müssen, um den gleichen Zinsbetrag zu erreichen?

6.46 Wertpapiere für 1 000,00 € erbringen 475,00 € Zinsen bei einer Verzinsung von 4,75 %. Berechnen Sie die Laufzeit.

6.47 Ein Malergeselle hat sein Girokonto um 800,00 € überzogen. Die Bank erhebt 10,5 % Überziehungszinsen. Am Monatsende werden ihm 2,33 € Zinsen berechnet.
Wie lange war sein Konto überzogen?

7 Längenberechnung

7.1 Längeneinheiten und -umrechnung

Die Basiseinheit (Grundgröße) der Länge ist das Meter mit dem Einheitenzeichen m.
Durch Multiplikation und Division der Basiseinheiten mit den Faktoren 10, 100, 1 000, 1 000 000 werden Vielfache bzw. Teile davon abgeleitet. Aus dem Einheitenvorsatz geht das dezimale Vielfache oder der dezimale Teil der Basiseinheit hervor.

Name	Vorsatz	Bedeutung
Deka-	da	das Zehnfache
Hekto-	h	das Hundertfache
Kilo-	k	das Tausendfache
Mega-	M	das Millionenfache
Dezi-	d	ein Zehntel
Zenti-	c	ein Hunderstel
Milli-	m	ein Tausendstel
Mikro-	µ	ein Millionstel

Längenumrechnung

Längen werden oft in unterschiedlichen Einheiten angegeben; sie müssen daher in m umgerechnet werden.

■ **Beispiel 7.1:**

Jalousieläden sollen beschichtet werden. In der Ausschreibung stehen folgende Maßangaben:

Abstand der Jalousiebretter 20 mm
Höhe und Dicke
der Jalousiebretter 75 mm x 14 mm
Größe der Jalousie 110 cm x 148 cm
Rechnen Sie die Maßangaben in m um.

Lösung:

1 mm = 1/1 000 m
20 mm = 20/1 000 m = 2/100 m = 0,02 m
75 mm = 75/1 000 m = 0,075 m
14 mm = 14/1 000 m = 0,014 m
1 cm = 1/100 m
110 cm = 110/100 m = 1,10 m
148 cm = 148/100 m = 1,48 m

7.2 Maßstabrechnen

Schriftvorlagen oder Bauzeichnungen entsprechen nicht der wirklichen Größe, sie sind verkleinert. Um eine verkleinerte Schriftvorlage auf die gewünschte Größe zu bringen, muss sie vergrößert werden.

Berechnung des Maßstabs

Das Verhältnis zwischen der gezeichneten Vorlage (Zeichnungsgröße) und der wirklichen Größe wird Maßstab genannt.

$$\text{Maßstab} = \frac{\text{Zeichnungsgröße}}{\text{wirkliche Größe}}$$

■ **Beispiel 7.2:**

M = 1 : 10
10 → wirkliche Größe
1 → Zeichnungsgröße

Zeichnungsgröße 1 cm, wirkliche Größe 10 cm

Gebräuchliche Maßstäbe

Verkleinerungen

Maßstab	Verwendung
1 : 5	Detailpläne
1 : 10	Detailpläne
1 : 20	Bauausführungspläne
1 : 25	Bauausführungspläne
1 : 50	Bauausführungspläne
1 : 100	Baugesuchspläne
1 : 500	Lagepläne
1 : 1 000	Lagepläne
1 : 25 000	Messtischblätter, Wanderkarten

Vergrößerungen
2 : 1
5 : 1
10 : 1

Berechnung der Zeichnungsgröße

Alle in einer Zeichnung darzustellenden Objekte müssen einheitlich und maßstabgerecht aufgenommen werden. Dafür rechnet man ihre Originalmaße in die entsprechenden Zeichnungsgrößen um.

$$\text{Zeichnungsgröße} = \text{wirkliche Größe} \cdot \text{Maßstab}$$

■ **Beispiel 7.3:**

Eine Rohrleitung von 7,80 m Länge ist im Maßstab 1 : 50 in eine Zeichnung aufzunehmen.
Welche Abmessung hat die Zeichnungsgröße?

Lösung:

$$\text{Zeichnungsgröße} = 780\text{ cm} \cdot 1/50 = \frac{780}{50}\text{ cm} = \underline{\underline{15{,}6\text{ cm}}}$$

Beachten Sie: Da die Zeichnungsgröße immer in cm angegeben wird, muss auch die wirkliche Größe in cm umgerechnet werden.

Berechnung der wirklichen Größe

Mithilfe des Maßstabes können die tatsächlichen Abmessungen von Objekten berechnet werden, die in Zeichnungen – verkleinert oder vergrößert – dargestellt werden.

$$\text{wirkliche Größe} = \frac{\text{Zeichnungsgröße}}{\text{Maßstab}}$$

■ **Beispiel 7.4:**

In einer Zeichnung (Maßstab 1 : 250) beträgt die Länge eines Zaunes 35 cm.
Wie lang ist der Zaun wirklich?

Lösung:

$$\text{wirkliche Größe} = \frac{0{,}35\text{ m}}{1/250} = 0{,}35\text{ m} \cdot 250 = \underline{\underline{87{,}50\text{ m}}}$$

Beachten Sie: Da die wirkliche Größe immer in m geschrieben wird, muss auch die Zeichnungsgröße in m umgerechnet werden.

7.3 Zeichnungsbemaßung

Auch maßstabsgerechte Zeichnungen sind zu bemaßen. Dabei sind die Maße der wirklichen Größe einzusetzen. Wie die Eintragungen vorzunehmen sind, wird durch DIN 406 und DIN 1356 geregelt.

Bemaßung einer Bauzeichnung

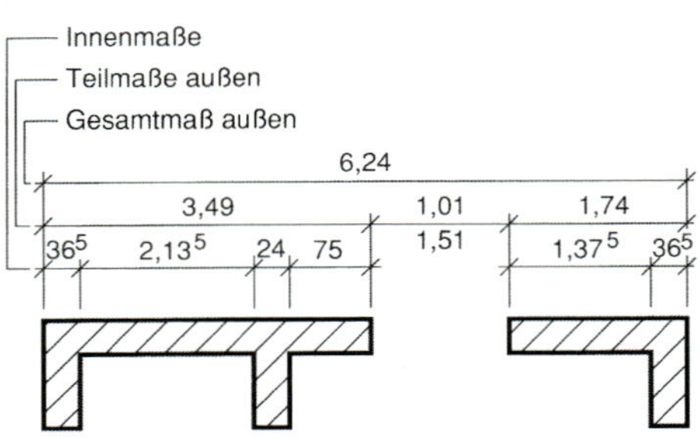

Bei einer Bauzeichnung liegen alle Maße in einer Maßkette an der Außenseite; der Maßstab ist anzugeben.

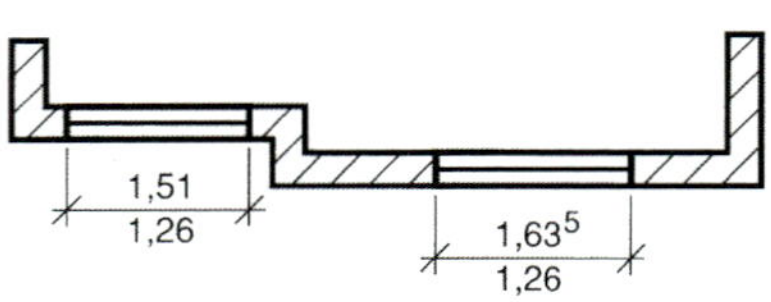

Wandöffnungen werden so bemaßt, dass die Breite über und die Höhe unter der Maßlinie angegeben wird.

Längenumrechnung

7.1 Rechnen Sie in mm, dm und m um.
a) 94 cm c) 7 cm
b) 16,5 cm d) 235,2 cm

7.2 Rechnen Sie in dm, cm und mm um.
a) 27,6 m c) 138,03 m
b) 4,25 m d) 0,24 m

7.3 Rechnen Sie in m, cm und mm um.
a) 3,08 dm c) 487,36 dm
b) 49,2 dm d) 0,16 dm

7.4 Rechnen Sie in cm, dm und m um.
a) 158 mm c) 69 mm
b) 386,40 mm d) 5 325 mm

7.5 Wie viel m sind
a) 214 cm d) 0,6 dm g) 394 mm
b) 9,1 cm e) 3,95 dm h) 56 mm
c) 0,8 cm f) 893,05 dm i) 8 590 mm

7.6 Wie viel dm sind
a) 631 m d) 54 cm g) 63 mm
b) 0,07 m e) 7,3 cm h) 5 mm
c) 12,30 m f) 125,2 cm i) 754 mm

7.7 Wie viel cm sind
a) 4,56 m d) 12,50 dm g) 94 mm
b) 0,08 m e) 564,2 dm h) 632 mm
c) 38,60 m f) 2,92 dm i) 9 mm

7.8 Wie viel mm sind
a) 6,72 m d) 38,90 dm g) 75 cm
b) 0,43 m e) 4,35 dm h) 42,5 cm
c) 0,04 m f) 0,74 dm i) 12,3 cm

7.9 Rechnen Sie in cm und mm um.
a) 3,485 m c) 408,00 m e) 6,675 m
b) 18,40 m d) 46,081 m f) 5,43 m

7.10 Addieren Sie nachstehende Längen (Ergebnis in m).
a) 8 m + 96 cm
b) 24 m + 4 dm + 36 cm
c) 6 m + 2,3 dm + 45 cm + 8 mm
d) 68 m + 8,9 dm + 7,4 cm + 12 mm
e) 17 dm + 680 mm
f) 925 cm + 1 280 mm

Maßstabrechnen

7.11 Wie viel cm lang sind die gegebenen wirklichen Längen in den Maßstäben a) 1 : 100, b) 1 : 50, c) 1 : 25 und d) 1 : 20 zu zeichnen?

Längen:

3,00 m	1,05 m
4,50 m	0,92 m
6,30 m	0,68 m
7,10 m	52 cm
9,25 m	74 cm

7.12 Wie viel cm lang sind die gegebenen wirklichen Längen in den Maßstäben a) 1 : 10, b) 1 : 5, c) 1 : 20 und d) 1 : 25 zu zeichnen?
e) Rechnen Sie diese Längen in dm um.

Längen:

0,60 m	1,36 m
0,80 m	2,08 m
0,24 m	1,55 m
0,72 m	65 cm
0,12 m	4 cm

7.13 Die im Maßstab 1 : 20 aufgetragenen Längen betragen in einer Zeichnung
a) 12 cm, b) 14,2 cm, c) 0,7 cm, d) 6,8 cm.
Wie groß sind die wirklichen Längen in m?

7.14 In einer Zeichnung, die im Maßstab 1 : 5 angefertigt ist, werden folgende Längen gemessen:
a) 18 cm, b) 7,8 cm, c) 35,2 cm, d) 0,8 cm, e) 6,25 cm.
Wie groß sind die wirklichen Längen in m?

7.15 Die im Maßstab 1 : 10 aufgetragenen Längen betragen in einer Zeichnung
a) 21 cm, b) 5,6 cm, c) 14,75 cm, d) 0,85 cm, e) 9,4 cm.
Wie groß sind die wirklichen Längen in m?

7.16 In drei Zeichnungen (a, b, c) ist die Länge eines Gebäudes von 14,80 m eingetragen. Gezeichnet ist die Länge
a) 29,6 cm, b) 14,8 cm, c) 7,4 cm.
In welchen Maßstäben ist gezeichnet worden?

7.17 Ein Firmenschild ist 6,40 m lang und 2,30 m breit. Um die Wirkung der Beschriftung in verschiedenen Größen festzustellen, werden Skizzen und Modelle im Maßstab
a) 1 : 5, b) 1 : 20 und c) 1 : 50 angefertigt.
Welche Abmessungen haben die Skizzen?

7.18 Die Skizze für eine Giebelbeschriftung ist
a) 26 cm x 45 cm, b) 18 cm x 34 cm, c) 58 cm x 72 cm.
Wie groß sind die Originalflächen, wenn die Skizzen im Maßstab 1 : 25 angefertigt wurden?

7.19 Im Grundrissplan einer Wohnung sind die einzelnen Räume in folgenden Abmessungen aufgezeichnet:
Wohnraum 32 mm x 23 mm, Schlafzimmer 24 mm x 21 mm, Kinderzimmer 23 mm x 19 mm, Küche 14 mm x 18 mm.
a) Wie groß sind die wirklichen Abmessungen der Räume in m, wenn der Plan im Maßstab 1 : 200 gezeichnet ist?
b) Berechnen Sie die Zeichenmaße in cm, wenn die Räume im M 1 : 50 abgebildet sind.

7.20 Die Höhenmaße in der Wohnung (7.19) sind in der Bauzeichnung M 1 : 200 folgende: Raumhöhen 14 mm; Türen 10, 5 mm; Fenster 7 mm.
Wie groß sind die wirklichen Höhenmaße?

8 Flächenberechnung

Für den einheitlichen Gebrauch von Formelzeichen und zur einheitlichen Schreibweise in der Aufmaßtechnik wurde Folgendes vereinbart:

Bedeutung	Formelzeichen	Einheit
messbare Längen	$l; l_1; l_2; l_3$	m
Höhe, auch Körperhöhe	h	m
Seitenhöhe	h_s	m
Kreisdurchmesser	$d; d_1; d_2$	m
Durchmesser der Ellipse	$d_1; d_2$	m
Kreiskonstante		3,14...

Bedeutung	Formelzeichen	Einheit
Kreisbogen	b	m
Sehne	l	m
Radius	r	m
Grundlinie des Dreiecks	l	m
Fläche, allgemein	A	m²
Umfang, Abwicklung	U	m

8.1 Flächeneinheiten und -umrechnung

Eine Fläche hat zwei Längenausdehnungen. Auch hier gilt als Basiseinheit das Meter (m). Die Flächeneinheit ist also das Quadratmeter (m²).

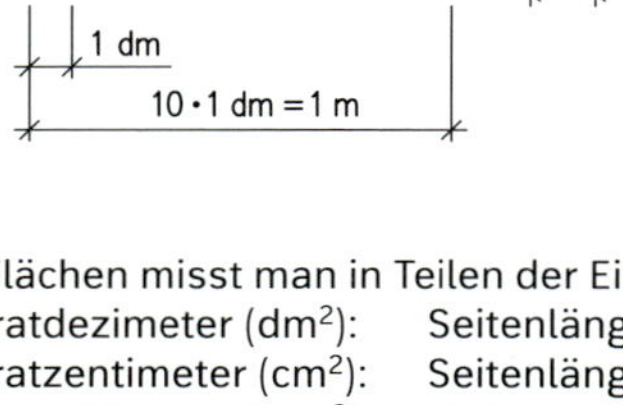

Kleine Flächen misst man in Teilen der Einheit m²:
1 Quadratdezimeter (dm²): Seitenlänge 1 dm
1 Quadratzentimeter (cm²): Seitenlänge 1 cm
1 Quadratmillimeter (mm²): Seitenlänge 1 mm

Große Flächen misst man in Vielfachen der Einheit m²:
1 Ar (a): Seitenlänge 10 m
1 Hektar (ha): Seitenlänge 100 m
1 Quadratkilometer (km²):
Seitenlänge 1 000 m = 1 km

Flächenumrechnung

Zwischen der Einheit m² und ihren Teilen und Vielfachen bestehen folgende Gleichungen:

$1\ m^2 = 100\ dm^2 = 10\,000\ cm^2 = 1\,000\,000\ mm^2$
$1\ dm^2 = 100\ cm^2 = 10\,000\ mm^2$
$1\ cm^2 = 100\ mm^2$

$1\ mm^2 = 0{,}01\ cm^2 = 0{,}0001\ dm^2 = 0{,}000001\ m^2$
$1\ cm^2 = 0{,}01\ dm^2 = 0{,}0001\ m^2$
$1\ dm^2 = 0{,}01\ m^2$

$1\ km^2 = 100\ ha = 10\,000\ a = 1\,000\,000\ m^2$
$1\ ha = 100\ a = 10\,000\ m^2$
$1\ a = 100\ m^2$

$1\ m^2 = 0{,}01\ a = 0{,}0001\ ha = 0{,}000001\ km^2$

Flächen mit einer anderen Einheit als m^2 werden im Maler- und Lackiererhandwerk immer in m^2 umgerechnet.
Durch Multiplikation oder Division mit der Umrechnungszahl 100 erhält man Vielfache oder Teile des Quadratmeters.

■ **Beispiel 8.1:**

Eine Metallplatte mit 1 234 600 mm^2 soll beschichtet werden.
Wie groß ist die Beschichtungsfläche in m^2?

Lösung:
1 234 600 mm^2
→ Komma 2 Stellen nach links gibt: 1 2 3 4 6 cm^2
→ Komma noch 2 Stellen nach links: 1 2 3,4 6 dm^2
→ Komma noch 2 Stellen nach links: 1,2 3 4 6 m^2
$\underline{\underline{1{,}2346\ m^2}}$

8.2 Viereckige Flächen

Quadrat

$A = l \cdot l$

$U = l \cdot 4$

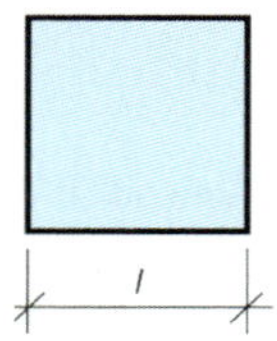

■ **Beispiel 8.2:**

Eine quadratische Wand hat eine Seitenlänge von 2,75 m.
Berechnen Sie die Fläche der Wand und deren Umfang.
Lösung:

$A = 2{,}75\ m \cdot 2{,}75\ m = \underline{\underline{7{,}56\ m^2}}$

$U = 2{,}75\ m \cdot 4 = \underline{\underline{11{,}00\ m}}$

Beachten Sie: Bei den folgenden Praxisbeispielen aus dem Maler- und Lackiererhandwerk wird – wie im Aufmaßschreiben üblich – das Einheitenzeichen m weggelassen. Bei allen anderen Aufgaben wird selbstverständlich die mathematisch korrekte Schreibweise mit allen Einheitenzeichen benutzt.

Rechteck

$A = l_1 \cdot l_2$

$U = (l_1 + l_2) \cdot 2$

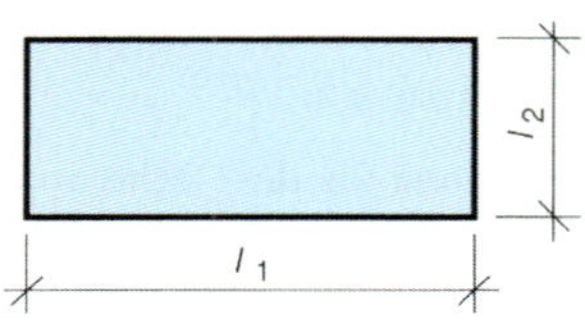

■ **Beispiel 8.3:**

Eine Fassadenwand hat eine Länge l_1, von 7,65 m und l_2 von 3,35 m.
Wie groß sind die Fläche und der Umfang?

Lösung:

$A = 7{,}65 \cdot 3{,}35 = \underline{\underline{25{,}63\ m^2}}$

$U = (7{,}65 + 3{,}35) \cdot 2 = \underline{\underline{22{,}00\ m}}$

Parallelogramm (Rhomboid)

$A = l_1 \cdot h$

$U = (l_1 + l_2) \cdot 2$

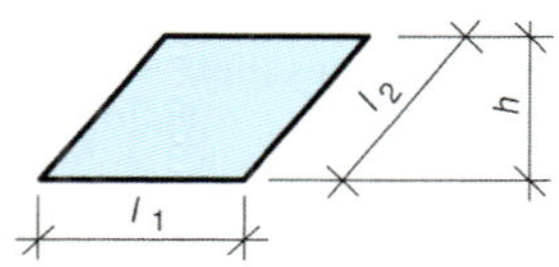

■ **Beispiel 8.4:**

Eine Blechplatte in der Form eines Parallelogramms soll beschichtet werden. Die Länge l_1 beträgt 3,65 m, l_2 = 3,70 m und die Höhe h = 1,36 m.
Berechnen Sie Fläche und Umfang.

Lösung:
$A = 3{,}65 \cdot 1{,}36 = \underline{\underline{4{,}96\ m^2}}$

$U = (3{,}65 + 3{,}70) \cdot 2 = \underline{\underline{14{,}70\ m}}$

Trapez

$A = \frac{l_1 + l_3}{2} \cdot h$

$U = l_1 + l_2 + l_3 + l_4$

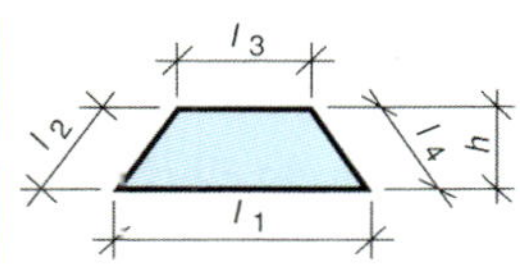

■ **Beispiel 8.5:**

Eine Giebeloberseite hat die Form eines Trapezes.
a) Wie groß ist die Giebelfläche, wenn l_1 = 5,40 m, l_3 = 3,70 m und h = 2,25 m betragen?
b) Wie groß ist der Umfang ($l_2 = l_4$ = 2,41 m)?

Lösung:

a) $A = \frac{5{,}40 + 3{,}70}{2} \cdot 2{,}25 = \underline{\underline{10{,}24\ m^2}}$

b) $U = 5{,}40 + 2{,}41 + 3{,}70 + 2{,}41 = \underline{\underline{13{,}92\ m}}$

8.3 Dreieckige Flächen

Unregelmäßiges Dreieck

$$A = \frac{l_1 \cdot h}{2}$$

$$U = l_1 + l_2 + l_3$$

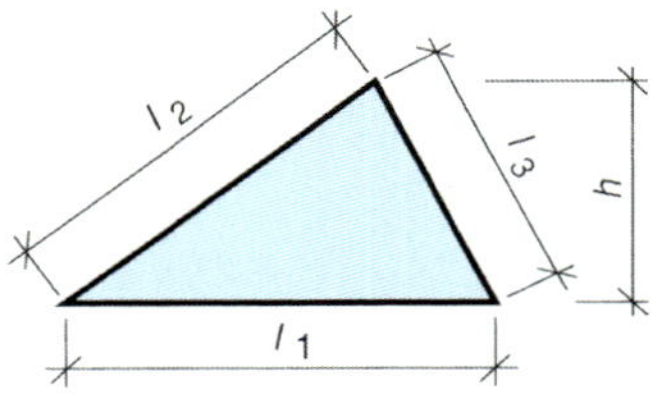

■ **Beispiel 8.6:**

Ein dreieckiges Blech soll beschichtet werden. Es hat die Maße $l_1 = 2{,}90$ m, $l_2 = 2{,}77$ m, $l_3 = 1{,}80$ m, $h = 1{,}70$ m.

a) Wie groß ist die zu beschichtende Fläche?
b) Wie groß ist der Umfang des Dreiecks?

Lösung

a) $A = \frac{2{,}90 \cdot 1{,}70}{2} = \underline{\underline{2{,}47 \text{ m}^2}}$

b) $U = 2{,}90 + 2{,}77 + 1{,}80 = \underline{\underline{7{,}47 \text{ m}}}$

Rechtwinkliges Dreieck

In einem rechtwinkligen Dreieck heißen die Seiten, die den rechten Winkel einschließen, Katheten, und die dem rechten Winkel gegenüberliegende Seite heißt Hypotenuse.

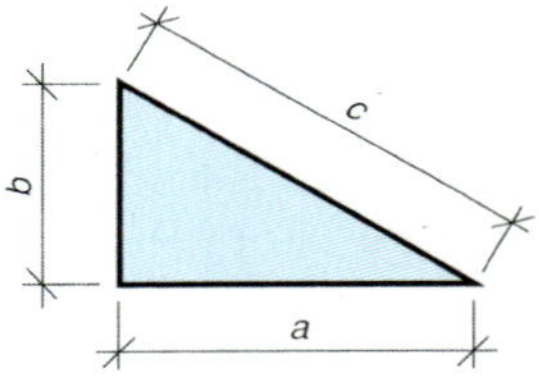

Satz des Pythagoras:
Das Quadrat über der Hypotenuse ist gleich der Summe der Quadrate über den Katheten.

$$c^2 = a^2 + b^2$$
$$a^2 = c^2 - b^2$$
$$b^2 = c^2 - a^2$$

$$c = \sqrt{a^2 + b^2}$$
$$a = \sqrt{c^2 - b^2}$$
$$b = \sqrt{c^2 - a^2}$$

■ **Beispiel 8.7:**

Eine rechteckige Decke soll nach Aufteilung durch die Diagonale zweifarbig beschichtet werden. Die Ränder der entstandenen Dreiecke werden mit einer Profilleiste abgeschlossen. Wie viel Meter Profilleiste werden benötigt, wenn der Raum 8,50 m lang und 7,50 m breit ist?

Lösung:
Länge der Diagonalen

$c = \sqrt{8{,}50 \cdot 8{,}50 + 7{,}50 \cdot 7{,}50} = \underline{\underline{11{,}34 \text{ m}}}$

Länge der Profilleiste
$l = (8{,}50 + 7{,}50) \cdot 2 + 11{,}34 = \underline{\underline{43{,}34 \text{ m}}}$

8.4 Runde Flächen

Kreis

$$r = \frac{d}{2}$$

$$A = \frac{d}{2} \cdot \frac{d}{2} \cdot 3{,}14$$

$$U = d \cdot 3{,}14$$

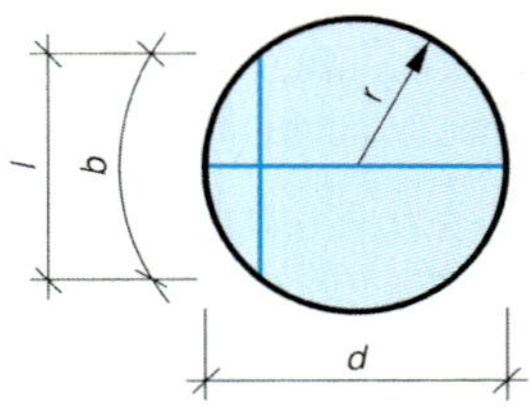

d = Durchmesser
r = Radius
l = Sehne
b = Bogen

■ **Beispiel 8.8:**

Berechnen Sie die Fläche und den Umfang eines runden Fensters mit $d = 1{,}70$ m.

Lösung:

$A = \frac{1{,}70}{2} \cdot \frac{1{,}70}{2} \cdot 3{,}14 = \underline{\underline{2{,}27 \text{ m}^2}}$
$U = 1{,}70 \cdot 3{,}14 = \underline{\underline{5{,}34 \text{ m}}}$

Halbkreis

$$A = \frac{d}{2} \cdot \frac{d}{2} \cdot 3{,}14 \cdot \frac{1}{2}$$

$$b = d \cdot 3{,}14 \cdot \frac{1}{2}$$

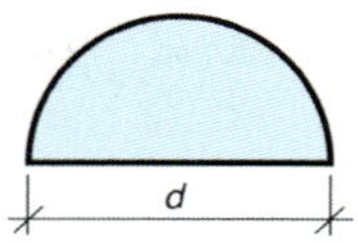

■ **Beispiel 8.9:**

Von einer halbkreisförmigen Öffnung mit d = 0,75 m sind die Fläche und der Umfang zu bestimmen.

Lösung:

$A = \frac{0{,}75}{2} \cdot \frac{0{,}75}{2} \cdot 3{,}14 \cdot \frac{1}{2} = \underline{\underline{0{,}22\ m^2}}$

$b = 0{,}75 \cdot 3{,}14 \cdot \frac{1}{2} = \underline{\underline{1{,}18\ m}}$

Viertelkreis

$$A = \frac{d}{2} \cdot \frac{d}{2} \cdot 3{,}14 \cdot \frac{1}{4}$$

$$b = d \cdot 3{,}14 \cdot \frac{1}{4}$$

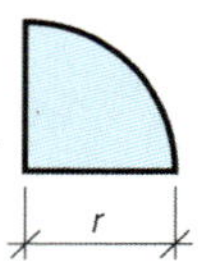

■ **Beispiel 8.10:**

Von einer viertelkreisförmigen Tischplatte sollen die Fläche und der Umfang bestimmt werden. Der Radius beträgt 1,20 m.

Lösung:

$\frac{d}{2} = r$

$A = 1{,}20 \cdot 1{,}20 \cdot 3{,}14 \cdot \frac{1}{4} = \underline{\underline{1{,}13\ m^2}}$

$U = 2 \cdot 1{,}20 + 2{,}40 \cdot 3{,}14 \cdot \frac{1}{4} = \underline{\underline{4{,}28\ m}}$

Kreisausschnitt

$$b = \frac{r \cdot 3{,}14 \cdot \alpha}{180°}$$

$$A = \frac{r \cdot r \cdot 3{,}14 \cdot \alpha}{360°}$$

$$A = \frac{b \cdot r}{2}$$

$$U = b + r \cdot 2$$

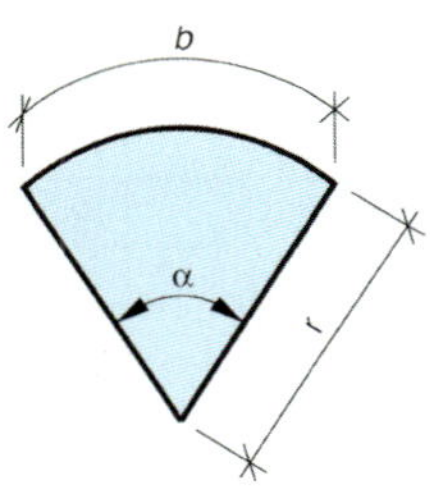

■ **Beispiel 8.11:**

Das abgebildete Abdeckblech wird einseitig beschichtet; dazu muss der Rand abgeklebt werden.

a) Wie groß ist die Beschichtungsfläche?

b) Wie viel m Klebeband werden benötigt?

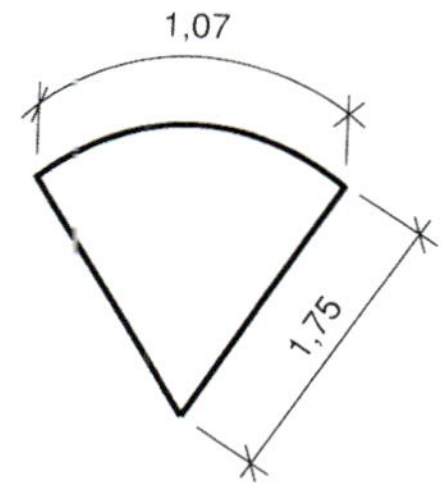

Lösung: a) $A = \frac{1{,}07 \cdot 1{,}75}{2} = \underline{\underline{0{,}94\ m^2}}$

b) $U = 1{,}07 + 1{,}75 \cdot 2 = \underline{\underline{4{,}57\ m}}$

Kreisabschnitt

$$A \approx \frac{2}{3} \cdot l \cdot h$$

$$U = b + l$$

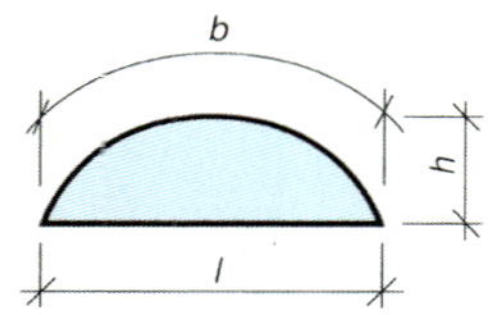

■ **Beispiel 8.12:**

Berechnen Sie Fläche und Umfang des Kreisabschnittes mit l = 1,60 m, h = 0,28 m, b = 1,73 m.

Lösung: $A = \frac{2}{3} \cdot 1{,}60 \cdot 0{,}28 = \underline{\underline{0{,}30\ m^2}}$

$U = 1{,}73 + 1{,}60 = \underline{\underline{3{,}33\ m}}$

Kreisring

$$A = \left(\frac{d_1}{2} \cdot \frac{d_1}{2} - \frac{d_2}{2} \cdot \frac{d_2}{2}\right) \cdot 3{,}14$$

$$U_a = d_1 \cdot 3{,}14$$

$$U_i = d_2 \cdot 3{,}14$$

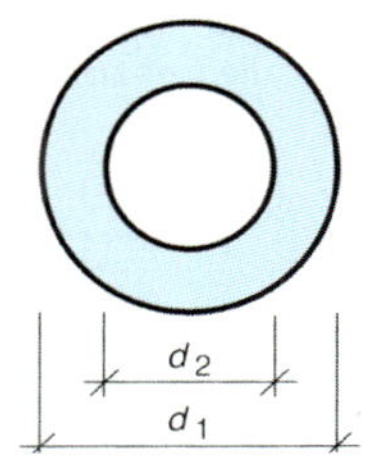

■ **Beispiel 8.13:**

In einer runden Decke mit d_1 = 7,50 m befindet sich ein rundes Fenster mit einem Durchmesser von d_2 = 2,66 m.

Bestimmen Sie die Deckenfläche ohne Fenster sowie deren Umfang.

Lösung:

$A = \left(\frac{7{,}50}{2} \cdot \frac{7{,}50}{2} - \frac{2{,}66}{2} \cdot \frac{2{,}66}{2}\right) \cdot 3{,}14 = \underline{\underline{38{,}60\ m^2}}$

$U = (7{,}50 + 2{,}66) \cdot 3{,}14 = \underline{\underline{31{,}90\ m}}$

Ellipse

$$A = \frac{d_1}{2} \cdot \frac{d_2}{2} \cdot 3{,}14 \qquad U = \frac{d_1 + d_2}{2} \cdot 3{,}14$$

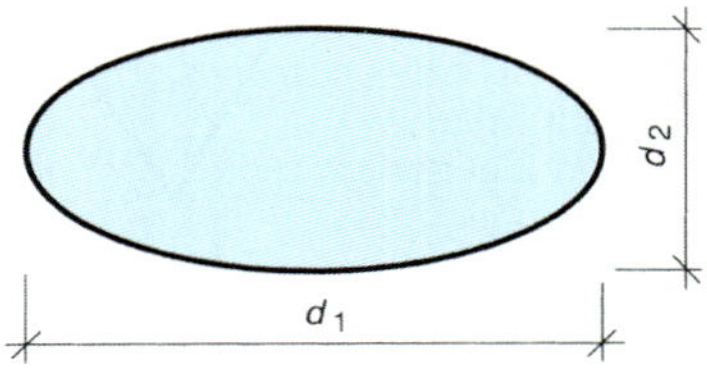

■ **Beispiel 8.14:**

Von einer Ellipse mit $d_1 = 7{,}50$ m und $d_2 = 3{,}20$ m sollen der Flächeninhalt und der Umfang bestimmt werden.

Lösung:

$$A = \frac{7{,}50}{2} \cdot \frac{3{,}20}{2} \cdot 3{,}14 = \underline{\underline{18{,}84\ m^2}}$$

$$U = \frac{7{,}50 + 3{,}20}{2} \cdot 3{,}14 = \underline{\underline{16{,}80\ m}}$$

Halbellipse

$$A = \frac{d_1}{2} \cdot \frac{d_2}{2} \cdot 3{,}14 \cdot \frac{1}{2} \qquad U = \frac{d_1 + d_2}{2} \cdot 3{,}14 \cdot \frac{1}{2} + d_1$$

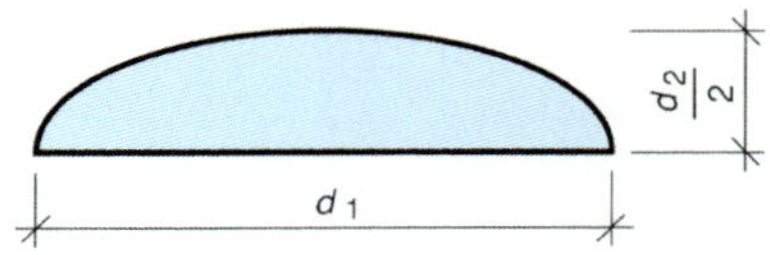

■ **Beispiel 8.15:**

Für eine Halbellipse mit $d_1 = 5{,}40$ m und $\frac{d_2}{2} = 1{,}10$ m sollen der Flächeninhalt und der Umfang bestimmt werden.

Lösung:

$$A = \frac{5{,}40}{2} \cdot 1{,}10 \cdot 3{,}14 \cdot \frac{1}{2} = \underline{\underline{4{,}66\ m^2}}$$

$$U = \left(\frac{5{,}40}{2} + 1{,}10\right) \cdot 3{,}14 \cdot \frac{1}{2} + 5{,}40 = \underline{\underline{11{,}37\ m}}$$

8.5 Zusammengesetzte Flächen

Zusammengesetzte Flächen werden in Teilflächen aufgeteilt. Durch Summieren der Teilflächen erhält man die Gesamtfläche.

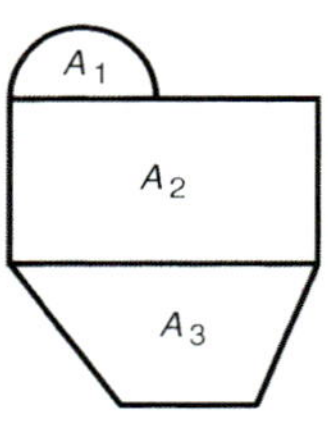

■ **Beispiel 8.16:**

Berechnen Sie den Flächeninhalt der aus verschiedenen geometrischen Figuren zusammengesetzten Fläche.

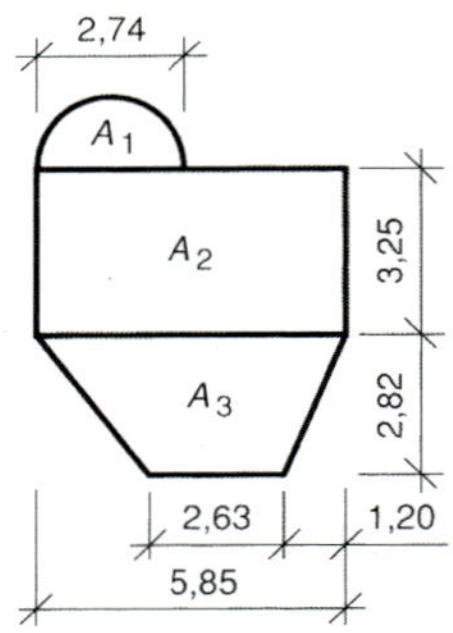

Lösung:

Teilfläche	Aufmaß	Ergebnis
A_1 Halbkreis	$\frac{2{,}74}{2} \cdot \frac{2{,}74}{2} \cdot 3{,}14 \cdot \frac{1}{2}$	2,95 m²
A_2 (Rechteck)	+ 5,85 · 3,25	+ 19,01 m²
A_3 (Trapez)	$\frac{5{,}85 + 2{,}63}{2} \cdot 2{,}82$	+ 11,96 m²
Gesamtfläche		$A_G = \underline{\underline{33{,}92\ m^2}}$

8.1 bis **8.12** Berechnen Sie den Umfang und die Fläche der folgenden Figuren. Die Zeichnungen sind nicht maßstäblich.

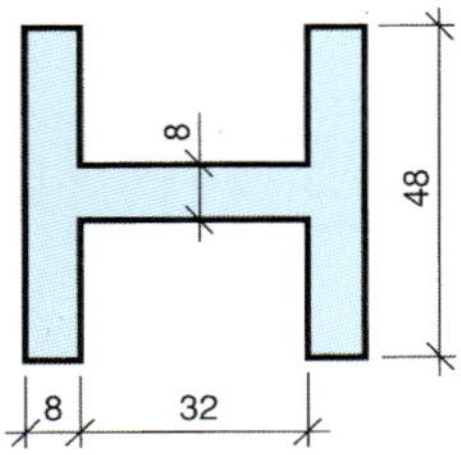

8.1

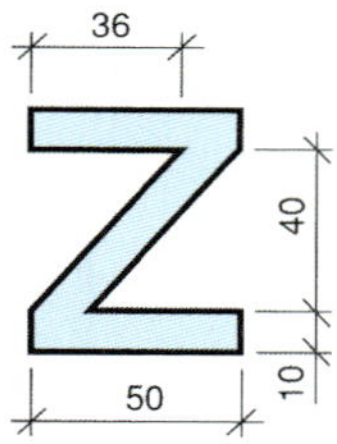

8.2

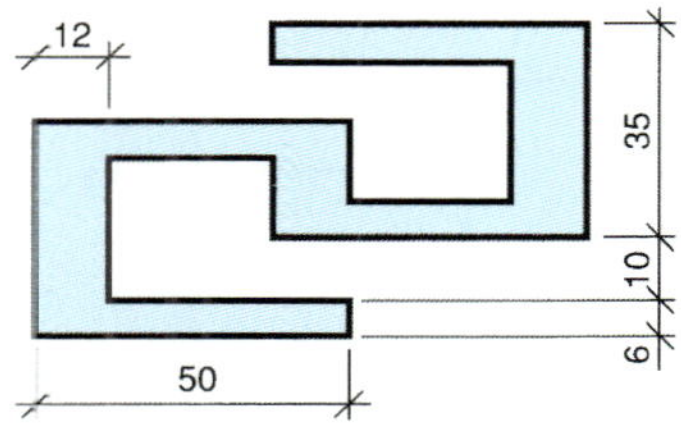

8.3

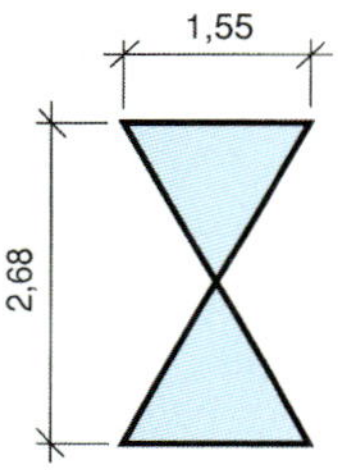

8.4

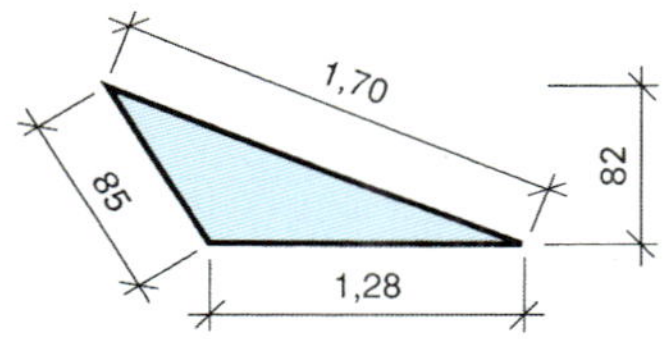

8.5

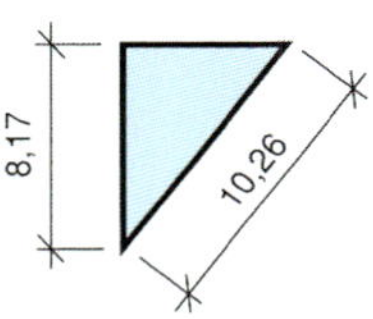

8.6

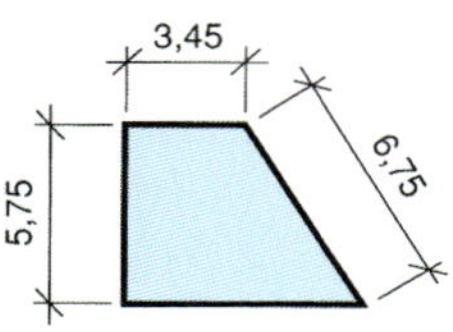

8.7

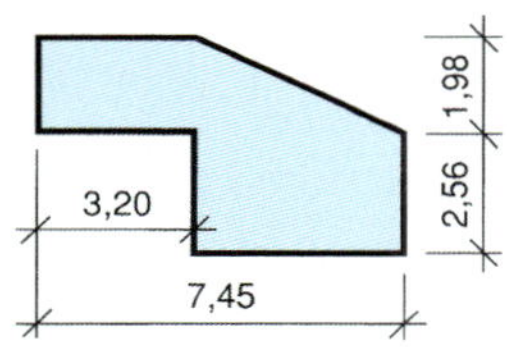

8.8

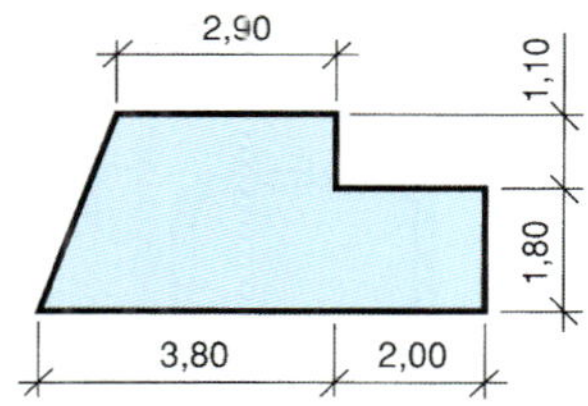

8.9

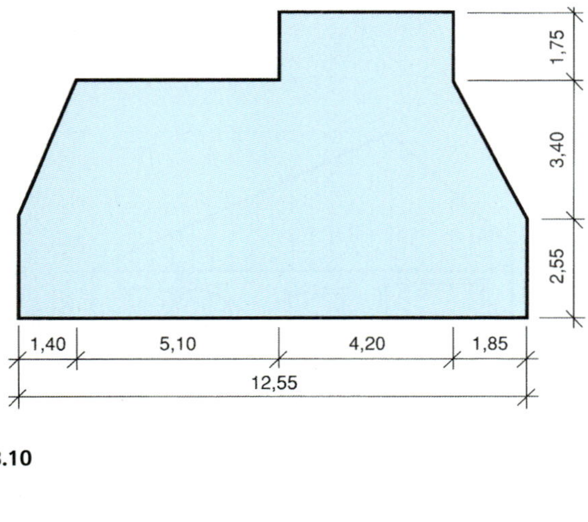

8.10

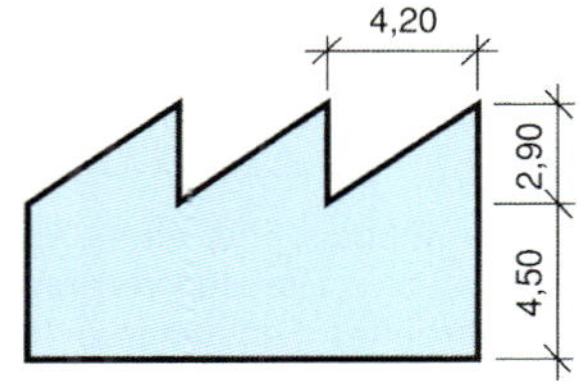

8.11

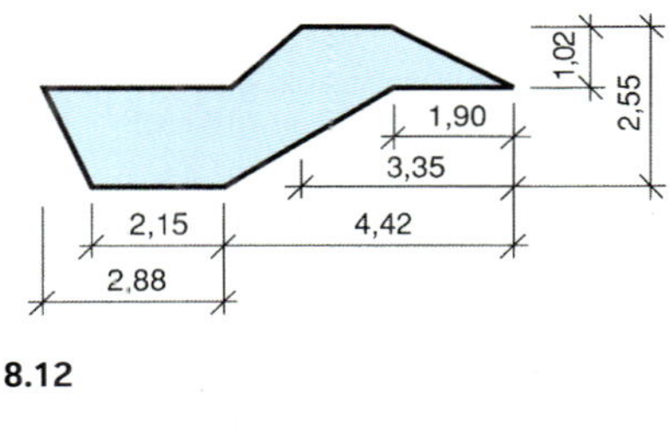

8.12

8.13 bis **8.18** Berechnen Sie den Umfang und die Fläche der folgenden Figuren. Die Zeichnungen sind nicht maßstäblich.

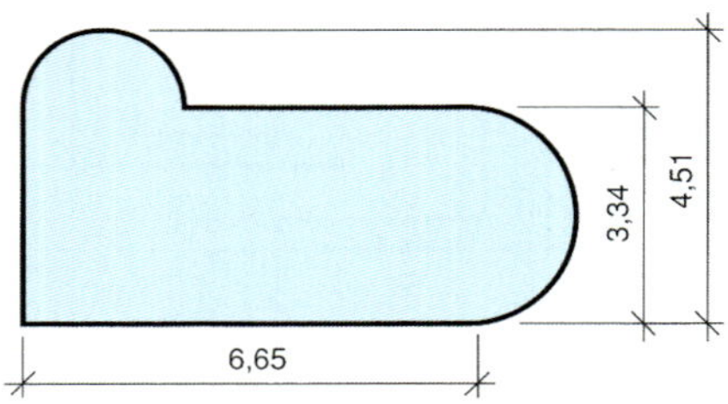

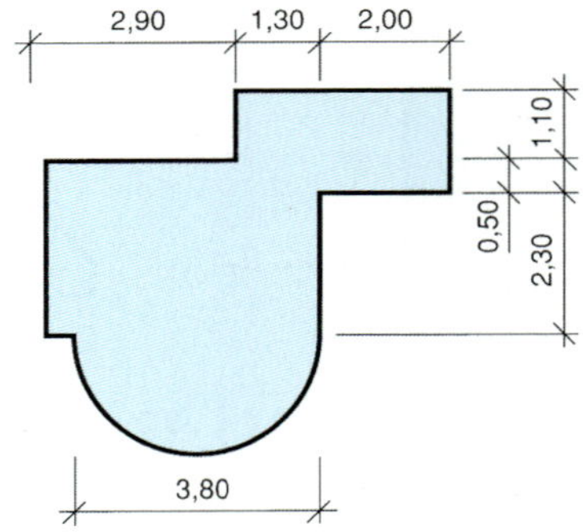

8.13

8.14

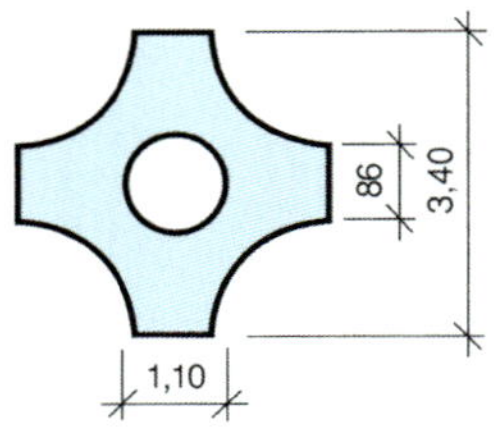

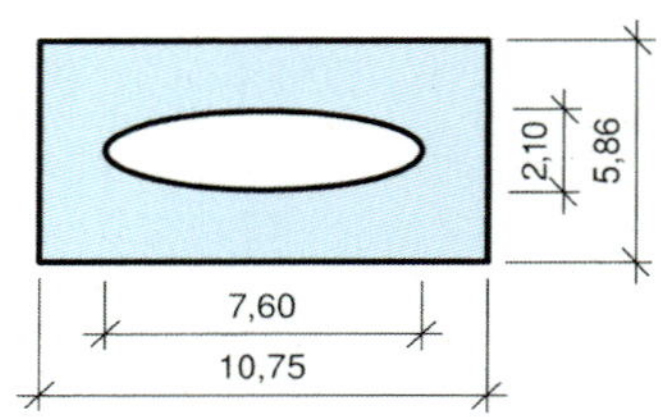

8.15

8.16

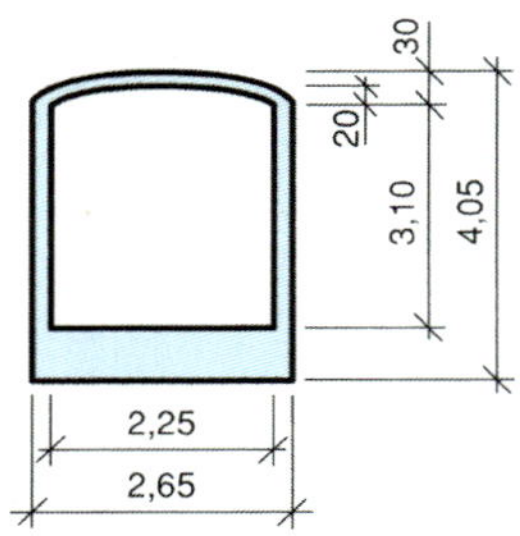

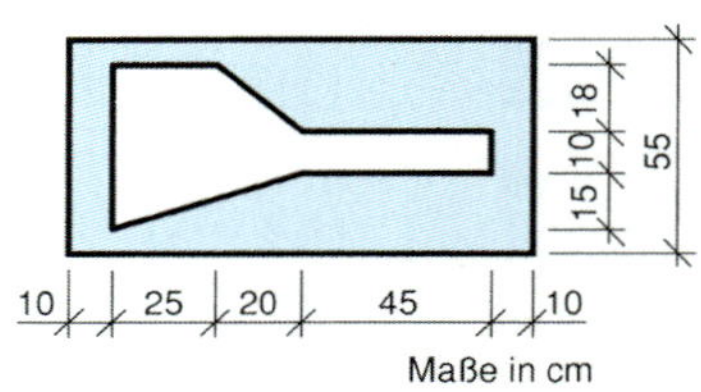

8.17

8.18

8.19 Die Giebelwand eines Einfamilienhauses ist zu beschichten. Die Holzverbretterung wird mit KD-Farbe bearbeitet. Fenster und Türen haben Faschen, die farbig abgesetzt werden.
Berechnen Sie
a) die Fläche der Holzverbretterung,
b) die Fassadenfläche abzüglich Öffnungen,
c) die Faschenfläche (Breite 10 cm).

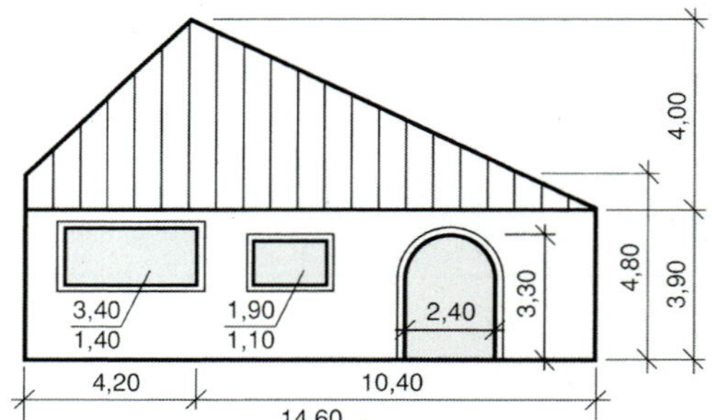

8.20 Die abgebildete Fassadenfläche ist für eine Beschichtung zu berechnen; Öffnungsflächen sind abzuziehen.

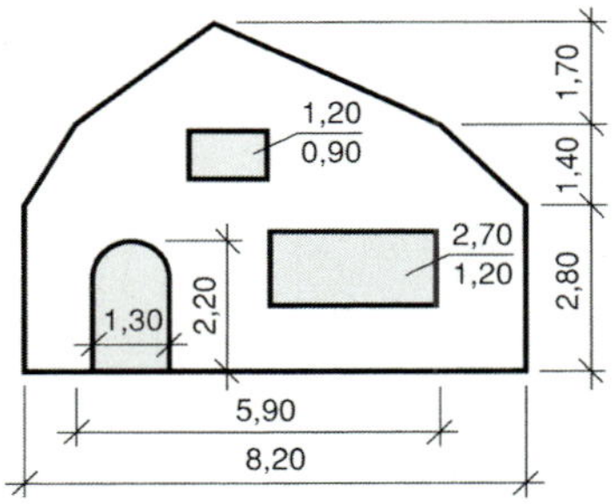

8.21 Der Giebel der abgebildeten Fabrikhalle wird renoviert.

a) Berechnen Sie die Giebelfläche abzüglich Öffnungen.

b) Wie viel m Klebeband wird benötigt, um die Öffnungen rundum abzukleben?

c) Wie viel m² Abdeckfolie werden insgesamt für das Abkleben der Öffnungen benötigt?

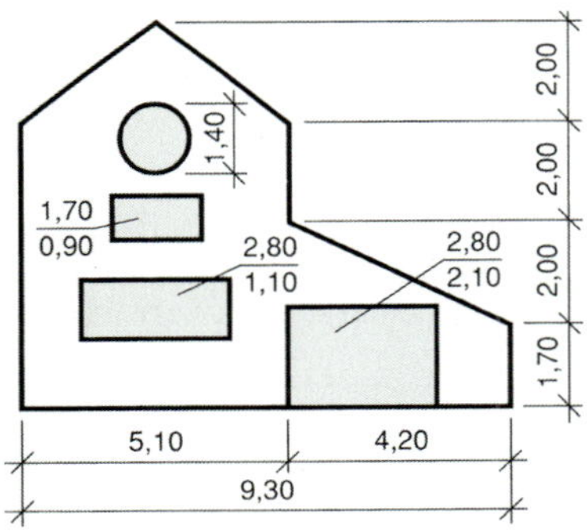

8.22 Eine Fassadenwand (Abb. rechts oben) wird mit Dispersionsfarbe beschichtet. Die Fensteröffnungen werden mit einem Ritzer im Abstand von 5 cm umrahmt; die Sockelfläche wird lackiert. Berechnen Sie

a) die Fassadenfläche,

b) die Länge der Ritzer,

c) die Sockelfläche.

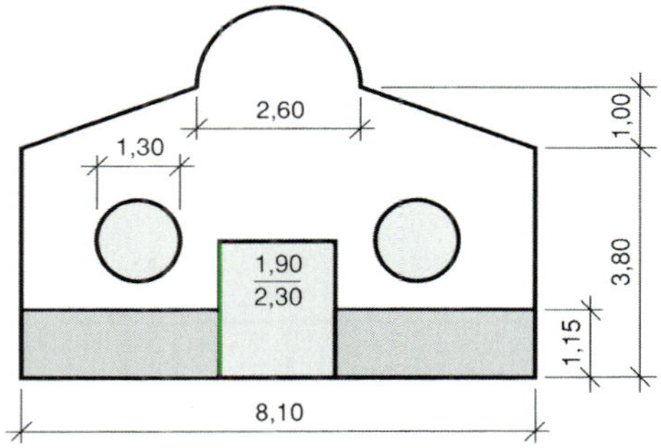

8.23 Eine Giebelfläche weist Haarrisse auf und soll saniert werden.

a) Berechnen Sie die Giebelfläche abzüglich Öffnungen.

b) Wie viel m² Armierungsgewebe werden benötigt, wenn mit 6,5 % Verschnitt gerechnet werden muss?

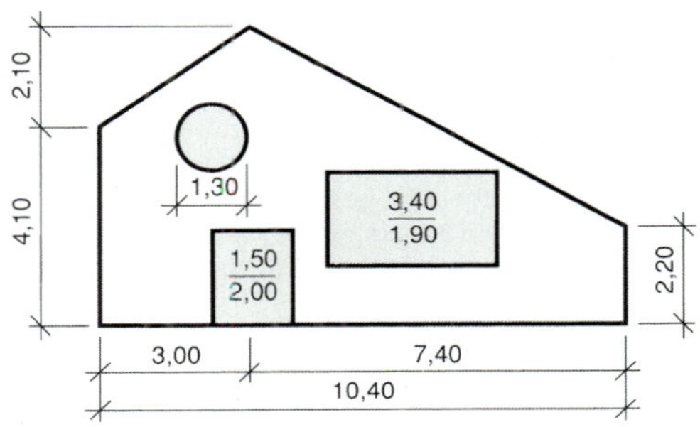

8.24 Der Fußboden des im Grundriss gezeigten Wohnraumes soll mit Teppichboden ausgelegt und mit neuen Fußleisten versehen werden.

Berechnen Sie,

a) wie viel m² Teppichboden (einschließlich 8 % Verschnitt),

b) wie viel m Fußleiste (einschließlich 3,5 % Verschnitt) bestellt werden müssen.

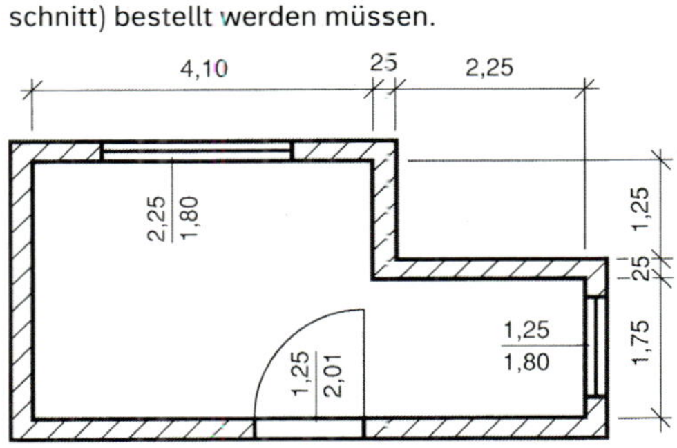

8.25 Die abgebildete Decke eines Erkerzimmers soll gestrichen werden. Umlaufend ist außerdem ein Wandfries von 15 cm Breite im Farbton der Deckenfarbe vorgesehen. Die Rosetten werden zusätzlich farbig abgesetzt. Berechnen Sie

a) die gesamte Deckenfläche einschließlich der Friesfläche in m^2,

b) die Rosettenflächen.

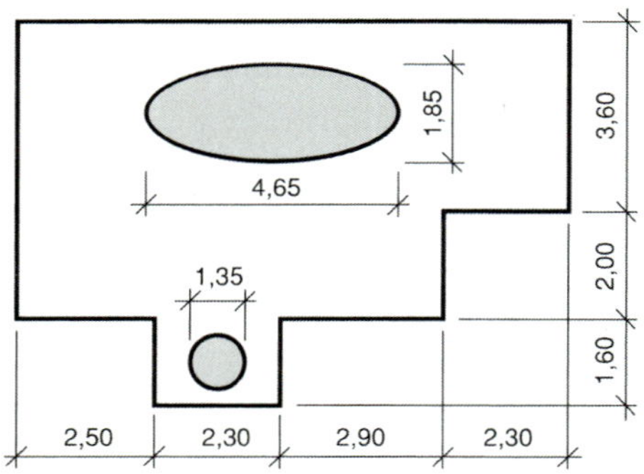

8.26 Die abgebildete Decke eines Cafehauses wird restauriert. Ein ovaler Deckenspiegel muss gereinigt und dessen Rahmen mit Blattgold belegt werden. Die übrige Deckenfläche wird gestrichen.

a) Wie groß ist die zu reinigende Fläche?

b) Wie viel Blattgold wird benötigt, wenn ein Blatt die Größe von 8 cm x 8 cm hat?

c) Wie viel m^2 Deckenfläche werden gestrichen?

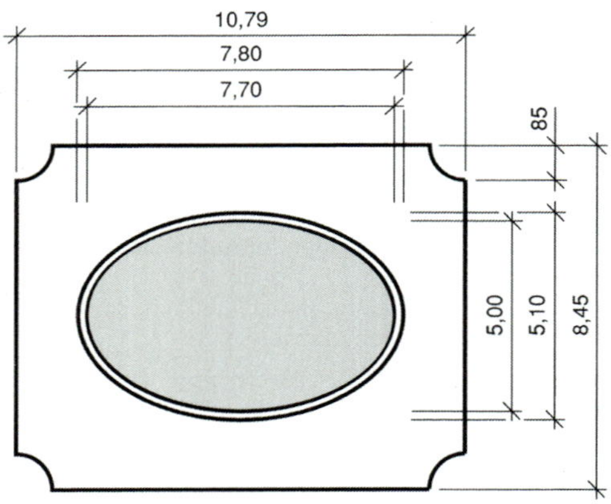

8.27 Eine Wand mit zwei Nischen wird tapeziert. Die Nischenrückwände werden gestrichen. Wie groß ist die zu streichende, und wie groß ist die zu tapezierende Fläche?

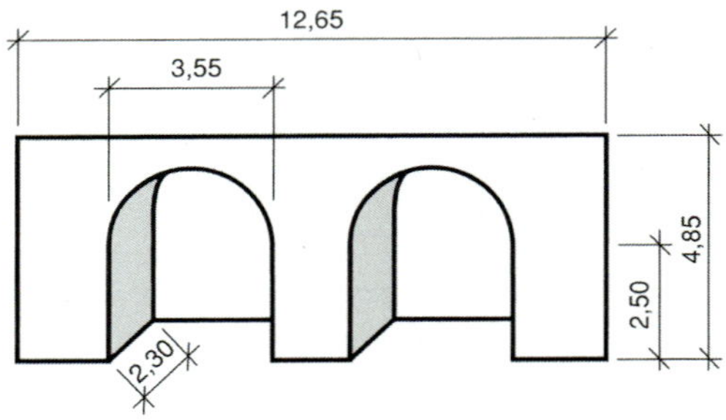

8.28 Eine Lackiererei erhält den Auftrag, für eine Schilderwerkstatt 38 Aluminiumplatten beidseitig mit Acrylklarlack zu beschichten.

Berechnen Sie die Beschichtungsfläche aller Platten.

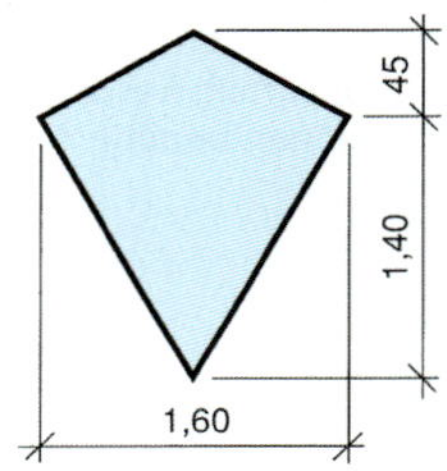

8.29 Für eine Möbelbaufirma soll eine Lackiererei 125 Tischplatten aus Eichenholz mit 2K-Lack beidseitig beschichten.

Berechnen Sie die gesamte Beschichtungsfläche.

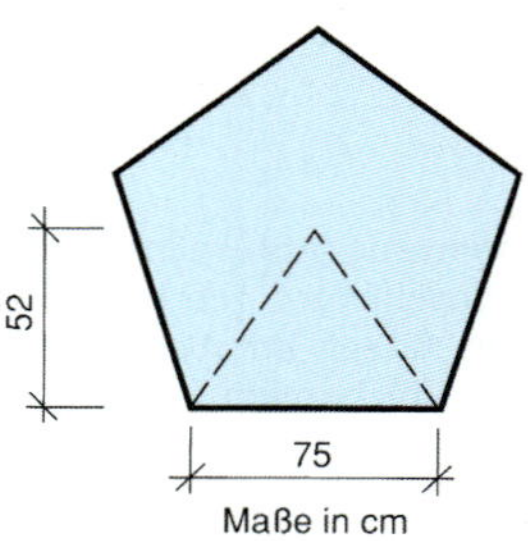

8.30 Acht Seitenteile von Fertigungsmaschinen aus Stahlblech sollen vor der Montage von einer Lackiererei beidseitig mit 2K-Acryllack beschichtet werden. Wie groß ist die zu behandelnde Fläche?

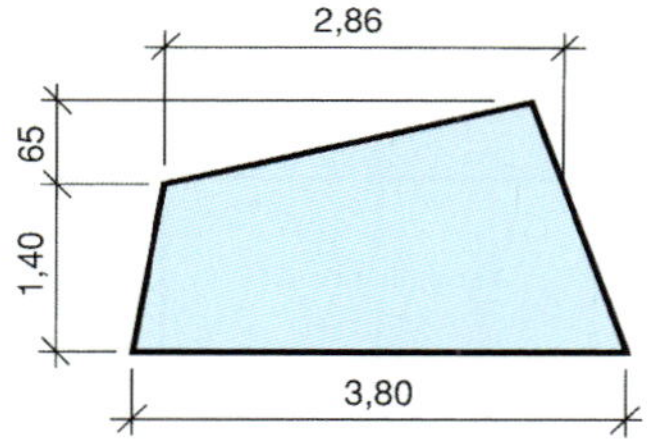

8.31 Ermitteln Sie die Beschichtungsfläche für 35 der abgebildeten Stahlbleche, die mit Epoxidharzlack beschichtet werden sollen.

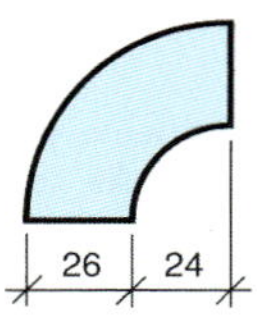

8.32 Eine Werbefirma erteilt einer Lackiererei den Auftrag, 112 Formteile aus Sperrholz beidseitig mit Polyurethanlack zu beschichten.
Wie groß ist die Beschichtungsfläche?

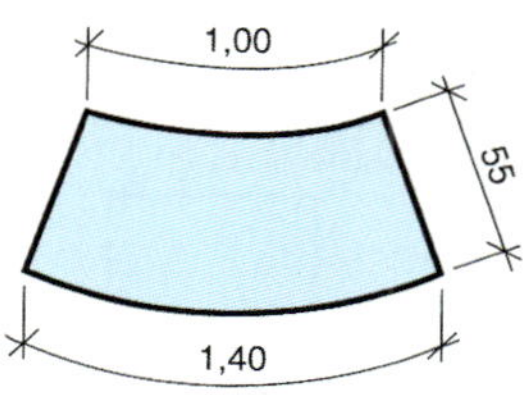

8.33 Für eine Innenausbaufirma sollen 45 Bauelemente aus Schichtholz beidseitig lackiert werden. Berechnen Sie die Beschichtungsfläche.

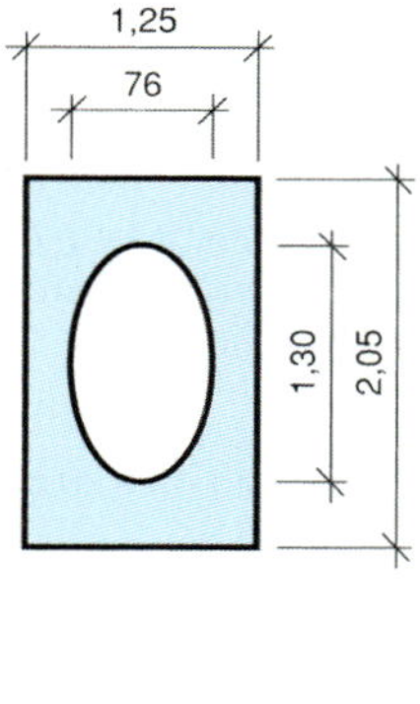

8.34 In einem Industrieunternehmen sind 85 Formbleche beidseitig zu lackieren. Wie groß ist die Beschichtungsfläche?

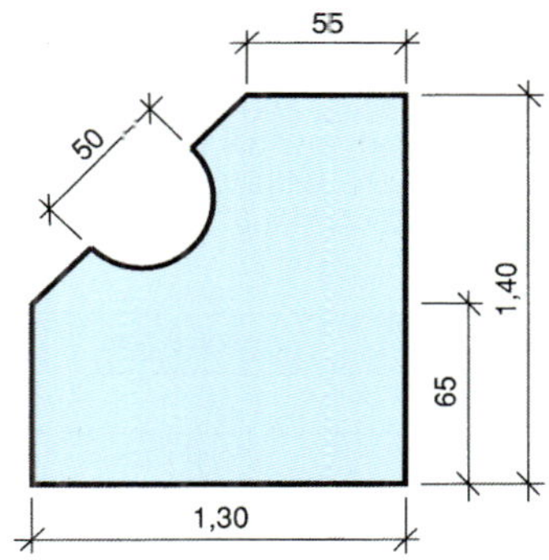

8.35 Berechnen Sie die Flächen der Formteile aus Blech, die bei einer Lackiererei zur beidseitigen Beschichtung in Auftrag gegeben wurden.

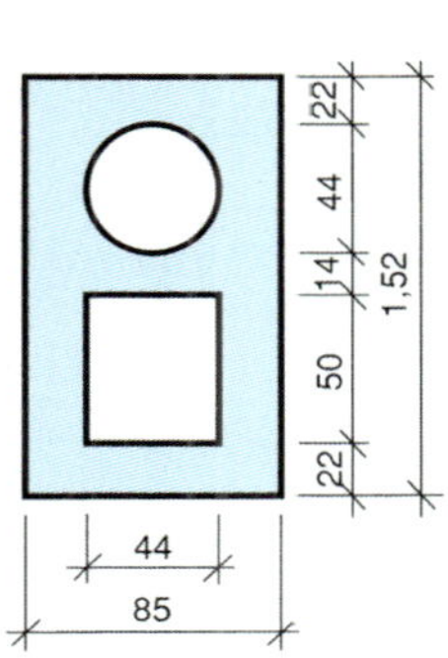

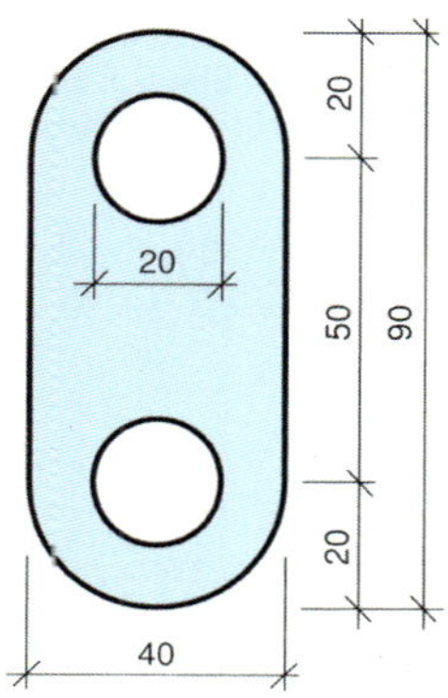

a) 12 Stück

b) 28 Stück; Maße in cm

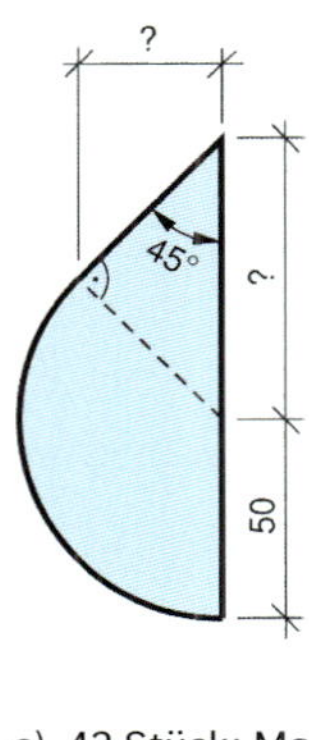

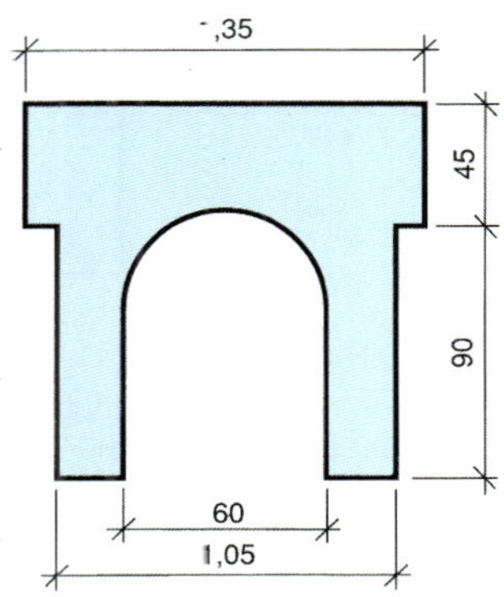

c) 42 Stück; Maße in cm

d) 47 Stück

9 Oberflächenberechnung von Körpern

Ein Körper hat drei Ausdehnungen: Länge × Länge (= Grundfläche) und Höhe. Den Raum, den ein Körper einnimmt, bezeichnet man als sein Volumen. Die Fläche, die diesen Raum umschließt, ist seine Oberfläche.
Die Oberfläche eines Körpers setzt sich zusammen aus der Grund- und der Deckfläche sowie der Mantelfläche. Diese Teilflächen erkennt man leicht wieder in der Abwicklung (aufgefaltete Körperoberfläche).

Bezeichnung	Formelzeichen	Einheit
Mantelfläche	M	m²
Oberfläche	O	m²

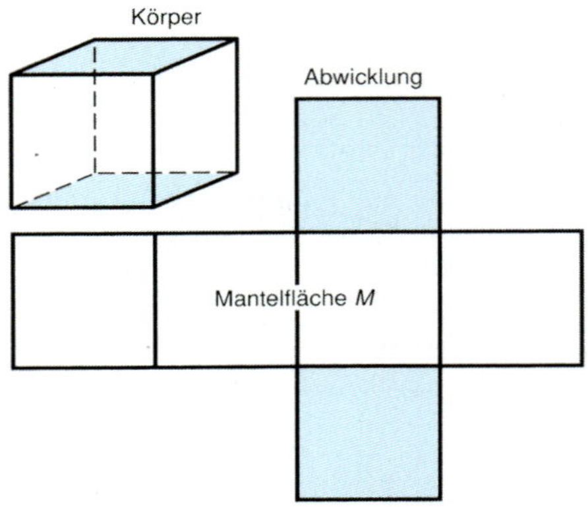

9.1 Gerade Körper

Diese Körper, zu denen Würfel, Quader, Zylinder und Prisma zählen, haben eine parallel zueinander liegende Grund- und Deckfläche. Beide werden miteinander verbunden durch die senkrecht auf ihnen stehende Mantelfläche.
Beachten Sie zur Einheitenschreibweise den Hinweis auf Seite 35. Die Formelschreibweise ist der Schreibweise für das Aufmaß angepasst.

Würfel

$M = l \cdot 4 \cdot l$

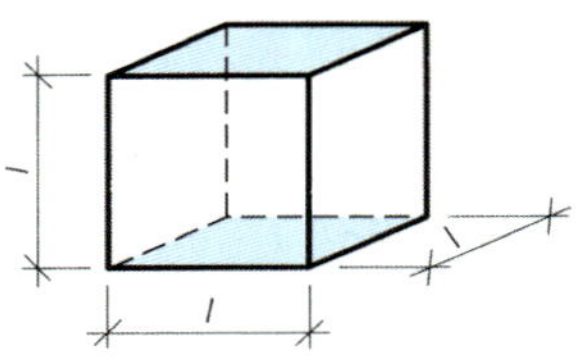

$O = l \cdot 4 \cdot l + l \cdot l \cdot 2$

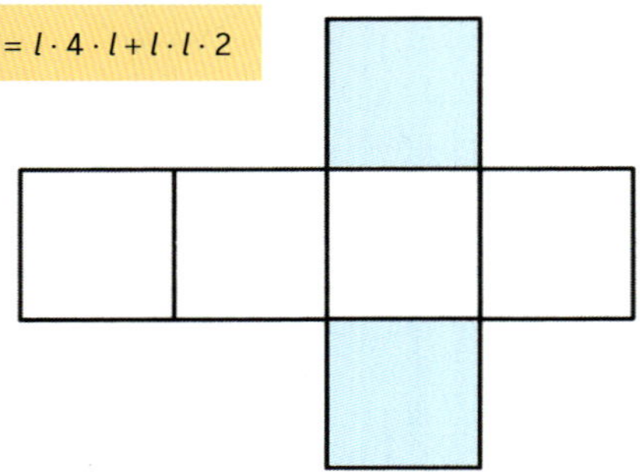

■ **Beispiel 9.1:**

Ein Würfel hat eine Kantenlänge von 1,36 m. Wie groß ist seine Oberfläche?

Lösung:
$O = 1{,}36 \cdot 4 \cdot 1{,}36 + 1{,}36 \cdot 1{,}36 \cdot 2 = \underline{\underline{11{,}10\ \text{m}^2}}$

Quader

$M = (l_1 + l_2) \cdot 2 \cdot h$

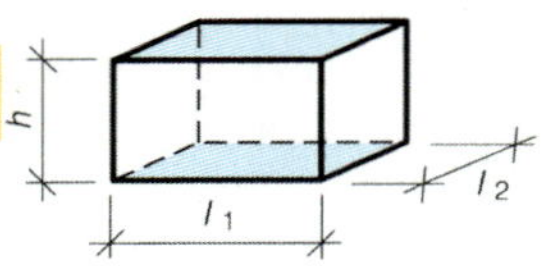

$O = (l_1 + l_2) \cdot 2 \cdot h + l_1 \cdot l_2 \cdot 2$

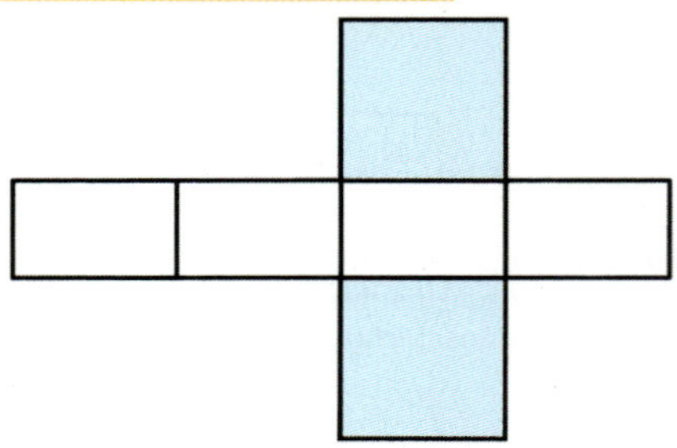

■ **Beispiel 9.2:**

Ein Quader mit l_1 = 1,25 m, l_2 = 0,65 m und h = 0,76 m soll allseitig beschichtet werden.
Wie groß ist seine Oberfläche?

Lösung:
$O = (1{,}25 + 0{,}65) \cdot 2 \cdot 0{,}76 + 1{,}25 \cdot 0{,}65 \cdot 2$
$= \underline{\underline{4{,}51\ \text{m}^2}}$

Zylinder

$M = d \cdot 3{,}14 \cdot h$

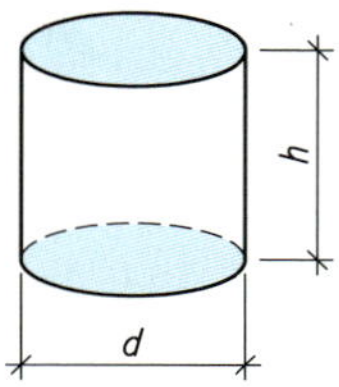

$O = d \cdot 3{,}14 \cdot h + \frac{d}{2} \cdot \frac{d}{2} \cdot 3{,}14 \cdot 2$

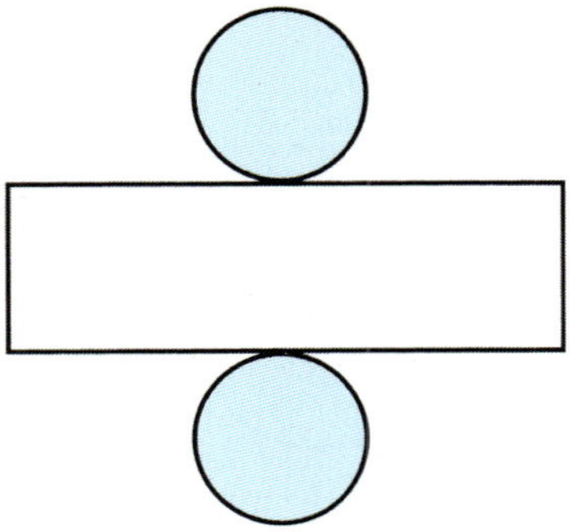

■ **Beispiel 9.3:**

Berechnen Sie die Oberfläche des abgebildeten Zylinders.

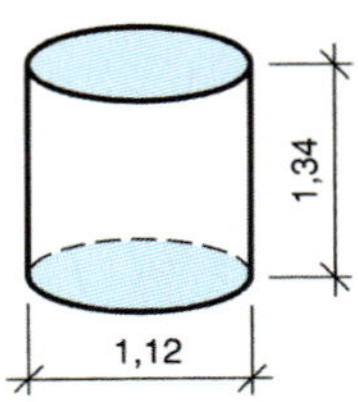

Lösung:

$O = 1{,}12 \cdot 3{,}14 \cdot 1{,}34 + \frac{1{,}12}{2} \cdot \frac{1{,}12}{2} \cdot 3{,}14 \cdot 2$

$= \underline{\underline{6{,}68 \text{ m}^2}}$

Hohlzylinder

$M_a = d_1 \cdot 3{,}14 \cdot h$

$M_i = d_2 \cdot 3{,}14 \cdot h$

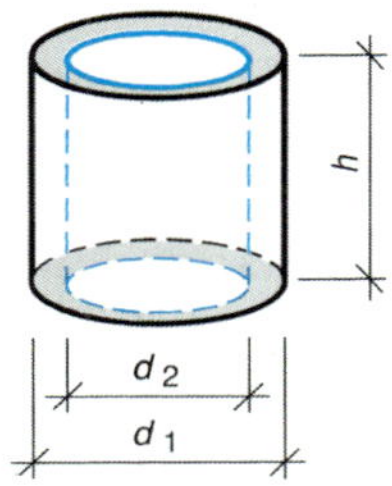

$O = d_1 \cdot 3{,}14 \cdot h + d_2 \cdot 3{,}14 \cdot h + \left(\frac{d_1}{2} \cdot \frac{d_1}{2} - \frac{d_2}{2} \cdot \frac{d_2}{2}\right) \cdot 3{,}14 \cdot 2$

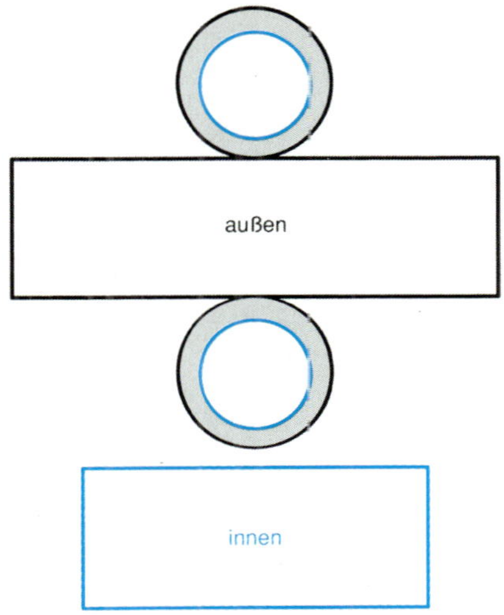

■ **Beispiel 9.4:**

Berechnen Sie die gesamte Oberfläche des abgebildeten Hohlzylinders.

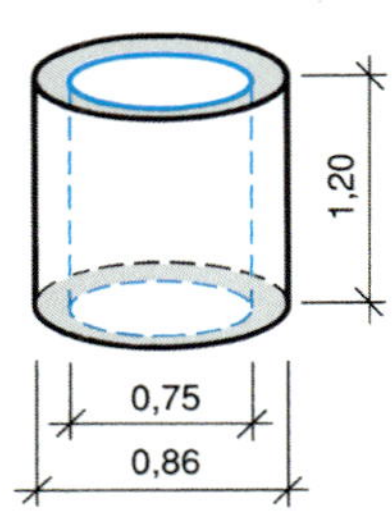

Lösung:

$O = 0{,}86 \cdot 3{,}14 \cdot 1{,}20 + 0{,}75 \cdot 3{,}14 \cdot 1{,}20 + \left(\frac{0{,}86}{2} \cdot \frac{0{,}86}{2} - \frac{0{,}75}{2} \cdot \frac{0{,}75}{2}\right) \cdot 3{,}14 \cdot 2$

$= \underline{\underline{6{,}34 \text{ m}^2}}$

9.2 Spitze Körper

Bei spitzen Körpern, also Pyramiden und Kegeln, läuft die Mantelfläche von der Grundfläche aus in einem Punkt zusammen. Die Mantelfläche eines spitzen Körpers mit eckiger Grundfläche hat so viele Dreiecksflächen, wie die Grundfläche Kanten hat.

Pyramide mit quadratischer Grundfläche

$$M = \frac{l \cdot h_s}{2} \cdot 4$$

$$O = \frac{l \cdot h_s}{2} \cdot 4 + l \cdot l$$

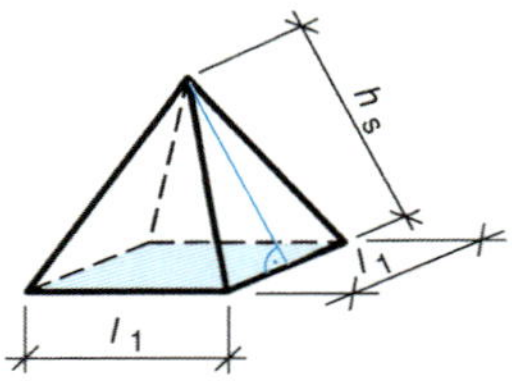

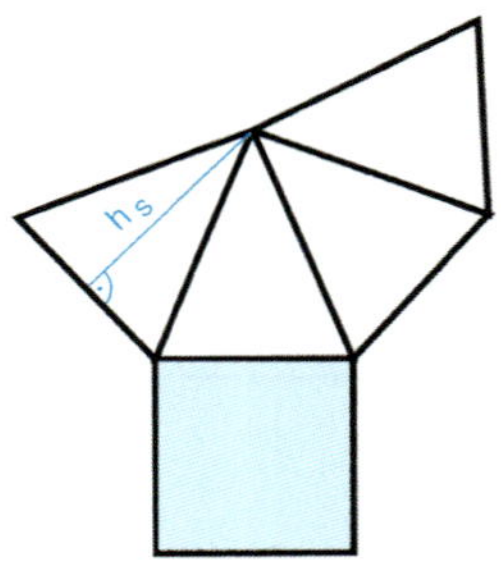

■ **Beispiel 9.5:**

Berechnen Sie die Oberfläche der abgebildeten Pyramide.

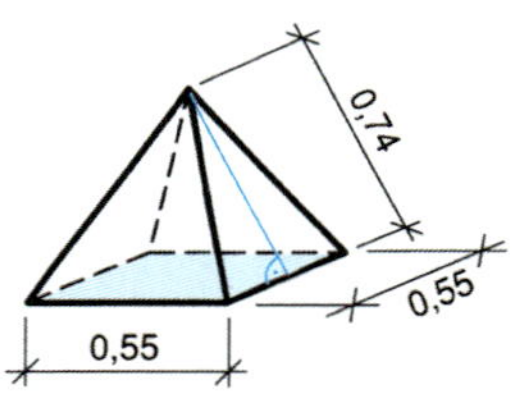

Lösung:

$$O = \frac{0{,}55 \cdot 0{,}74}{2} \cdot 4 + 0{,}55 \cdot 0{,}55 = \underline{\underline{1{,}12\ m^2}}$$

Kegel

$$M = \frac{d \cdot 3{,}14 \cdot h_s}{2}$$

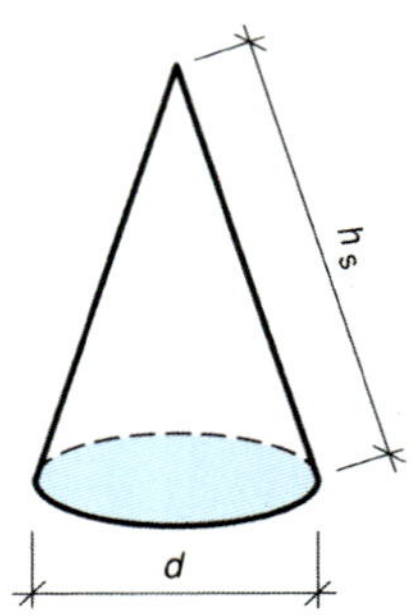

$$O = \frac{d \cdot 3{,}14 \cdot h_s}{2} + \frac{d}{2} \cdot \frac{d}{2} \cdot 3{,}14$$

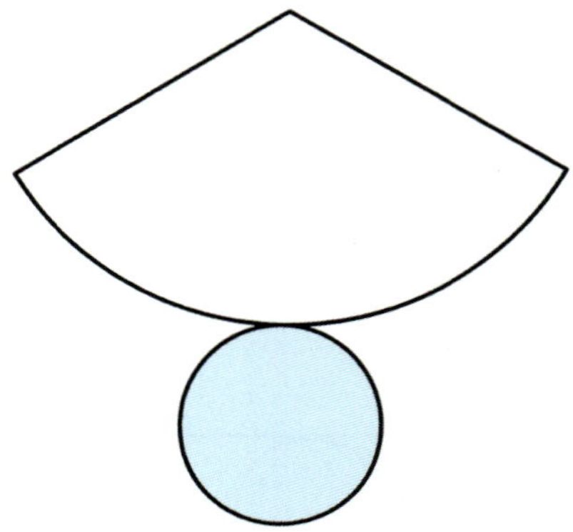

■ **Beispiel 9.6:**

Berechnen Sie die Oberfläche des abgebildeten Kegels mit $d = 0{,}30$ m und $h_s = 0{,}60$ m.

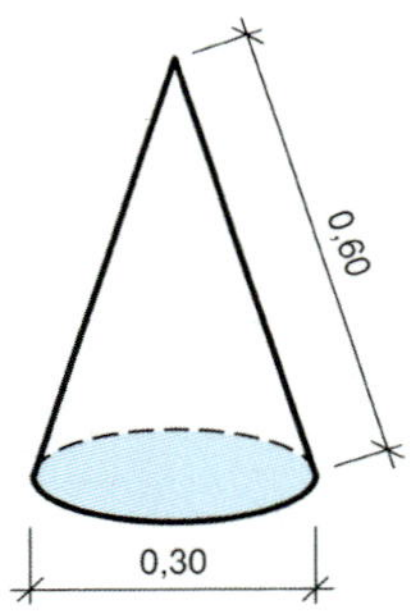

Lösung:

$$O = \frac{0{,}30 \cdot 3{,}14 \cdot 0{,}60}{2} + \frac{0{,}30}{2} \cdot \frac{0{,}30}{2} \cdot 3{,}14$$
$$= \underline{\underline{0{,}35\ m^2}}$$

9.3 Stumpfe Körper

Wird ein spitzer Körper parallel zur Grundfläche durchgeschnitten, so ist der untere Teil ein stumpfer Körper. Die Mantelfläche eckiger stumpfer Körper (Pyramidenstümpfe) besteht aus so vielen Trapezen, wie die Grundfläche Kanten hat.

Pyramidenstumpf

$$M = \frac{l_1 + l_2}{2} \cdot h_s \cdot 4$$

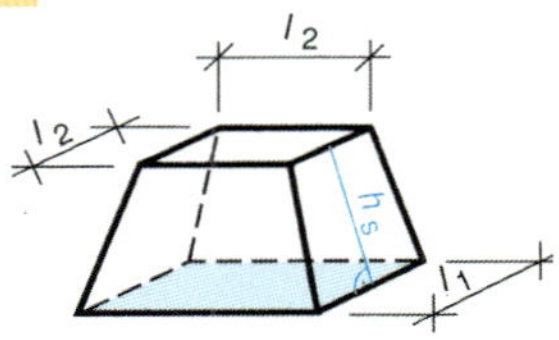

$$O = \frac{l_1 + l_2}{2} \cdot h_s \cdot 4 + l_1 \cdot l_1 + l_2 \cdot l_2$$

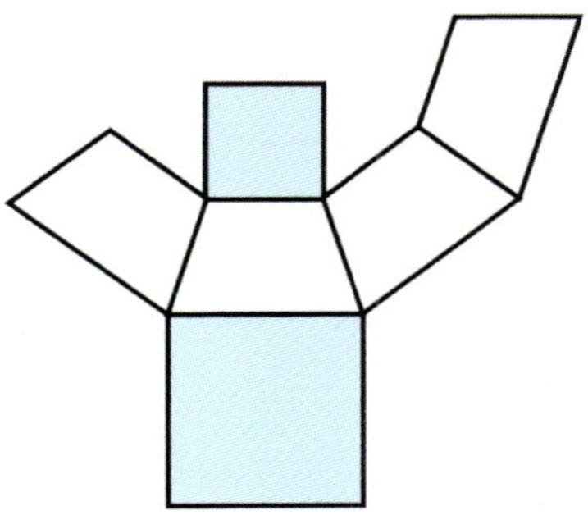

Kegelstumpf

$$M = \frac{d_1 + d_2}{2} \cdot 3{,}14 \cdot h_s$$

$$O = \frac{d_1 + d_2}{2} \cdot 3{,}14 \cdot h_s + \frac{d_1}{2} \cdot \frac{d_1}{2} \cdot 3{,}14 + \frac{d_2}{2} \cdot \frac{d_2}{2} \cdot 3{,}14$$

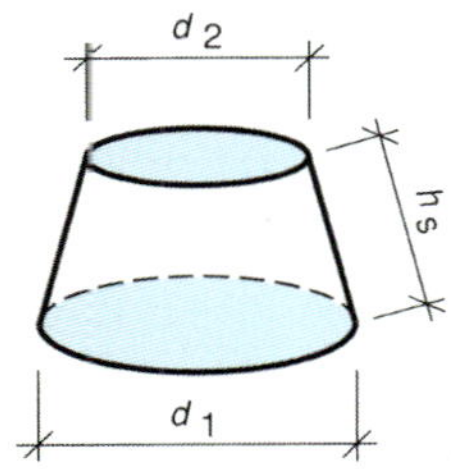

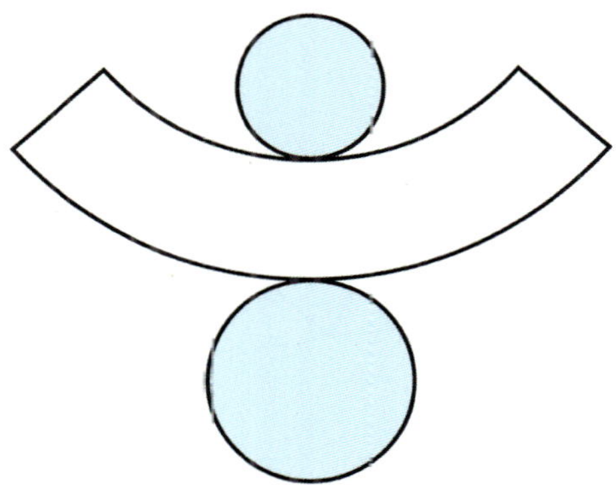

■ **Beispiel 9.7:**

Ein Hocker in Form eines Pyramidenstumpfes soll mit Teppich beklebt werden.
Wie groß ist seine Oberfläche, wenn l_1 = 1,30 m, l_2 = 1,10 m und h_s = 0,65 m betragen?

Lösung:

$$O = \frac{1{,}30 + 1{,}10}{2} \cdot 0{,}65 \cdot 4 + 1{,}30 \cdot 1{,}30 + 1{,}10 \cdot 1{,}10 = \underline{\underline{6{,}02\ \text{m}^2}}$$

■ **Beispiel 9.8:**

Berechnen Sie die Oberfläche des abgebildeten Kegelstumpfes mit
d_1 = 1,15 m,
d_2 = 0,95 m und
h_s = 0,75 m.

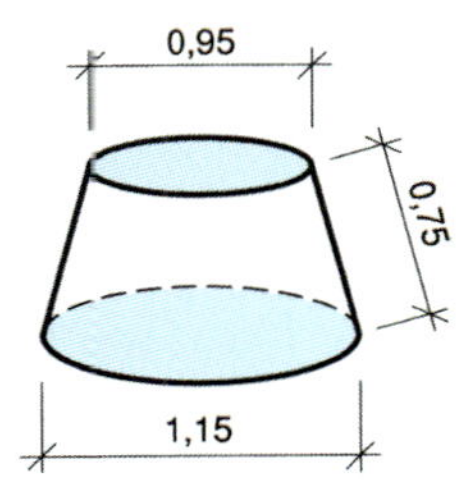

Lösung:

$$O = \frac{1{,}15 + 0{,}95}{2} \cdot 3{,}14 \cdot 0{,}75 + \frac{1{,}15}{2} \cdot \frac{1{,}15}{2} \cdot 3{,}14 + \frac{0{,}95}{2} \cdot \frac{0{,}95}{2} \cdot 3{,}14 = \underline{\underline{4{,}22\ \text{m}^2}}$$

9.4 Kugel

$O = d \cdot d \cdot 3{,}14$

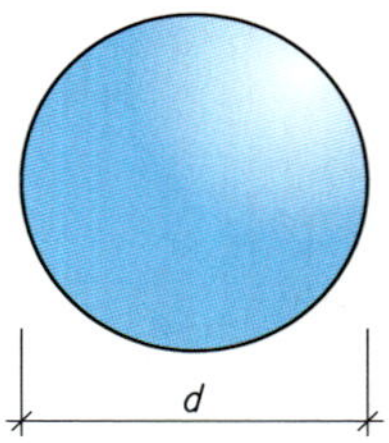

■ **Beispiel 9.9:**

Der Kugelknauf eines Gitters soll vergoldet werden. Wie groß ist die zu vergoldende Fläche, wenn der Kugeldurchmesser 15 cm beträgt?

Lösung:
$O = 0{,}15 \cdot 0{,}15 \cdot 3{,}14 = \underline{\underline{0{,}07 \text{ m}^2}}$

9.1 bis **9.4** Berechnen Sie die Oberfläche der abgebildeten Körper.

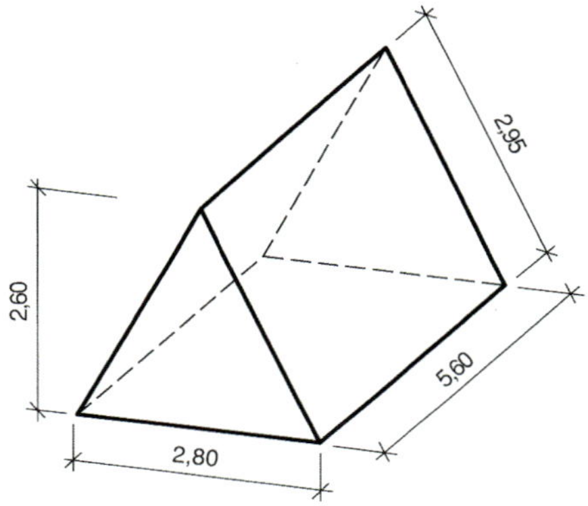

9.1

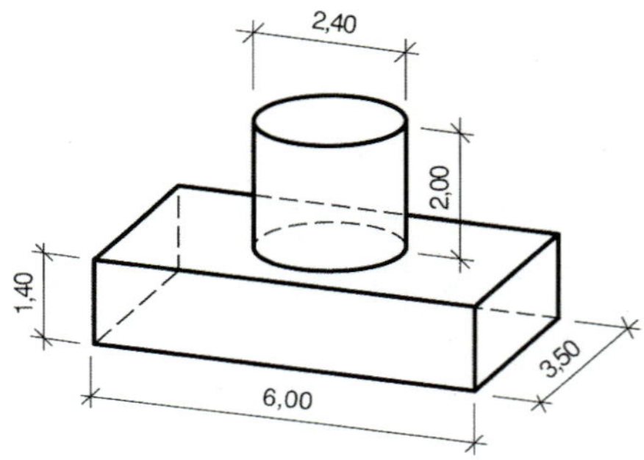

9.2

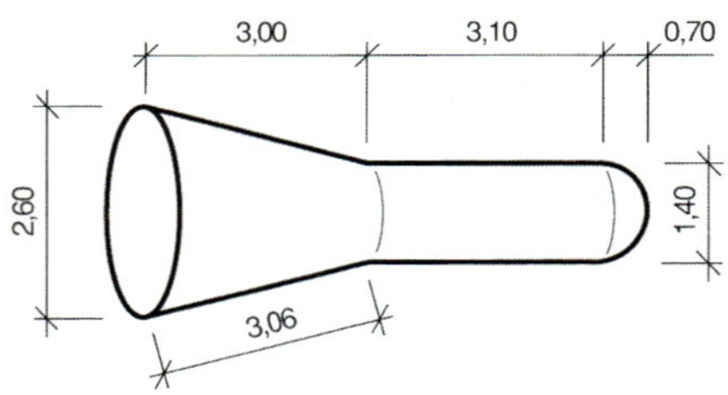

9.3

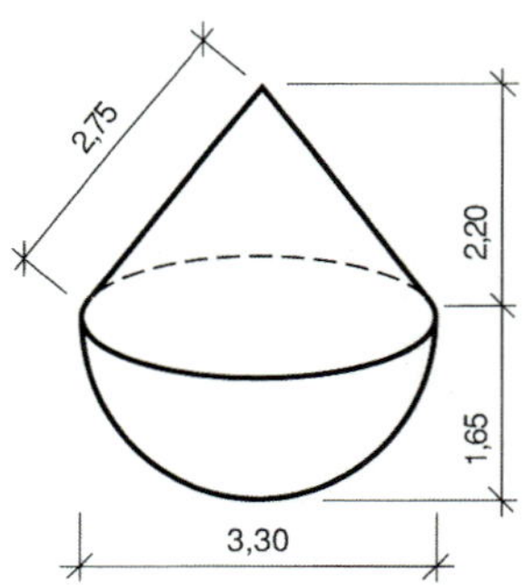

9.4

9.5 bis **9.10** Zeichnen Sie die Abwicklungen, und berechnen Sie dann die Oberflächen folgender Körper.

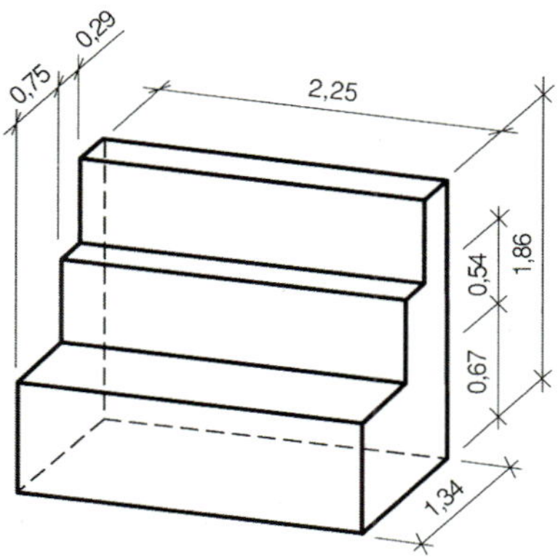

9.5

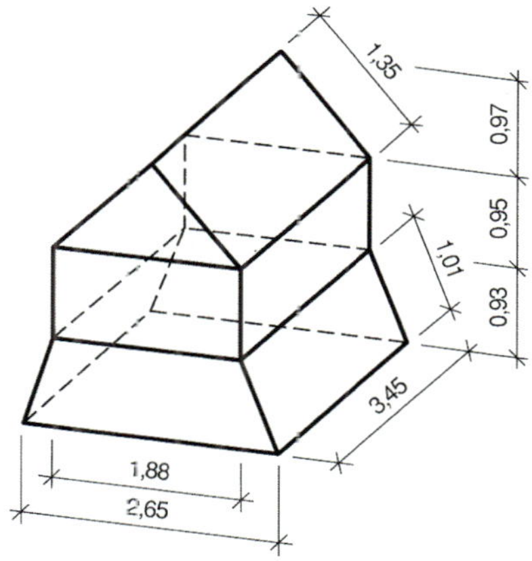

9.6

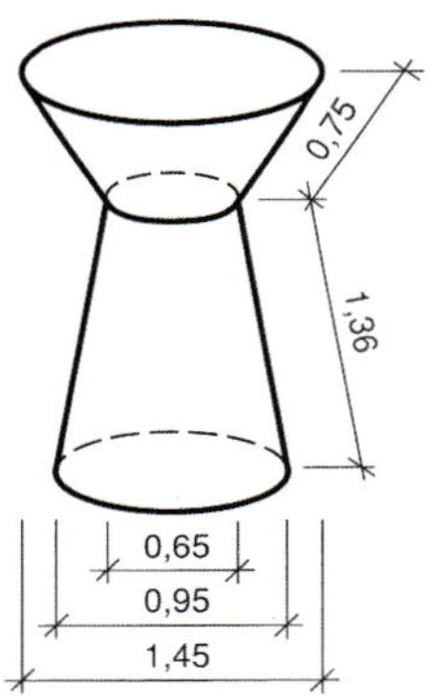

9.7

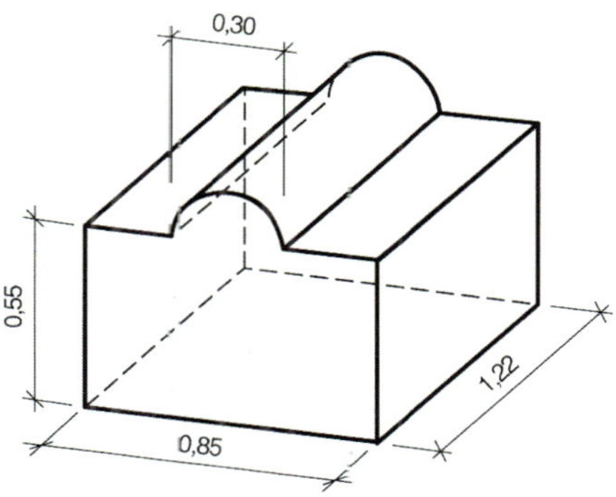

9.8

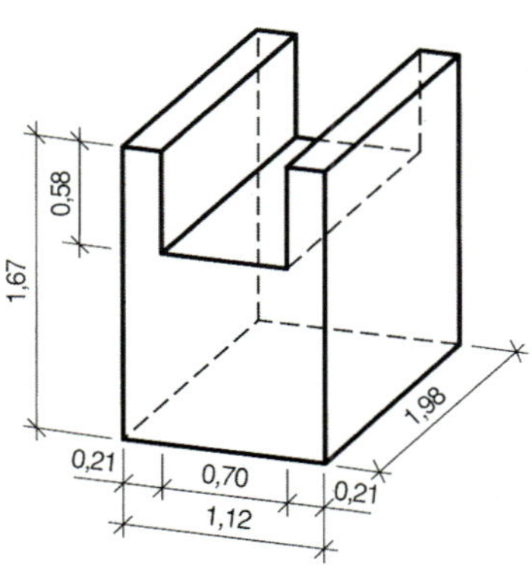

9.9

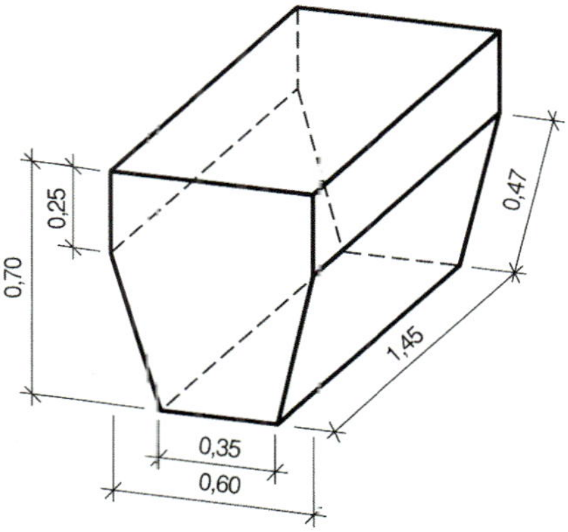

9.10

9.11 Die Zinkblechabdeckung des abgebildeten Scheddaches soll beschichtet werden.
Berechnen Sie
a) die Giebelflächen,
b) die Dachflächen.

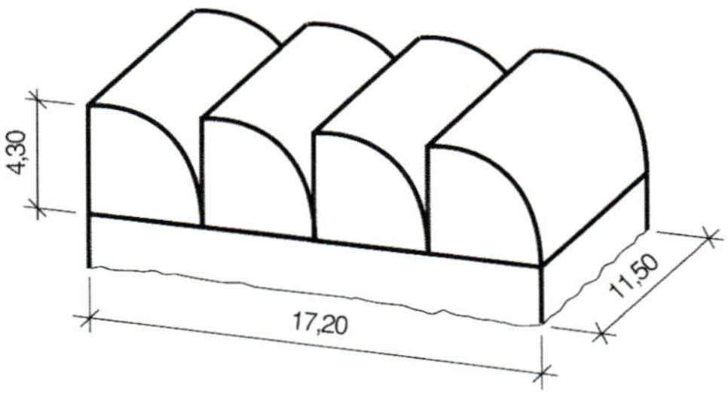

9.12 Für eine Ausstellung wurden zwölf Podeste ohne Bodenplatte beschichtet. Wie hoch ist der Rechnungsbetrag, wenn pro m² Beschichtungsfläche ein Preis von 4,80 € vereinbart wurde?

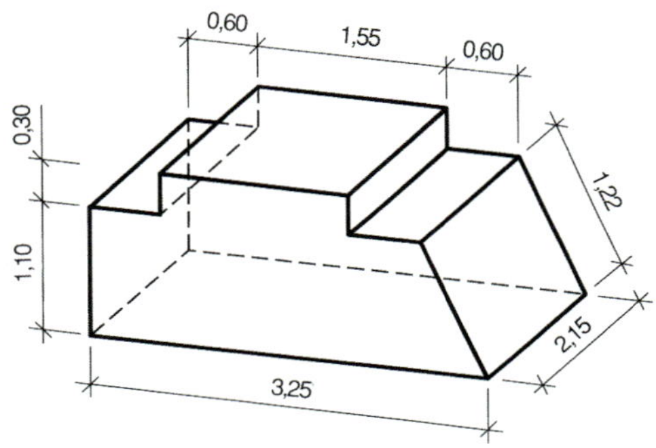

9.13 Eine Reihe Pfeilervorlagen soll in Glättetechnik gestaltet werden.

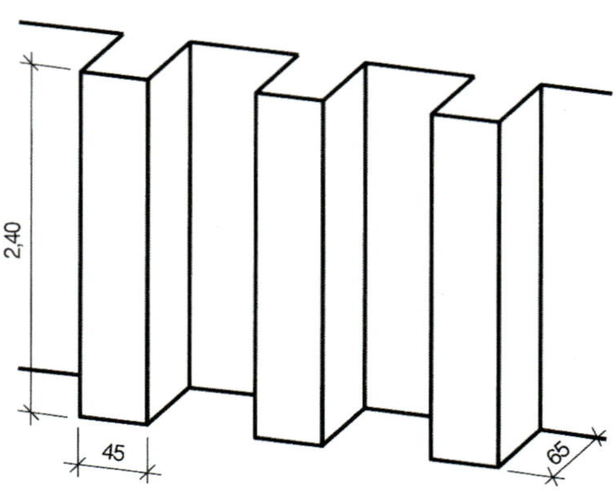

a) Für wie viel m² muss Material besorgt werden?
b) Wie viel Euro kostet der ‚Auftrag', wenn 2,5 Arbeitsstunden für einen m² und für die Lohnminute 0,60 € angesetzt werden?

9.14 Die Dachfläche einer Fabrikhalle aus Faserzement wird gereinigt und beschichtet. Die Giebelseiten werden ganzflächig beschichtet und mit einem umlaufenden Band versehen.
Berechnen Sie
a) die Dachfläche,
b) die Giebelflächen,
c) die Fläche des Bandes, wenn dieses eine Breite von 10 cm haben soll.
Die Maße werden an der äußeren Kante genommen.

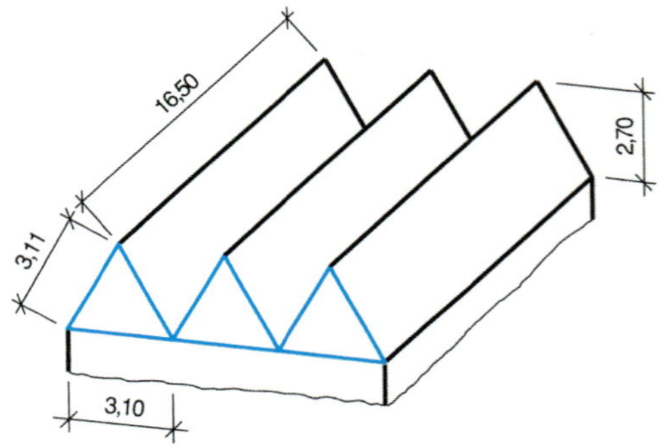

9.15 Fünfzig oben offene, verzinkte Blechbehälter sollen innen und außen mit einem wasserverdünnbaren Acryllack-System beschichtet werden.
Berechnen Sie die Beschichtungsfläche innen und außen.

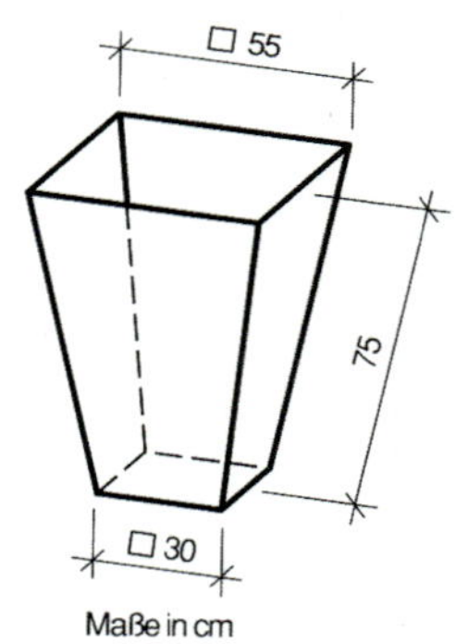

9.16 Folgender Maßansatz wurde aufgestellt:

$$\frac{0{,}60 + 0{,}85}{2} \cdot 3{,}14 \cdot 1{,}20$$
$$+ \frac{0{,}60 \cdot 0{,}60}{2} \cdot 3{,}14$$
$$+ \frac{0{,}85 \cdot 0{,}85}{2} \cdot 3{,}14$$

a) Für welchen Körper wurde das Aufmaß erstellt?
b) Berechnen Sie die Körperoberfläche.

9.17 Zeichnen Sie die Abwicklung des Körpers im Maßstab 1 : 10 nach folgendem Maßansatz für die Oberfläche:

$$0{,}45 \cdot 3{,}14 \cdot 0{,}55$$
$$+ \frac{0{,}45}{2} \cdot \frac{0{,}45}{2} \cdot 3{,}14 \cdot 2$$

9.18 Zwei Auszubildende erstellen für den abgebildeten Behälter ohne Deckel je ein Aufmaß.
Maßansatz A:

$$\frac{0{,}25 \cdot 0{,}50}{2} \cdot 2 + 0{,}95 \cdot 0{,}50 \cdot 2 + 0{,}95 \cdot 0{,}25$$
$$+ \frac{0{,}65 + 0{,}25}{2} \cdot 0{,}45 \cdot 2 + \frac{1{,}15 + 0{,}95}{2} \cdot 0{,}45 \cdot 2$$

Maßansatz B:

$$(0{,}25 + 0{,}95) \cdot 2 \cdot 0{,}50 + 0{,}95 \cdot 0{,}25$$
$$+ \left(\frac{0{,}65 + 0{,}25}{2} + \frac{1{,}15 + 0{,}95}{2}\right) \cdot 0{,}45 \cdot 2$$

a) Welcher Maßansatz ist der sinnvollere und damit bessere?
b) Rechnen Sie beide Maßansätze aus, und vergleichen Sie die Ergebnisse.
c) Erstellen Sie den Maßansatz für 5 Behälter, die innen und außen beschichtet werden.

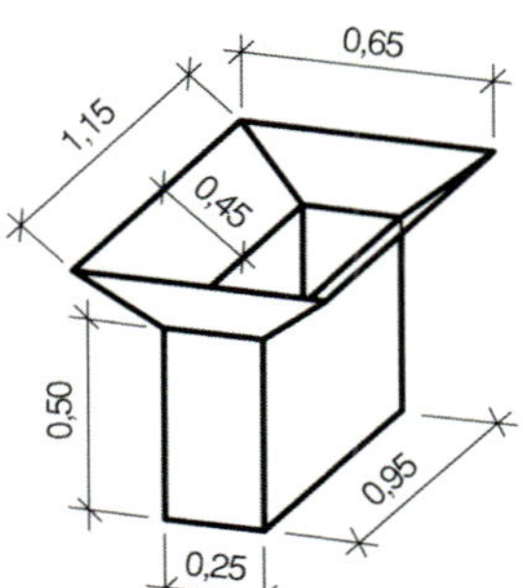

9.19 Zeichnen Sie einen Sechskantpfeiler im Maßstab 1 : 10, und berechnen Sie seine Oberfläche. Maßangaben: U = 3,24 m, Abstand zwischen zwei Sechseckparallelen 0,94 m, h = 1,65 m.

9.20 Ein Hochbehälter aus Beton wird innen mit einem Reaktionslack und außen mit einer Acrylat-Dispersion beschichtet.
a) Berechnen Sie die Innenfläche.
b) Berechnen Sie die gesamte Außenfläche.

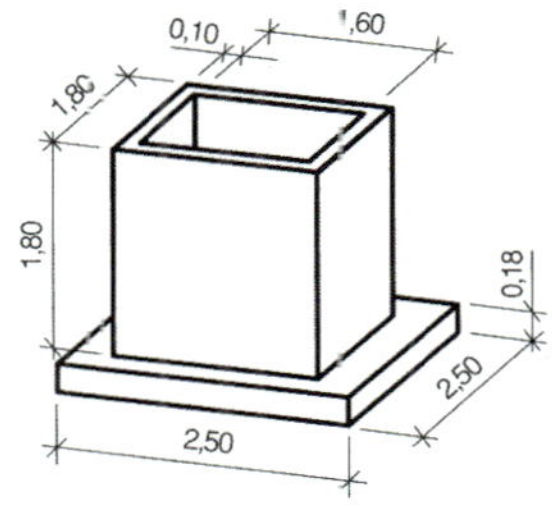

9.21 Der Kofferaufbau des abgebildeten Fahrzeugs ist zu lackieren. Er ist 5,60 m lang, 2,20 breit und 1,80 m hoch.
Berechnen Sie die Fläche für die vier Seitenwände und das Dach.

9.22 Der Kofferaufbau des abgebildeten Sattelschleppers soll lackiert werden. Berechnen Sie die Beschichtungsfläche der vier Seitenflächen und des Daches.

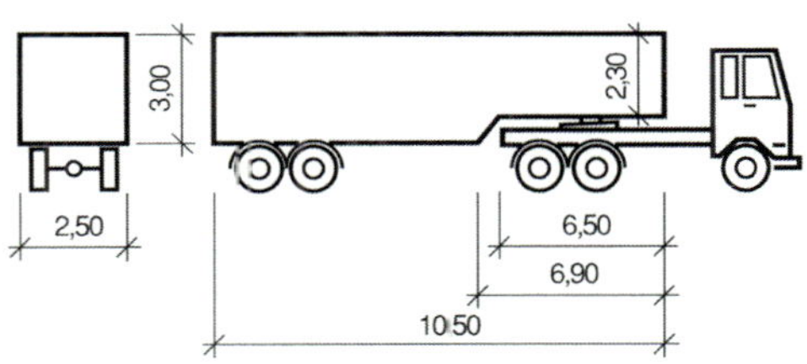

9.23 Berechnen Sie für die Beschichtung des Sattelaufliegers die Flächen der vier Seitenwände und des Daches.

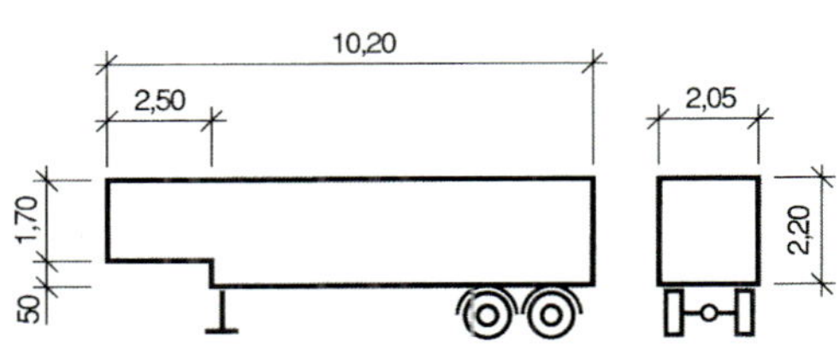

9.24 Der Aufbau eines Lkw-Anhängers ist lackiert worden und soll noch ringsherum mit einem andersfarbigen Streifen als Werbefläche versehen werden. Berechnen Sie die Beschichtungsfläche für den gesamten Aufbau (ohne Boden) und für die Werbefläche.

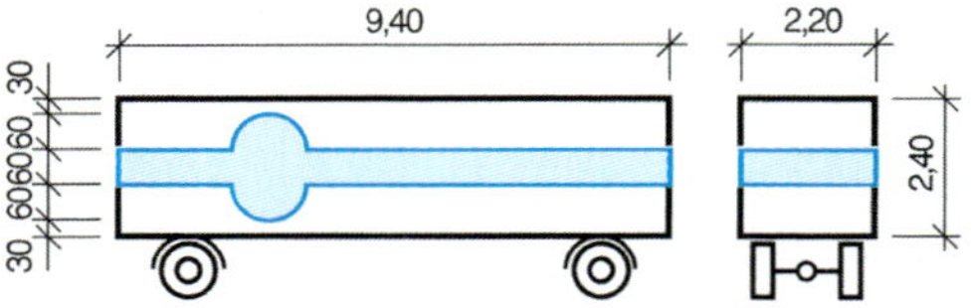

9.25 Bestimmen Sie für die allseitige Lackierung (ohne Boden) die Beschichtungsfläche für den Kofferaufbau mit Fahrerhausüberhöhung.

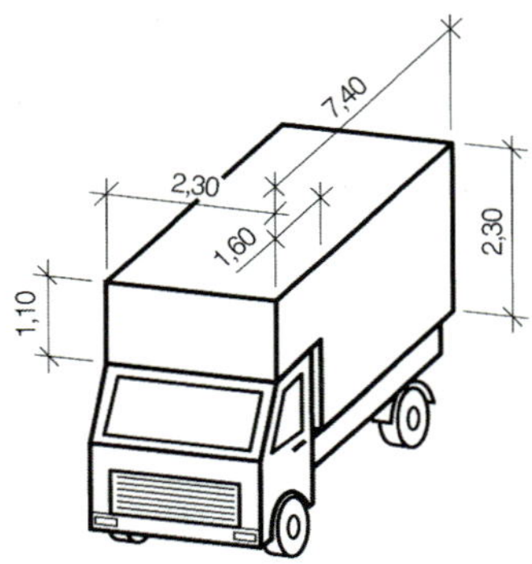

9.26 Die Holz-Bordwände des 2,15 m breiten Lkw-Zuges mit Anhänger wurden innen und außen mit Kunstharzlack beschichtet.
Berechnen Sie die Beschichtungsfläche.

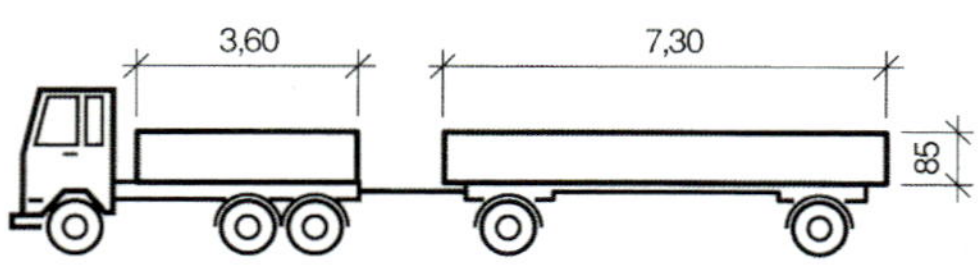

9.27 Der zylinderförmige Behälter eines Transportfahrzeugs ist mit Polyesterlack beschichtet worden. Berechnen Sie die Oberfläche des Behälters.

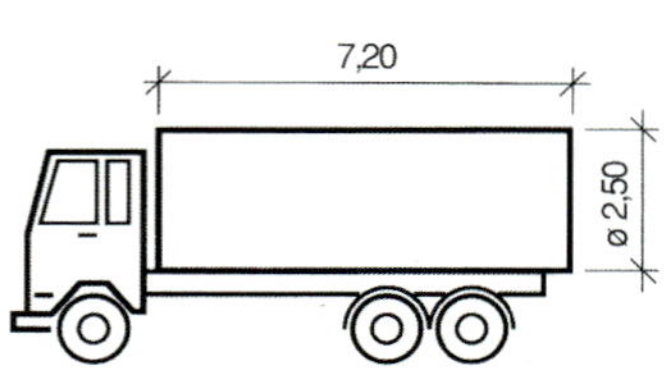

9.28 Berechnen Sie die Beschichtungsfläche der Siloaufbauten für den abgebildeten Anhänger.

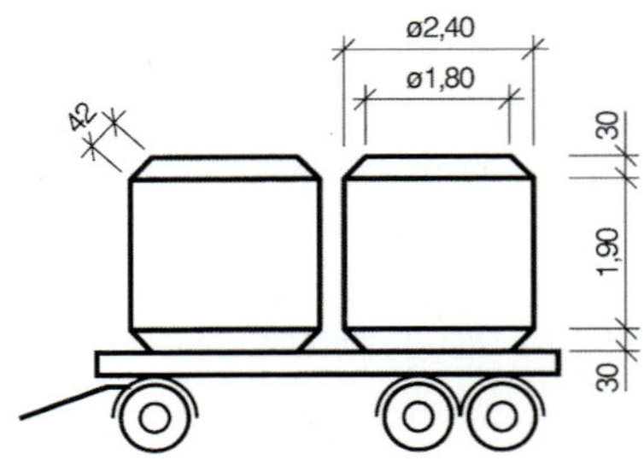

9.29 Die Aufbauten zweier Pkw-Anhänger a) und b) aus verzinktem Stahlblech sollen – einschließlich der Radläufe – innen und außen mit 2K-Epoxidharz-Grundierfüller beschichtet werden. Der Boden wird nur einseitig behandelt. Ermitteln Sie die Beschichtungsfläche.

a)

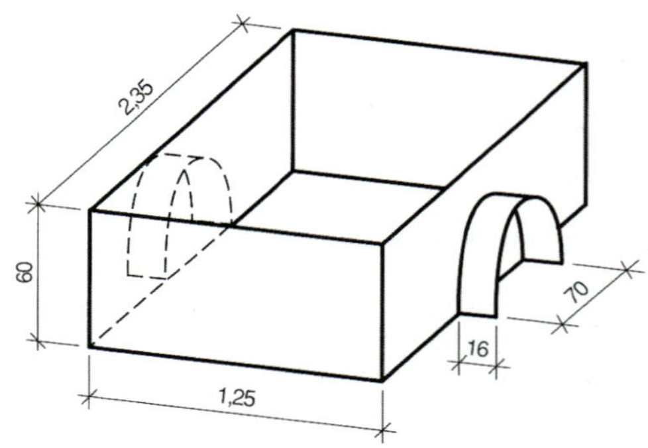

b)

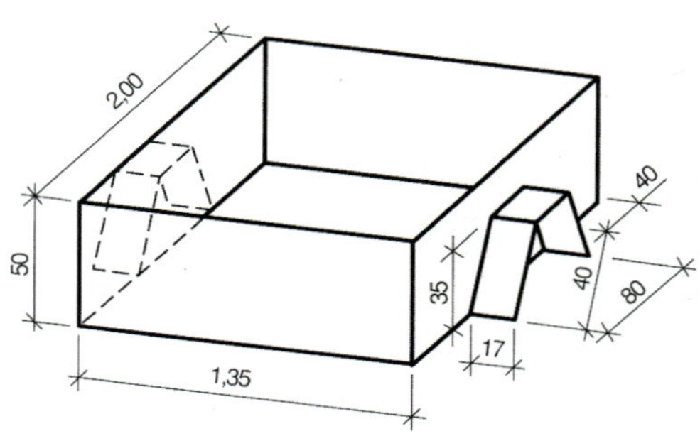

9.30 Berechnen Sie die Beschichtungsfläche von fünf in An- und Aufsicht dargestellten Treibstoffbehältern, die als Auflieger für Lkw-Pritschen eingesetzt werden.

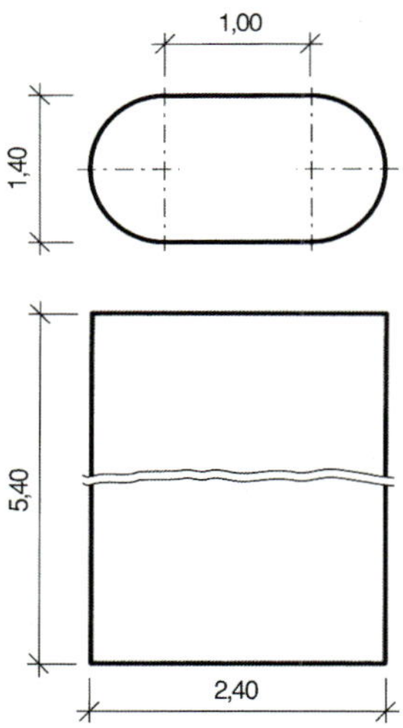

9.31 Eine Straßenbaufirma lässt zwölf verschließbare Werkzeug-Transportkisten in ihrer Firmenfarbe von einer Lackiererei erneuern.
Berechnen Sie die Beschichtungsfläche für die Außenseiten (einschließlich Boden).

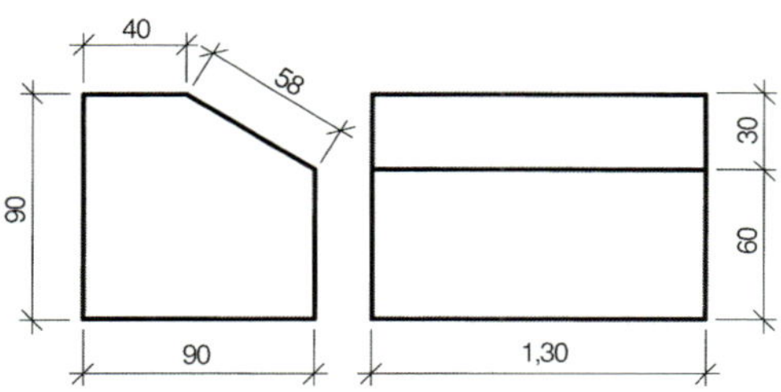

9.32 Berechnen Sie die Beschichtungsfläche für den Lkw-Tankauflieger.

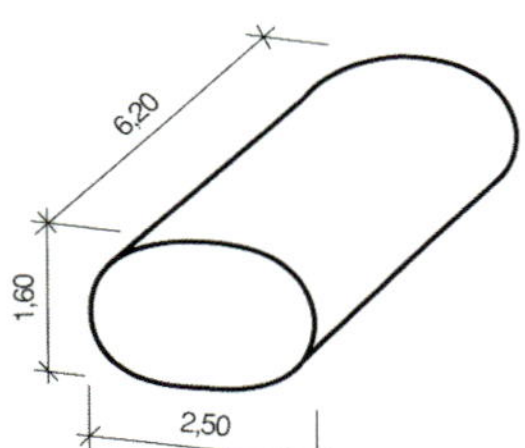

9.33 bis **9.36** Berechnen Sie die Beschichtungsflächen der Transportbehälter für die abgebildeten Silofahrzeuge.

9.33

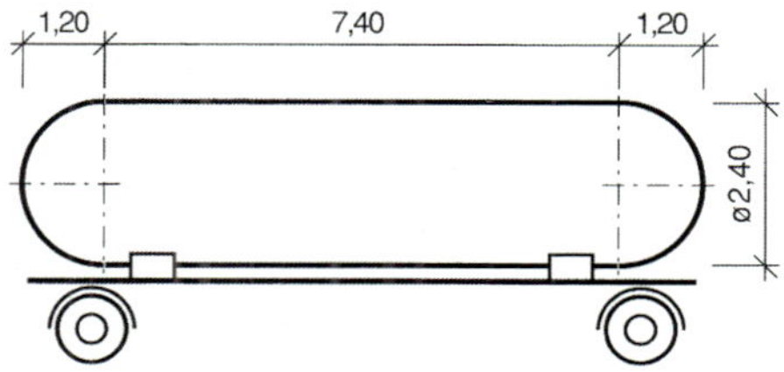

9.34

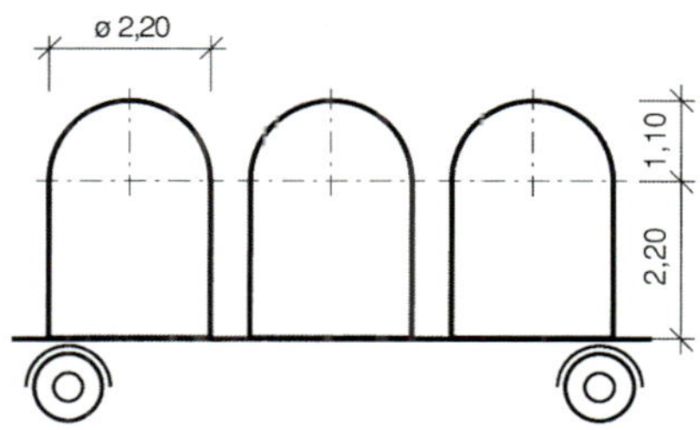

9.35

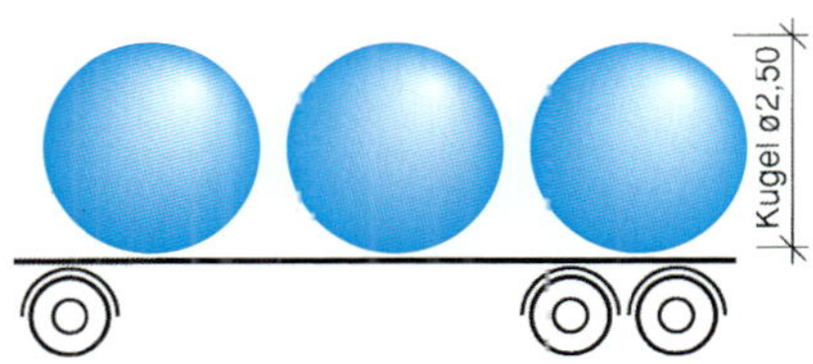

9.36

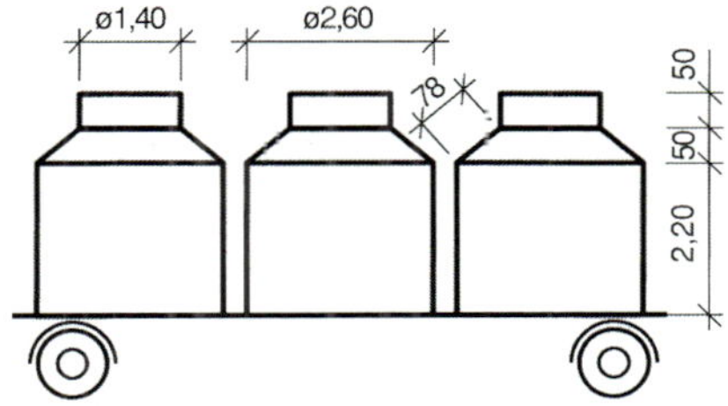

9.37 Ein Bauunternehmen lässt alle Holzaufbauten ihrer Baugeräteanhänger mit Kunstharzlack in der Firmenfarbe überholen. Die Dachflächen aus Zinkblech werden mit Zinkhaftfarbe gespritzt.
Berechnen Sie jeweils getrennt die Beschichtungsflächen der Typen A bis D für das Dach und für die vier Seitenwände.

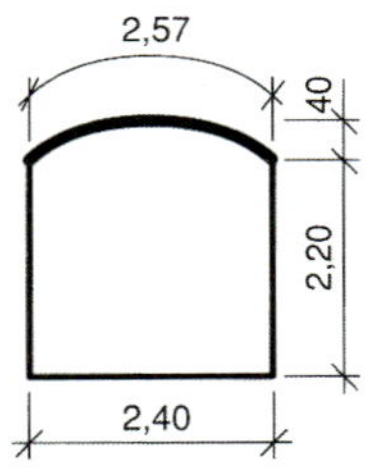

Typ A 4 Stück
5,40 m lang

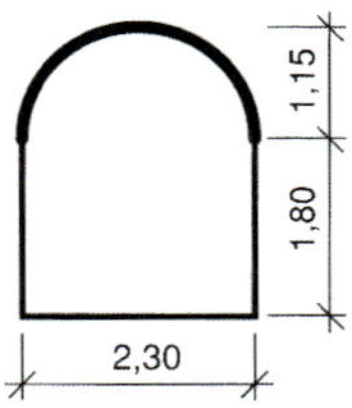

Typ B 2 Stück
4,90 m lang

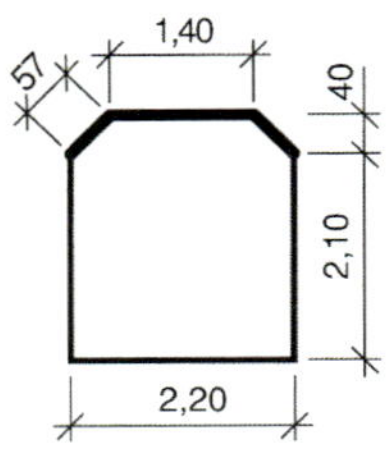

Typ C 3 Stück
6,30 m lang

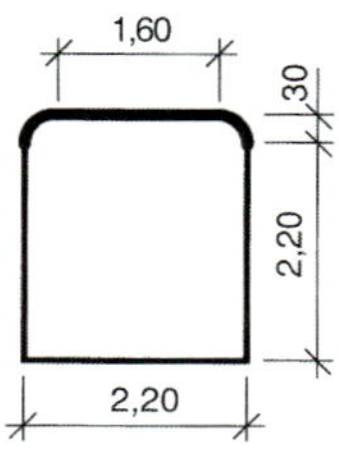

Typ D 1 Stück
4,80 m lang

9.38 Fünf Aufsatzbehälter für Traubentransportwagen sind allseitig mit Polyesterlack überlackiert worden.
Ermitteln Sie die Beschichtungsfläche.

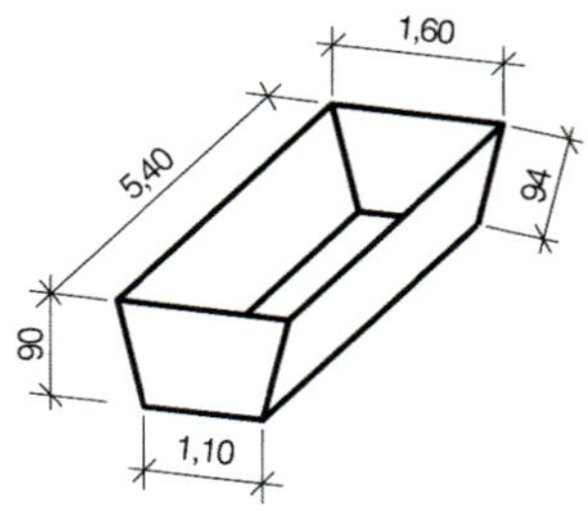

9.39 Berechnen Sie die Oberfläche des oben offenen Transportbehälters eines Betonfahrzeugs, das eine neue Beschichtung erhalten soll.

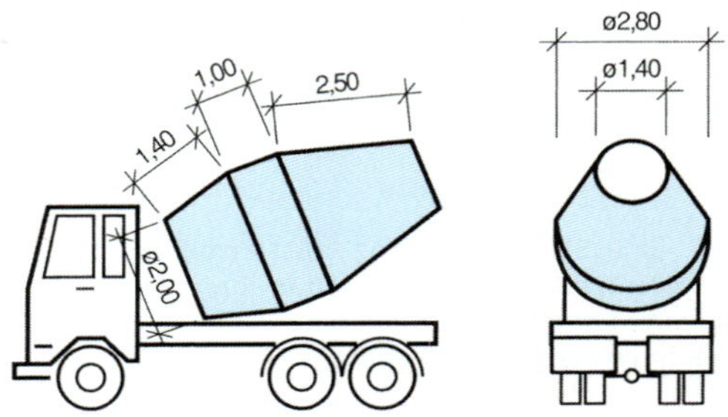

10 Volumen, Masse, Dichte

10.1 Volumeneinheiten und -umrechnung

Der Raum, den ein Körper ausfüllt, ist sein Volumen. Die Basiseinheit des Volumens ist das Kubikmeter (m^3). 1 m^3 kann man sich durch einen Würfel mit der Kantenlänge l = 1 m veranschaulichen.

Kleinere Volumen misst man in Teilen der Einheit m^3:

Kubikdezimeter (dm^3):	Kantenlänge 1 dm,
Kubikzentimeter (cm^3):	Kantenlänge 1 cm,
Kubikmillimeter (mm^3):	Kantenlänge 1 mm.

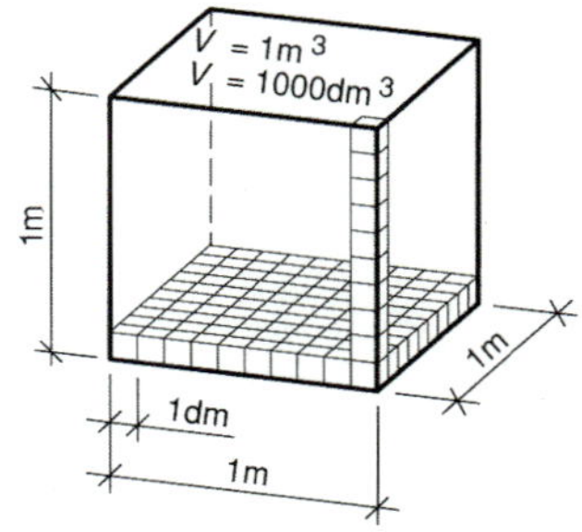

Umrechnung von Volumeneinheiten

Zwischen der Einheit m³ und ihren Teilen bestehen folgende Gleichungen:

$1\ m^3$
$= 1\,000\ dm^3 = 1\,000\,000\ cm^3 = 1\,000\,000\,000\ mm^3$
$1\ dm^3 = 1\,000\ cm^3 = 1\,000\,000\ mm^3$
$1\ cm^3 = 1\,000\ mm^3$

$1\ mm^3$
$= 0{,}001\ cm^3 = 0{,}000\,001\ dm^3 = 0{,}000\,000\,001\ m^3$
$1\ cm^3 = 0{,}001\ dm^3 = 0{,}000\,001\ m^3$
$1\ dm^3 = 0{,}001\ m^3$

Wenn Sie eine Volumeneinheit in die nächstkleinere umrechnen möchten, multiplizieren Sie mit 1 000; möchten Sie zur nächstgrößeren übergehen, dividieren Sie durch 1 000. Vielfache des m³ sind nicht gebräuchlich.

Hohlmaße

Flüssigkeiten werden in Hohlmaßen unterschiedlicher Größe in der Einheit Liter (ℓ) gemessen:
$1\ dm^3 = 1\ ℓ$.
Durch Multiplikation oder Division mit der Umrechnungszahl 10 erhält man Teile des Liters (dl = Deziliter, cl = Zentiliter, ml = Milliliter). Als Vielfaches des Liters ist nur das Hektoliter (hl) gebräuchlich (1 hl = 100 ℓ).

■ **Beispiel 10.1:**

Ein Tauchbecken für Holzschutzmittel fasst 45 m³. Wie viel Liter enthält das Becken, wenn es zu 4/5 gefüllt ist?

Lösung:
$1\ m^3 = 1\,000\ dm^3 = 1\,000\ ℓ$
$45 \cdot 1\,000 \cdot 4/5 = 36\,000\ ℓ = \underline{\underline{360\ hl}}$

10.2 Volumen gerader Körper

Würfel

$V = l \cdot l \cdot l$ (da $h = l$)

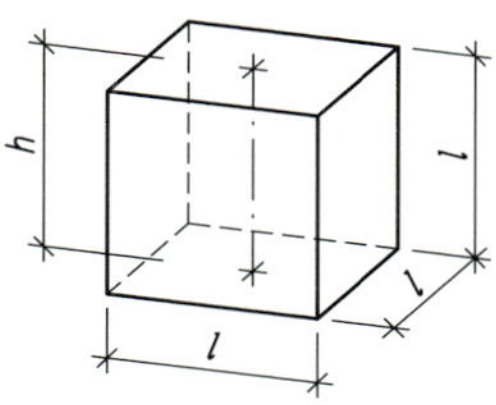

■ **Beispiel 10.2:**

Ein Würfel mit der Kantenlänge $l = 1{,}25$ m wird mit Wasser gefüllt.
Wie viel m³ Wasser können eingefüllt werden?

Lösung:
$V = 1{,}25\ m \cdot 1{,}25\ m \cdot 1{,}25\ m = \underline{\underline{1{,}953\ m^3}}$

Quader

$V = l_1 \cdot l_2 \cdot h = A \cdot h$

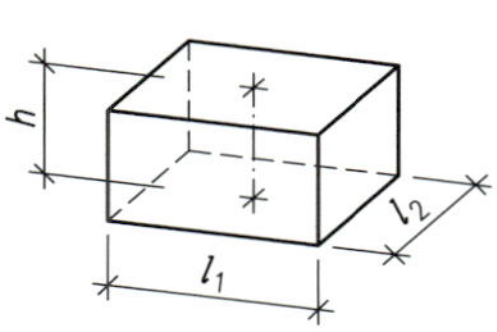

■ **Beispiel 10.3:**

Berechnen Sie das Volumen des abgebildeten Körpers.

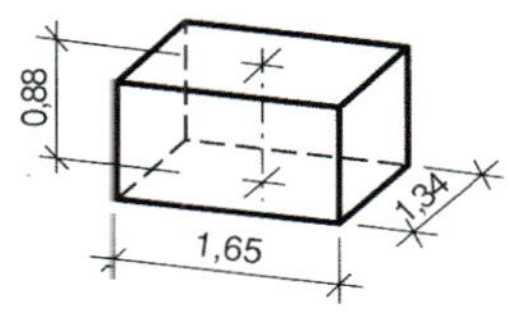

Lösung:
$V = 1{,}65\ m \cdot 1{,}34\ m \cdot 0{,}88\ m = \underline{\underline{1{,}946\ m^3}}$

Zylinder

$V = \frac{d}{2} \cdot \frac{d}{2} \cdot 3{,}14 \cdot h$

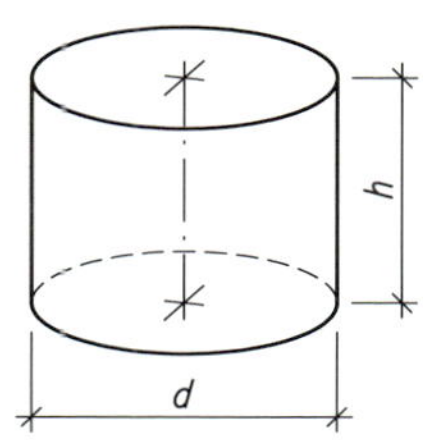

■ **Beispiel 10.4:**

Wie viel ℓ fasst ein Zylinder mit $d = 1{,}15$ m und $h = 0{,}85$ m?

Lösung:
$V = \frac{1{,}15\ m}{2} \cdot \frac{1{,}15\ m}{2} \cdot 3{,}14 \cdot 0{,}85\ m$
$= 0{,}882\ m^3 = \underline{\underline{882\ ℓ}}$

10.3 Volumen spitzer Körper

Pyramide mit quadratischer Grundfläche

$$V = \frac{l \cdot l \cdot h}{3} = \frac{A \cdot h}{3}$$

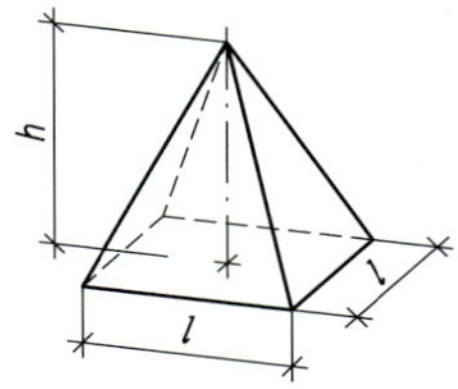

Kegel

$$V = \frac{d}{2} \cdot \frac{d}{2} \cdot 3{,}14 \cdot \frac{h}{3}$$

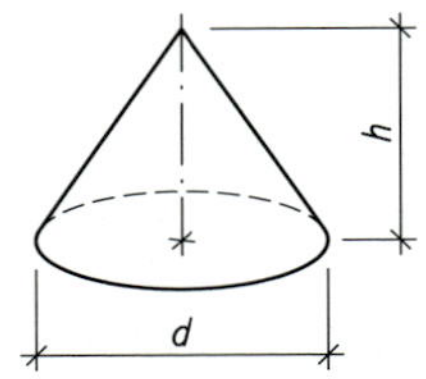

■ **Beispiel 10.5:**
Berechnen Sie das Volumen der abgebildeten Pyramide.

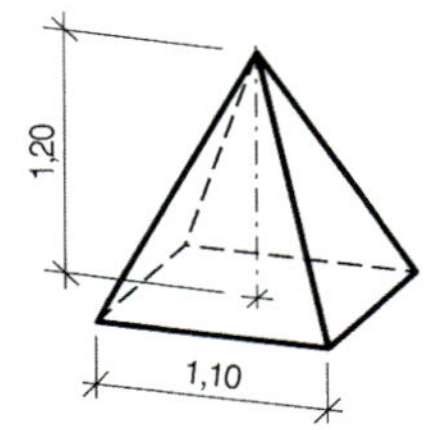

Lösung:

$$V = \frac{1{,}10\text{ m} \cdot 1{,}10\text{ m} \cdot 1{,}20\text{ m}}{3} = \underline{\underline{0{,}484\text{ m}^3}}$$

■ **Beispiel 10.6:**
Wie groß ist das Volumen des abgebildeten Kegels?

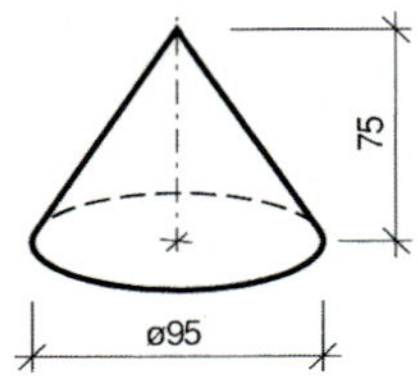

Lösung:

$$V = \frac{0{,}95\text{ m}}{2} \cdot \frac{0{,}95\text{ m}}{2} \cdot 3{,}14 \cdot \frac{0{,}75\text{ m}}{3} = \underline{\underline{0{,}177\text{ m}^3}}$$

10.4 Volumen stumpfer Körper

Pyramidenstumpf

$$V = \frac{l_1 \cdot l_1 + l_2 \cdot l_2}{2} \cdot h = \frac{A_1 + A_2}{2} \cdot h$$

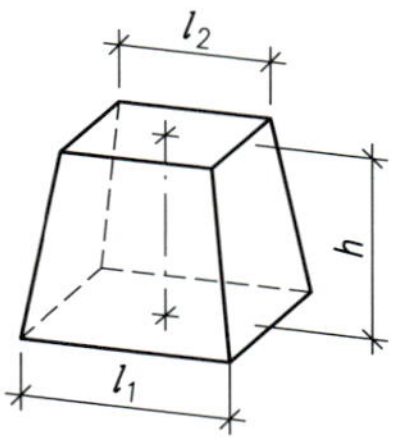

■ **Beispiel 10.7:**
Berechnen Sie das Volumen des quadratischen Pyramidenstumpfes.

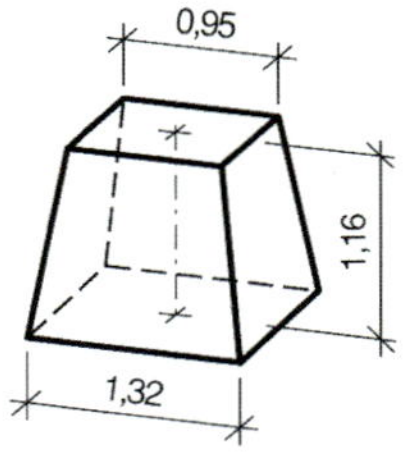

Lösung:

$$V = \frac{1{,}32\text{ m} \cdot 1{,}32\text{ m} + 0{,}95\text{ m} \cdot 0{,}95\text{ m}}{2} \cdot 1{,}16\text{ m}$$

$$= \underline{\underline{1{,}534\text{ m}^3}}$$

Kegelstumpf

$$V = \left(\frac{d_1}{2} \cdot \frac{d_1}{2} + \frac{d_2}{2} \cdot \frac{d_2}{2}\right) \cdot \frac{3{,}14}{2} \cdot h$$

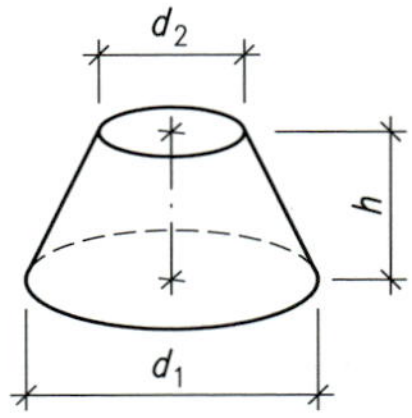

■ **Beispiel 10.8:**

Berechnen Sie das Volumen des Kegelstumpfes.

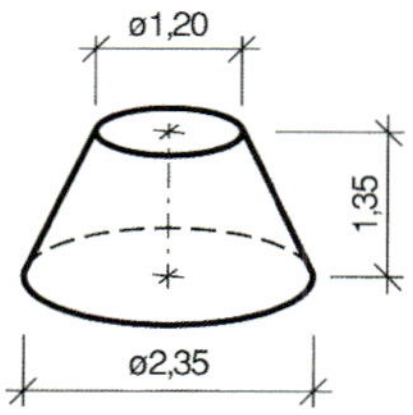

Lösung:

$$V = \left(\frac{2{,}35\ \text{m}}{2} \cdot \frac{2{,}35\ \text{m}}{2} + \frac{1{,}20\ \text{m}}{2} \cdot \frac{1{,}20\ \text{m}}{2}\right) \cdot \frac{3{,}14}{2} \cdot 1{,}35\ \text{m} = \underline{\underline{3{,}689\ \text{m}^3}}$$

10.5 Kugel

$$V = \frac{1}{6} \cdot d \cdot d \cdot d \cdot 3{,}14$$

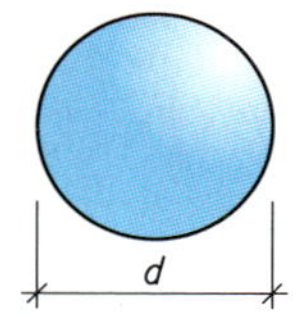

■ **Beispiel 10.9:**

Ein kugelförmiger Flüssigkeitstank hat einen Durchmesser von 1,50 m.
Berechnen Sie sein Fassungsvermögen in ℓ.

Lösung:

$$V = \frac{1}{6} \cdot 1{,}50\ \text{m} \cdot 1{,}50\ \text{m} \cdot 1{,}50\ \text{m} \cdot 3{,}14 = \underline{\underline{1{,}776\ \text{m}^3}}$$

10.6 Masse – Dichte

Masse

Die Masse *m* eines Körpers kann durch Wägen festgestellt werden. Gemessen wird dabei die Kraft, welche die Masse auf ihre Unterlage ausübt. Die Einheit der Masse ist das Kilogramm (kg).
Durch Multiplikation oder Division mit der Umrechnungszahl 1000 erhält man Vielfache oder Teile des Kilogramms, z. B. 1 000 g = 1 kg. Ein gebräuchliches Vielfaches des Kilogramms ist die Tonne (t): 1 t = 1 000 kg.

Dichte

Das Verhältnis der Masse eines Körpers zu seinem Volumen heißt Dichte und hat das Zeichen ρ (Rho, griechischer Buchstabe).

$\rho = \frac{m}{V}$	$m = \rho \cdot V$	$V = \frac{m}{\rho}$

■ **Beispiel 10.10:**

Ein 80-ℓ-Behälter mit 7 kg Eigengewicht wird mit Farbe gefüllt und wiegt danach 196 kg.
Welche Dichte hat die Farbe?

Lösung:

$$\rho = \frac{m}{V} = \frac{196\ \text{kg} - 7\ \text{kg}}{80\ \text{dm}^3} = \underline{\underline{2{,}363\ \text{kg/dm}^3}}$$

Flüssige Beschichtungsstoffe werden aufgrund der EG-Harmonisierung seit dem 01.01.1986 nur noch in einheitlichen Volumenpackungen geliefert. Somit bleibt die Verpackungsgröße gleich, wogegen das Gewicht des abgefüllten Materials je nach Dichte unterschiedlich ausfällt. Kleber, Putze und Spachtelmasse sind nach kg abgefüllt.

Zusammenhang zwischen Volumen und Massenverpackung

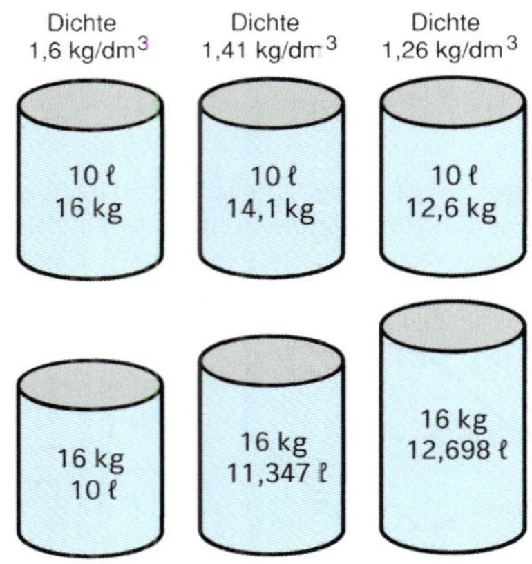

Volumenberechnungen

10.1 Die abgebildete Farbwanne soll bis 20 cm unter den Rand mit Alkydharzlack gefüllt werden.
Wie viel 2,5-ℓ-Gebinde werden dafür benötigt?

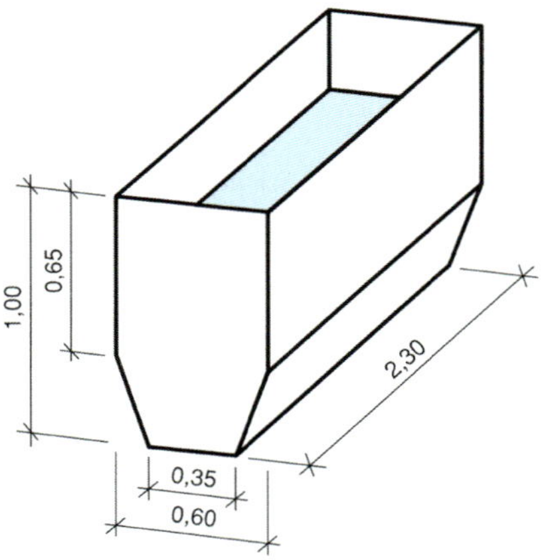

10.2 Die abgebildete Tauchwanne soll 35 cm hoch mit Holzschutzmittel gefüllt werden.
Wie viel ℓ sind in die Wanne zu füllen?

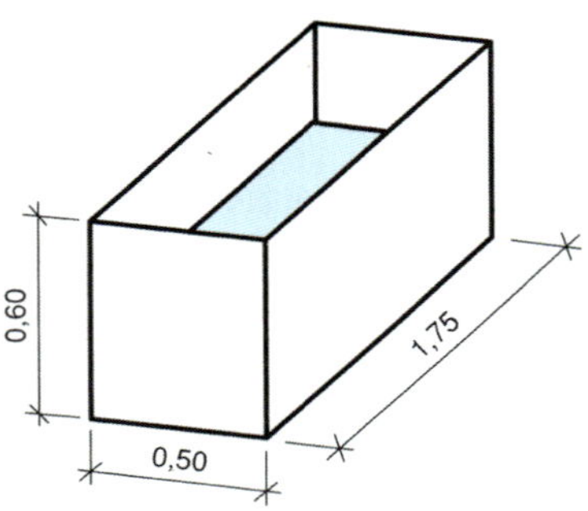

10.3 Angenommen, der abgebildete Großbehälter sollte mit einem Eimer (Maße in cm) aufgefüllt werden. Wie oft müsste der Inhalt des Eimers dann in den Tank geleert werden?

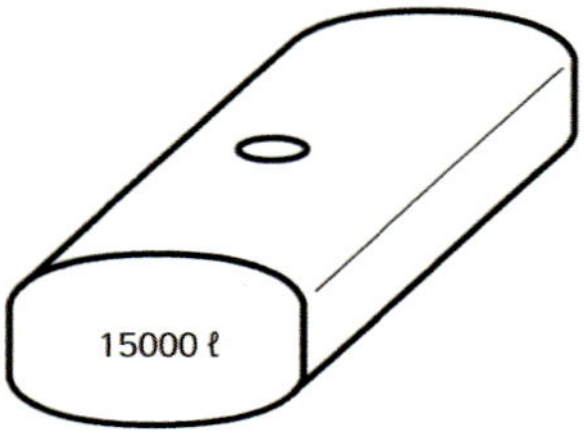

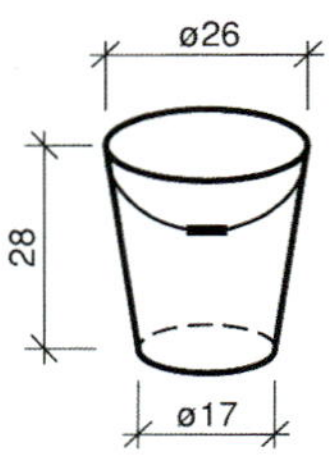

10.4 Ein quaderförmiges Regenauffangbecken hat eine Grundfläche von 2,50 m × 4,00 m und ist 1,50 m tief. Das Becken ist zu 4/5 mit Wasser gefüllt.
Wie lange könnten Sie mit einer Pumpe Wasser entnehmen, wenn die Pumpe 20 ℓ/min leistet?

10.5 An einem Arbeitsplatz darf die maximale Arbeitsplatzkonzentration (MAK-Wert) von Terpentinöl den Wert von 100 ml/m³ Luft nicht überschreiten.
Wie viel Liter Terpentinöl können in einer Werkstatt mit einer Grundfläche von 6,50 m x 4,70 m und einer Höhe von 2,70 m verdunsten, ohne dass der MAK-Wert überschritten wird?

10.6 Ein Gefäß hat die Form einer Halbkugel (Durchmesser 0,75 m).
Wie viel Liter Fassungsvermögen hat das Gefäß?

10.7 Ein kugelförmiger Erdtank hat einen Innendurchmesser von 3,55 m.
Wie viel Liter Lösemittel können gelagert werden, wenn der Tank bis zu $^4/_5$ seines Fassungsvermögens aufgefüllt werden darf?

10.8 Drei Mehrwegcontainer haben folgende Maße: 1,70 m x 1,20 m x 1,50 m. Sie werden zu $^5/_6$ mit Lack gefüllt.
a) Wie viel Liter Lack können abgefüllt werden?
b) Wie viel 750-ml-Gebinde können abgefüllt werden, wenn mit 5 % Schüttverlust gerechnet wird?

10.9 Aus einem vollen Lösemitteltank (Bodendurchmesser 70 cm, Behälterhöhe 1,35 m) sind folgende Mengen entnommen worden:
2,500 ℓ; 6 ¼ ℓ; 750 ml; 12 ½ ℓ; 15,550 ℓ.
a) Wie viel Liter sind noch im Behälter?
b) Wie viel 6,250-ℓ-Kanister können noch abgefüllt werden?

10.10 Mit einem Eimer Tapetenkleister (8 ℓ) wurden 38 Bahnen Euro-Wandbekleidung von 2,70 m Länge gekleistert.
a) Wie viel Milliliter Kleister wurde für 1 m² benötigt?
b) Wie viel Kleisterpulver wurde für 1 m² benötigt, wenn nach Gebrauchsanleitung 125 g in 6 ¼ ℓ Wasser eingerührt werden soll?

Masse, Dichte

10.11 Ein Kanister Testbenzin (Dichte 0,87 kg/dm³) fasst 5 ℓ.
Wie viel Kanister können auf eine Transportpalette geladen werden, wenn diese mit maximal 50 kg beladen werden darf?

10.12 Ein Auszubildender findet beim Aufräumen einen Blechkanister mit Leinölfirnis. Kanister und Inhalt wiegen zusammen 5,060 kg. Der Kanister wiegt 360 g, sein Volumen beträgt 5 ℓ.
Welche Dichte hat der Leinölfirnis?

10.13 Sie sollen einen 50-ℓ-Behälter mit Karbolineum (Dichte 0,92 kg/dm³) aus dem Lager holen.
Wie viel Kilogramm wiegt der Inhalt des Behälters?

10.14 Bleimennige hat eine Dichte von 8,8 kg/dm³.
Wie viel Kilogramm würde der Inhalt des Eimers wiegen, wenn dieser Beschichtungsstoff in 10-ℓ-Gebinden geliefert würde?

10.15 Ein Grundbeschichtungsstoff hat eine Dichte von 1,25 kg/dm³.
Wie viel Liter enthält ein Fass mit 250 kg?

10.16 Die zwei abgebildeten Behälter werden zu je 3/4 mit Beschichtungsstoff gefüllt.
Wie viel Kilogramm enthält jeder Behälter, wenn
a) der Beschichtungsstoff eine Dichte von 1,667 kg/dm³ hat,
b) 15 ℓ des Beschichtungsstoffes 22,750 kg wiegen?

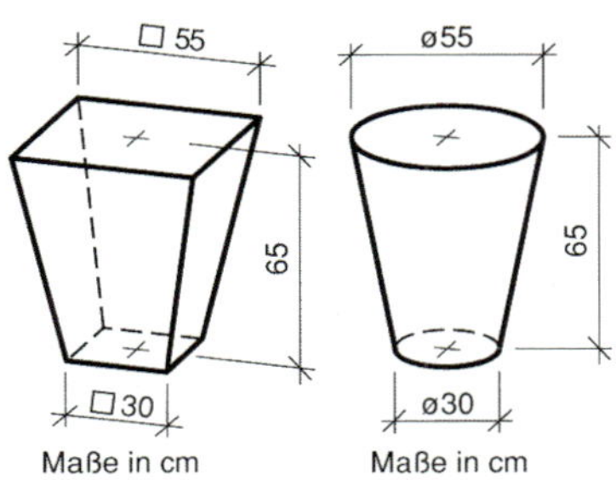

10.17 Ein 16-ℓ-Gebinde Innendispersion wiegt 23,5 kg. Sie verdünnen mit 1,5 ℓ Wasser.
Wie groß ist die Dichte der unverdünnten und der verdünnten Dispersionsfarbe?

10.18 Eine Fassadenfarbe hat eine Dichte von 1,645 kg/dm³; und der Hersteller gibt einen Verbrauch bei unverdünnter Farbe von 465 g/m² an.
a) Wie viel Quadratmeter können Sie mit einem 10-ℓ-Gebinde unverdünnter Farbe streichen?
b) Wie groß ist die Dichte der Farbe, wenn Sie diese mit 8 % Wasser verdünnen, und wie hoch ist dann der Verbrauch in g/m²?

10.19 Eine Dispersionsfarbe besteht zu 37 % aus Bindemittel, zu 24 % aus Wasser, zu 31 % aus Pigmenten und zu 8 % aus Füllstoffen.
Wie viel Kilogramm wiegt ein 10-ℓ-Gebinde, wenn die Dichte des Bindemittels 1,02 kg/dm³, die des Füllstoffs 2,7 kg/dm³ und die des Pigments 4,10 kg/dm³ beträgt?

10.20 Ein Firmen-Lkw soll mit Beschichtungsstoff beladen werden. Der Lkw kann 5,355 t zuladen.
Wie viel 16-ℓ-Gebinde können verladen werden, wenn 40 % der Fracht 17,450 kg pro Gebinde, 35 % 19,750 kg und der Rest 22,350 kg wiegen?

10.21 Ein Gebinde mit einem Volumen von 7,5 Liter enthält 10,125 kg Klebstoff. Welche Dichte hat der Klebstoff?

10.22 In eine Kanne mit einem Volumen von 12,5 Liter konnten 10,750 kg Terpentin-Ersatz eingefüllt werden. Welche Dichte hat der Terpentinersatz?

10.23 Ein wasserverdünnbarer Putzgrund hat eine Dichte von 1,06 kg/dm³.
a) Welches Nettogewicht hat ein 25-Liter-Gebinde?
b) Welches Bruttogewicht hat dieses Gebinde bei 770 g Taragewicht?

10.24 Berechnen Sie das Gewicht einer Gerüstbohle aus Kiefernholz mit den Maßen 28 cm x 4 cm x 4,00 m und einer Dichte von 0,85 kg/dm³.

11 Werkstoffberechnung

Der Maler und Lackierer sollte möglichst große Gebinde oder Großpackungen verbrauchen. Diese sind meist kostengünstiger, die Schütt- und Schwundverluste (Verluste bei der Verarbeitung) sind geringer, und die Umwelt wird durch weniger Verpackungsabfall geschont.

11.1 Brutto – Netto – Tara

Das Bruttogewicht ist das Gesamtgewicht, also Verpackung und Inhalt (Werkstoff) zusammen.

Das Nettogewicht ist das reine Werkstoffgewicht. Die Tara ist das reine Verpackungsgewicht.

■ **Beispiel 11.1:**

Das Bruttogewicht von 5 Eimern Plastikmasse beträgt 153,250 kg. Eine Eimerfüllung wiegt 30 kg. – Berechnen Sie die Tara.

Lösung:
5 · 30 kg = 150 kg (Nettogewicht)
153,250 kg – 150 kg = 3,250 kg

11.2 Werkstoffpreise

Der Preis von Werkstoffen und Materialien kann unterschieden werden in

$$\text{Stückpreis} = \frac{\text{Warenpreis}}{\text{Stückzahl}}$$

$$\text{Literpreis} = \frac{\text{Warenpreis}}{\text{Liter}}$$

$$\text{Kilopreis} = \frac{\text{Warenpreis}}{\text{Kilogramm}}$$

■ **Beispiel 11.2:**

Eine Lieferung von Schleifmittelsortimenten kostet 367,50 €.
Wie viel kostet ein Sortiment, wenn die Lieferung aus 35 Packungen besteht?

Lösung:

$$1\ \text{Sortiment} \mathrel{\hat{=}} \frac{367{,}50\ €}{35} = \underline{\underline{10{,}50\ €}}$$

In Rechnungen des Großhandels aufgeführte Preise enthalten nicht die gesetzliche Mehrwertsteuer (MwSt.).
Bei Zahlung des Rechnungsbetrages innerhalb einer bestimmten Frist kann ein Zahlungsnachlass (Skonto) vereinbart werden.

■ **Beispiel 11.3:**

Die Gesamtsumme einer Werkstoffbestellung beträgt 1 877,65 €.
Wie hoch ist die Endsumme einschließlich MwSt. und abzüglich 3 % Skonto bei Zahlung innerhalb von 14 Tagen?

Lösung:	1 877,65 €
+ 19 % MwSt.	356,75 €
	2 234,40 €
– 3 % Skonto	67,03 €
	2 167,37 €

11.3 Werkstoffbedarf

Der Bedarf von Beschichtungsstoffen richtet sich nach der zu behandelnden Flächengröße. Er wird ermittelt nach der vorgegebenen Schichtdicke in Abhängigkeit von der Verbrauchsmenge in ml/m² oder cm³/m².

Nassschicht- und Trockenschichtdicke

Besonders Korrosionsschutz-Beschichtungen, aber auch Betonschutzsysteme und rissüberbrückende Beschichtungssysteme sowie Erstbeschichtungen auf Gasbeton setzen eine bestimmte Trockenschichtdicke voraus. Diese wiederum ist abhängig von der Nassschichtdicke.

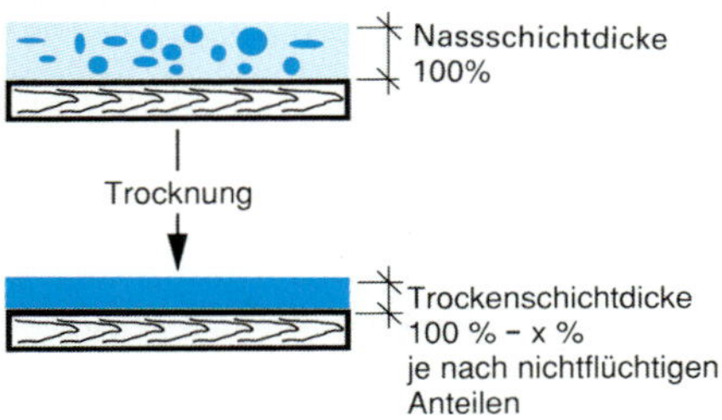

Die nichtflüchtigen Anteile eines Beschichtungsstoffes bilden das Gesamtvolumen aller schichtbildenden Stoffe nach der Trocknung (Bindemittel, Pigmente, Füllstoffe u. a.). Ist der prozentuale Anteil der nichtflüchtigen Stoffe bekannt (zu entnehmen den Technischen Merkblättern des Herstellers), so ist dies der Prozentsatz der Trockenschichtdicke.

Die Nassschichtdicke bei Lack ergibt sich ungefähr nach der Faustregel: 1 ml/m² Lack = 1 µm Nassschichtdicke.

Beispiel 11.4:

Der nichtflüchtige Anteil einer Alkydharz-Dickschichtlasur beträgt 65 %.
Wie groß ist die Trockenschichtdicke bei einer Auftragsmenge von 120 ml/m²?

Lösung:

120 µm
– 35 % 42 µm
78 µm

$$\frac{120\,\mu m \cdot 65\,\%}{100\,\%} = \underline{\underline{78\,\mu m}}$$

Der Verbrauch an Beschichtungsstoffen ist abhängig vom Applikationsverfahren und vom Untergrund (stark saugend bis dicht).

Verbrauch in ml/m² im Rollverfahren (Richtwerte)				
Beschichtungsstoff Untergrund	Alkydharzlack, lösemittelverdünnbar	Dispersionslack	Dispersionsfarbe	Kunstharzputz
Holz (glatt), Kunststoff	80	120	–	pro mm Korndurchmesser ca. 1 ℓ
glatter Putz	120	150	200	
Raufaser, Putz mittlerer Körnung	180	200	250	

Verbrauch = Beschichtungsstoffmenge für 1 m² in $\frac{ml}{m^2}$ oder $\frac{cm^3}{m^2}$ oder $\frac{\ell}{m^2}$

Ergiebigkeit = Beschichtungsfläche, die mit 1 ℓ Beschichtungsstoff bearbeitet werden kann in $\frac{m^2}{\ell}$

Brutto – Netto – Tara

11.1 Eine Palette mit 25 Lackgebinden zu je 2,5 ℓ wird verladen. Der Lack hat eine Dichte von 1,37 kg/dm³, das Bruttogewicht beträgt 111 kg.
a) Berechnen Sie Nettogewicht und Tara.
b) Wie viel wiegt die Palette, wenn eine leere Lackdose 450 g wiegt?

11.2 In einem 10-ℓ-Gebinde mit 1,350 kg Tara sind 12,650 kg Dispersion (Nettogewicht) abgefüllt.
Wie hoch ist das Bruttogewicht?

11.3 Das Bruttogewicht einer Warenlieferung beträgt 370 kg, die Tara ist mit 17,670 kg angegeben.
a) Berechnen Sie das Nettogewicht.
b) Wie viel Prozent beträgt das Verpackungsgewicht?

11.4 Eine Lieferung mit einem Bruttogewicht von 10 kg enthält 20 Dosen Abbeizer mit je 375 g Abfüllmenge. Der Bruttopreis/kg beträgt 7,75 €. Berechnen Sie das Nettogewicht und den Nettogewichtspreis.

Werkstoffpreise

11.5 Folgende Bestellliste wurde beim Großhändler abgegeben:

Menge	Artikel	Einzelpreis (ohne MwSt.)
10	5 ℓ Nitroverdünnung	3,80 €/ℓ
15	5 ℓ Universalverdünnung	2,66 €/ℓ
5	Rollen Schleifpapier P 80, 50 m	24,05 €/Rolle
12	Maler-Ringpinsel 10	8,65 €/Stück
25	Schrägstrichzieher 1/4"	8,64 €/Stück
7	2500 ml Rost- und Haftprimer, graugrün	11,52 €/ℓ
12	2500 ml Effektlack (Hammerschlag, blau)	17,44 €/ℓ

a) Wie hoch sind die Einzelpreise einschließlich MWSt. (19 %)?
b) Wie hoch ist die Endsumme, wenn 3,5 % Skonto bei Zahlung innerhalb von 10 Tagen eingeräumt werden?

11.6 Ein fahrbarer Trockenspritzstand wurde für 5078,70 € geliefert. Im Preis ist die MWSt. enthalten.
a) Wie hoch ist der Nettopreis, wenn für Lieferung und Verpackung 12 % vereinbart wurden?
b) Wie viel kostet dieser Spritzstand, wenn bei Zahlung innerhalb von sieben Tagen 3 % Skonto gewährt und für den Einbau zusätzlich eine Pauschale von 450,00 € gefordert wird?

11.7 Reinacrylat-Fassadenfarbe wird in 10-ℓ-Gebinden für 9,07 €/ℓ angeboten. 150 Liter derselben Farbe kosten im wiederverwendbaren Großbehälter 562,50 € netto. Der Verbrauch wird mit 320 ml/m² angegeben.
a) Wie hoch ist der Werkstoffpreis für die Beschichtung pro m² bei Verwendung von 10-ℓ-Gebinden?
b) Um wie viel Prozent ist der Preis/m² im Großgebinde niedriger?

11.8 750 ml Vollton-Erdfarbe kosten 4,20 €/ℓ, die gleiche Menge Vollton-Echtfarbe 5,55 €/ℓ.
a) Wie teuer sind Zehnerpackungen, wenn ab dieser Bezugsmenge 5 % Rabatt gegeben wird?
b) Um wie viel Prozent sind die Erdfarben billiger?

Werkstoffbedarf

11.9 Für einen Alkydharzlack wird eine Ergiebigkeit von 8 m²/ℓ angegeben.

a) Wie hoch ist der Verbrauch in $\frac{\ell}{m^2}$?

b) Wie hoch ist die Trockenschichtdicke, wenn der nichtflüchtige Anteil des Lackes 55 % beträgt?
c) Wie hoch ist die Gesamtschichtdicke, wenn der Lack für die Grundbeschichtung um 5 % verdünnt wird, aber die Zwischen- und die Schlussbeschichtung unverdünnt aufgetragen werden?

11.10 Die Trockenschichtdicke pro Beschichtungsauftrag wird mit 40 µm angegeben.
Wie hoch ist der Verbrauch in g/m² bei einer Dichte von 1,17 kg/dm³ und flüchtigen Bestandteilen von 30 %?

11.11 Der nichtflüchtige Teil eines gefüllten Grundbeschichtungsstoffes beträgt 68 %.
a) Wie hoch ist die Nassschichtdicke, wenn die Dichte 1,447 kg/dm³ und der Verbrauch 280 g/m² betragen?
b) Wie hoch ist die Trockenschichtdicke?

11.12 Im Korrosionsschutz wird für Industrieluft eine Mindest-Trockenschichtdicke von 200 µm bis 250 µm vorgeschrieben.
a) Wie viel Beschichtungen sind bei einem Normalschichtsystem mindestens aufzutragen, wenn der nichtflüchtige Anteil 45 % beträgt?
b) Wie viel Beschichtungsaufträge kann man sparen, wenn ein Dickschichtsystem mit einem nichtflüchtigen Anteil von 85 % verwendet wird?

11.13 Verzinkter Stahl unterliegt je nach Atmosphärentyp pro Jahr einem Abbau von etwa 1,5 µm in Landluft, 2,0 µm in Stadtluft, 3,0 µm in Seeluft und 12 µm in Industrieluft.
a) Berechnen Sie, wann ein 80 µm dicker Zinküberzug im jeweiligen Atmosphärentyp gänzlich abgebaut ist.
b) Um wie viel Prozent höher ist der Abbau von Atmosphärentyp zu Atmosphärentyp?

11.14 Ein Reibeputz mit 2,5 mm Körnung soll aufgetragen werden.
Wie viel Liter Reibeputz werden für eine 248 m² große Fassadenfläche benötigt?

11.15 Eine rissüberbrückende Außendispersionsfarbe mit einer Dichte von 1,67 kg/dm³ soll mindestens mit 480 g/m² aufgetragen werden.
Wie hoch ist die Nassschichtdicke?

12 Aufmaßschreiben und Aufmaßlesen

Für die Abrechnung von Malerarbeiten wird in der Regel die VOB (Vergabe und Vertragsordnung für Bauleistungen) vereinbart. Danach hat der Auftraggeber seine Rechnung in prüfbarer Form einzureichen. Die Zusammenstellung der Berechnungsmaße ist das Aufmaß oder der Maßansatz. Er muss so geordnet sein, dass die Zahlenfolge wie ein Bild die räumlichen Gegebenheiten sichtbar werden lässt.

12.1 Aufmaß nach Zeichnung

Die Dreidimensionalität von Baukörpern und Räumen geht besonders deutlich aus Parallelprojektionen hervor.

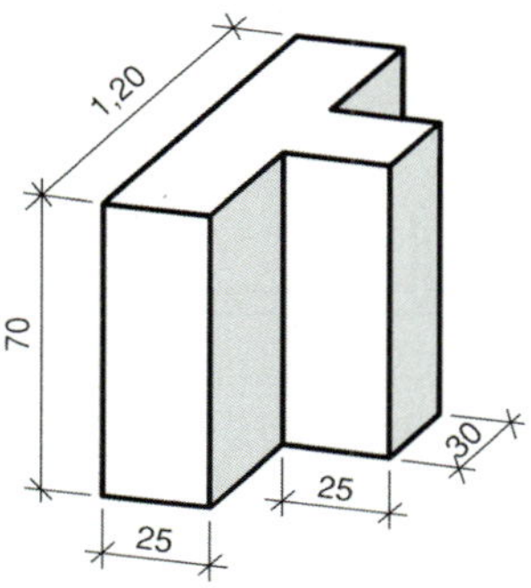

Derartige Darstellungstechniken sind aber selten bei Bauzeichnungen, aus denen der Maler die Maße für sein Aufmaß entnehmen muss. Im Allgemeinen wird er auf die üblichen Ansichten, Schnitte und Grundrisse angewiesen sein (vgl. Abb. S. 64). Der Maler muss darin geübt sein, eine Vorstellung von den Räumlichkeiten anhand der jeweils vorhandenen Unterlagen zu entwickeln.

Maßauszüge aus Bauzeichnungen

Bevor Sie die erforderlichen Maße herausschreiben, informieren Sie sich über

- Grundriss,
- Schnitt,
- Maßstab,
- Vollständigkeit der Maße,
- Raumhöhen,
- Breite und Höhe von Türen und Fenstern.

■ **Beispiel 12.1:**

Im Grundriss auf S. 64 ist das Längen- und Breitenmaß für den Wohnraum mit $5{,}63^5$ m x $3{,}38^5$ m angegeben. Die dritte Kommastelle bei den Maßangaben ergibt sich aus den Baurichtmaßen.

Beachten Sie: Für das Maleraufmaß sind diese Zahlenwerte in der Regel auf zwei Stellen zu runden.

■ **Beispiel 12.2:**

Deckenaufmaß Wohnzimmer	5,64 · 3,39
Fußbodenaufmaß Wohnzimmer	5,64 · 3,39
	+ 4,01 · 0,24

Die Raumhöhe von 2,60 m wird aus dem Schnitt abgelesen.
Die Öffnungen für Fenster und Türen sind so bemaßt, dass die Breitenmaße über, die Höhenmaße unter der Maßlinie stehen.

Beachten Sie: Wohnzimmertür $\frac{1{,}01}{2{,}05}$ bedeutet, dass die Tür 1,01 m breit und 2,05 m hoch ist.

Rohbaumaße

Rohbaumaße sind Maße für den Rohbau, z. B. für die Abmessungen von Räumen ohne die Berücksichtigung von Putzdicken, Maße für Maueröffnungen mit unverputzten Leibungen, Schornsteine, Wanddicken.

■ **Beispiel 12.3:**

Breite einer Türöffnung
(Öffnungsfläche mit begrenzenden Bauteilen seitlich)

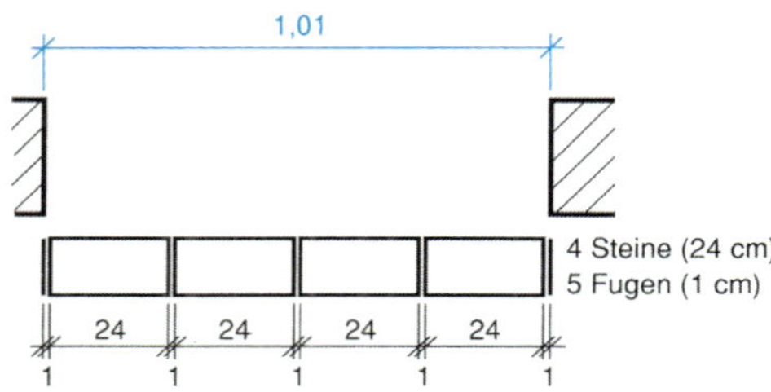

Mauervorlage
(ohne begrenzende Bauteile seitlich)

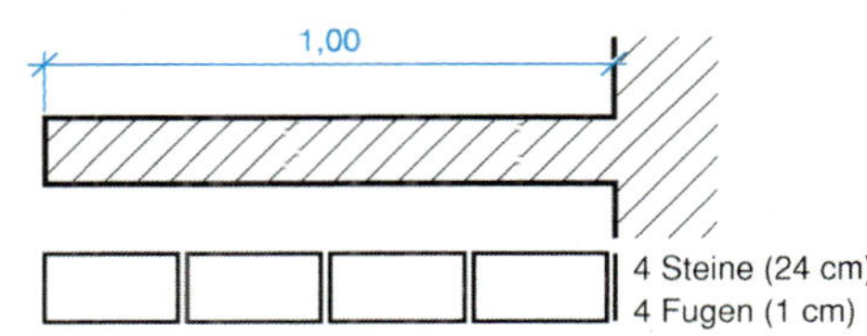

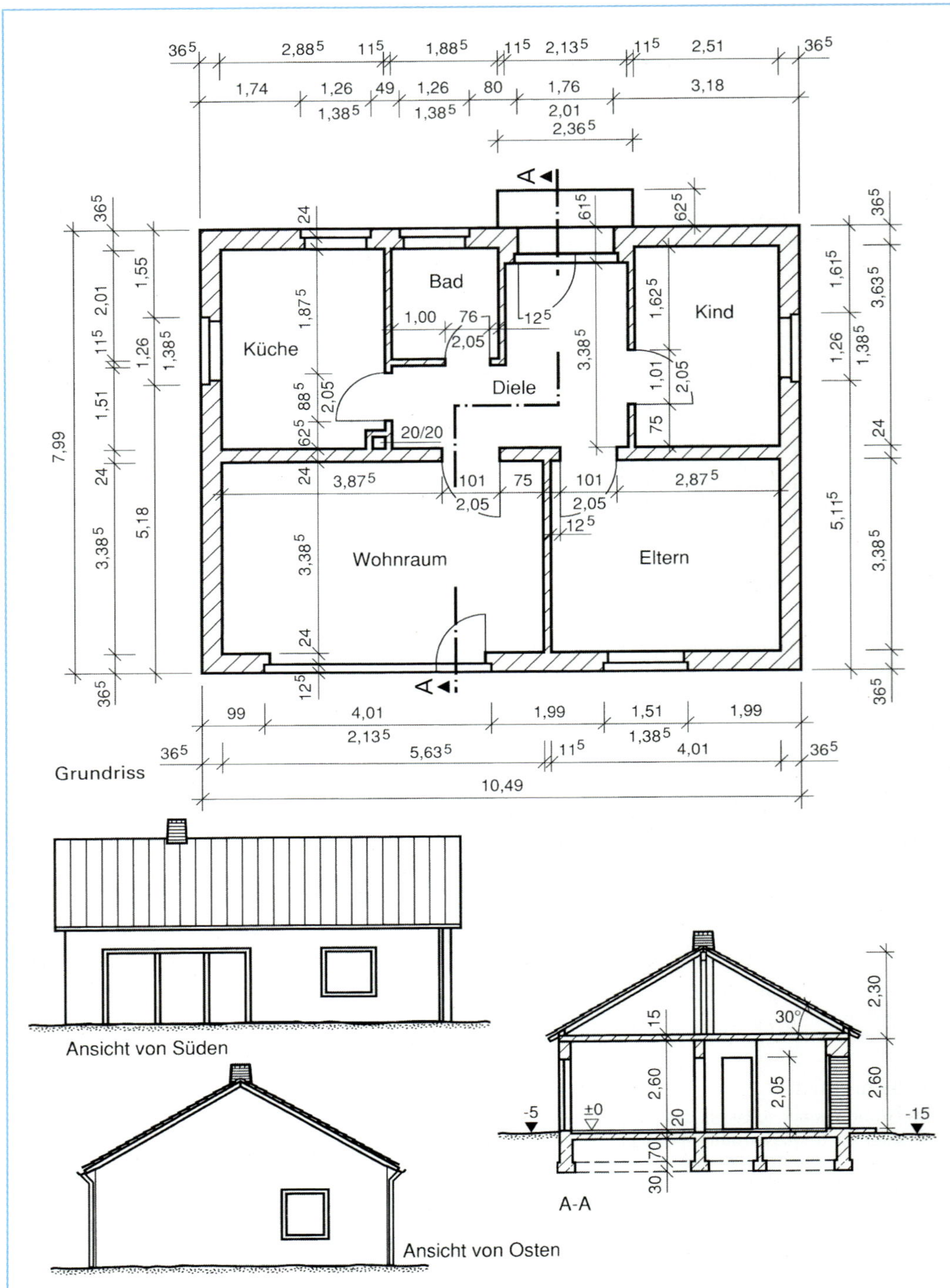

Bad
Küche
Kind
Diele
Wohnraum
Eltern
Grundriss
Ansicht von Süden
Ansicht von Osten
A-A

Pfeiler
(ohne begrenzende Bauteile seitlich)

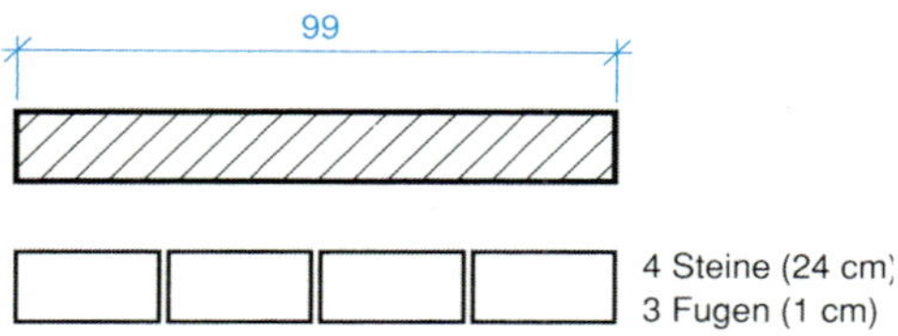

Konstruktionsmaße

Konstruktionsmaße sind die in der Bauzeichnung angegebenen Maße, wie sie für die Rohbauausführung gelten. Das bedeutet, dass die Maße Geltung haben, die als Konstruktionsmaße aus der Bauzeichnung abgelesen werden können. Auch wenn die Maße aus Zeichnungen entnommen werden, gelten für die Abrechnungen von Beschichtungen die Maße der bearbeiteten Flächen.

■ **Beispiel 12.4:**

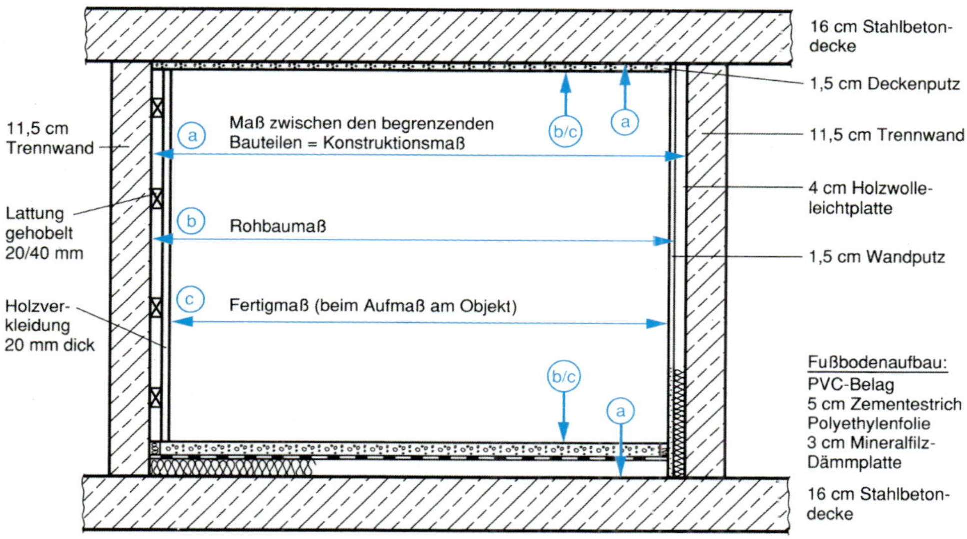

12.2 Aufmessen von Beschichtungsarbeiten am Objekt

Bei der Vereinbarung von Pauschalpreisen für Malerarbeiten bei Privatkunden stellt sich keine Aufmaßproblematik, weil dabei nicht aufgemessen werden muss. Trotzdem ist ein detailliertes Angebot wie beim Einheitspreisvertrag sinnvoll. Die Preisermittlung für den Detailpauschalpreisvertrag sollte jedoch immer kalkulatorisch nach der DIN ATV VOB/C (Vergabe- und Vertragsordnung für Bauleistungen) erfolgen. Wenn der Privatkunde die Anwendung der VOB/C wünscht, weil ein Architekt als Bauleiter tätig ist, wird nach diesen Regeln gearbeitet und abgerechnet. Bei Maleraufträgen für die Öffentliche Hand sind die VOB/B und VOB/C Vertragsinhalte. Danach hat der Maler als Auftragnehmer bei allen Abrechnungen von Beschichtungsarbeiten nach VOB DIN 18363 (2019) zugrunde zu legen. Es liegen nicht immer Bauzeichnungen vor, die dem aktuellen Baubestand entsprechen.

Fertigmaße

Der zweckmäßige Aufmaßmodus sind hier die Fertigmaße (z. B. fertig verputzte und bekleidete Flächen in ihrer tatsächlichen Breite und Höhe). Beim Messen dieser Flächen müssen der Gliedermaßstab oder das Bandmaß gestreckt an der Fläche anliegen. Beim Festlegen der Höhenmaße rechteckiger, dreieckiger oder trapezförmiger Flächen ist unbedingt darauf zu achten, dass das Messwerkzeug rechtwinklig zur Grundlinie angelegt wird.

Grundsätze für das Aufmessen von fertigen Bauteilen

- Das Aufmaß und die Niederschrift müssen mathematisch-geometrisch fehlerfrei sein.
- Rechnerische Grundprinzipien sind die Formeln zur Flächen- und Körperberechnung.
- Die mathematischen Regeln der Klammerrechnung sind anzuwenden.
- Die Aufmaßniederschrift muss verständlich sein (eine gut überschaubare Abfolge und Gliederung ermöglicht und erleichtert die Übersicht).
- Hilfsmittel und Ordnungsprinzipien, die das Aufmessen und die Flächenberechnung vereinfachen und beschleunigen, sollen genutzt werden (Zahlentafeln, Tabellen, Aufmaßlisten).
- Der Zeitaufwand muss ökonomisch sein.
- Hinter der gemessenen Maßzahl steht nicht die Einheit m.
- Es dürfen nur messbare Längen ins Aufmaß übertragen werden.

Diese Grundsätze für das Aufmessen der fertigen, bearbeiteten Flächen sind besonders wichtig bei Anwendung der VOB/C Ausgabe 2016.

■ **Beispiel 12.5:**
Schreiben Sie das Aufmaß für die Trapezfläche.

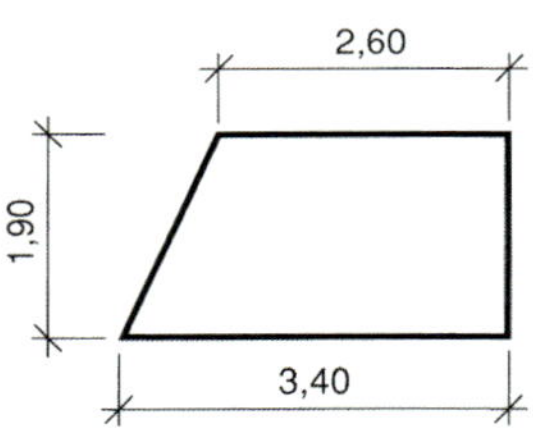

Lösung:
Flächenberechnungsformel für ein Trapez

$$A = \frac{l_1 + l_3}{2} \cdot h$$

Zahlenansatz

$$\frac{3{,}40 + 2{,}60}{2} \cdot 1{,}90 \text{ (und nicht etwa } 3{,}00 \cdot 1{,}90\text{)}$$

Beachten Sie: Obwohl auch der zweite Ansatz zu dem gleichen Ergebnis führt, so geht daraus doch nicht die Trapezform hervor. Er gilt vielmehr für ein Rechteck mit 3,00 m und 1,90 m Seitenlänge.

> Beim Diktieren eines Aufmaßes werden die Dezimalstellen und das Komma einzeln von links nach rechts gelesen.

■ **Beispiel 12.6:**

Wie muss die Maßzahl 2,05 diktiert werden?

Lösung:
Die Maßzahl 2,05 lautet zwei Komma null fünf Meter (nicht zwei Komma fünf, denn das bedeutet 2,5).

Aufmaßregeln

1 Bei liegenden Flächen beginnt man mit dem wichtigsten Kantenmaß.

■ **Beispiele 12.7 und 12.8:**

$2{,}76 \cdot 1{,}64$

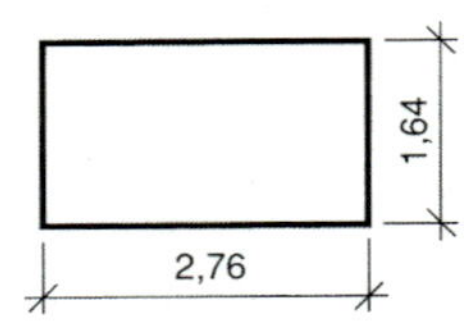

$$\frac{7{,}40 + 5{,}20}{2} \cdot 4{,}10$$

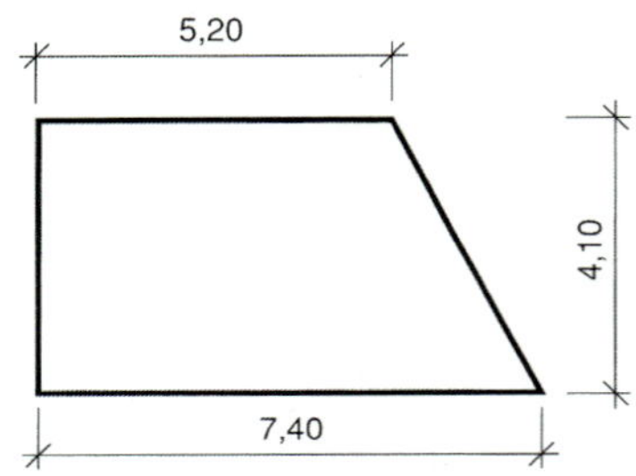

2 Für stehende Flächen (z. B. Fenster oder Wände) gilt: Grundlinie mal Höhe.

■ **Beispiele 12.9 und 12.10:**

$1{,}01 \cdot 2{,}75$

$$4{,}10 \cdot \frac{5{,}20 + 7{,}40}{2}$$

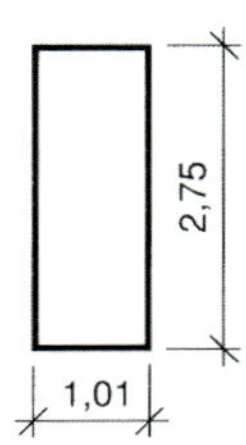

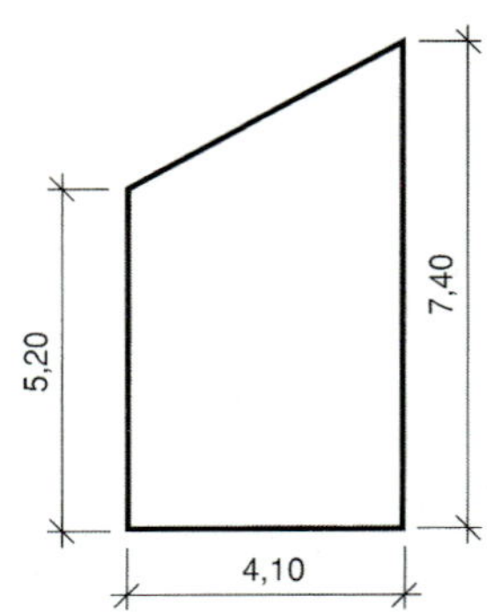

3 In Einzelräumen werden die Maße für Decken und Wände in Hauptgebäudeachse (Straßenseite, Fensterseite) zuerst geschrieben, auch wenn dabei gegen die übliche Regel für liegende Flächen (Länge x Breite) verstoßen werden muss.

■ **Beispiel 12.11:**

Schreiben Sie die Deckenaufmaße für die Räume aus dem Grundriss S. 64.

Lösung:

Kinderzimmer	2,51 · 3,64
Schlafzimmer	4,01 · 3,39
Wohnzimmer	5,64 · 3,39
Küche	2,89 · 3,64
Bad	1,89 · 2,01
Diele	2,14 · 3,39
	+ 2,00 · 1,51

Beachten Sie: Die Schornsteingrundfläche wird übermessen (vgl. Kapitel 13).

4 Innerhalb einer Wohnung oder eines Stockwerkes wird immer an der Eingangstür links begonnen, anschließend werden die Räume im Uhrzeigersinn aufgemessen. Zuletzt kommt der Flur.

■ **Beispiel 12.12:**

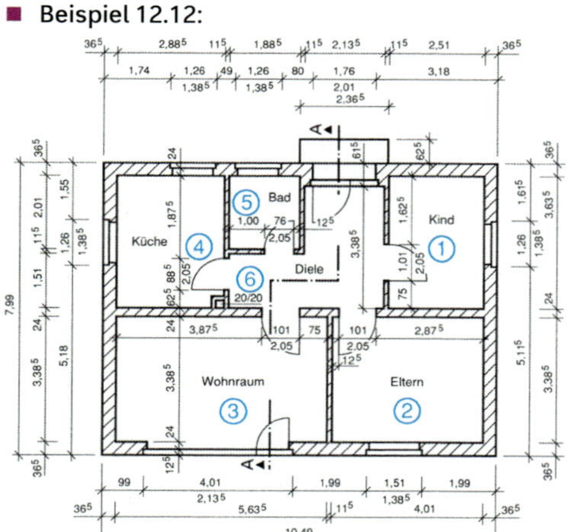

5 In einem längeren Aufmaß ist mit der begonnenen Rangfolge immer fortzufahren.

6 Wandflächen (Innen- und Außenwände) von Baukörpern werden nach Abwicklung aufgemessen.

7 Die *Stückzahl* wird immer als ganze Zahl vor die Objektmaße geschrieben (*direkte Stückzahl*).

■ **Beispiel 12.13:**

Schreiben Sie das Aufmaß für vier gleich große Fenster mit den Abmessungen 1,26 m x 1,39 m.

Lösung:
4 · 1,26 · 1,39

8 Die Anzahl der bearbeiteten *Anstrichseiten* wird als ganze Zahl *hinter* die Objektmaße gesetzt (*indirekte Stückzahl*).

■ **Beispiel 12.14:**

Schreiben Sie das Aufmaß für den beidseitigen Anstrich der vier Fenster aus Beispiel 12.13.

Lösung:
4 · 1,26 · 1,39 · 2

■ **Beispiel 12.15:**

Schreiben Sie das Aufmaß für die Wohnzimmerwände aus Beispiel 12.1 ohne Berücksichtigung der Fenster- und Türöffnungen.

Lösung:
(5,64 + 3,39) · 2 · 2,60

9 Bei zusammengesetzten Flächen sind die Teilflächen so aufzuschreiben, dass sie der Konstruktion von unten nach oben folgen.

■ **Beispiel 12.16:**

Schreiben Sie das Aufmaß für die Giebelseite eines Hauses.

Lösung: 12,40 · 6,80

$$+\frac{12{,}40+10{,}20}{2}\cdot 2{,}10$$

$$+\frac{10{,}20\cdot 1{,}50}{2{,}05}$$

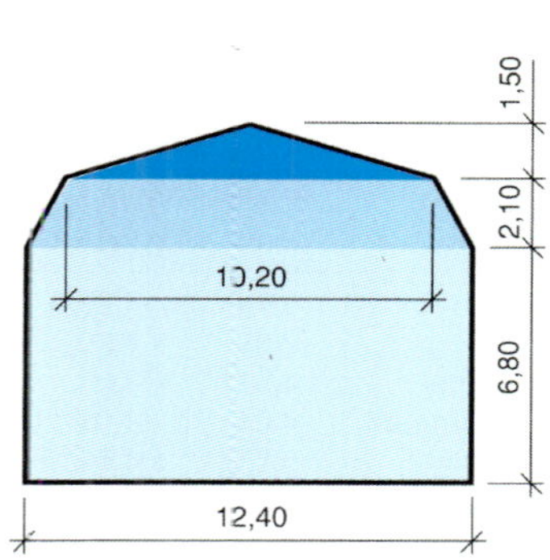

10 Teilflächen werden als Brüche aufgeschrieben.

■ **Beispiele 12.17 bis 12.19:**

Schreiben Sie die Aufmaße für die nachfolgenden Teilflächen.

Lösung:

$$\frac{4{,}20 \cdot 2{,}40}{2}$$

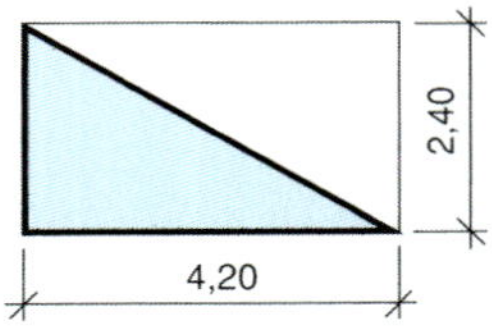

$$\frac{2{,}20 \cdot 2{,}20 \cdot 3{,}14}{4}$$

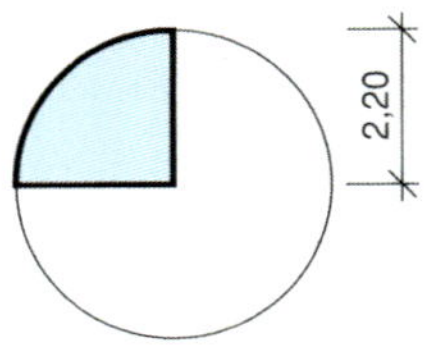

$$\frac{2}{3} \cdot 4{,}50 \cdot 0{,}80$$

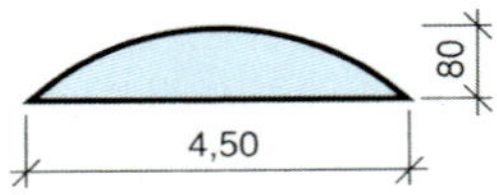

Vorteil: Beim Ausrechnen ist Kürzen möglich.

11 Klammern werden nur gesetzt bei Abwicklungen oder Abzügen und Zuzügen mehrerer verschieden großer Strecken oder Flächen.

12.1 Erläutern Sie den Unterschied zwischen
a) Konstruktionsmaß und Fertigmaß.
b) Geschosshöhe und Raumhöhe beim Konstruktionsmaß.

12.2 Nennen Sie die Bemaßungsregeln für Mauerwerksöffnungen (Fenster, Türen) mit Konstruktionsmaßen in Grundrissdarstellungen.

12.3 Üben Sie das Messen von lichten Öffnungen im Schulgebäude.

12.4 Üben Sie das Aufmessen von Flächen mit schrägen Begrenzungslinien an Beschichtungsobjekten.

12.5 Erstellen Sie mit den in der Tabelle angegebenen Baumaßen für verschiedene Wohnräume die Aufmaße für
a) die Deckenanstriche,
b) die Wandanstriche.

Beachten Sie: Die Fenster und Türen sind flächenbündig eingesetzt, sodass keine zu streichenden Leibungen entstehen.

12.6 Üben Sie das Aufmessen von Flächen mit Tiefenmaßen (z. B. Leibungen, Türen mit Futter und Bekleidung).

12.7 Schreiben Sie das Aufmaß
a) nach Zeichnung,
b) nach Fertigmaß für die Angaben aus dem Zeichnungsbeispiel 12.4, S. 65 (Konstruktions-/Fertigmaße) bei folgenden Konstruktionsmaßen: Länge 5,01 m, Breite 4,01 m, Geschosshöhe 2,75 m.
c) Berechnen Sie die Flächenunterschiede in m^2 und in Prozent.

Raum	Breite in m	Länge in m	Höhe in m	Fensteröffnungen			Türöffnungen		
				Anzahl	Breite	Höhe	Anzahl	Breite	Höhe
Wohnzimmer	5,14	4,26	2,58	2	2,51	1,51	2	1,26	2,13
Küche	2,89	4,26	2,58	2	1,76	1,51	1	1,26	2,13
Esszimmer	4,51	3,01	2,58	1	1,89	1,51	1	1,89	2,13
Kinderzimmer	4,01	4,51	2,55	1	1,76	1,51	2	1,51	2,13
Spielzimmer	5,51	4,64	2,55	2	2,14	1,51	2	1,26	2,13
Schlafzimmer	3,51	5,01	2,55	2	1,76	1,51	1	1,89	2,13
Bad	3,39	3,01	2,55	1	1,76	1,51	1	1,26	2,13
WC	1,14	1,51	2,55	–	–	–	1	1,26	2,13

12.8 Schreiben Sie das Aufmaß für die Fußbodenfläche.

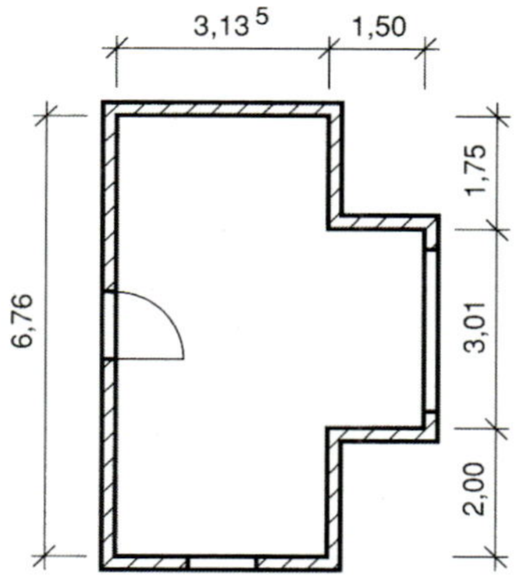

12.9 Drei rechteckige Tischplatten sollen an der Oberseite mit Polyurethanlack lackiert werden. Vorher sind die Umleimer mit Schmelzkleber anzubringen.
Schreiben Sie das Aufmaß

a) für die Umleimer,
b) für die Beschichtungsfläche.

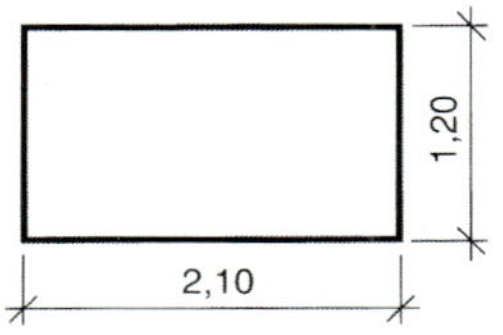

12.10 Schreiben Sie das Aufmaß für die Lackierung von fünf ellipsenförmigen Tischplatten. Maßangaben: große Achse 1,80 m, kleine Achse 1,40 m.

12.11 Eine Lackiererei erhält den Auftrag, fünf verzinkte Blechtafeln beidseitig mit Epoxidharzlack zu lackieren.
Schreiben Sie das Aufmaß.

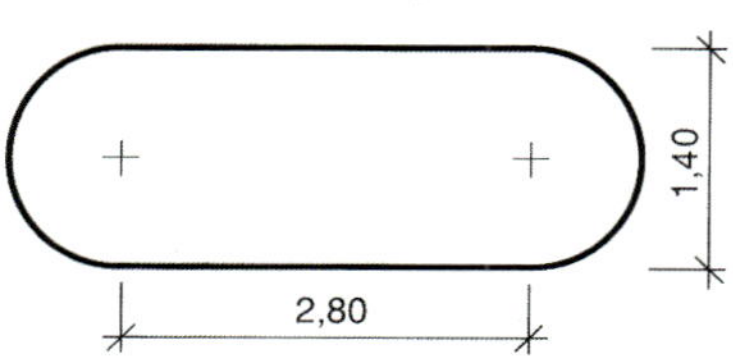

12.12 Die abgebildete Fassade einer Fabrikhalle mit Scheddach ist mit KD-Farbe zu streichen. Mit Ausnahme der beiden Tore sind keine weiteren Öffnungen im gesamten Gebäude vorhanden, da die Belichtung durch die Oberlichtfenster des Scheddaches erfolgt.
In der rechten Fassadenfläche befindet sich kein Oberlicht. Die Tore werden lackiert und von der Fassadenfläche abgezogen. Das Grundrissausmaß der Fabrikhalle beträgt 25,50 m x 30,24 m.
Schreiben Sie das Aufmaß für den allseitigen Fassadenanstrich.

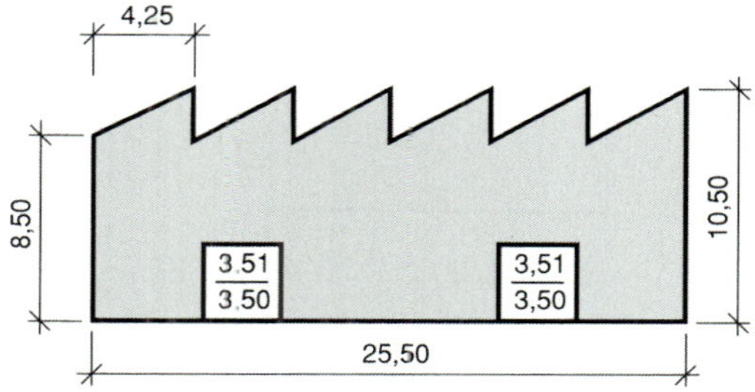

12.13 Schreiben Sie das Aufmaß für die Deckenfläche des im Grundriss dargestellten Innenraumes.

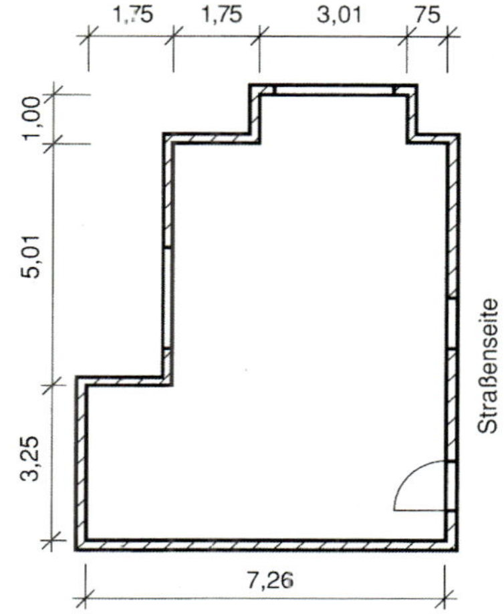

12.14 bis **12.19** Schreiben Sie das Aufmaß für die nachfolgend dargestellten Objekte und Flächen.

12.14 Vier Werbetafeln aus Stahlblech, beidseitige Beschichtung

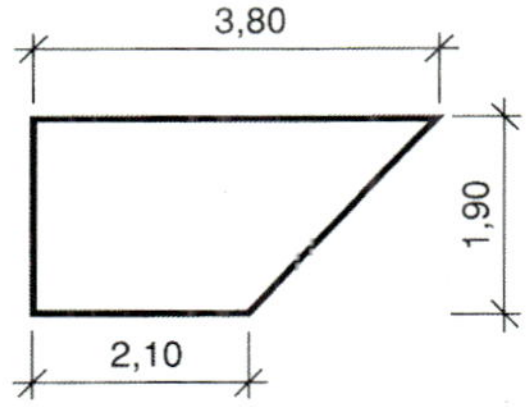

12.15 Fußbodenfläche in einem Nebenzimmer

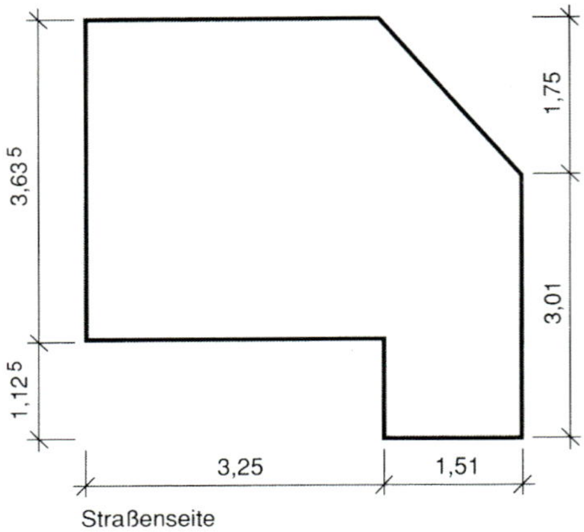

12.16 Zwei Tischplatten (einseitig zu beschichten)

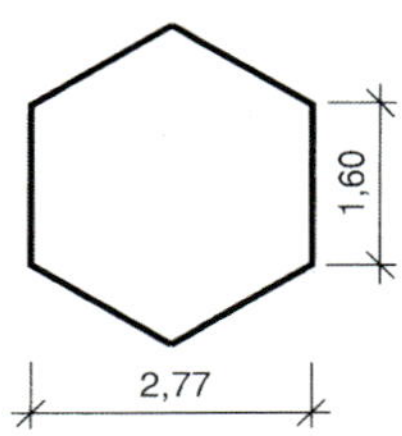

12.17 Fußboden einer Tanzfläche

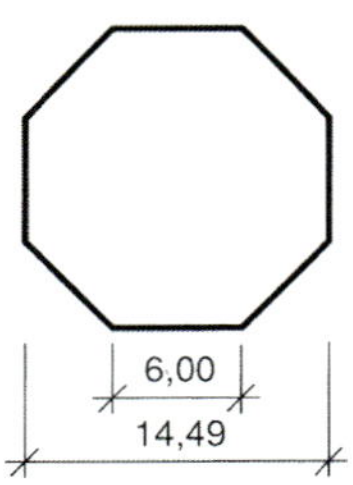

12.18 Treppenpodest in einem Turm

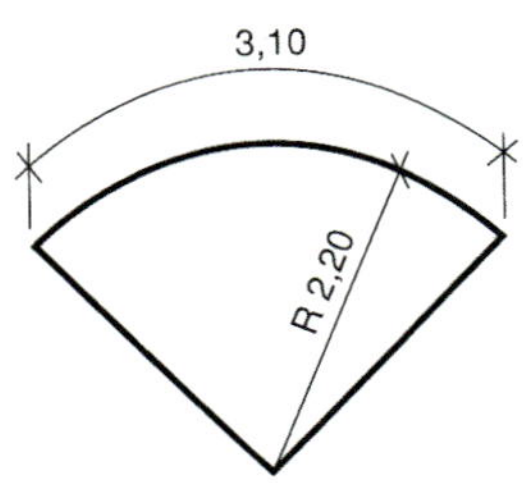

12.19 Acht Abdeckbleche (beidseitig zu beschichten)

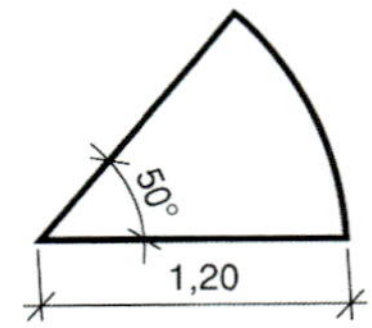

12.20 Schreiben Sie das Aufmaß für den allseitigen Fassadenanstrich des in der Zeichnung dargestellten Vorstadt-Siedlungshauses ohne Berücksichtigung der Fenster- und Türöffnungen.

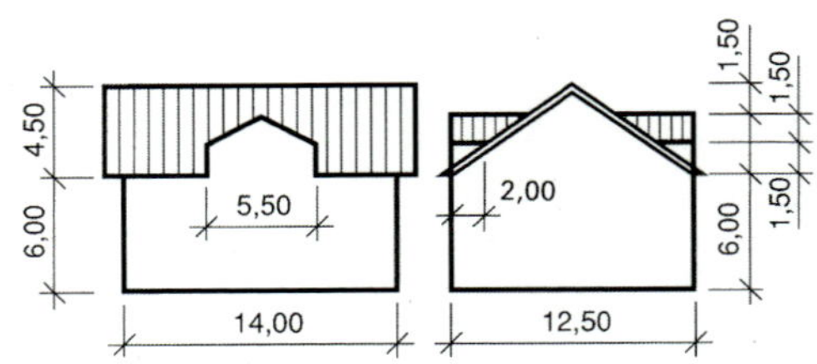

12.21 Die seitliche Holzverkleidung von drei Schleppgauben (dargestellt im Maßstab 1 : 100) sind mit Dickschichtlaser zu streichen und anschließend aufzumessen.

a) Legen Sie die Messstrecken fest.
b) Ermitteln Sie die Zeichnungsmaße.
c) Berechnen Sie mithilfe des Maßstabes die wirklichen Maße.
d) Schreiben Sie ein ordnungsgemäßes Aufmaß.

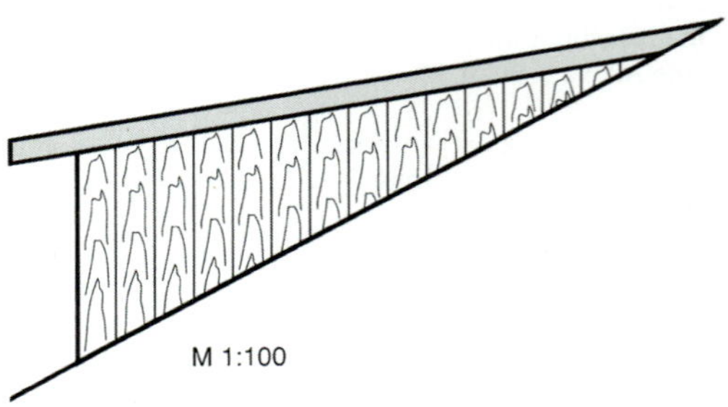

12.22 Schreiben Sie das Aufmaß für die Beschichtungsarbeiten an dem Siedlungshaus nach der Zeichnung. Erfasst werden sollen

a) die Deckenflächen,
b) die Fenster (beidseitig),
c) die lichten Maße der Innentüren (ohne Futter und Bekleidung),
d) die Hauseingangstür,
e) die Fassade ohne Berücksichtigung der Öffnungen.

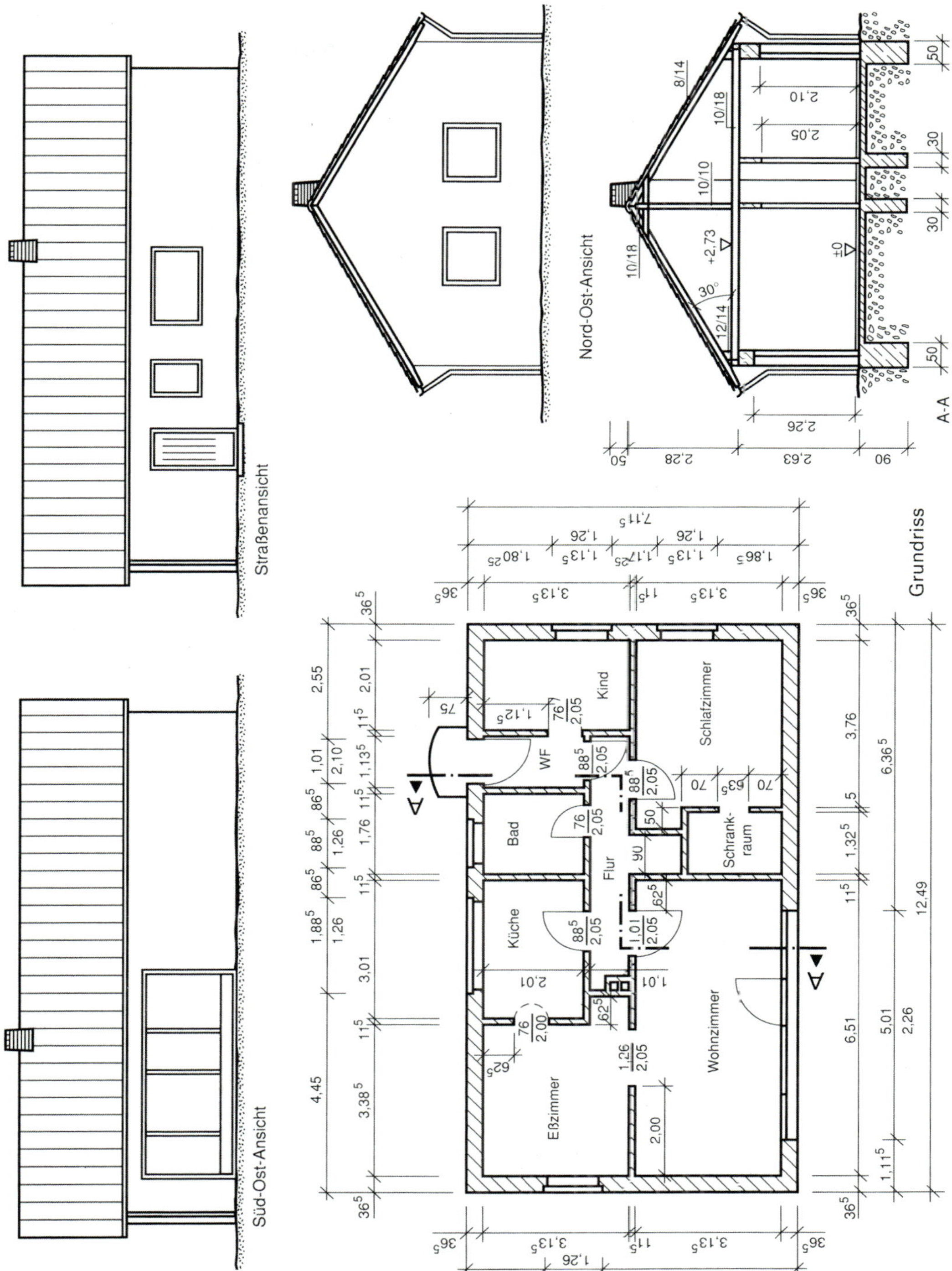
Straßenansicht
Süd-Ost-Ansicht
Nord-Ost-Ansicht
A-A
Grundriss
Kind
Schlafzimmer
WF
Bad
Flur
Schrank-
raum
Küche
Wohnzimmer
Eßzimmer

12.23 Die Deckenfläche in einem Saal (dargestellt im Maßstab 1 : 200) wurde mit Innendispersionsfarbe Nassabriebfestigkeitsklasse 2 gestrichen und ist für die Abrechnung aufzumessen.

a) Legen Sie die Messstrecken fest.

b) Ermitteln Sie mithilfe der Maßstabumrechnung die Maßzahlen.

c) Schreiben Sie ein ordnungsgemäßes Aufmaß.

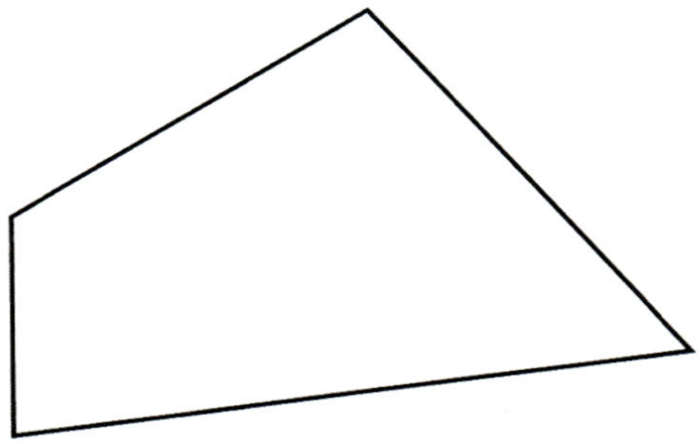

M 1:200

12.24 Für das Angebot über die Fußbodenlackierung eines Saales (Abb. rechts oben) ist das Aufmaß zu erstellen. Die Skizze hat den Maßstab 1 : 200.

a) Legen Sie die Messstrecken fest.

b) Schreiben Sie das Aufmaß.

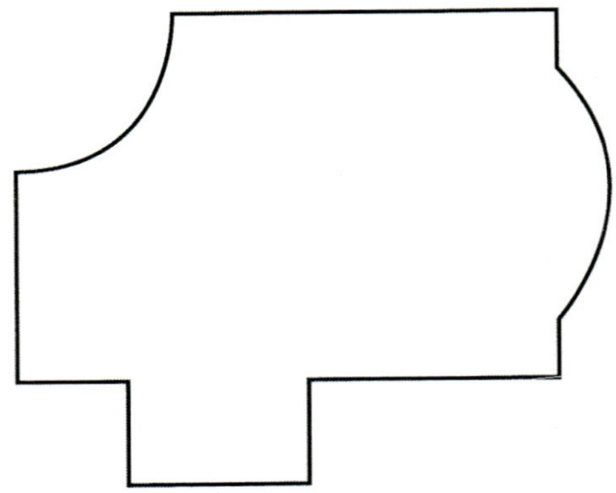

M 1:200

12.25 bis **12.28** Fertigen Sie nach den folgenden Aufmaßen Handskizzen an:

12.25 $4 \cdot 2{,}80 \cdot \frac{4{,}90 + 6{,}50}{2} \cdot 2$

12.26
$$10{,}20 \cdot 8{,}50 + \frac{10{,}20 + 7{,}50}{2} \cdot 3{,}20 + 7{,}50 \cdot 2{,}10 + \frac{7{,}50 \cdot 1{,}50}{2}$$

12.27
$$10{,}20 \cdot 2{,}40 + \frac{2}{3} \cdot 0{,}50 \cdot 2{,}40$$

12.28 $3 \cdot 6 \cdot \frac{1{,}40 \cdot 1{,}21}{2} \cdot 2$

13 Aufmaß und Abrechnung nach VOB

Bei Maler- und Lackiererarbeiten gilt die VOB, ATV DIN 18363 (Maler– und Lackierarbeiten, Beschichtungen) für die Oberflächenbehandlung von Bauten und Bauteilen mit Lacken und Anstrichstoffen, wenn diese vertraglich vereinbart wurde.
Gemäß Abschnitt 5 (Abrechnung) ist die Leistung aus Zeichnungen zu ermitteln. Sind keine Zeichnungen vorhanden, so ist aufzumessen. Ein Problem dabei ist, dass nicht alles in die Bauzeichnungen aufgenommen wird, was vom Maler und Lackierer zu beschichten ist (z. B. Gitter, Geländer, Gesimse, Rollladenkästen, Friese, Bekleidungen usw.).

Der Ermittlung der Leistung von Beschichtungsarbeiten ob nach Zeichnung oder nach Aufmaß am Objekt, sind die Maße der beschichteten Flächen zugrunde zu legen (DIN 18363, Abschnitt 5.1.1 Ausgabe Oktober 2019). Zur Leistungsermittlung sind die vereinfachenden Regeln wie Übermessungsregeln anzuwenden.
In der Praxis spricht man vom Aufmaß, egal, ob die Einzelmaße aus einer Bauzeichnung hervorgehen oder mit dem Metermaß bzw. digital mit dem Lasermessgerät an den bearbeiteten Flächen aufgenommen wurden.

13.1 Abrechnung nach Längenmaß

Rohre, Profile, Gesimse. Die Beschichtung von Rohren, Profilen oder Gesimsen wird nach Längenmaß abgerechnet. Die Abrechnungseinheit ist das Meter (m).
Der Aufwand bei diesen Beschichtungsarbeiten wird hauptsächlich durch die Profilabmessungen (Breite, Höhe, Abwicklung, Ausladung) beeinflusst, sodass nur bis zu einer bestimmten Profilabwicklung nach Längenmaß abrechnet werden darf. Deshalb sind immer Angaben über die Bauteildimensionen notwendig (s. Kapitel 18, S. 139).

■ **Beispiel 13.1:**

L-Stahl gleichschenklig 20 x 4.
Die Angaben bedeuten: Winkelstahl mit 20 mm Außenschenkelbreite und 4 mm Materialdicke.

■ **Beispiel 13.2:**

L-Stahl ungleichschenklig 80 x 40 x 6.
Diese Angaben bedeuten:
Ein Schenkel ist 80 mm, der andere 40 mm breit, die Materialdicke beträgt 6 mm.
Bei Rohrleitungen und Konstruktionen werden Schieber, Flansche und Kreuzungen übermessen und gesondert nach Stück abgerechnet.
Gesimse werden in ihrer größten Länge (bei Innenecken die unterste Kante, bei Außenecken die oberste Kante, vgl. Abb. zu Beispiel 13.5) gemessen.

Geländer und Zäune werden beidseitig beschichtet, jedoch nur einseitig berechnet (nach Längenmaß oder auch nach Flächenmaß). Bei Zäunen, Gittern und Geländern (mit oder ohne Füllstäbe) gehören Konstruktionsbeschreibungen über Bauart, Stababstand usw. zu den notwendigen Angaben.
Zur Vereinfachung der Abrechnung werden sowohl bei Rohren, Profilen und Gesimsen als auch bei Geländern und Zäunen nur Unterbrechungen von mehr als 1,00 m Einzellänge abgezogen. Ansonsten werden die Längen der Bauteile hintereinander geschrieben und zusammengezählt.

■ **Beispiel 13.3:**

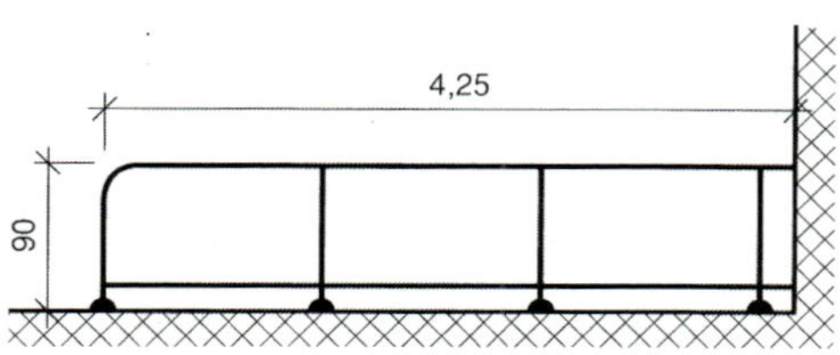

Schreiben Sie das Aufmaß für ein Rohrgeländer ohne Füllstäbe aus rundkantigem Quadrathohlprofil 40 x 40 x 2.

Lösung:
$2 \cdot 4{,}25 + 4 \cdot 0{,}90$
l = 12,10 m (Profil)

■ **Beispiel 13.4:**

Für ein Rohrgeländer aus rundkantigem Quadrathohlprofil 40 x 40 x 2 mit senkrechten Rundstahl-Füllstäben ⌀ 12 mm im Abstand von 130 mm ist das Aufmaß zu schreiben.

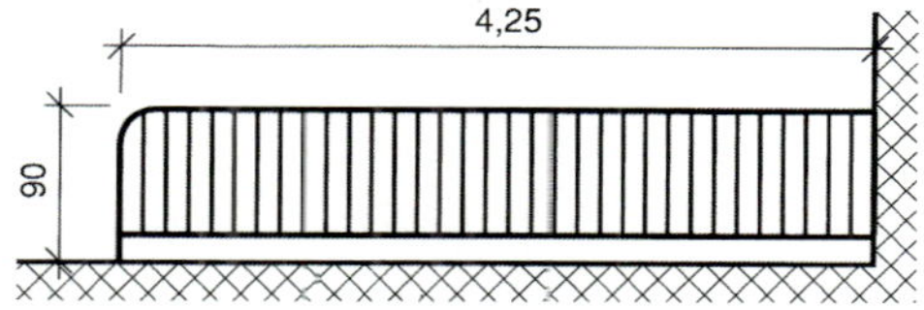

Lösung:
l = 4,25 m (Geländer)

Dachrinnen (rund oder kastenförmig) werden in ihrer Länge am Wulst gemessen. Auch der Rinnenquerschnitt ist mit anzugeben.

Regenfallrohre werden im Außenbogen aufgemessen. Im Aufmaß wird der Rohrdurchmesser angegeben.

■ **Beispiel 13.5:**

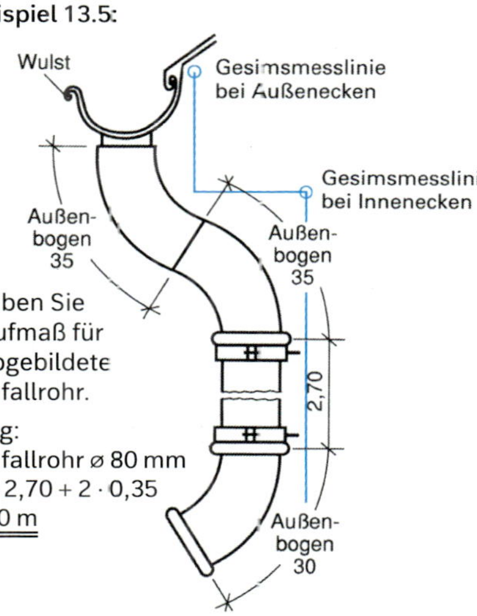

Schreiben Sie das Aufmaß für das abgebildete Regenfallrohr.

Lösung:
Regenfallrohr ⌀ 80 mm
$0{,}30 + 2{,}70 + 2 \cdot 0{,}35$
l = 3,70 m

Fußleisten werden ebenfalls nach Längenmaß abgerechnet.

■ **Beispiel 13.6:**
Entnehmen Sie der Zeichnung das Fußleistenaufmaß für den Wohn- und Schlafraum.

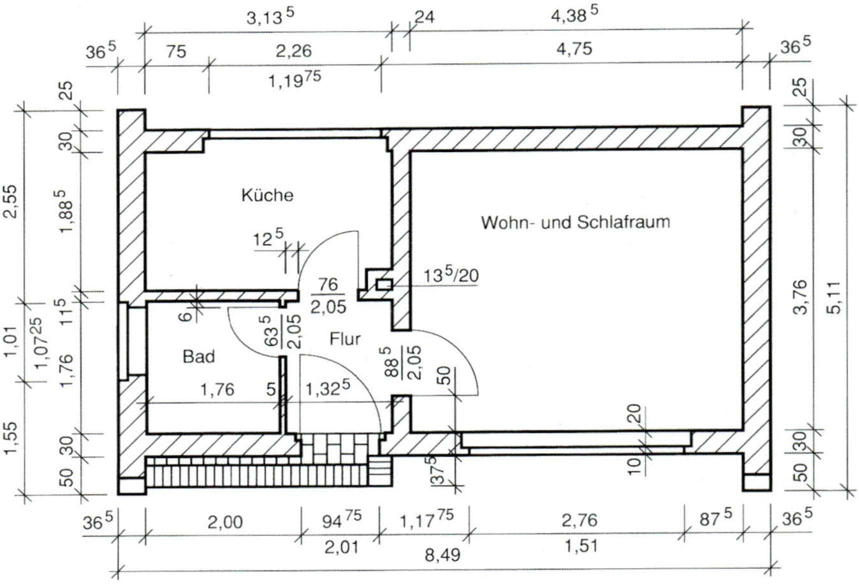

Lösung:
$(4{,}39 + 3{,}76 + 0{,}20) \cdot 2$
$l = \underline{\underline{16{,}70\ \text{m}}}$

Die Türbreite, obwohl ohne Fußleiste, wird nicht abgezogen, weil die Einzellänge < 1,00 m ist.

13.2 Abrechnung nach Flächenmaß

Die meisten Beschichtungsarbeiten von Flächen > 2,50 m² Einzelgröße werden nach Flächenmaß abgerechnet. Auch bei der Stückpreiskalkulation für Bauteile mit Flächen ≤ 2,50 m² Einzelgröße dient die Beschichtungsfläche als Berechnungsgrundlage. Die Abrechnungseinheit ist das Quadratmeter (m²).
Die Maßzahlen für die Dimensionen (Länge, Breite, Höhe) des Beschichtungsobjektes werden nach VOB, ATV DIN 18 363, in der Regel

- der Zeichnung entnommen oder
- am Objekt gemessen (s. Kapitel 12, S. 65).

Beispiel 13.7: Schreiben Sie das Aufmaß für die Fassadenbeschichtung einer Werkhalle (Abb. S. 75). Die Öffnungen bestehen aus bündig versetzten Glasbausteinen und werden von der Beschichtungsfläche abgezogen. Nach VOB ATV DIN 18363, Ausgabe 2019, Abschnitt 5.2.1 werden bei Fassaden die behandelten Flächen aufgemessen.

Lösung:

$$12{,}50 \cdot 19{,}50 + 10{,}60 \cdot 14{,}20 + 9{,}90 \cdot 17{,}80 + 8{,}20 \cdot 16{,}20 + 23{,}10 \cdot 22{,}40 + \frac{23{,}10 \cdot 7{,}20}{2}$$

$$-\ (7{,}80 \cdot 1{,}80 + 2 \cdot 7{,}80 \cdot 3{,}50 + 10{,}60 \cdot 6{,}50 + 2 \cdot 8{,}20 \cdot 5{,}50 + 4{,}00 \cdot 17{,}20)$$

$A = \underline{\underline{1\,007{,}39\ \text{m}^2}}$

Abb. zu Beispiel 13.7

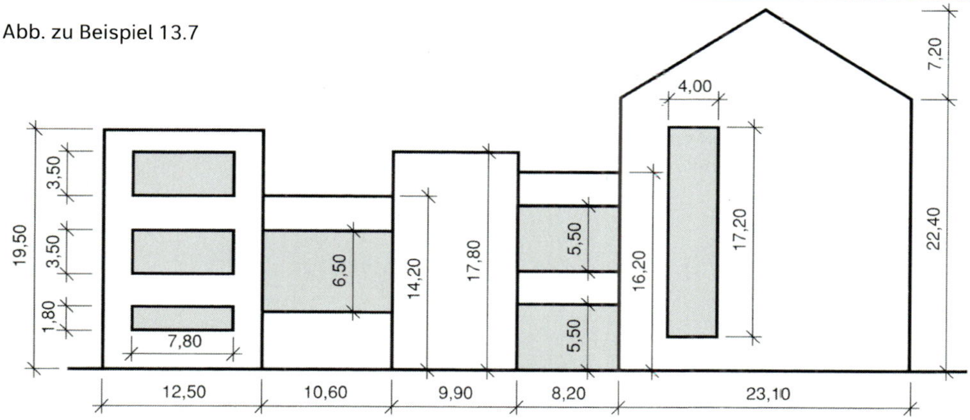

13.3 Abrechnung nach Abwicklungen

Falls die Mantelflächen von Beschichtungsobjekten ein gemeinsames Höhenmaß haben, wird der Umfang abgewickelt und mit der Höhe multipliziert (s. Kapitel 9, S. 44). Für Raumabwicklungen sind alle Aufmaße in der kürzesten und einfachsten Form aufzuschreiben. Die Raumabwicklung erfolgt entsprechend der Umfangsformel der Grundrissfläche.

Aufmaß aus der Zeichnung

■ **Beispiel 13.8:**

Schreiben Sie das Aufmaß für Decken- und Wandfläche sowie für die Fußleisten nach der vorgegebenen Grundrisszeichnung:

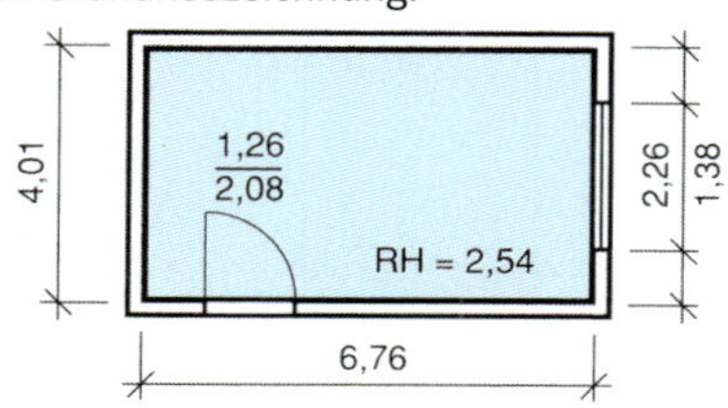

Dabei sind entsprechend VOB ATV DIN 18363, Ausgabe Oktober 2019, Abschnitt 5.2.1 auf Innenflächen ohne begrenzende Bauteile die Maße der ungeputzten, ungedämmten nicht bekleideten Flächen zugrunde zu legen. Auf Innenflächen mit begrenzenden Bauteilen die Maße der beschichteten Flächen bis zu den begrenzenden Bauteilen, z. B. Rohfußboden oder Rohdecke. Als begrenzende Bauteile gelten z. B. Trockenunterböden, Vorsatzschalen oder abgehängte Decken.

Lösung:

1 Die Grundrisszeichnung ermöglicht eine räumliche Vorstellung von dem Objekt:

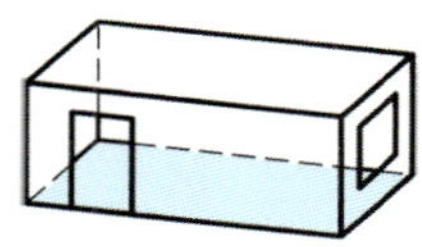

2 Daraus geht folgende Abwicklung hervor:

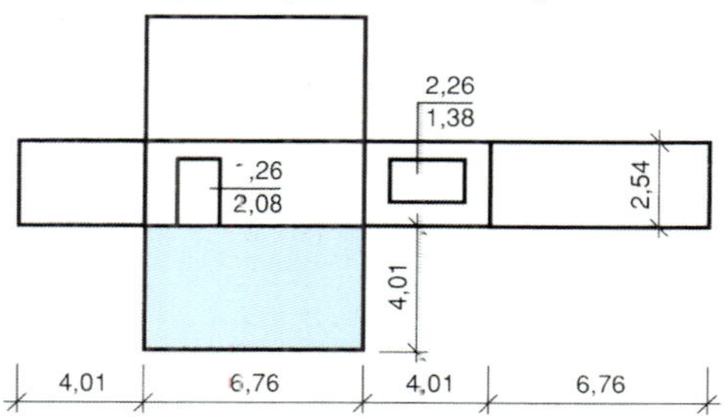

3 Aufstellung der Einzelflächen, die in den unterschiedlichen Beschichtungstechniken zu bearbeiten sind, und der Einzellängen:

- Decke,
- Wand,
- Fußboden,
- Fenster,
- Tür,
- Fußleisten.

4 Die Formeln für die Berechnung lauten:

Grundfläche $A = l_1 \cdot l_2$

Umfang $U = (l_1 + l_2) \cdot 2$

Mantelfläche $M = (l_1 + l_2) \cdot 2 \cdot h$

5 Aufmaß:

Decke

$6{,}76 \cdot 4{,}01$

$A = \underline{\underline{27{,}11\ m^2}}$

Wand

$(6{,}76 + 4{,}01) \cdot 2 \cdot 2{,}54$

$-\ (1{,}26 \cdot 2{,}08$

$+\ 2{,}26 \cdot 1{,}38)$

$A = \underline{\underline{43{,}97\ m^2}}$

Fußleisten

$(6{,}76 + 4{,}01) \cdot 2 - 1{,}26$

$l = \underline{\underline{20{,}28\ m}}$

Aufmaß am Objekt

■ **Beispiel 13.9:**

Für eine Fassadenbeschichtung wurden an einem Gebäude die aus der nachstehenden Zeichnung hervorgehenden Maße aufgenommen.
Ermitteln Sie die zu streichende Fläche aus der perspektivischen Zeichnung:

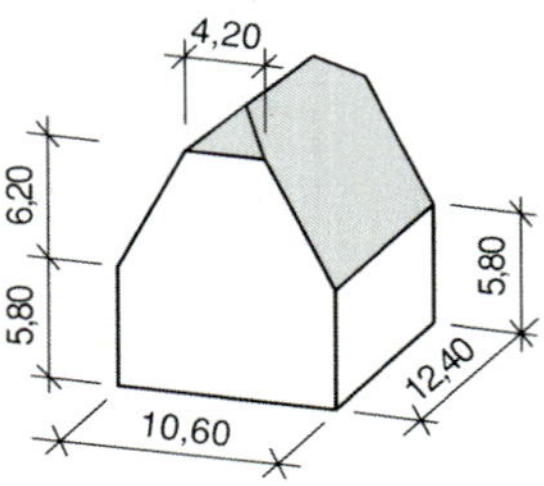

Lösung:

1 Die Abwicklung des Gebäudes ergibt folgendes Bild:

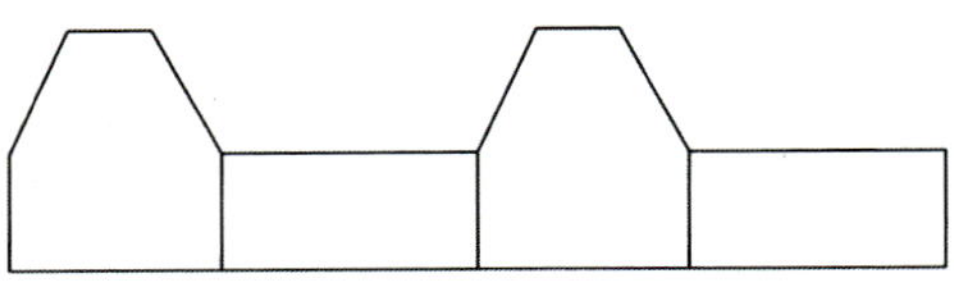

2 Diese Fläche wird in Einzelflächen zerlegt: in ein Rechteck (die Abwicklung bis zur Dachunterkante) und in zwei Trapeze (Giebelflächen).

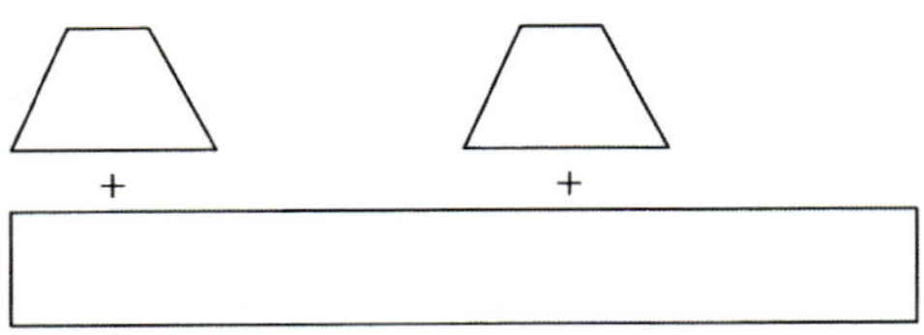

3 Die Formeln für die Berechnung lauten:

Rechteck $A_1 = (l_1 + l_2) \cdot 2 \cdot h$

Trapez $A_2 = \dfrac{l_1 + l_3}{2} \cdot h$

Fassaden-Fläche $A = A_1 + 2 \cdot A_2$
$= (l_1 + l_2) \cdot 2 \cdot h + 2 \cdot \dfrac{l_1 + l_3}{2} \cdot h$

4 Aufmaß:

$(12{,}40 + 10{,}60) \cdot 2 \cdot 5{,}80$

$+ 2 \cdot \dfrac{10{,}60 + 4{,}20}{2} \cdot 6{,}20$

$A = \underline{\underline{358{,}56\ m^2}}$

Gegebenes Aufmaß nach Abwicklung

■ **Beispiel 13.10:**

Gegeben ist das nachstehende Aufmaß, aus dem Sie die Berechnungsformeln sowie das aufgemessene Objekt ermitteln sollen.
Aufmaß

$\dfrac{2{,}40}{2} \cdot \dfrac{2{,}40}{2} \cdot 3{,}14$

$+ 2{,}40 \cdot 3{,}14 \cdot 6{,}80$

$+ \dfrac{2{,}40}{2} \cdot \dfrac{2{,}40}{2} \cdot 3{,}14$

Lösung:

1 Dem Aufmaß liegen offensichtlich die folgenden Flächenformeln zugrunde:

$\dfrac{d}{2} \cdot \dfrac{d}{2} \cdot 3{,}14$

$+ d \cdot 3{,}14 \cdot h$

$+ \dfrac{d}{2} \cdot \dfrac{d}{2} \cdot 3{,}14$

2 Daraus sind als Einzelflächen zu schließen:
Kreisfläche
+ Rechteckfläche
+ Kreisfläche

3 Die abgewickelte Fläche nach dem gegebenen Aufmaß setzt sich dann folgendermaßen zusammen:

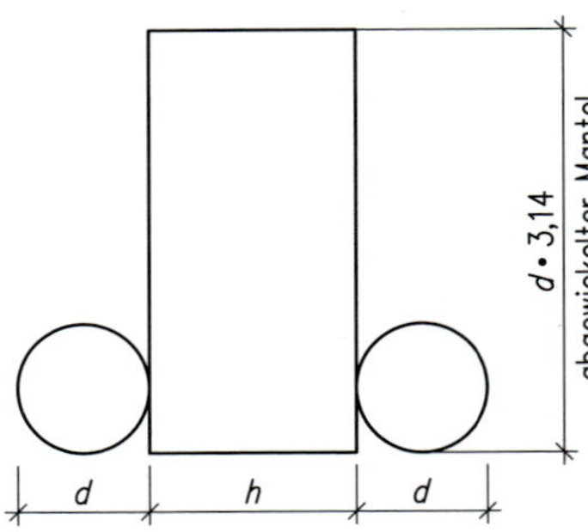

4 Aus der Abwicklung fügt sich als räumliches Bild ein zylinderförmiger Körper zusammen (z. B. ein Tankbehälter als Lkw-Aufsatz).

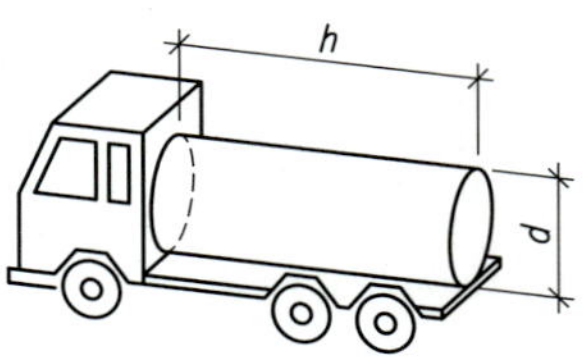

13.4 Öffnungen und Aussparungen – Zuzüge, Abzüge

Durchbrechungen in Decken und Wänden, also Fenster und Türen, verringern die Beschichtungsfläche. Weil sie aber bei kleineren Abmessungen den Arbeitsaufwand bei der Beschichtung nicht verringern, werden Öffnungen, Aussparungen und Nischen erst bei einer Größe von > 2,50 m² Einzelfläche abgezogen.
Die mitgestrichene Leibung wird immer zusätzlich in das Aufmaß aufgenommen. Die Berechnung der Leibungen kann entweder nach Flächenmaß oder nach Längenmaß erfolgen.

Beispiel 13.11:

Entscheiden Sie, ob die abgebildeten Türöffnungen im Aufmaß zu berücksichtigen sind.

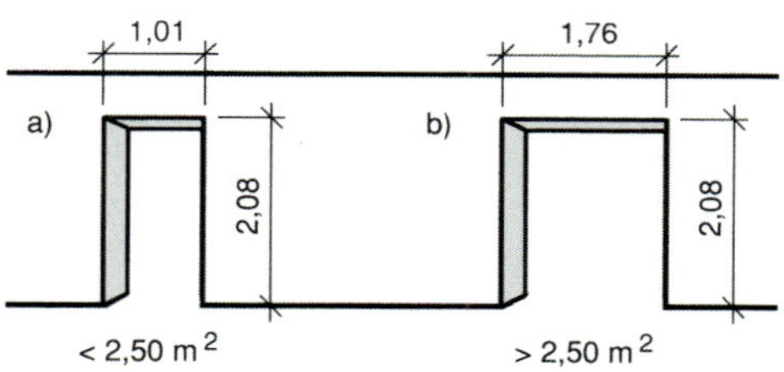

Lösung:
a) Die lichte Öffnung wird nicht abgezogen. Die mitgestrichene Leibung wird bei der Abrechnung unabhängig von ihrer Einzelgröße mit ihren Maßen gesondert berücksichtigt.
b) Die lichte Öffnung wird abgezogen und die mitgestrichene Leibung hinzugerechnet.

Kleinere Aussparungen als 2,50 m² Einzelgröße werden in allen Beschichtungsflächen übermessen. Die Öffnung wird also aufmaßmäßig als nicht vorhanden angesehen, ganz unabhängig davon, ob eine Leibung vorhanden ist oder nicht.
Die Leibungsfläche einer Öffnung liegt immer innerhalb der Wanddicke, auch wenn die Leibung schräg verläuft.

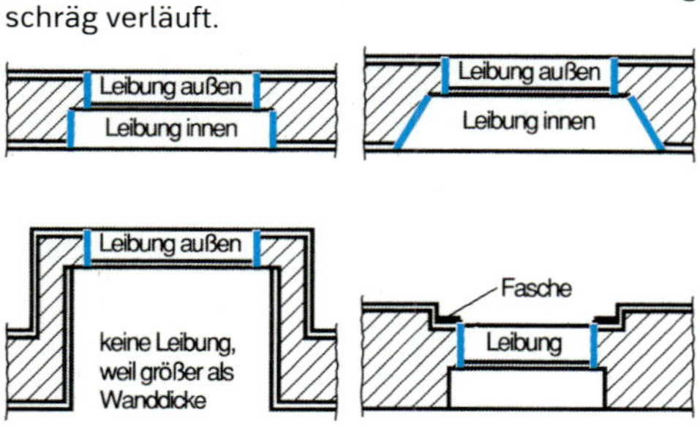

Aussparungen sind Teilflächen von Decken oder Wänden, die nicht oder mit anderen Beschichtungsstoffen behandelt werden. Die Flächen, die mit anderen Beschichtungsstoffen zu behandeln sind, werden gesondert berechnet, z. B. Rollladenkästen usw.
Anwendung der Abrechnungsregeln nach der VOB Teil C 2019 und der ATV DIN 18363 Maler- und Lackierarbeiten, Beschichtungen und DIN 18366 Tapezierarbeiten auf Seite 196 ff.
In beschichteten Bodenflächen sind Aussparungen ≤ 0,50 m² Einzelgröße zu übermessen.

Beispiel 13.12:

Schreiben Sie das Fußbodenaufmaß für den im Grundriss dargestellten Raum.

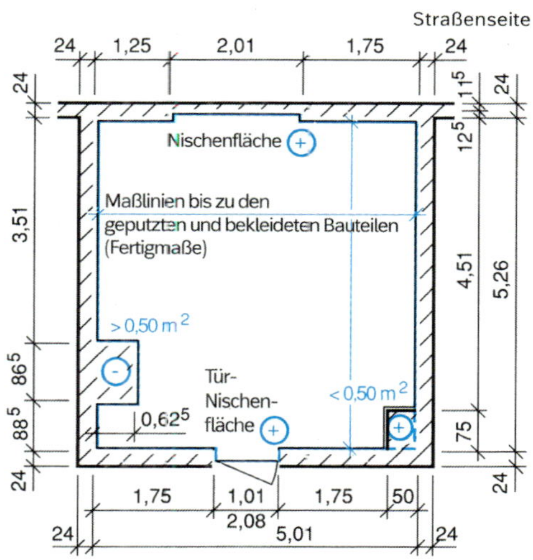

Lösung:
$5{,}01 \cdot 5{,}26$
$+ 2{,}01 \cdot 0{,}13$
$+ 1{,}01 \cdot 0{,}24$
$- 0{,}63 \cdot 0{,}87$ $\qquad A = \underline{\underline{26{,}31\ m^2}}$

Gewölbte Deckenflächen werden immer in der abgewickelten Fläche berechnet. Nach VOB ATV DIN 18363, Ausgabe Oktober 2019, ist hier die Fläche durch Aufteilung in einfache geometrische Formen zugrunde zu legen. Für beliebig geformte Flächen, die sich nicht durch Aufteilung in einfache geometrische Formen ermitteln lassen, kann das kleinste umschreibende Rechteck zugrunde gelegt werden.

■ **Beispiel 13.13:**

Schreiben Sie das Deckenaufmaß für den dargestellten Gewölbekeller. Weil die Bogenlänge der abgewickelten Deckenwölbung schwierig aufzumessen ist, kann sie mit der Größe der Sehne und der Stichhöhe näherungsweise mit folgender Formel ermittelt werden:

$$b = \sqrt{s^2 + \frac{16}{3} h^2}$$

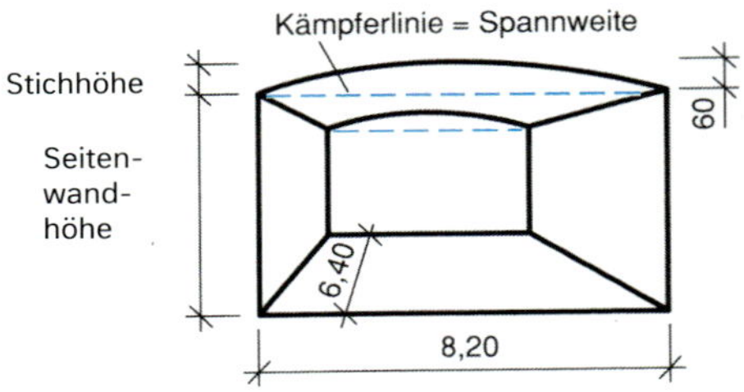

Lösung:
Nebenrechnung für die Bogenlänge

$$b = \sqrt{8{,}20^2 + \frac{16}{3} \cdot 0{,}60^2} = \underline{\underline{8{,}32\ \text{m}}}$$

Deckenaufmaß:
8,32 · 6,40
$A = \underline{\underline{53{,}25\ \text{m}^2}}$

■ **Beispiel 13.14:**

Schreiben Sie das Deckenaufmaß für den dargestellten Gewölbekeller.

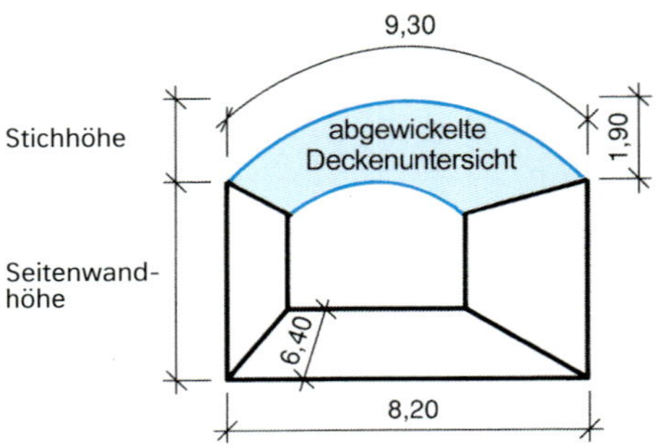

Lösung:
Deckenaufmaß
9,30 · 6,40
$A = \underline{\underline{59{,}52\ \text{m}^2}}$

Bei der Berechnung der Wandflächen von überwölbten Räumen zählt die Höhe der Seitenwände von der Oberfläche der Rohdecke bis zum Gewölbeanschnitt.
Es ist die Berechnung als zusammengesetzte Fläche mit der Formel für den Kreisabschnitt möglich. Die Breiten der Wandflächen werden jeweils von den ungeputzten und ungedämmten Bauteilen bestimmt.

■ **Beispiel 13.15:**

Schreiben Sie das Aufmaß der Schildwand für den im Schnitt dargestellten Gewölbekeller.

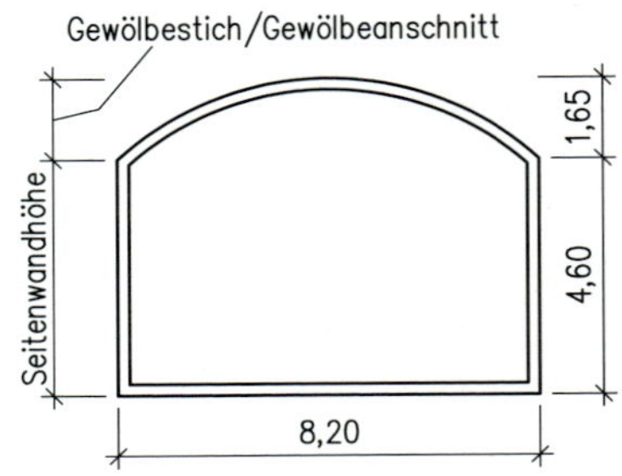

Lösung:
8,20 · 4,60
$+\frac{2}{3} \cdot 8{,}20 \cdot 1{,}65$
$A = \underline{\underline{46{,}74\ \text{m}^2}}$

Öffnungen über Eck und zusammenhängende Öffnungen oder Aussparungen werden für das Maleraufmaß getrennt betrachtet.

■ **Beispiel 13.16:**

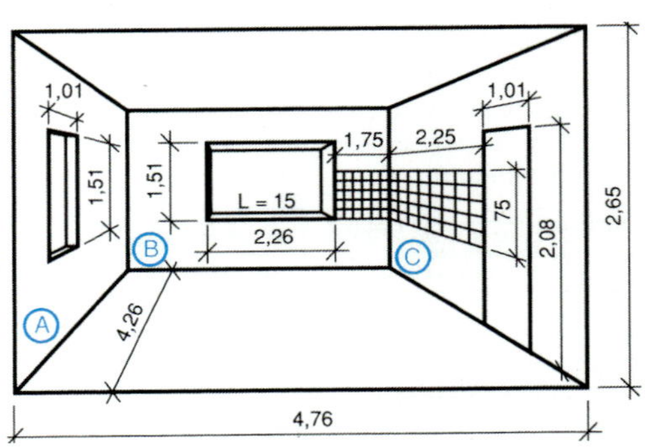

Schreiben Sie das Aufmaß für den Wandanstrich einer Wohnküche.

Lösung:

$(4{,}76 + 4{,}26) \cdot 2 \cdot 2{,}65$
$+ (2{,}26 + 1{,}51 \cdot 2) \cdot 0{,}15$
$+ (1{,}01 + 1{,}51 \cdot 2) \cdot 0{,}15$
$- 2{,}26 \cdot 1{,}51 \qquad A = \underline{\underline{47{,}79\ m^2}}$

Beachten Sie: Wand A – Die Öffnungsfläche des Fensters wird nicht abgezogen, weil sie < 2,50 m² ist. Die mitbearbeitete Fensterleibung wird gesondert berechnet.
Wand B – Die Öffnungsfläche für das Fenster und die Aussparungsfläche für die Wandfliesen sind getrennt zu betrachten.
Für Fenster mit > 2,50 m² Fläche wird die Leibung hinzugerechnet und die lichte Öffnung abgezogen. Die Fliesenaussparung mit ≤ 2,50 m² wird übermessen.
Wand C – Die Türöffnung und die Aussparungsfläche für die Wandfliesen sind getrennt zu betrachten. Die Einzelflächen sind < 2,50 m² und daher zu übermessen.
Da für das Maleraufmaß jede Wandfläche getrennt zu betrachten ist, werden beide Einzelflächen in den Wänden B und C übermessen, obwohl die zusammenhängend geflieste Fläche über Eck insgesamt 3,00 m² ergibt.

Rückflächen von Nischen werden unabhängig von ihrer Einzelgröße gesondert berechnet.

Beachten Sie: Nischen sind keine Öffnungen. Sie werden beim Aufmaß und bei der Abrechnung nur so behandelt; d. h.,

- Nischen ≤ 2,50 m² Einzelgröße werden übermessen. Leibungen werden unabhängig von ihrer Einzelgröße mit ihren Maßen gesondert berechnet;
- Nischen > 2,50 m² Einzelgröße werden abgezogen und die beschichteten Leibungen hinzugerechnet.
- Zusammenhängende Öffnungen, Nischen und Aussparungen werden getrennt betrachtet.

■ **Beispiel 13.17:**

Schreiben Sie das Aufmaß für die Beschichtung der rechts oben abgebildeten Wandfläche. Alle Leibungen werden hier nach Flächenmaß abgerechnet.

Lösung:

$4{,}14 \cdot 2{,}65$	Wandfläche
$+ (1{,}88 + 1{,}38) \cdot 0{,}24$	Fensterleibung
$+ 1{,}88 \cdot 0{,}75$	Nischenrückfläche (Fensterbrüstung)
$+ (1{,}01 + 2{,}13) \cdot 0{,}24$	Türleibung
$- 1{,}88 \cdot 1{,}38$	Fensteröffnung
$A = \underline{\underline{11{,}32\ m^2}}$	

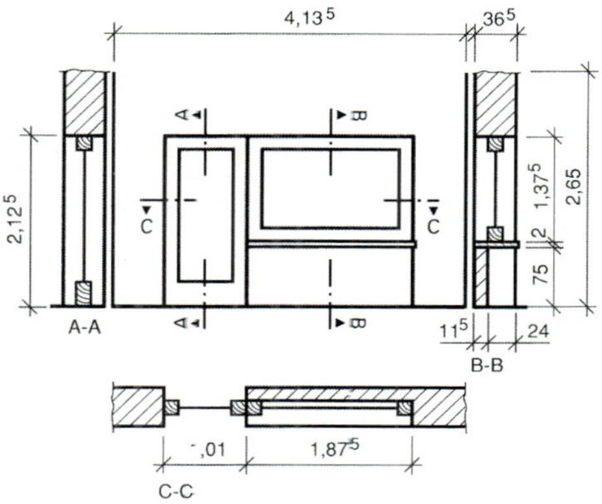

Beachten Sie: Die Türöffnung ist < 2,50 m² und wird übermessen, die Leibung nach VOB ATV DIN 18363, Ausgabe Oktober 2019, gesondert berechnet.
Die Fensteröffnung ist > 2,50 m². Deshalb wird die Leibung hinzugerechnet und die lichte Öffnung abgezogen.
Die Nischenfläche ist < 2,50 m² und wird deshalb übermessen, die Nischenrückfläche jedoch ohne Berücksichtigung der Leibungsfläche hinzugerechnet.

Decken mit Unterzügen, die eine einheitliche beschichtungstechnische Behandlung erhalten, werden durchgemessen. Die Seiten der Unterzüge sind zusätzliche Beschichtungsflächen, sie werden zur Deckenfläche hinzugerechnet.

■ **Beispiel 13.18:**

Schreiben Sie das Aufmaß für die Deckenfläche.

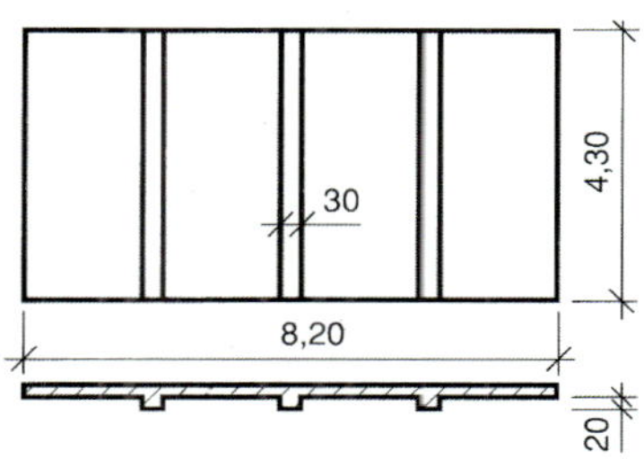

Lösung:

$8{,}20 \cdot 4{,}30$
$+ 3 \cdot 4{,}30 \cdot 0{,}20 \cdot 2$
$A = \underline{\underline{40{,}42\ m^2}}$

Deckenbalken, Ständer und Fachwerkteile aus Holz, Beton oder Metall bis 30 cm Einzelbreite werden übermessen. (ATV DIN 18363, Ausgabe Oktober 2019, Abschnitt 5.3.1) Unterbrechungen in der zu beschichtenden Fläche mit einer Einzelbreite über 30 cm werden abgezogen.
Die Beschichtung in einem anderen Farbton oder in einer anderen Technik wird dann gesondert nach Längenmaß abgerechnet.
Kreuzungspunkte bei Kassettendecken werden dabei übermessen.

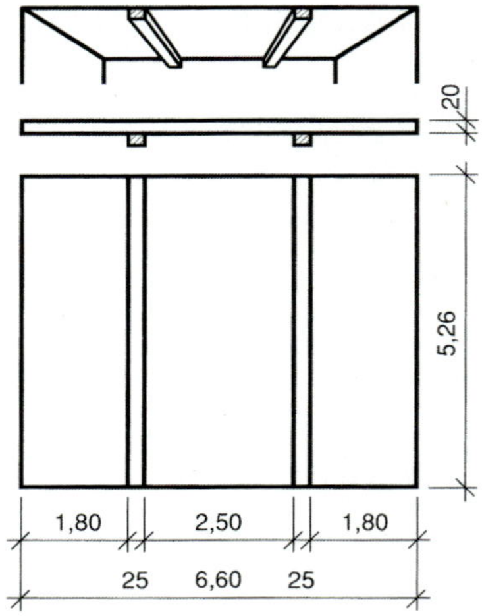

■ **Beispiel 13.19:**
Schreiben Sie das Aufmaß für eine verputzte Decke mit Eichenbalken.
Lösung:
Putzaufmaß
6,60 · 5,26
$A = \underline{\underline{34,72\ m^2}}$

Die Grundfläche der Balken wird übermessen, weil sie weniger als 30 cm Breite hat.
Balkenaufmaß
a) Abrechnung nach Abwicklung:
2 · (0,25 + 2 · 0,20) · 5,26
$A = \underline{\underline{6,84\ m^2}}$

b) Abrechnung nach Länge:
2 · 5,26
$l = \underline{\underline{10,52\ m}}$

13.5 Abrechnung nach Tabellen

Oberflächenberechnung von profilierten Bauteilen

Die abgewickelte Beschichtungsfläche ist bei profilierten Bauteilen größer als die aufgemessene Grundfläche.
Die VOB schreibt hier die Abrechnung nach Tabellenwerten oder nach abgewickelter Fläche vor. In der Tabelle ist der Multiplikationsfaktor ablesbar, mit dem die Grundfläche zum Berechnen der Beschichtungsfläche multipliziert werden muss.

Profil Höhe/Breite in mm	Baubreite		$\frac{m^2\ BF}{m^2\ ES}$	$\frac{m^2\ BF}{m^2\ NS}$
	Wellen	mm		
20 × 40	16	640	1,54	1,57
18 × 76	11	836	1,16	1,20
27 × 100	8	800	1,20	1,25
30 × 135	6	810	1,17	1,24
45 × 150	5	750	1,27	1,34
48 × 100	6	600	1,60	1,67
67 × 90	5	450	2,17	2,23
88 × 100	4	400	2,45	2,52
BF = Beschichtungsfläche, ES = eingedeckte Sichtfläche, NS = nicht eingedeckte Sichtfläche				

(Tabelle nach Anhang B 6 „Grundlagen der Preisberechnung im Maler- und Lackiererhandwerk“, DVA, 2002, S.454)

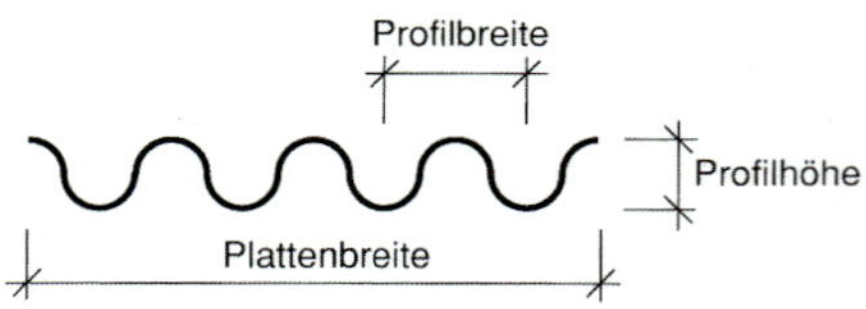

■ **Beispiel 13.20:**
Das Aufmaß für die Beschichtung eines fertiggedeckten Satteldaches mit dem Profil 45 x 150 ergibt für die Dachfläche 2 · 12,25 · 7,50 = 183,75 m².
Ermitteln Sie mithilfe der Tabelle die Beschichtungsfläche.

Lösung:
Aus der Tabelle (45 x 150 für eingedeckte Sichtfläche) wird der Multiplikationsfaktor 1,27 abgelesen.
Das Aufmaß für die Beschichtungsfläche lautet dann
2 · 12,25 · 7,50 · 1,27
$A_{BF} = \underline{\underline{233,36\ m^2}}$

13.1 Ein Treppengeländer aus rundkantigem Quadratrohr 35 x 35 x 2 ist nach einem Erneuerungsanstrich abzurechnen.

a) Erstellen Sie das Aufmaß.

b) Berechnen Sie die Gesamtlänge.

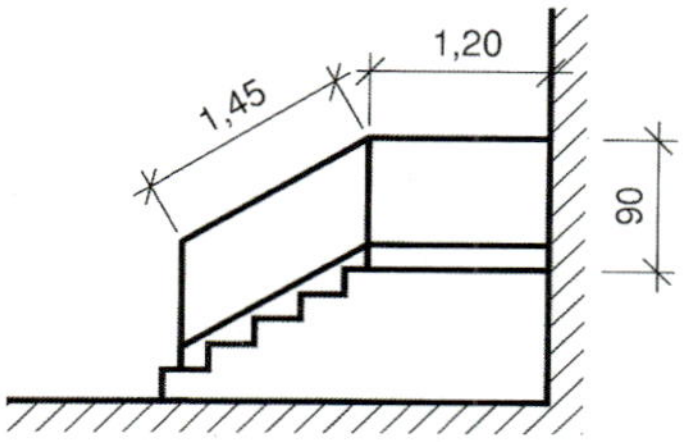

13.2 Ein Treppengeländer mit senkrechten Füllstäben (lichter Abstand 13 cm) aus scharfkantigem Quadratrohr 20 x 20 x 2 soll nach der Beschichtung aufgemessen werden.

a) Schreiben Sie das Aufmaß.

b) Berechnen Sie die Gesamtlänge.

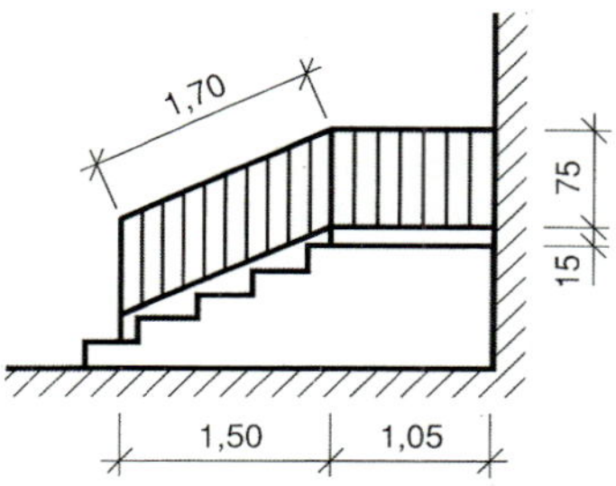

13.3 Eine quadratische Kassettendecke in einem Speiseraum ist abzurechnen.

Die Kassettenfelder sind mit Silicatputz gestaltet. Die Kassettenbalken haben die Dimension 15 cm x 15 cm und sind mit Holzlasur bearbeitet. In die Kassettenfelder ist im Abstand von 2 cm zum Balken ein Begleiter von 1 cm Breite gezogen.

a) Erstellen Sie das Aufmaß für die Kassettendecke.

b) Erstellen Sie das Aufmaß für die Kassettenbalken.

c) Erstellen Sie das Aufmaß für den Begleiter.

d) Berechnen Sie die Beschichtungsfläche für die Balken.

13.4 Eine verputzte Deckenfläche mit Eichenbalken wird zwischen den Balken mit Raufaser tapeziert und mit Dispersionsfarbe gestrichen.
Die Eichenbalken werden lasiert und mit Transparent-Seidenglanzlack lackiert.

a) Schreiben Sie das Aufmaß nach VOB für die Bearbeitung der Deckenfläche, und berechnen Sie die abrechenbare Fläche.

b) Schreiben Sie das Aufmaß nach VOB für die Abrechnung der Deckenbalken.

c) Berechnen Sie die Beschichtungsflächen der Deckenbalken.

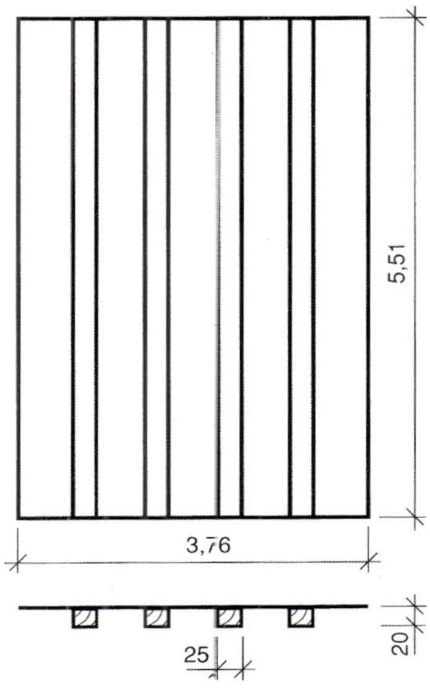

13.5 Schreiben Sie das Aufmaß für die Dispersionsfarben-Beschichtung einer rechteckigen Decke 5,38 m x 4,51 m mit vier Querunterzügen 25 cm x 35 cm und berechnen Sie die Fläche.

13.6 Eine Decke mit Unterzügen ist nach der Beschichtung mit Dispersionsfarbe abzurechnen.

a) Erstellen Sie das Aufmaß.

b) Berechnen Sie die Fläche.

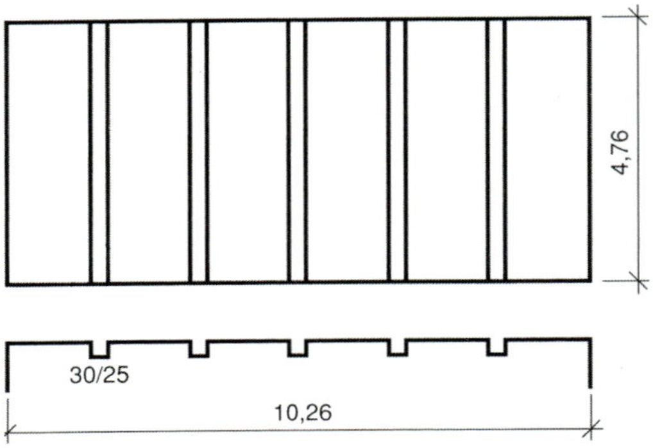

13.9 Die in der Unteransicht dargestellte Decke mit Oberlichtfenster in einer Leibung von 25 cm Tiefe ist beschichtet worden.

a) Erstellen Sie das Aufmaß.

b) Berechnen Sie die Fläche.

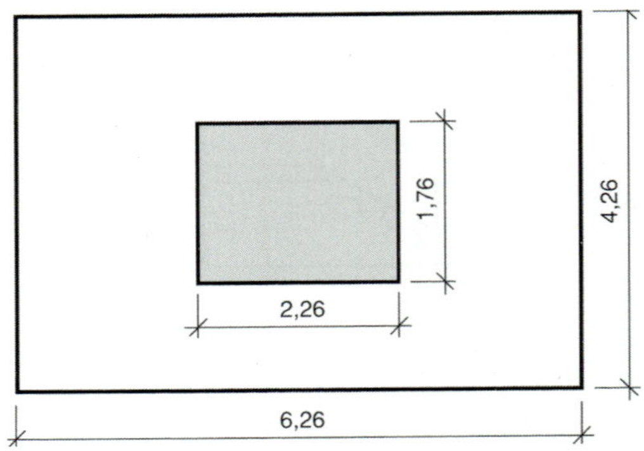

13.7 Schreiben Sie das Aufmaß für die Beschichtung der Fußbodenfläche mit Polyurethanharzlack, und berechnen Sie die Fläche.

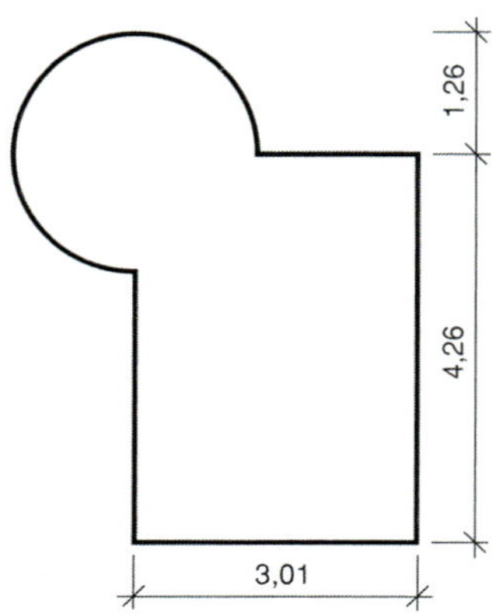

13.10 Erstellen Sie für den im Grundriss dargestellten Raum das Aufmaß für

a) die Deckenbeschichtung,

b) die Wandbeschichtung,

c) den Fußleistenanstrich,

und berechnen Sie die Flächen und Längen. Die Fensterleibung wird nicht mitbearbeitet.

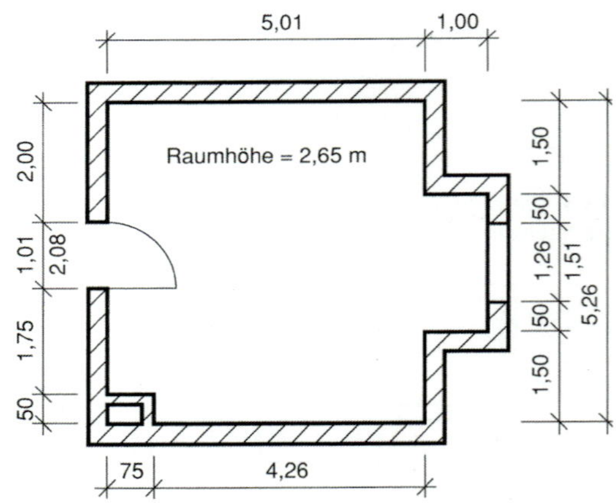

13.8 Für die in perspektivischer Darstellung gezeichnete Decke mit Oberlicht und Leibung soll das Aufmaß für eine Dispersionsfarben-Beschichtung erstellt und die Fläche berechnet werden.

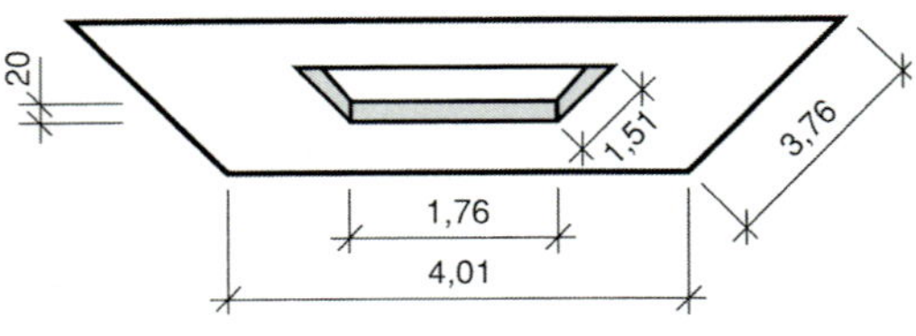

13.11 Ein rechteckiger Raum mit einer Länge von 4,76 m, einer Breite von 4,01 m und einer Höhe von 2,65 m hat zwei gleichgroße Fenster der Größe 1,51 m x 1,51 m, die ohne Leibung flächenbündig innen versetzt sind und eine Blendrahmentür der Größe 1,26 m x 2,08 m in einer 24 cm tiefen Leibung.
Erstellen Sie das Aufmaß für den Wandanstrich.

13.12 Erstellen Sie das Aufmaß für den Wandanstrich und für den Fußleistenanstrich.
Die beiden Fensterbänke sind aus Betonwerkstein und werden nicht mitgestrichen.

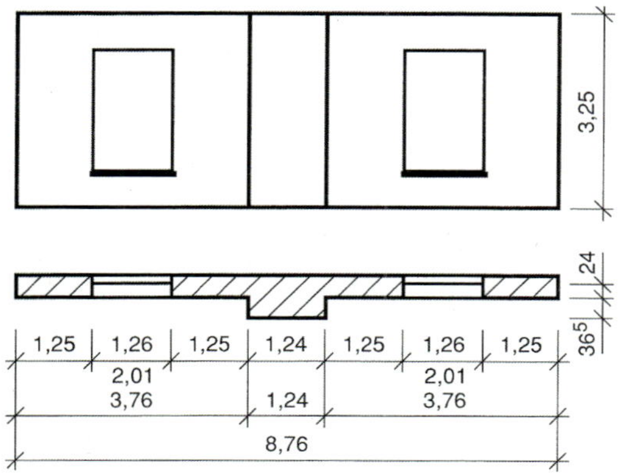

13.13 Erstellen Sie die Aufmaße für die nachfolgend im Aufriss dargestellten Einzelwände.

a)

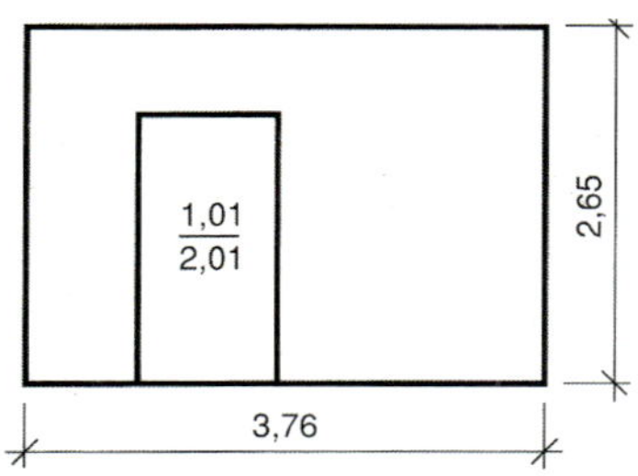

b)

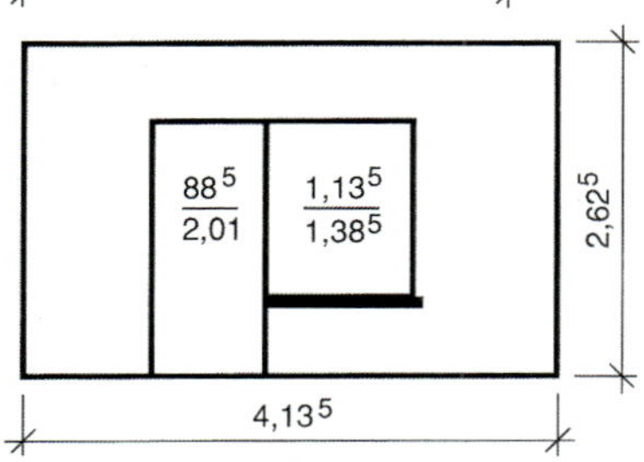

c)

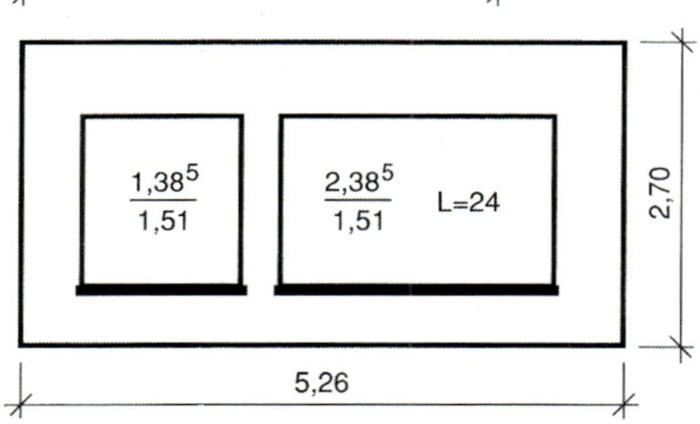

d)

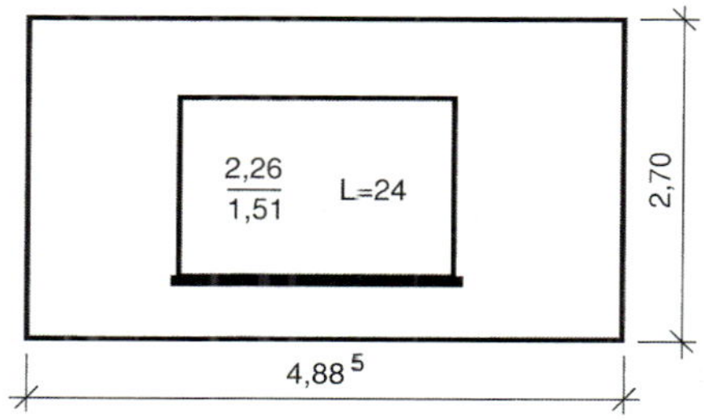

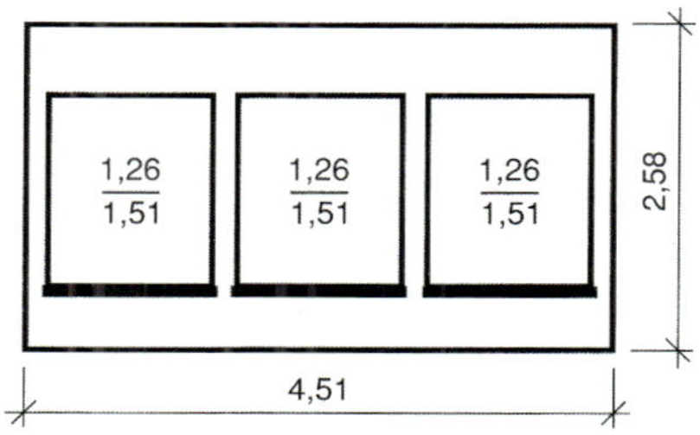

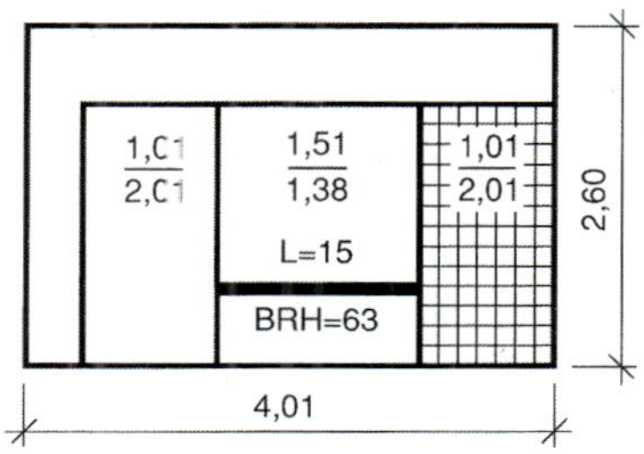

L = Leibungstiefe
BRH = Brüstungshöhe

13.14 Entscheiden und begründen Sie, ob die Öffnungen nach den folgenden Maßangaben und den Aufmaßbestimmungen der VOB abgezogen und die Leibungsflächen addiert werden müssen.

	Öffnungsgröße		Leibungstiefe
	Breite in m	Höhe in m	in m
a)	1,01	2,01	0,24
b)	2,26	1,38	0,12
c)	1,56	1,51	0,30
d)	1,76	1,51	0,24
e)	1,76	1,51	keine
f)	1,26	2,08	keine
g)	$3{,}13^5$	0,75	0,24
h)	2,51	1,01	0,24
i)	1,26	2,08	0,30
j)	0,51	5,01	0,24

13.15 Schreiben Sie das Aufmaß nach VOB für a) die Deckenfläche, b) die Wandfläche, c) die Fußleisten der im Grundriss abgebildeten Räume, und berechnen Sie die Flächen und Längen. (RH = Raumhöhe; BRH = Brüstungshöhe; Leibungstiefe = 0,20 m.)

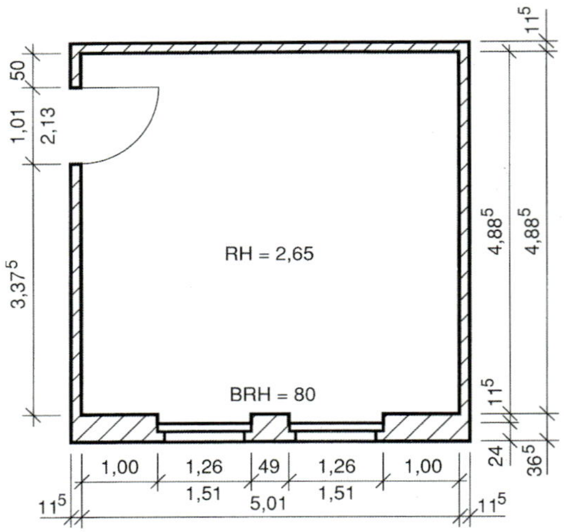

a)

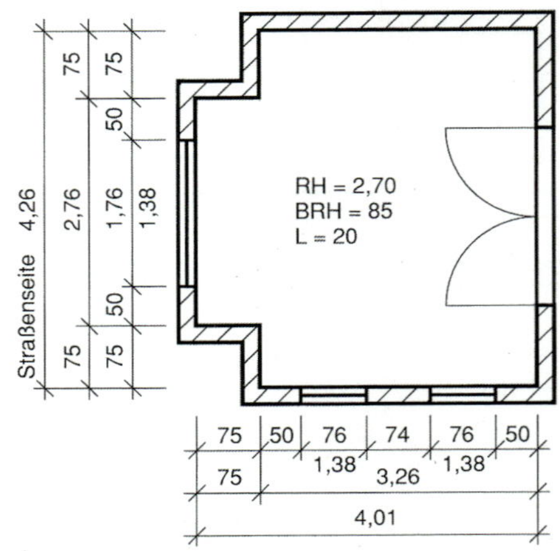

b)

13.16 Schreiben Sie das Aufmaß nach VOB, und berechnen Sie die Flächen bzw. Längen von Decke, Wand und Fußleisten für den Sitzungssaal.
(Aussparungen für Lichtkuppeln in der Decke 1,50 m x 1,50 m; Pfeilergrundriss 37⁵ cm x 49 cm; Raumhöhe 3,85 m; Brüstungshöhe 0,90 m, Leibungstiefe 0,20 m.)

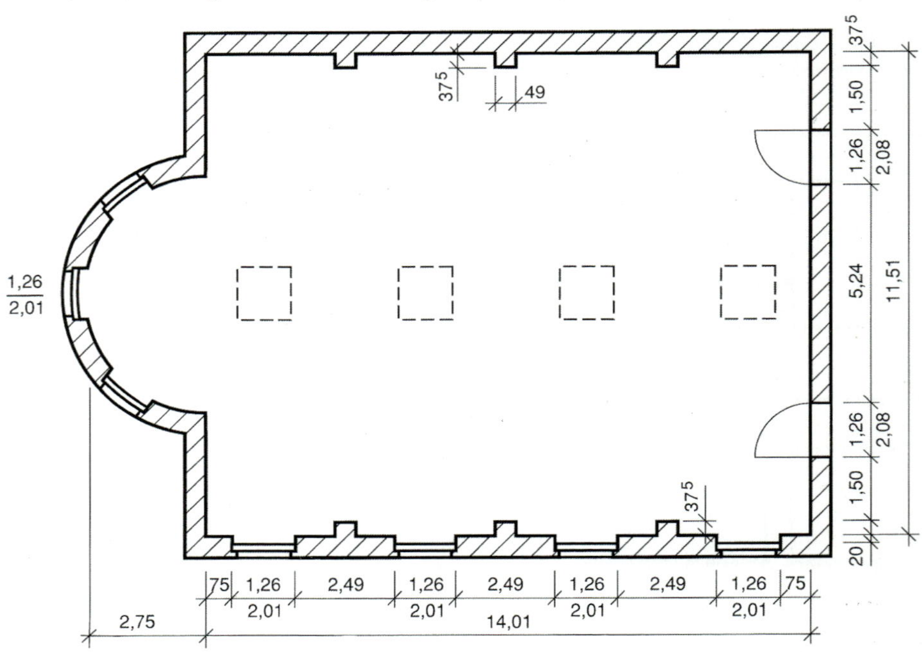

13.17 Eine Seitenwand mit drei Fenstern in einem historischen Gebäude wurde mit Silicatfarbe gestrichen. Erstellen Sie das Aufmaß, und berechnen Sie die Fläche. Die Leibungen werden nach Flächenmaß abgerechnet.

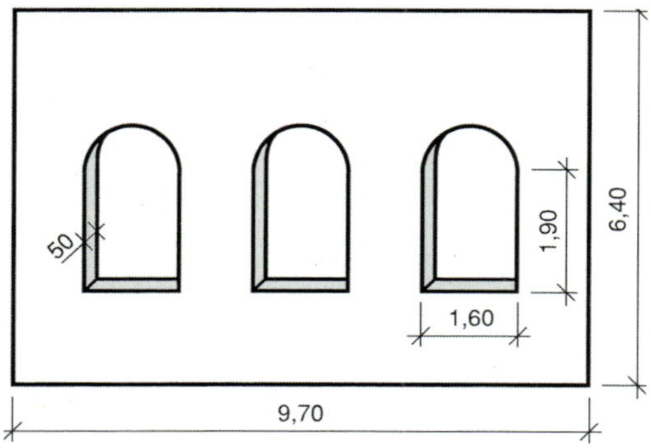

13.18 Die Wandfläche und die Flächen des Durchgangs sollen mit Dispersionsfarbe gestrichen werden. Erstellen Sie das Aufmaß, und berechnen Sie die Flächen.

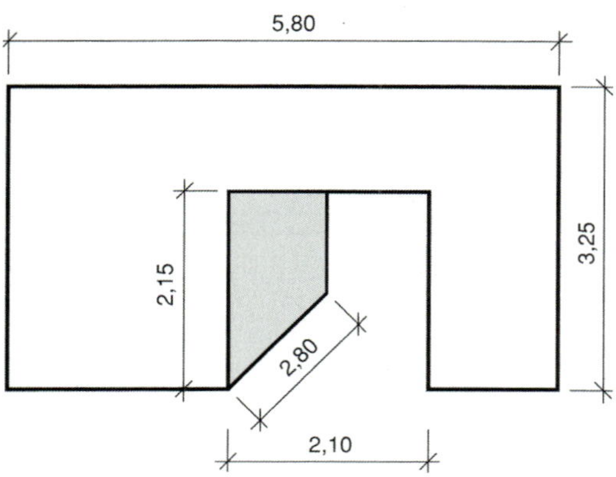

13.19 Die Wandfläche einschließlich der Bogendurchgänge sind für Beschichtungsarbeiten aufzumessen.

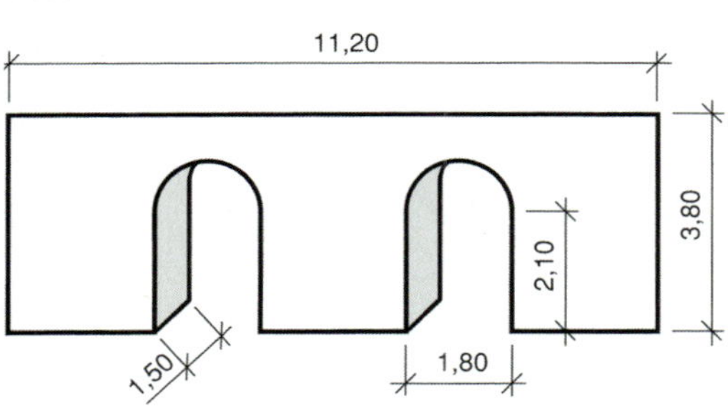

13.20 In einer Kapelle ist die Schildwand mit kreisrundem Fenster und gestrichener Fensterleibung nach einer Silicatfarben-Beschichtung aufzumessen und abzurechnen. Die Leibung wird nach Flächenmaß abgerechnet.

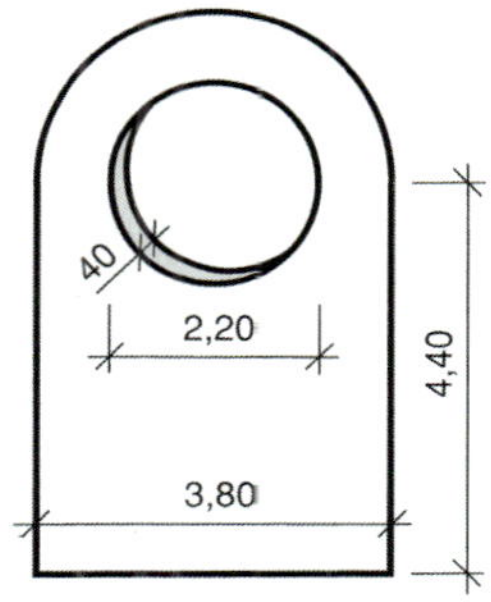

13.21 In einem Wohnzimmer wurde eine Stirnwand mit einer Wandnische neu gestrichen.
Erstellen Sie das Aufmaß nach den Abrechnungsvorschriften der VOB für die Wandfläche und die Fußleisten.

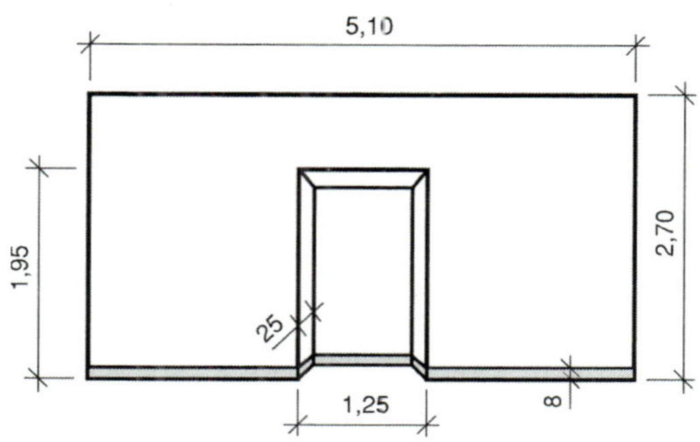

13.22 Erstellen Sie das Aufmaß nach VOB für die Abrechnung der Stirnwand mit Nische.

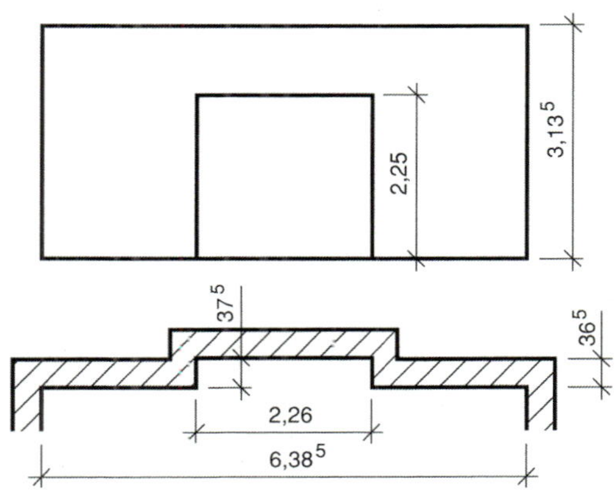

13.23 Die im Grund- und Aufriss dargestellte Wandseite soll nach dem Tapezieren mit Textil-Wandbekleidung aufgemessen und abgerechnet werden.

a) Schreiben Sie das Aufmaß.

b) Berechnen Sie die Fläche.

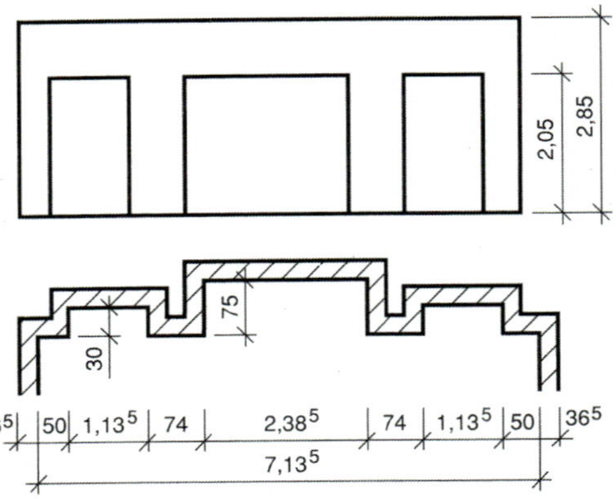

13.24 Die Fachwerkwand in einem historischen Weinkeller wurde restauriert. Die Putzflächen wurden mit Silicatfarbe und die Balken mit Dickschichtlasur gestrichen.

Erstellen Sie das Aufmaß für die Putzflächen und die Balken. (Fußschwelle und Rähm 16 cm x 20 cm; Ständer 16 cm x 18 cm; Brustriegel und Bugbänder 16 cm x 16 cm.)

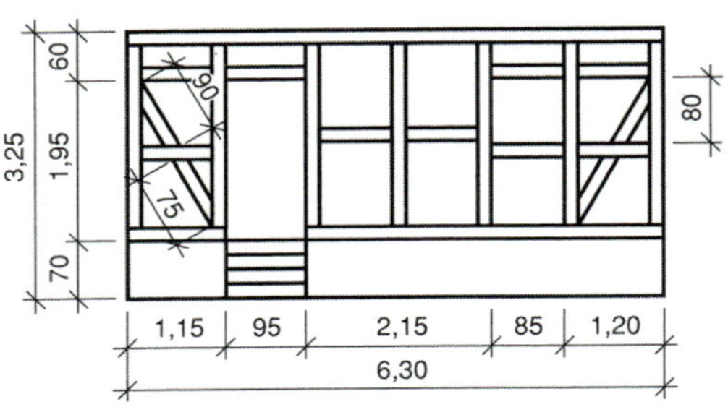

13.25 Für Malerarbeiten in einem Wohnzimmer (Abb. rechts oben) mit Erker ist das Aufmaß für Decken, Wände und Fußleisten nach den Vorschriften der VOB zu erstellen.

Heizkörpernischen sind nicht vorhanden und die Fensterleibungen werden nicht mitbehandelt.

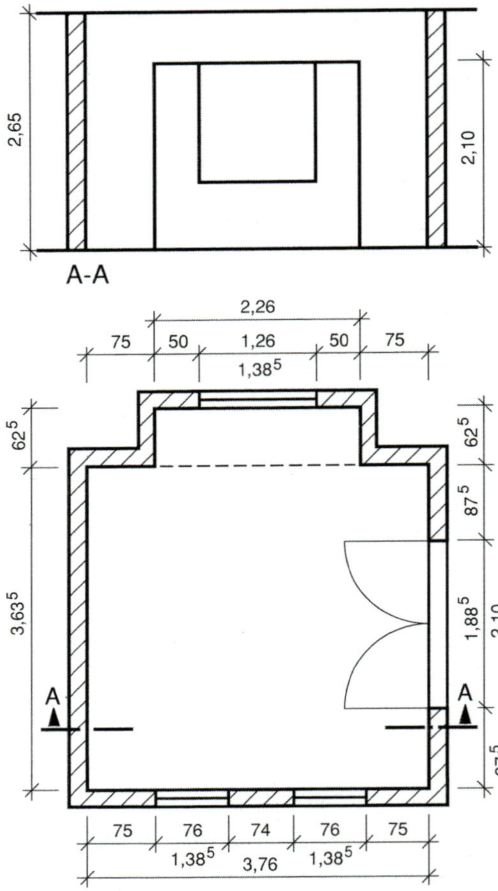

13.26 Die verputzten Flächen einer Fußgängerunterführung wurden einschließlich der Stirnseiten mit Dispersionsfarbe beschichtet.

Schreiben Sie das Aufmaß nach VOB, und berechnen Sie die Fläche.

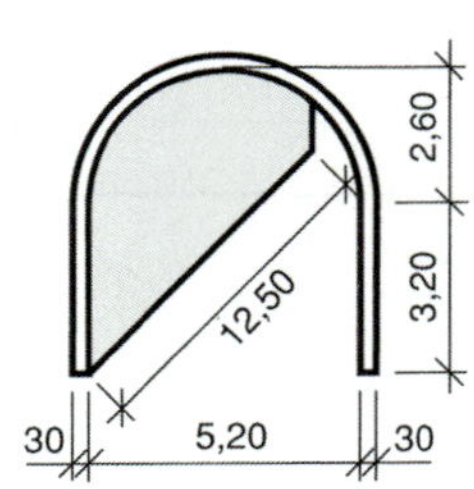

13.27 In einem Rundbau mit Oberlicht und einer Tür wurden die Decken- und Wandflächen einheitlich mit Seidenglanz-Latexfarbe beschichtet. Die Fußleisten wurden mit Alkydharz-Lackfarbe lackiert.
Schreiben Sie das Aufmaß nach VOB für die Abrechnung der Malerarbeiten.

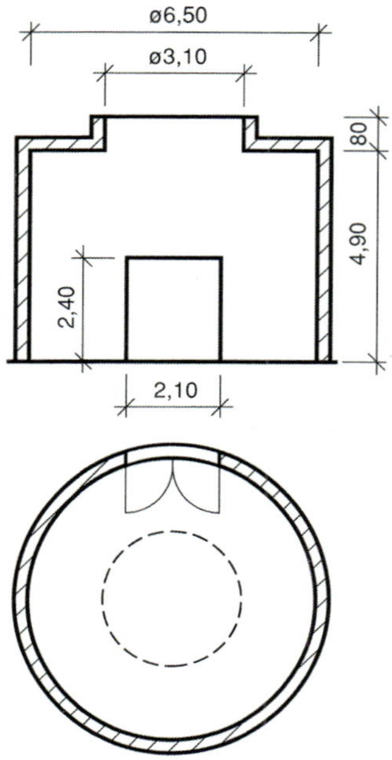

13.28 Der Werkstattfußboden aus Zementestrich hat in der Mitte einen säurefesten Fliesenbelag, Die restliche Bodenfläche wird mit Epoxid-Bodenbeschichtung versehen.
Für die Abrechnung ist das Aufmaß nach VOB zu erstellen.

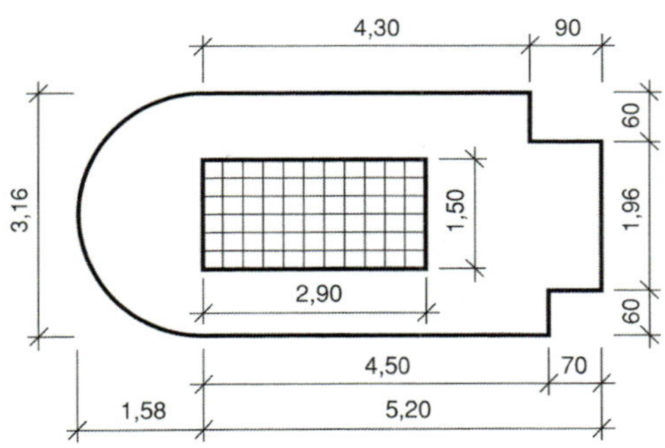

13.29 Schreiben Sie die Aufmaße nach den Vorschriften der VOB für
a) die Decke,
b) die Wand,
c) die Fußleisten,
d) den Fußboden

des im Grundriss abgebildeten Raumes. (Raumhöhe 2,75 m, Leibungstiefe der Fenster und der Brüstung 22 cm, Brüstungshöhe 80 cm.)

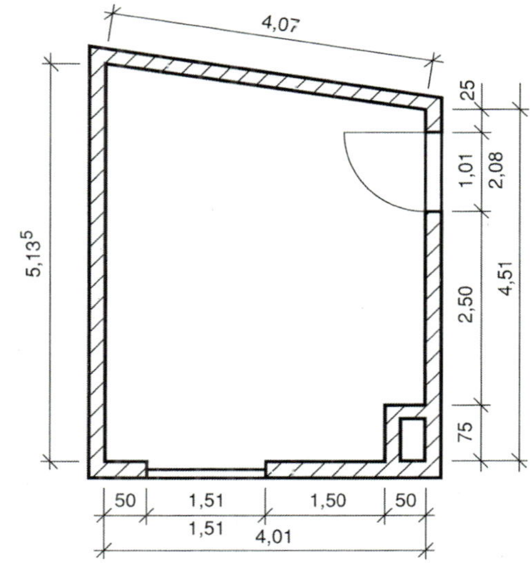

13.30 Die Deckenfläche in einem Aufenthaltsraum wird beschichtet und abgerechnet. Die Grundflächen für die Beleuchtungskörper werden nicht bearbeitet.
Schreiben Sie das Aufmaß nach VOB, und berechnen Sie die Fläche.

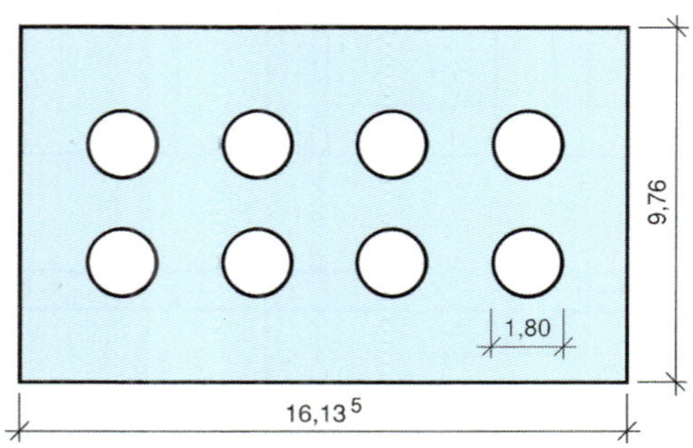

13.31 In der Produktionshalle einer Maschinenfabrik wurden die Decke und die obere Wandfläche mit hellgetönter Dispersionsfarbe gestrichen. Die vier Lichtöffnungen sind gleichgroß und haben eine mitgestrichene Leibung von 40 cm Tiefe. Die Höhe der oberen gestrichenen Wandflächen bis zum gefliesten Teil beträgt 1,70 m. Erstellen Sie ein ordnungsgemäßes Aufmaß für die Decken- und die oberen Wandflächen. Die Leibungen der Lichtöffnungen werden nach Flächenmaß abgerechnet.

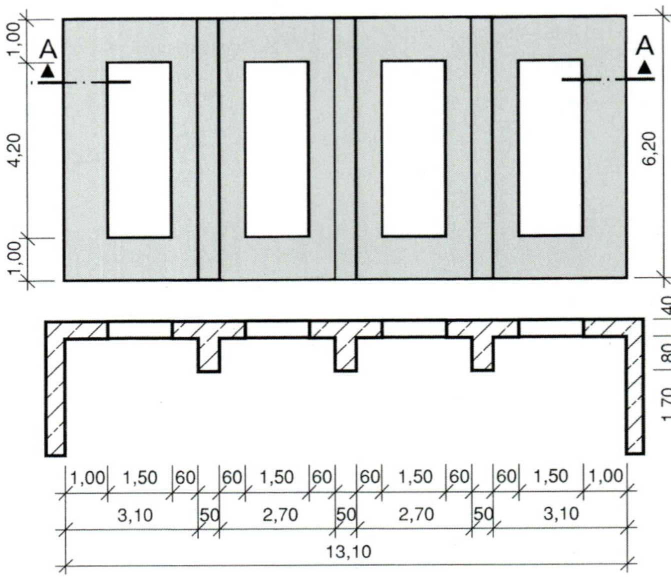

A-A

13.32 Wenden Sie die Abzugsregeln der VOB ATV DIN 18363, Ausgabe Oktober 2019 an, und begründen Sie jeweils, welche Aussparungen bzw. Öffnungen abgezogen werden.

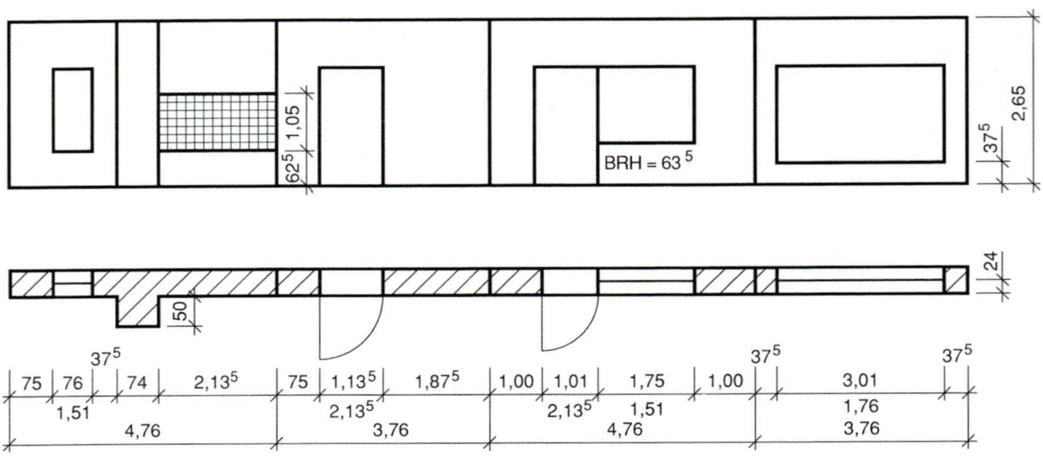

13.33 Schreiben Sie das Aufmaß von folgenden gewölbten Decken für die Abrechnung von Malerarbeiten.

a)

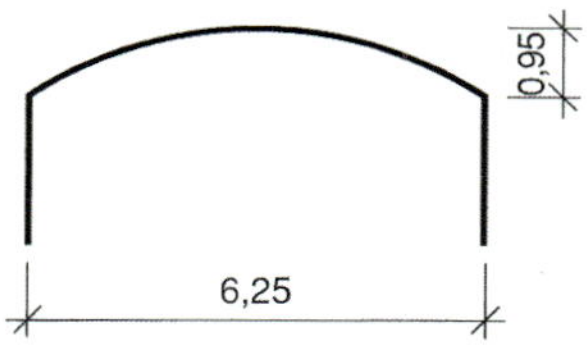

b)

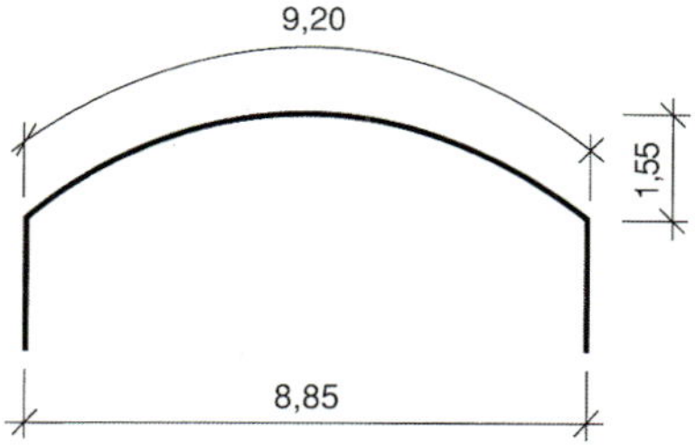

13.34 Die Fläche einer ellipsenförmig gewölbten Decke ist zu berechnen. Die Raumtiefe beträgt 13,46 m.
Erstellen Sie das Aufmaß.

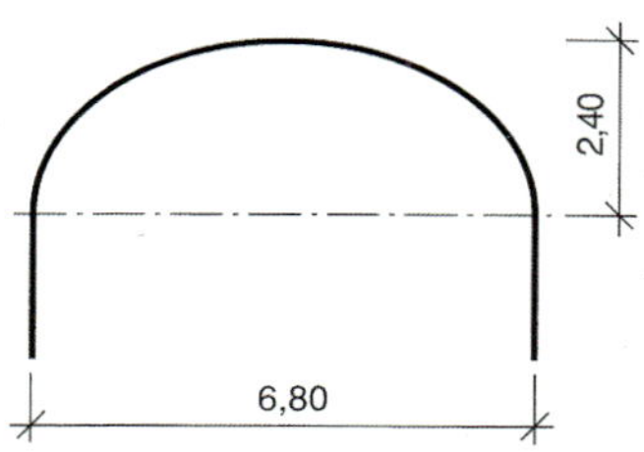

13.35 Schreiben Sie das Aufmaß, und berechnen Sie die Fläche für den Kalkfarbenanstrich in einem Tonnengewölbe eines Weinkellers. (Die Länge des Tonnengewölbes beträgt 7,75 m.)

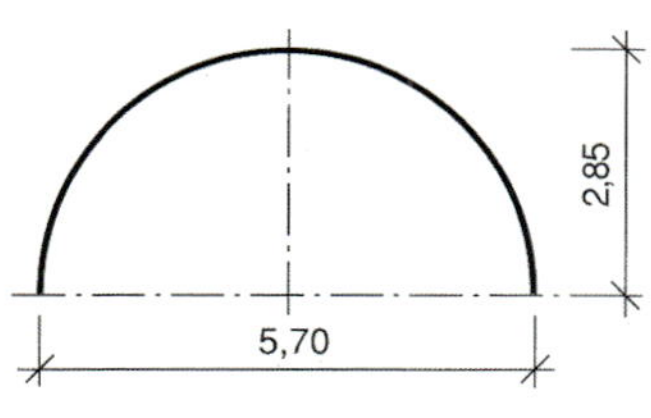

13.36 Von einer gewölbten Decke sind folgende Angaben bekannt: Spannweite 8,63 m; Stichhöhe 1,68 m; Bogenlänge 9,67 m; Gewölbetiefe 9,95 m. Berechnen Sie für einen Kostenvoranschlag die Beschichtungsfläche.

13.37 Für einen Raum mit überwölbter Decke ist das Aufmaß nach VOB zu erstellen für
a) die Deckenbeschichtung mit Innendispersionsfarbe,
b) die Wandbeschichtung mit Seidenglanz-Latexfarbe,
c) die Fensterleibungen nach Längenmaß.

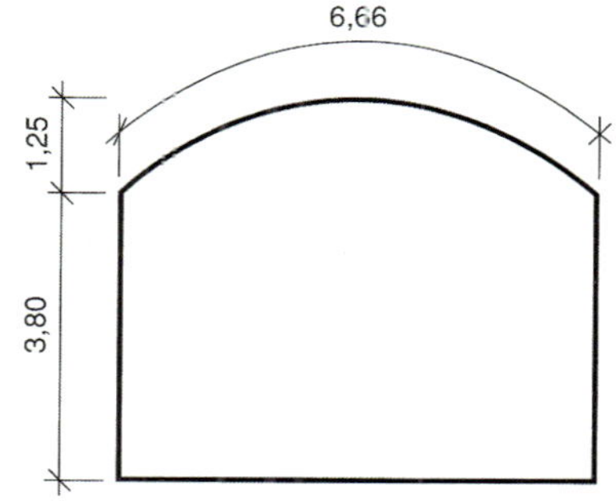

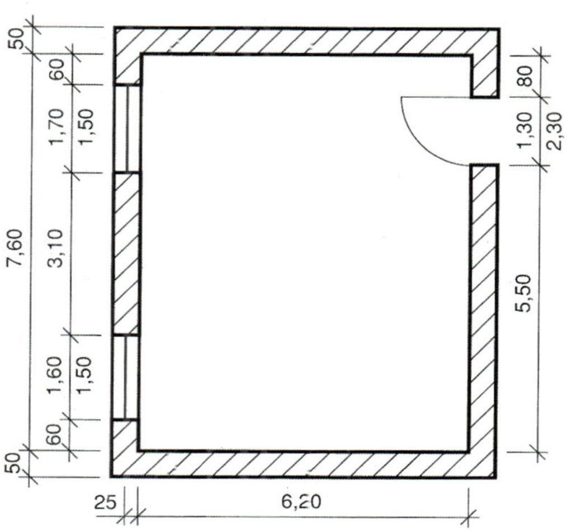

13.38 Auf dem Gelände einer Spedition ist ein Flüssigkeitstank aus Metall außen zu entrosten und mit einem Dickschicht-Korrosionsschutzsystem zu versehen.
Schreiben Sie das Aufmaß nach VOB für
a) die Beschichtungsfläche des Tankbehälters,
b) die Beschichtungslänge der Aufstiegskonstruktionen.

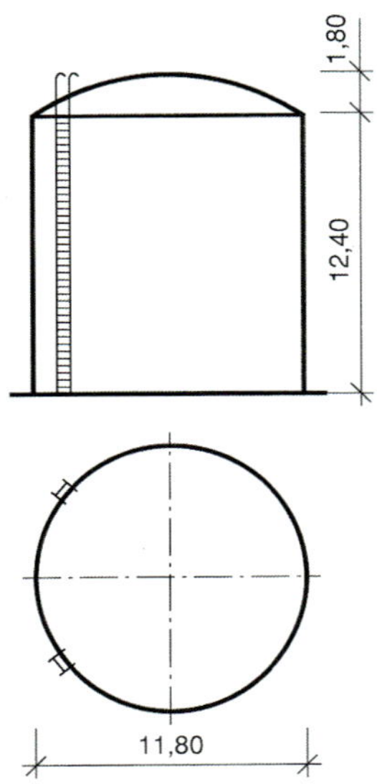

13.39 Die Decken- und Wandflächen eines Pavillons sind nach Beschichtungsarbeiten aufzumessen. (Die Fenster- und Türöffnungen haben gestrichene Leibungen von 25 cm Tiefe.)

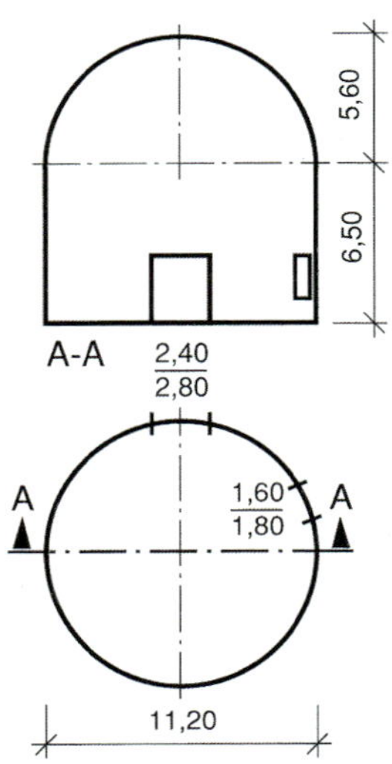

13.40 Schreiben Sie das Aufmaß für die Beschichtungsarbeiten an den Gewölbekappendecken.

a)

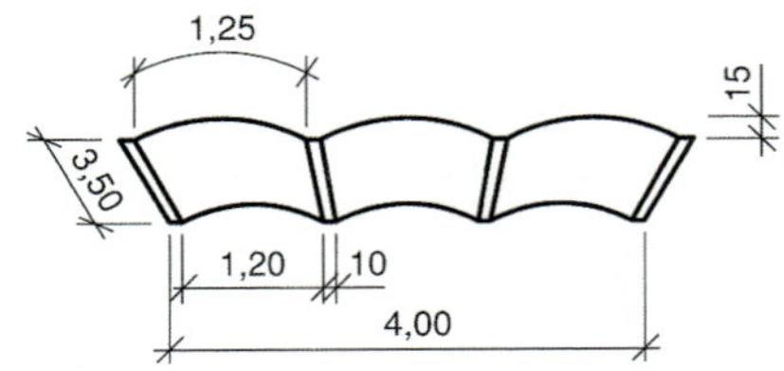

b)

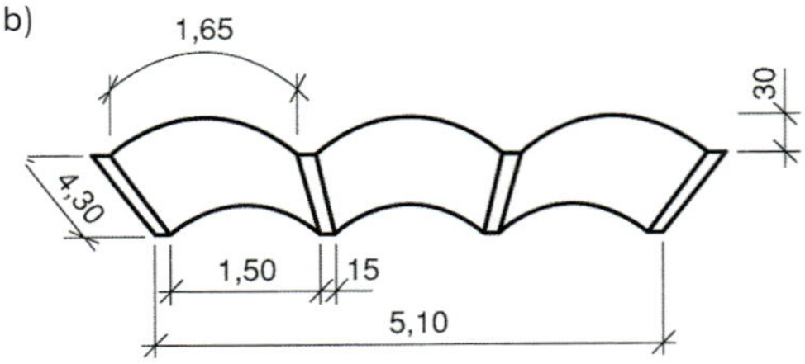

13.41 Eine Lagerhalle ist mit einem preußischen Kappengewölbe überspannt.
Erstellen Sie das Aufmaß nach VOB für den Deckenanstrich, den Wandanstrich und für die Bodenbeschichtung.

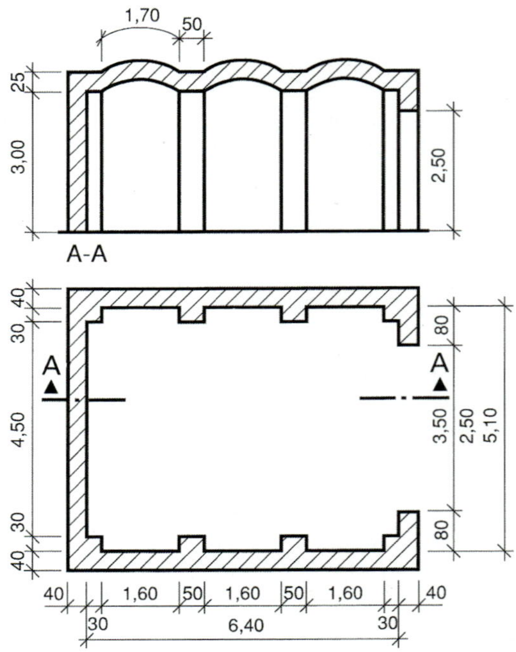

13.42 Eine Wandfläche mit eingewölbter Nische erhielt eine Silicatfarben-Beschichtung. Um die Wandnische wurde ein 3 cm breites Band im Abstand von 5 cm gezogen.
Erstellen Sie das Aufmaß.

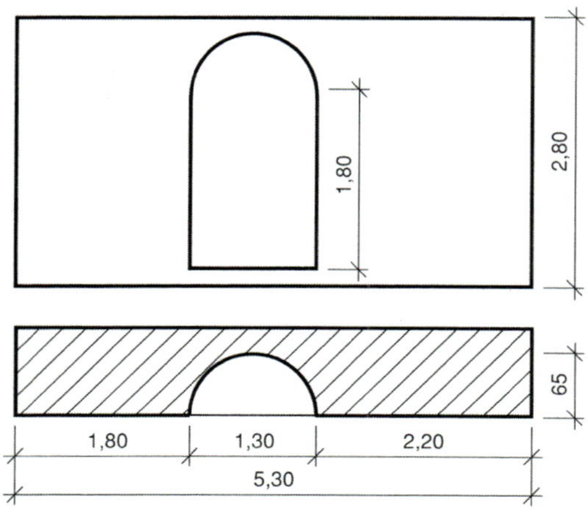

13.43 Schreiben Sie das Aufmaß für die Abrechnung der Wandbeschichtung mit zurückliegender Heizkörpernische, Fenster-/Türelement und Rollladenkasten.

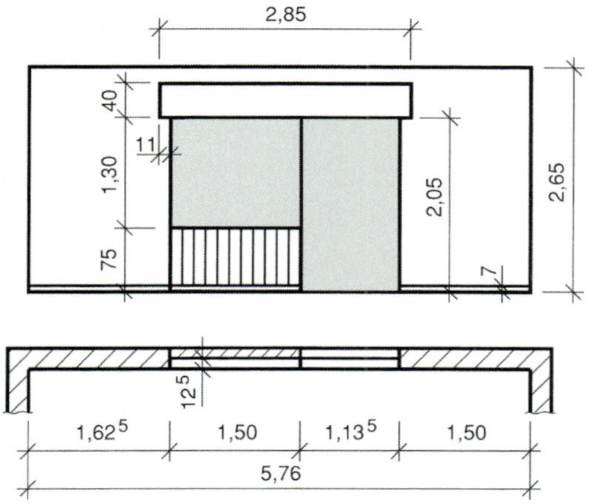

13.44 Die Deckenfläche in einem Raum mit Eckfenstern wurde mit Dispersionsfarbe gestrichen. Die Wandflächen wurden mit Raufaser tapeziert und ebenfalls mit Innendispersionsfarbe gestrichen.
Schreiben Sie das Aufmaß, und berechnen Sie die Beschichtungsflächen. (Leibungstiefe 10 cm)

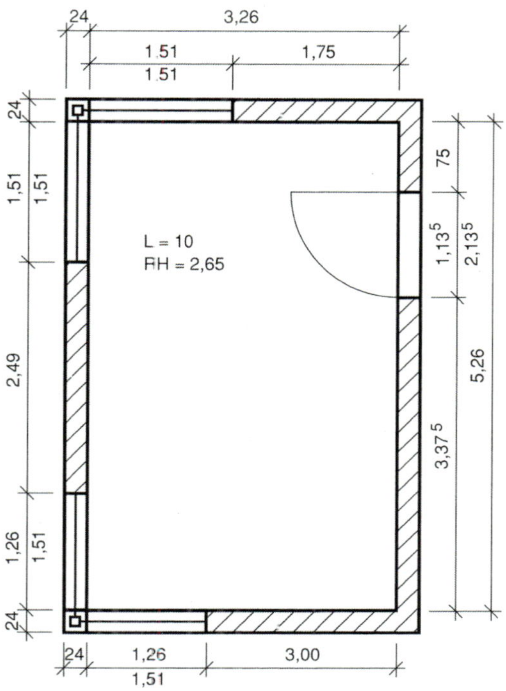

13.45 In dem in perspektivischer Skizze dargestellten Raum sollen für eine Mineralfarben-Beschichtung die Wandflächen nach den Vorschriften der VOB aufgemessen werden.

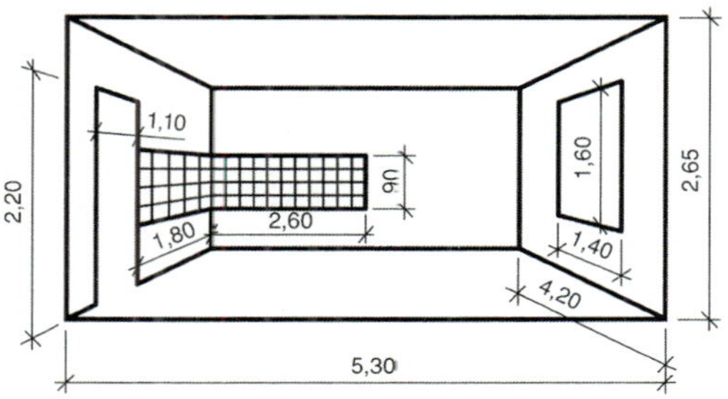

13.46 Die Fußbodenfläche mit ellipsenförmigem Podest ist mit Beton-Kunststoffsiegel beschichtet worden.
Erstellen Sie das Aufmaß, und berechnen Sie die Beschichtungsfläche.

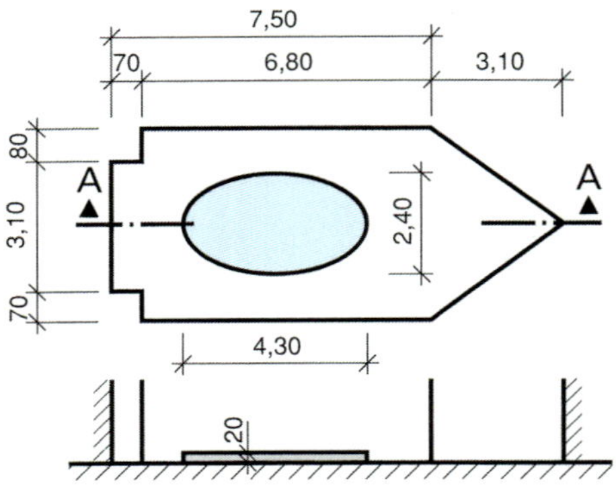

13.47 Eine Dachfläche ist mit normalem Wellblech gedeckt und erhält eine Spezialbeschichtung.
a) Berechnen Sie die Dachfläche nach der Skizze rechts oben.
b) Berechnen Sie die Beschichtungsfläche nach Tabelle bei den Profilmaßen 20 mm Höhe und 40 mm Breite für die eingedeckte Sichtfläche.
c) Berechnen Sie den Flächenunterschied in Prozent.

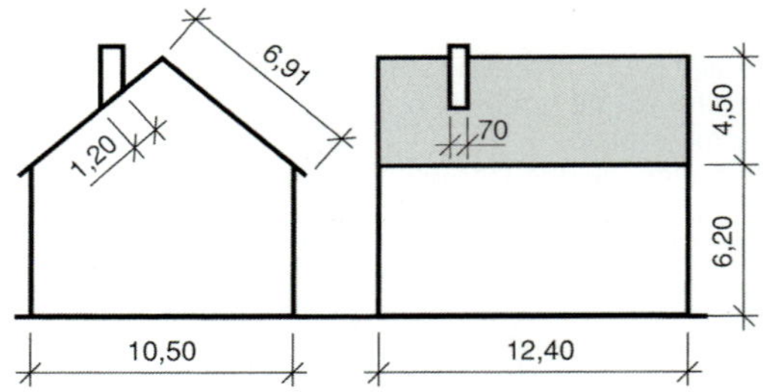

13.48 Die Dachfläche einer Feldscheune wurde beschichtet. Die Feldscheune ist mit Wellblech 30/135 gedeckt.
Berechnen Sie
a) die Dachfläche,
b) die Beschichtungsfläche mithilfe der Tabelle,
c) den Flächenunterschied in m^2 und in Prozent.

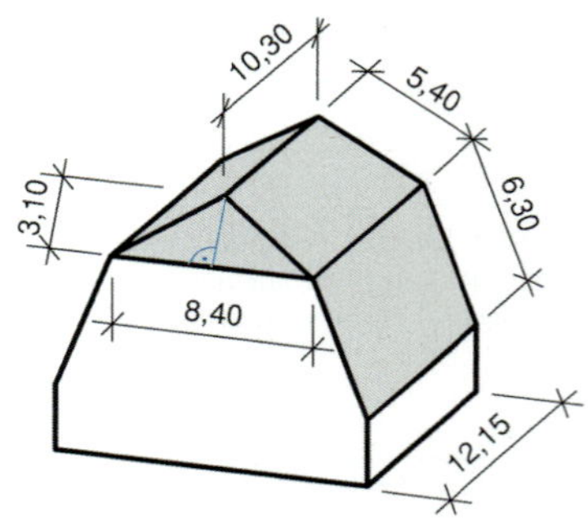

14 Aufmaß und Abrechnung von Fenstern und Türen

14.1 Fenster

Fensteranstriche sind ein breites Auftragsgebiet des Maler- und Lackiererhandwerks. Der Zeitaufwand für einen Fensteranstrich kann, je nach Bauart, sehr verschieden sein.
Fenster werden je beschichtete Seite unter Angabe der Konstruktionsart nach Flächen berechnet. Das Aufmaß gilt grundsätzlich für die ebene Fläche, d.h., Stirnseiten der Falze sowie Vor- und Rücksprünge bleiben berücksichtigt.

Auch beim Aufmessen aus Zeichnungen gelten die Fertigmaße der behandelten Bauteile. Durch den hohen Aufwand beim Beschneiden werden Glasscheiben und andere Füllungen unabhängig von ihrer Größe übermessen.
Selbst wenn das Flächenmaß nach VOB/C in der DIN 18363 unter 0.5.1 erst für Flächen > 2,50 m^2 vorgeschlagen wird, ist eine Berechnung der Beschichtungsfläche für den Werkstoffbedarf bedeutsam.

■ **Beispiel 14.1:**

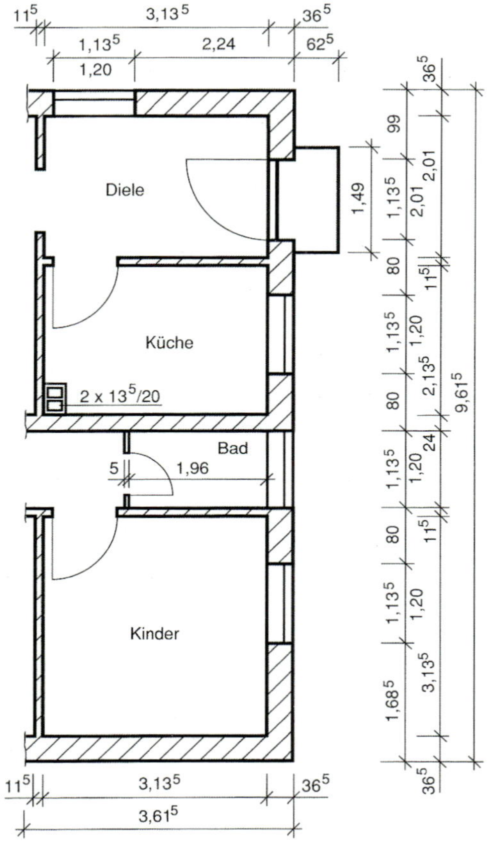

Anhand dieses Beispieles werden die Aufmaßregeln für Fenster dargestellt:

- Fenster werden nach Flächen in m² abgerechnet.
- Je nach Format sind die entsprechenden Flächenformeln anzuwenden:
  1,14 · 1,20 (Rechteckformat)
- Der Faktor für die *Beschichtungsseiten* wird *hinter* das Aufmaß geschrieben (indirekte Stückzahl):
  1,14 · 1,20 · 2
- Der Faktor für die *Stückzahl* gleichgroßer und konstruktionsgleicher Fenster wird *vor* das Aufmaß geschrieben (direkte Stückzahl):
  4 · 1,14 · 1,20 · 2
  $A = \underline{\underline{10,94\ m^2}}$

Konstruktionsangaben (Fensterart, Sprossenteilung, Kämpfer, Anzahl der Flügel) sind bei der Leistungsermittlung zu berücksichtigen.
Werden Fenster nach Stück abrechnet, bleiben Abweichungen von den vorgegebenen Maßen bis jeweils 5 cm in Breite und Höhe sowie 3 cm in der Tiefe nach VOB ATV DIN 18363, Ausgabe Oktober 2019, Abschnitt 5.4.1 unberücksichtigt. Erschwernisse beim Anstrich durch die Fensterkonstruktion dürfen rechnerisch nicht durch eine Flächenvergrößerung aufgewogen werden. Unterschiedliche Leistungen sind in gesonderten Positionen zu erfassen. Ein Schwierigkeitsfaktor kann also nur in den Einheitspreis je m² einfließen.

Konstruktionsarten

Um den Beschichtungsaufwand realistisch kalkulieren zu können, braucht der Maler und Lackierer Grundkenntnisse über verschiedene Fensterarten. Man unterscheidet Fenster nach ihrer Konstruktion in verschiedener Hinsicht, nämlich nach

- der Bewegungsart der Flügel (Dreh-, Kipp-, Wende-, Klapp-, Schiebe-, Schwingflügel-Fenster);
- der Anzahl der Flügel (ein-, mehrflüglig);
- der Konstruktion der Flügel (einfaches, Doppel-, Verbund-, Kasten-, Zargen-Fenster);
- der Konstruktion und dem Anschlag des Fensterstockes (Blendrahmenfenster).

Blendrahmenfenster

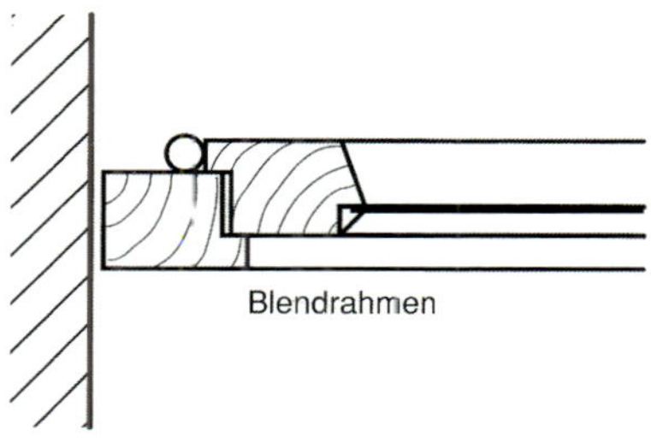

a) Einfaches Fenster mit einfacher Verglasung und einfachem Flügelrahmen. Der Flügelrahmenanschlag kann auch als Blockrahmen (Stock) ausgebildet sein.

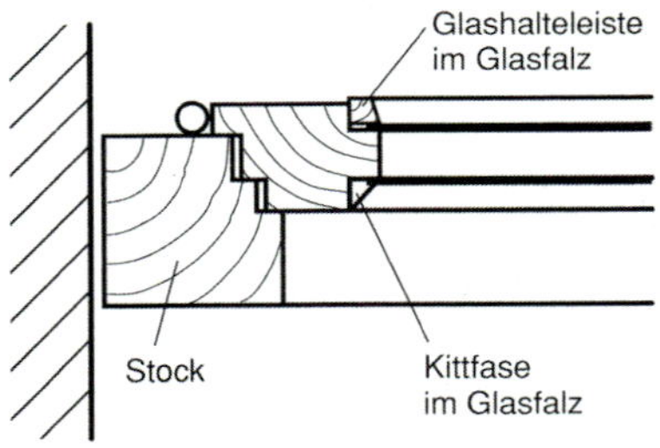

b) Fenster mit doppelter Verglasung. In den inneren und äußeren Falz des Flügelrahmens werden zwei Einzelscheiben eingesetzt.

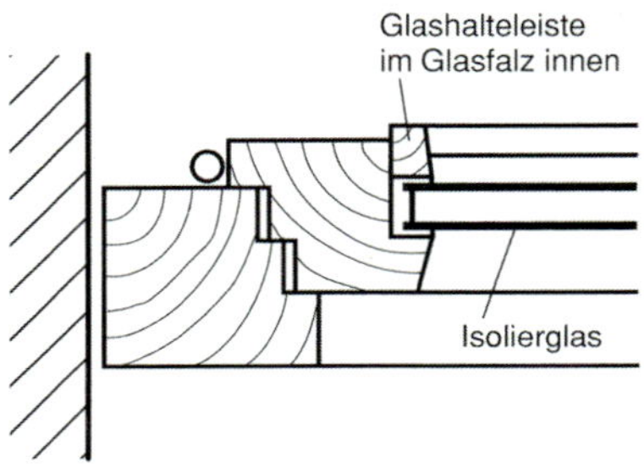

c) Fenster mit Isolierverglasung. In den vergrößerten Falz eines verstärkten Flügelrahmens wird das Isolierglas eingesetzt.

■ **Beispiel 14.2:**

Ein Blendrahmenfenster mit einer Innenfensterbank von 3 cm Dicke soll beidseitig gestrichen werden. Schreiben Sie das Aufmaß nach der Zeichnung.

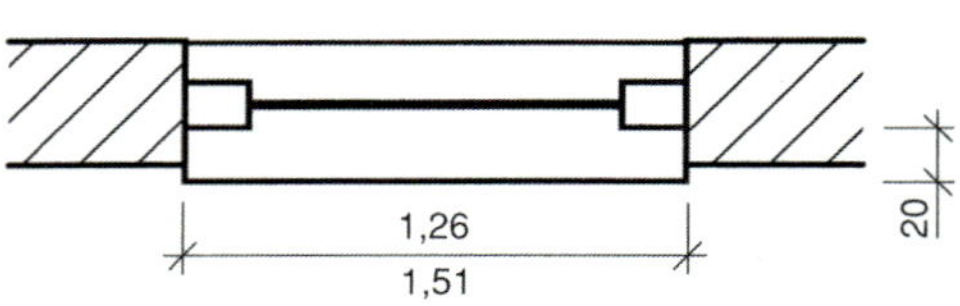

Lösung:

1,26 · 1,51 · 2
+ 1,26 · 0,23
A = 4,10 m²

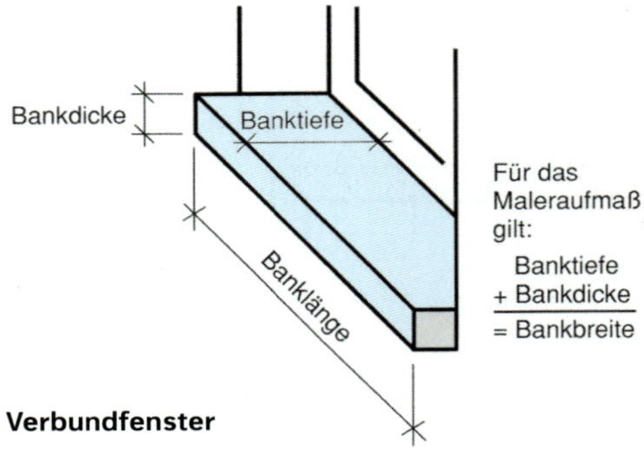

Verbundfenster

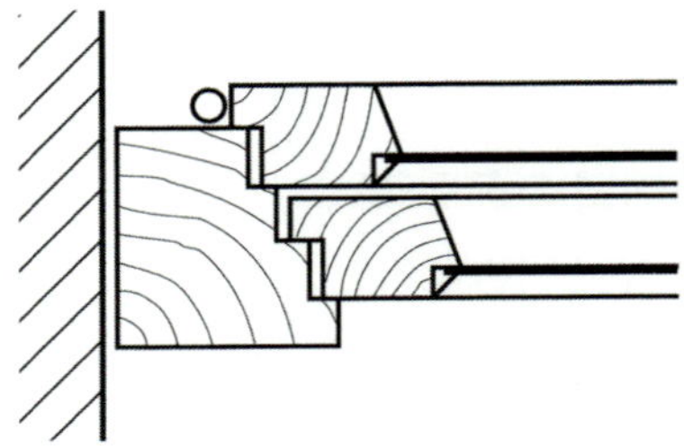

Bei Verbundfenstern ist am inneren, tragenden Flügelrahmen ein zweiter, äußerer Rahmen angehängt. Es handelt sich im Prinzip um die Verbindung zweier Blendrahmenfenster. Das Aufmaß erfolgt daher wie bei einem doppelten Blendrahmenfenster.

■ **Beispiel 14.3:**

Schreiben Sie das Aufmaß für den allseitigen Anstrich eines Verbundfensters (Maße wie im Beispiel für Blendrahmenfenster).

Lösung:

1,26 · 1,51 · 4
+ 1,26 · 0,23
A = 7,90 m²

Kastenfenster

Das Kastenfenster ist ein Doppelfenster mit zwei getrennten Fensterrahmen, die durch den Kastenrahmen miteinander verbunden sind. Gewöhnlich gehen beide Fensterflügel nach innen auf (Abb. a) S. 95), selten der äußere nach außen (Zargenfenster, Abb. b) S. 95). Die Fensterfläche und die Innenfensterbank werden wie beim Blendrahmenfenster aufgemessen. Der ringsum gleichbreite Kasten wird abgewickelt. Die Kastentiefe wird nur von Blendrahmen bis Blendrahmen, also ohne Falze, gemessen.

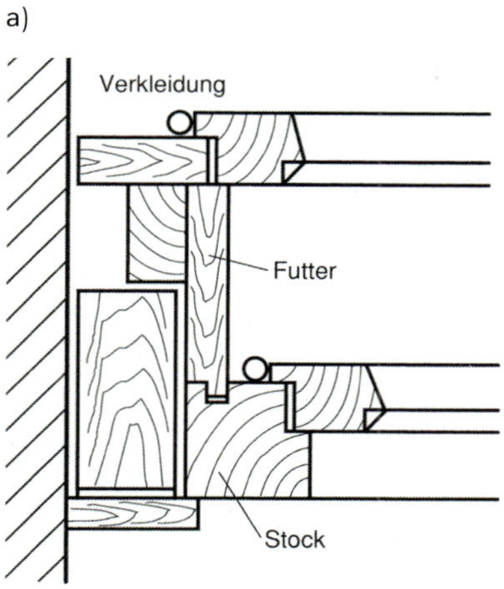

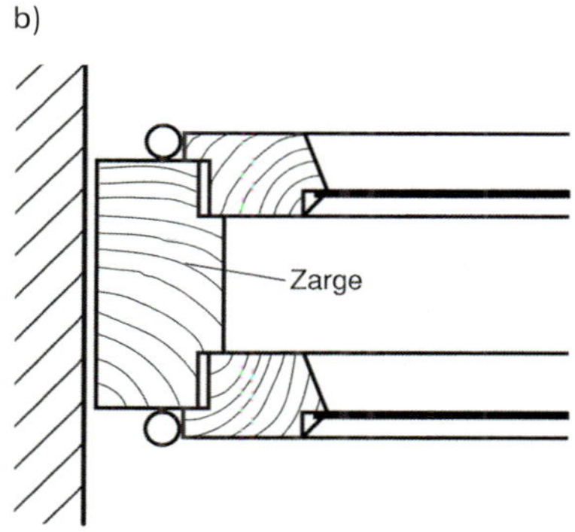

Weichen die Grundformen der Fenster von der Rechteckform ab, z. B. bei Fenstern mit Halbkreis-, Segment- oder Korbbögen, so sind die jeweiligen Flächenberechnungsformeln anzuwenden.

■ **Beispiel 14.4:**

Schreiben Sie das Aufmaß für ein Kastenfenster mit einer Kastentiefe von 20 cm und einer zusätzlichen 23 cm breiten Innenfensterbank (sonstige Maße wie Beispiel 14.2, S. 94).

Lösung:

$1,26 \cdot 1,51 \cdot 4$
$+ (1,26 + 1,51) \cdot 2 \cdot 0,20$
$+ 1,26 \cdot 0,23$
$A = \underline{\underline{9,01 \text{ m}^2}}$

14.2 Türen

Türen, Trennwände und Bekleidungen werden je beschichtete Seite nach ebener Fläche abgerechnet. Nichtbehandelte Füllungen werden unabhängig von ihrer Größe übermessen.
Die Stirnseiten der Falze sowie Vor- und Rücksprünge von Profilierungen bleiben beim Aufmaß unberücksichtigt. Ausnahmen davon sind Blockzargen und Türen > 60 mm Dicke mit Futter und Bekleidung. Diese Türkonstruktionen werden in der abgewickelten Fläche abgerechnet. Die Breiten und die Höhen gelten auch dort bis zu den sie begrenzenden ungeputzten Bauteilen (Konstruktionsmaß).

Konstruktionsarten

Bei den Türkonstruktionen unterscheidet man nach

- Lage, Zweck (Zimmer-, Haus-, Kellertür);
- Aufschlagrichtung (innen, außen);
- Türblattanschlag (gefälzt, ungefälzt);
- Türblattkonstruktion (Rahmen-, Sperrtür);
- Öffnungsart (Dreh-, Schiebe-, Pendeltür);
- Anschlagart der Türumrahmung (Maueranschlag, Blend- und Blockrahmen, Zarge, Futter und Bekleidung).

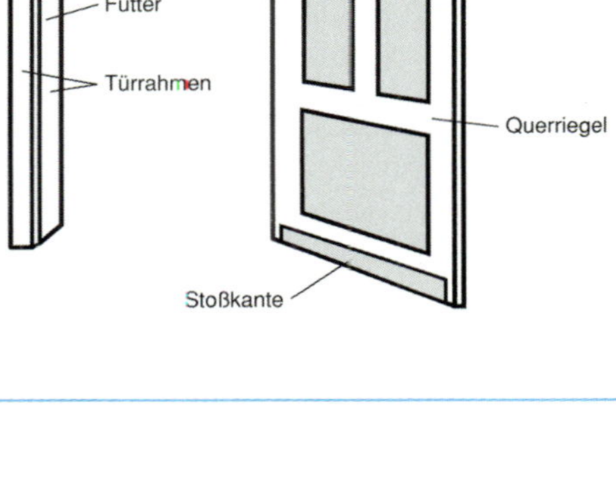

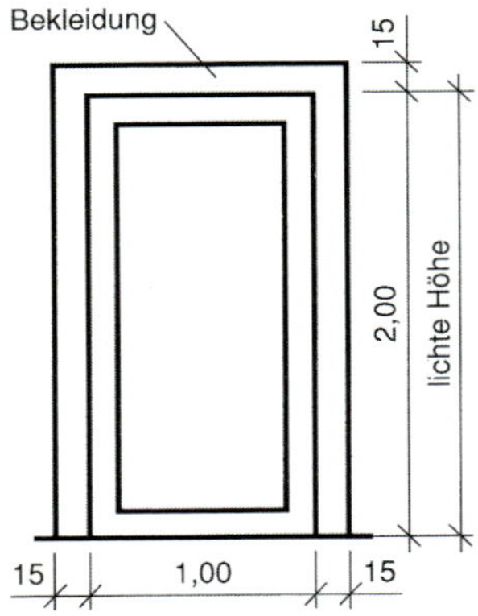

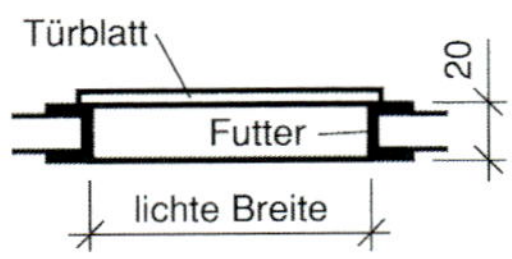

Blendrahmentüren

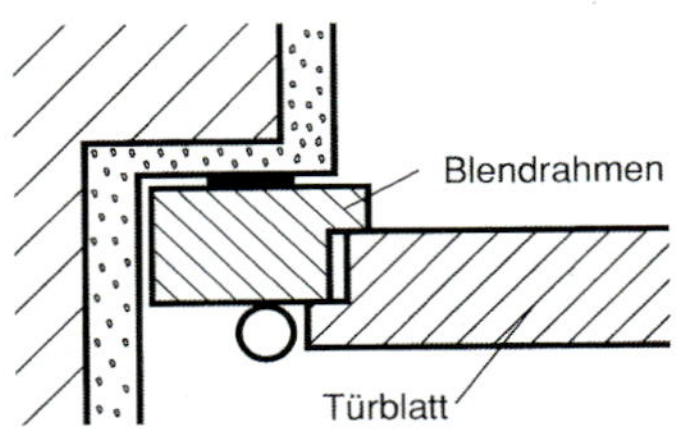

Der Blendrahmen sitzt in der Regel in einem Maueranschlag. Das Türblatt schlägt in den Blendrahmen, der zumeist die gleiche Dicke wie das Türblatt hat.

■ **Beispiel 14.5:**

Schreiben Sie das Aufmaß für eine Blendrahmentür in einem Maueranschlag.

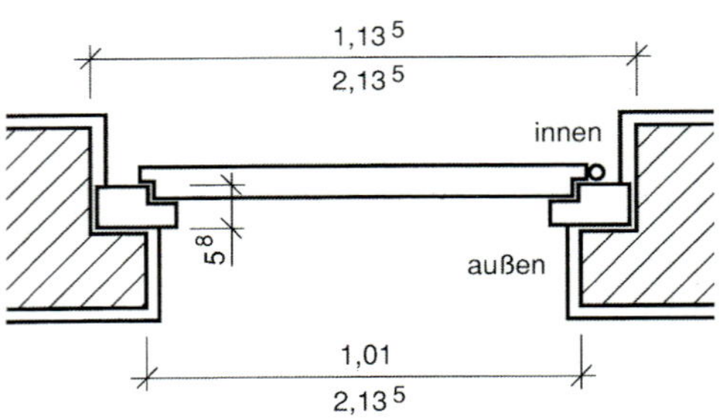

Lösung:

innen	$1{,}14 \cdot 2{,}14$ $A = \underline{\underline{2{,}44\ m^2}}$
außen	$1{,}01 \cdot 2{,}14$ $A = \underline{\underline{2{,}16\ m^2}}$
beidseitig	$1{,}14 \cdot 2{,}14$ $+ 1{,}01 \cdot 2{,}14$ $A = \underline{\underline{4{,}60\ m^2}}$

Blockrahmentüren

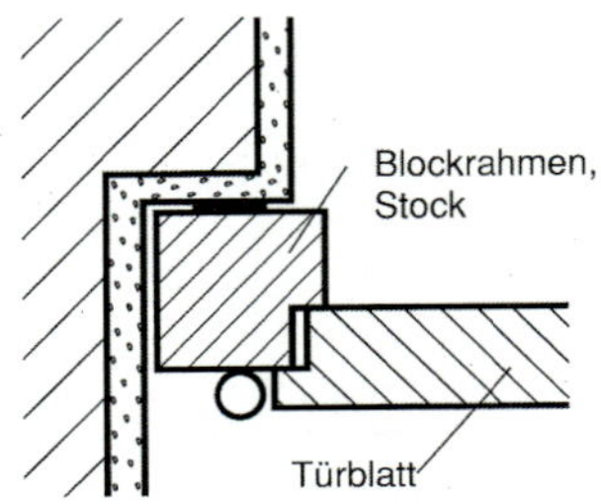

Bei der Blockrahmentür schlägt das Türblatt in einen Blockrahmen, ein im Querschnitt fast quadratisches Holz (auch Türstock genannt).

Zargentüren

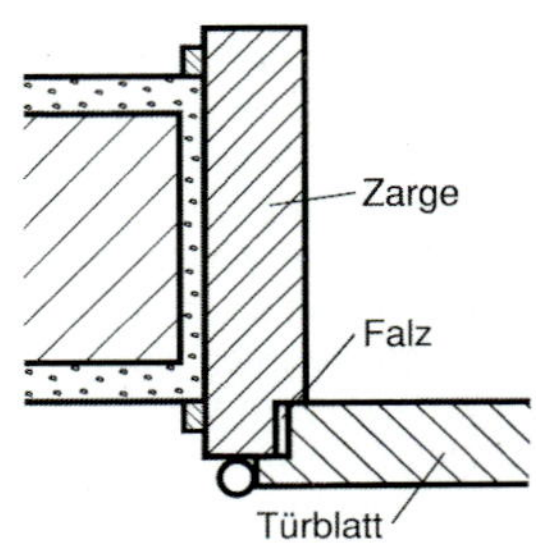

Das auf der Mauerleibung liegende flache Holz nennt man Zarge. Das Türblatt schlägt in einen Falz der Zarge.

Bei einer Zargentür sind, im Gegensatz zur normalen Blendrahmentür, beide Seiten gleich groß.

Auch hier gelten für das Aufmaß die Zeichnungsmaße bis zu den begrenzenden Bauteilen. Zusätzlich braucht man noch Informationen über die Zargentiefe, da diese in der Abwicklung abgerechnet wird.

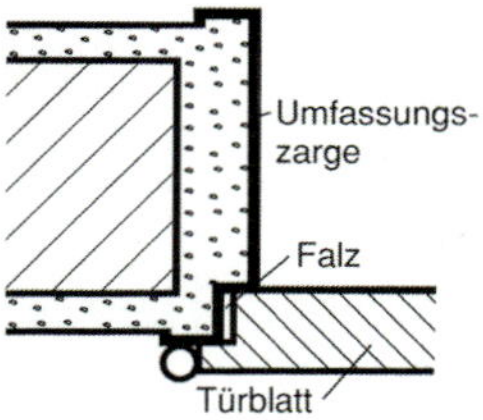

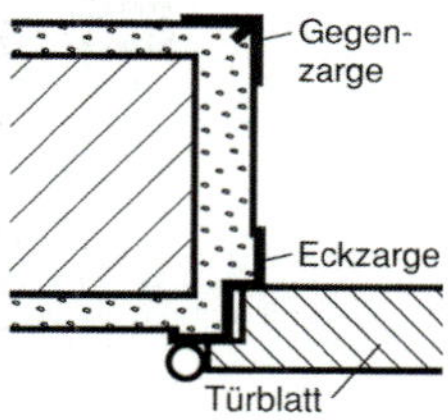

Bei der Abrechnung von Türen mit Stahlumfassungszargen gilt sinngemäß der gleiche Abrechnungsmodus wie bei Holzzargentüren. Eckzargen haben normalerweise eine kleinere Tiefe als 6 cm. Sie sind durch die Flächenberechnung der Tür bis zu den begrenzenden Teilen mit abgegolten. Die Beschichtung der Gegenzarge als Eckschutz wird gesondert nach Längenmaß abgerechnet.

Türen mit Futter und Bekleidung

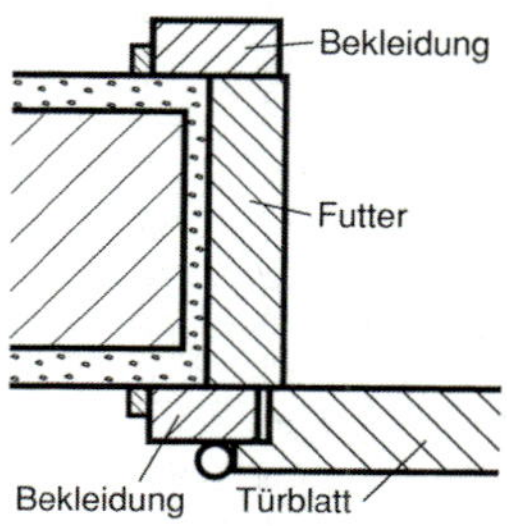

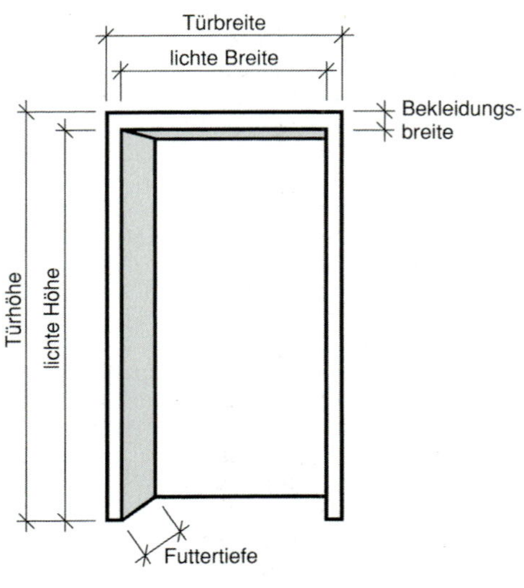

Das Türblatt schlägt in einen Falz, der aus dem Futter und der bandseitig versetzten Bekleidung gebildet wird. Hier ist die bei Blendrahmentüren sichtbare Leibung durch das Futter verdeckt. Die Bekleidung schafft den sauberen Anschluss an die angrenzenden Wandflächen. Die VOB ATV DIN 18363 schreibt die gesonderte Abrechnung vom Türblatt und die Abwicklung von Futter und Bekleidung vor.

Türaufmaß nach VOB

Dort werden unterschiedliche Messprinzipien genannt.

1. Türblätter werden „je beschichtete Seite nach Fläche“ abgerechnet.
   Das bedeutet für das Aufmaß

größte Breite · größte Höhe

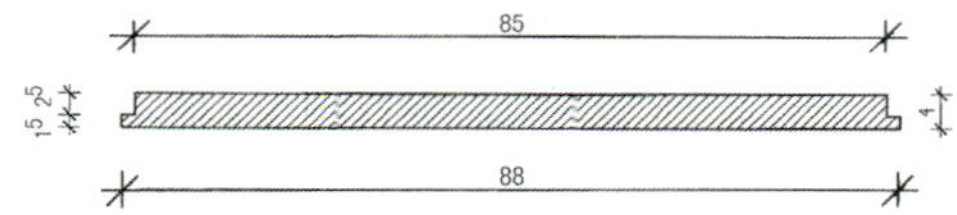

■ **Beispiel 14.6:** 0,88 · 2,02 · 2

Die Türblattdicke wird nur berücksichtigt, wenn sie > 6 cm ist. Dann wird diese in der Abwicklung hinzugerechnet.

2. Bei Futter und Bekleidung wird die „abgewickelte Fläche“ abgerechnet. Die ATV gibt dazu aber keine weiteren Hinweise. In der Praxis wird das Aufmaß dann mit zwei Abwicklungen erstellt:
   a) aus der Abwicklung der Öffnung

   (Breite + 2 · Höhe)

   und
   b) aus der Abwicklung der Umfassung von Futter und Bekleidung um die Wandöffnung. Beim örtlichen Aufmaß ist die Profilabwicklung ohne Probleme erkennbar. Sie geht von Wandoberfläche bis zur nächsten Wandoberfläche und kann sinnvollerweise als Summe geschrieben werden.

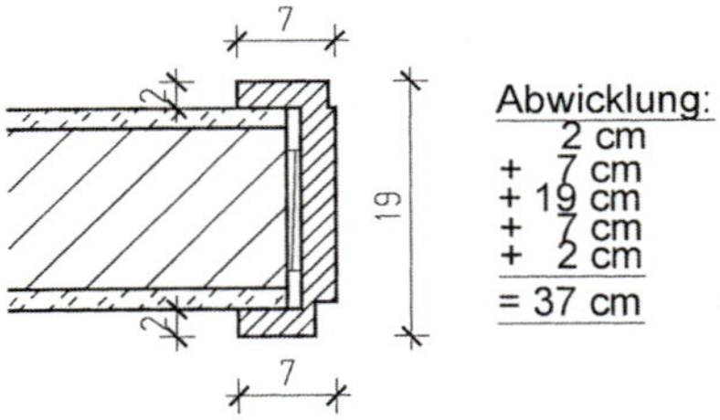

Bei der Abwicklung der Öffnung ist es problematisch, da Futter und Bekleidung unterschiedliche Abwicklungsebenen haben. Bei allen Messebenen entstehen im Bereich der Gehrungen Überlappungen, die zu einer Differenz gegenüber der wirklichen Fläche führen. Ein korrektes Flächenergebnis ist nur dann zu erzielen, wenn alle Teilflächen einschließlich der Falzen getrennt abgerechnet werden, was aber sicherlich im Zuge der Vereinfachung nicht im Sinne der VOB sein kann.
In der Praxis arbeitet man mit einer ausgemittelten Abwicklung, nämlich mit dem Aufmaß des Türblattes als „Hilfsmesslinie“.

Türblattabwicklung · Abwicklung von Futter und Bekleidung

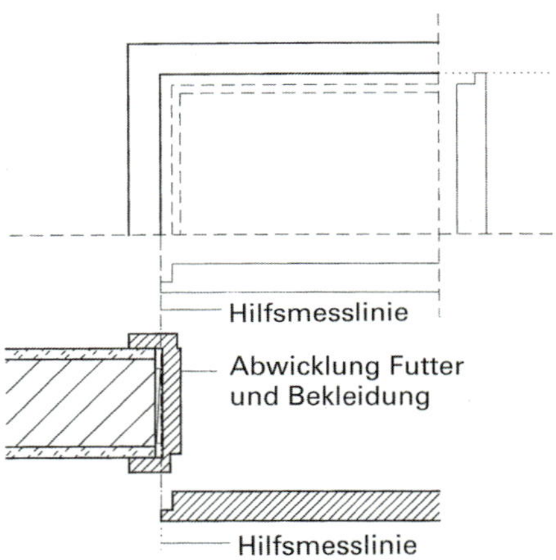

■ **Beispiel 14.7:**

Einige Aufmaße für Türen mit Futter und Bekleidung anhand der Zeichnung:

a) Aufmaß der futterlosen Seite
0,95 · 2,05 + (0,95 + 2 · 2,05) · 0,07
$A = \underline{\underline{2{,}30\ m^2}}$

b) Aufmaß der Futterseite
0,95 · 2,05 + (0,95 + 2 · 2,05) · 0,25
$A = \underline{\underline{3{,}21\ m^2}}$

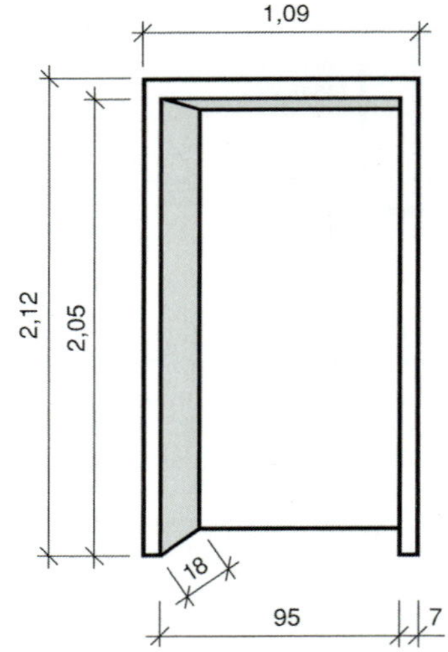

c) Aufmaß für beidseitige Türbeschichtung
0,95 · 2,05 · 2 + (0,95 + 2 · 2,05) · 0,32
$A = \underline{\underline{5{,}51\ m^2}}$

d) Aufmaß für drei gleich große Türen mit Futter und Bekleidung bei beidseitiger Beschichtung
3 · [0,95 · 2,05 · 2 + (0,95 + 2 · 2,05) · 0,32]
$A = \underline{\underline{16{,}53\ m^2}}$

■ **Beispiel 14.8:**

Aufmaß nach VOB und Beschichtungsfläche von drei Türen, bei denen das Türblatt die Maße 86 cm x 205 cm hat und die Abwicklung von Futter und Bekleidung 34 cm groß ist.
3 · [0,86 · 2,05 · 2 + (0,86 + 2 · 2,05) · 0,34]
$A = \underline{\underline{15{,}64\ m^2}}$

Beim Türenaufmaß nach Zeichnung wird für die Türblattabmessungen das Maß der Öffnung herangezogen. Für die Türrahmen müssen dazu die Wanddicke, die Bekleidungsbreite und die Putzdicken berücksichtigt werden.

■ **Beispiel 14.9:**

Aufmaß nach VOB und Beschichtungsfläche einer Tür mit Futter und Bekleidung und den Öffnungsmaßen 1,01 m x 2,08 m in einer 24 cm dicken Wandkonstruktion bei 1,5 cm Innenputzdicke und 8 cm Bekleidungsbreite
1,01 · 2,08 · 2 + (1,01 + 2 · 2,08) · 0,43
$A = \underline{\underline{6{,}42\ m^2}}$

Fenster

14.1 Vier einflügelige Dreh-Kipp-Fenster sind beidseitig zu beschichten.
Erstellen Sie das Aufmaß, und berechnen Sie die Fläche.

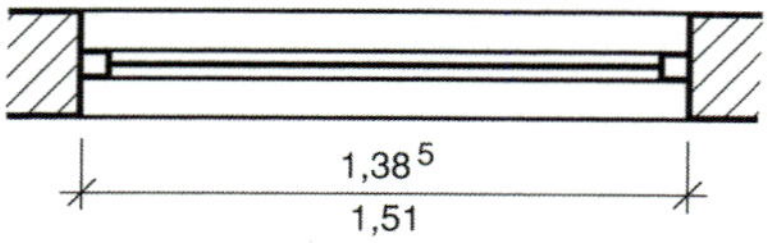

14.2 Schreiben Sie das Aufmaß und berechnen Sie die Fläche für die beidseitige Beschichtung von dreizehn Rundfenstern.

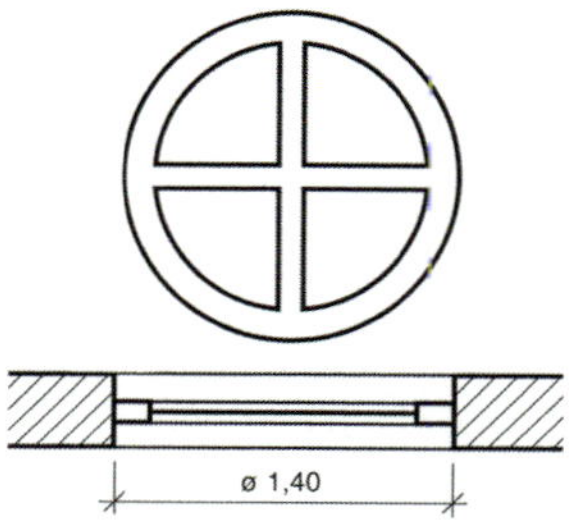

14.3 Acht Fenster in Fledermausgauben wurden beschichtet.
Schreiben Sie das Aufmaß, und berechnen Sie die Fläche für die Außenbeschichtung. Auch wenn die VOB DIN 18363, Teil C, Ausgabe Oktober 2019, die Kreisteile im Abschnitt 5.2.3 nicht ausdrücklich aufführt, soll hier mit der entsprechenden Form gerechnet und nicht das kleinste umschreibende Rechteck zugrunde gelegt werden.

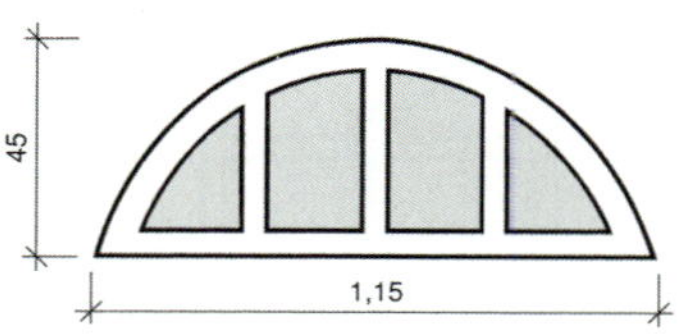

14.4 Fünf Blendrahmen-Rundfenster sollen innen und außen beschichtet werden.
Erstellen Sie das Aufmaß, und berechnen Sie die Fläche.

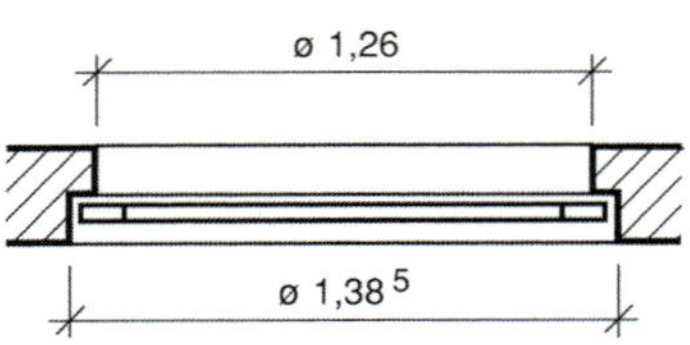

14.5 Schreiben Sie das Aufmaß für die Außenbeschichtung von fünf Erkerfenstern, von denen eines in Grundriss und Ansicht dargestellt ist.

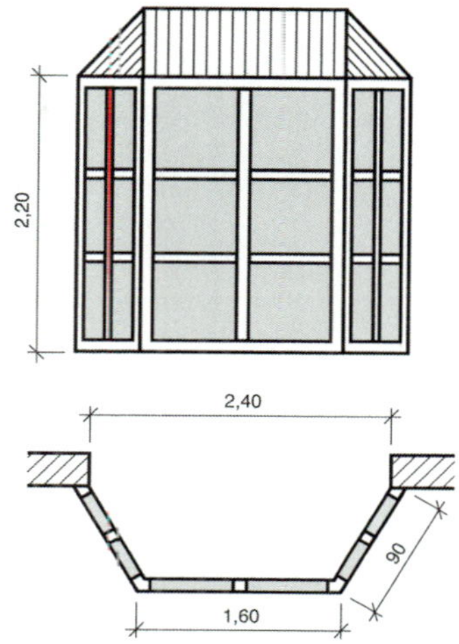

14.6 Schreiben Sie das Aufmaß für die Außenbeschichtung von fünf Oberlichtfenstern.

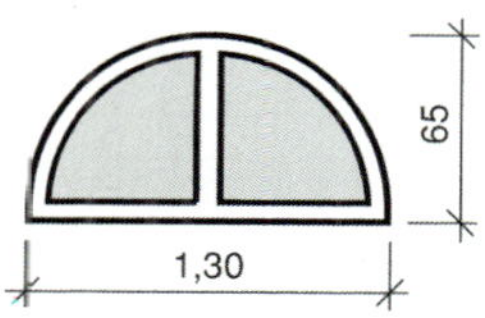

14.7 In einem Kirchenschiff sollen acht bleiverglaste Fenster innen mit einem Korrosionsschutzsystem versehen werden.
Schreiben Sie das Aufmaß, und berechnen Sie die Beschichtungsfläche.

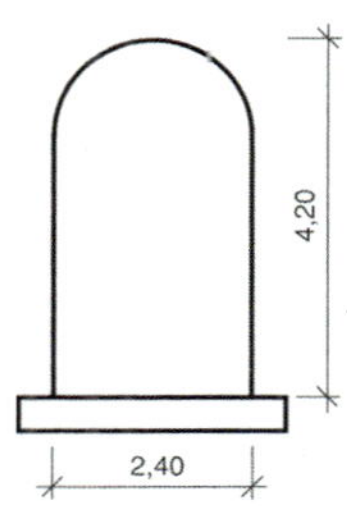

14.8 Erstellen Sie
a) für die Außenbeschichtung und
b) für die Innenbeschichtung
ein ordnungsgemäßes Aufmaß für folgende Blendrahmenfenster, und berechnen Sie jeweils die Beschichtungsfläche.

Fensterbreite in m	Fensterhöhe in m	Innenfensterbank	Fensterbankabwicklung Tiefe in cm	Dicke in cm	Fensteranzahl
1,13⁵	1,51	ja	14	2	1
1,76	1,37⁵	nein	–	–	3
2,26	1,51	ja	22	3	5
1,51	1,76	ja	17	2	12
2,01	1,51	ja	15	3	14

14.9 Ein Verbundfenster soll beschichtet werden. Erstellen Sie das Aufmaß und berechnen Sie die Fläche für
a) die Außenseite,
b) die Innenseiten,
c) die allseitige Beschichtung.

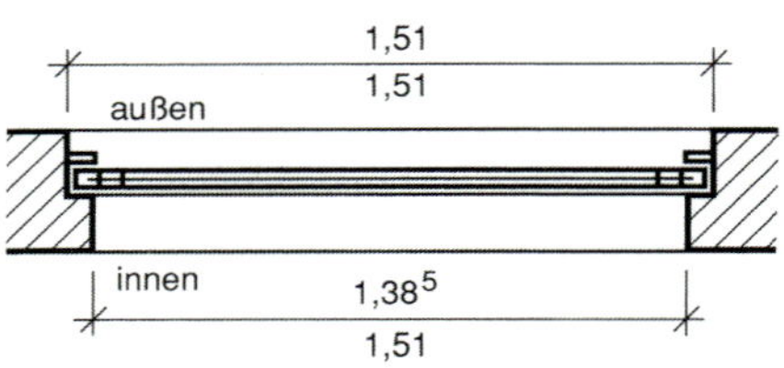

14.10 Erstellen Sie mit den Angaben in der Tabelle die ordnungsgemäßen Aufmaße für die Beschichtung der rechteckigen Kastenfenster
a) innen (dreiseitig),
b) außen,
c) allseitig.

Fensterbreite in m	Fensterhöhe in m	Kastentiefe in cm	Innenfensterbank Tiefe in cm	Dicke in cm	Fensteranzahl
1,40	1,60	12	–	–	1
1,40	1,60	12	12	2	1
1,80	1,90	15	15	3	5
1,10	1,40	8	10	2	12

14.11 Acht gleich große Kastenfenster mit Innenfensterbrett haben folgende Maße:
Fensterbreite 1,25 m; Fensterhöhe 1,65 m; Kastentiefe 0,12 m; Fensterbretttiefe 0,14 m; Fensterbrettdicke 0,02 m.
Schreiben Sie das Aufmaß für die allseitige Beschichtung, und berechnen Sie die Fläche.

14.12 Schreiben Sie für eine allseitige Beschichtung das Aufmaß für drei kreisförmige Kastenfenster mit einem Durchmesser von 1,30 m und einer Kastentiefe von 0,18 m.

14.13 Erstellen Sie für eine allseitige Beschichtung das Aufmaß für ein halbkreisförmiges Kastenfenster mit dem Durchmesser 1,60 m und der Kastentiefe 0,14 m.

14.14 Erstellen Sie das Aufmaß für das Kastenfenster im Ochsenauge eines barocken Hauses.

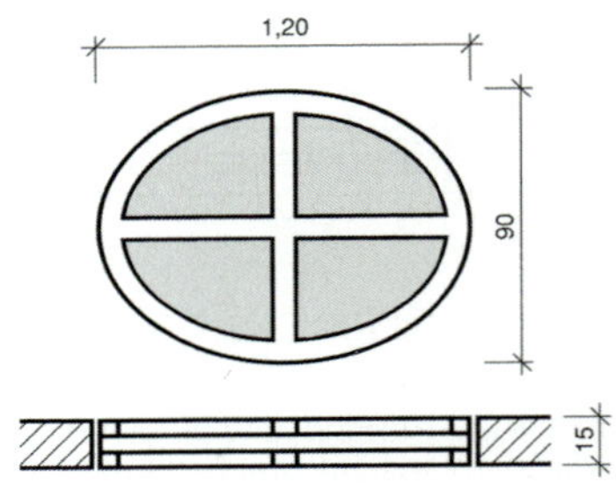

14.15 Schreiben Sie das Aufmaß, und ermitteln Sie die Fläche für das abgebildete Rundbogen-Kastenfenster für die allseitige Beschichtung.

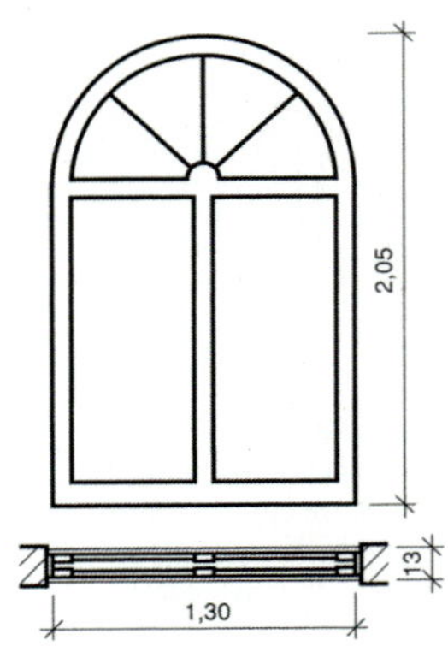

14.16 In einem umgebauten Werkstattgebäude sind acht Dachgauben erneuert worden. Die Fensterflächen werden mit Alkydharzlack beschichtet. Die Front-Stirnbretter der Gesimse sind mit Zinkblech verkleidet und sollen mit 2K-Zinkhaftfarbe bearbeitet werden. Die holzverkleideten Seitenteile der Gauben werden mit Dickschichtlasur beschichtet.
Erstellen Sie die Aufmaße und berechnen Sie die Flächen für
a) die Außenfensterbeschichtung,
b) die Gesimse,
c) die Seitenverkleidungen der Gauben.

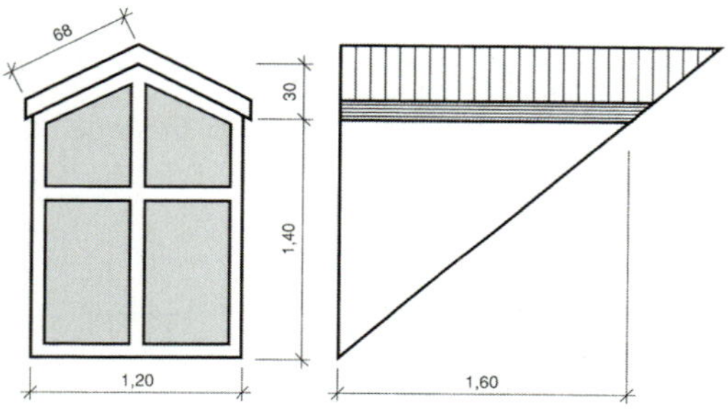

14.17 Siebzehn Fenster in einem Renaissance-Bauwerk sind außen mit ventilationsfähigem Alkydharzlack beschichtet worden.
Schreiben Sie das Aufmaß, und berechnen Sie die Fläche. Auch wenn die VOB DIN 18363, Teil C, Ausgabe Oktober 2019, die Kreisteile im Abschnitt 5.2.3 nicht ausdrücklich aufführt, soll hier mit der entsprechenden Form gerechnet und nicht das kleinste umschreibende Rechteck zugrunde gelegt werden.

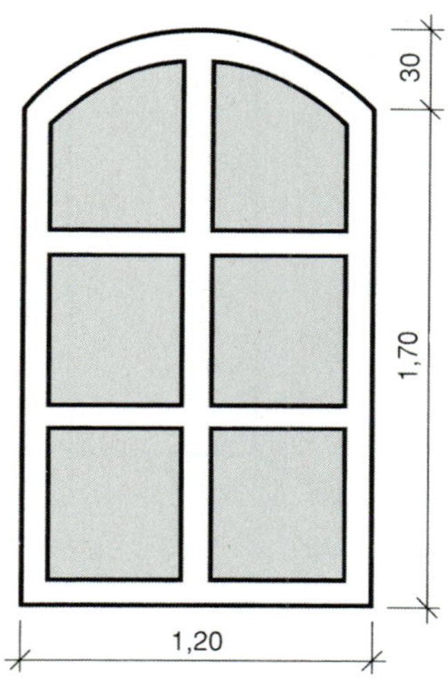

14.18 Vier Paar Fensterläden sind allseitig zu lackieren.
Schreiben Sie das Aufmaß, und ermitteln Sie die Beschichtungsfläche.

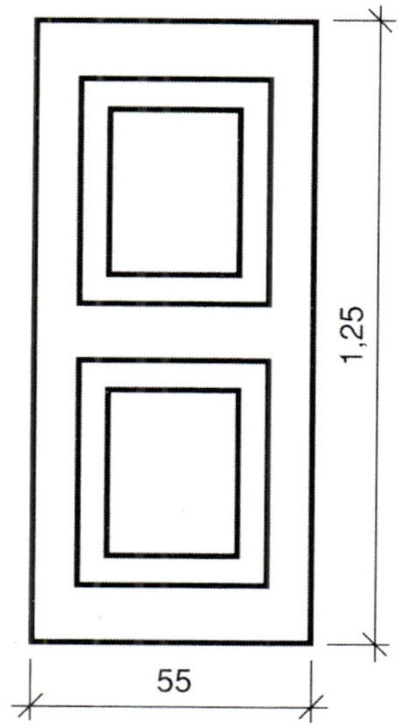

14.19 Eine Hausfront hat sieben Fenster mit den aus der Zeichnung ersichtlichen Maßen.
Schreiben Sie das getrennte Aufmaß für die Fenster und für die Fensterläden, die vor der Öffnung sitzen, und berechnen Sie die jeweiligen Beschichtungsflächen.

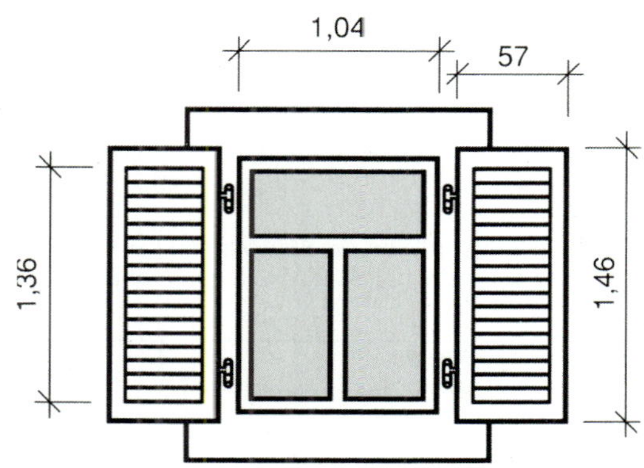

Türen

14.20 Übertragen Sie die Abbildung dieser Tür mit Futter und Bekleidung in vierfacher Größe in Ihr Arbeitsheft, und tragen Sie die folgenden Bezeichnungen ein: lichte Breite, lichte Höhe, Bekleidungsbreite, Futtertiefe, Türbreite, Türhöhe.

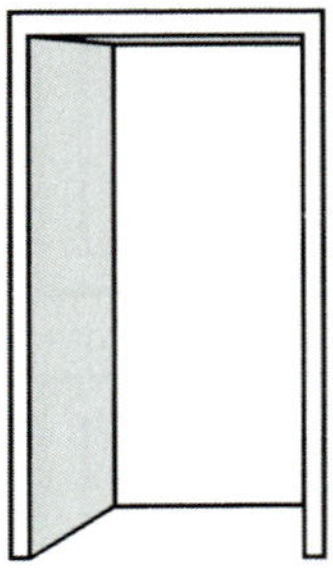

14.21 Für das Aufmaß von Türen mit Futter und Bekleidung sind Ihnen folgende Angaben bekannt: lichte Breite 0,85 m; lichte Höhe 1,98 m; Bekleidungsbreite 0,07 m; Futtertiefe 0,24 m.

a) Bestimmen Sie die Maße für die Türbreite, die Türhöhe und die Abwicklung in Futter und Bekleidung.

b) Schreiben Sie das Aufmaß für die einseitige Beschichtung der futterlosen Seite.

c) Schreiben Sie das Aufmaß für die einseitige Beschichtung der Futterseite.

d) Schreiben Sie das Aufmaß für die gesamte Türbeschichtung.

14.22 In einem Speisesaal sind sieben gleiche Türen mit Futter und Bekleidung zu lackieren (Türblattbreite 1,05 m, Türblatthöhe 2,15 m, Futtertiefe 0,30 m, Bekleidungsbreite 0,10 m).
Erstellen Sie das Aufmaß und berechnen Sie die Beschichtungsfläche der Türen zur Saalseite (Futterseite der Tür).

14.23 Zwei Innentüren mit Blockzargen (58 mm x 58 mm) sind beidseitig mit Klarlack zu beschichten.

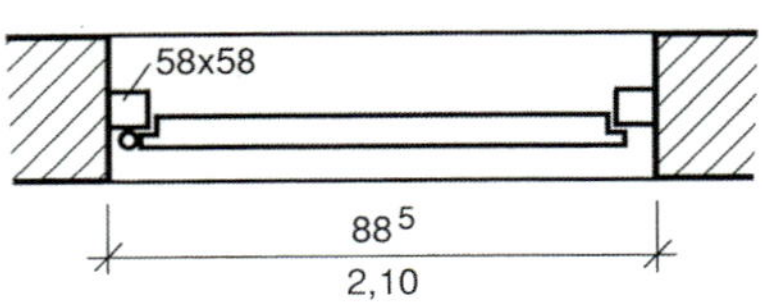

Schreiben Sie das Aufmaß, und berechnen Sie die Beschichtungsfläche.

14.24 Schreiben Sie das Aufmaß für die Beschichtung der Blockzargentür mit der Holzdicke 80 mm x 80 mm in der Zarge für beidseitige Beschichtung (Türblattdicke 40 mm).

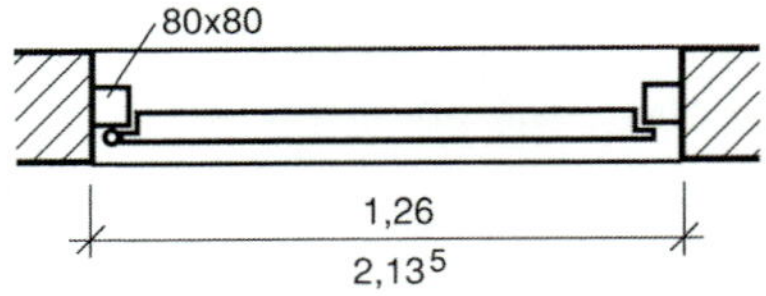

14.25 Die Hauseingangstür mit Blendrahmen in einem Maueranschlag wurde beidseitig mit Alkydharzlack beschichtet.
Erstellen Sie das Aufmaß, und berechnen Sie die Fläche.

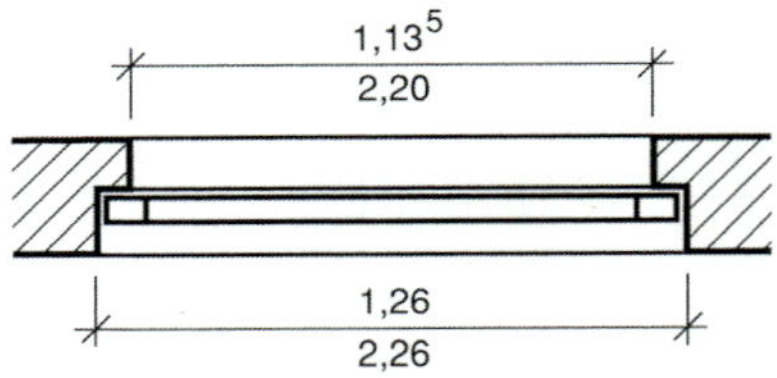

14.26 Schreiben Sie das Aufmaß, und berechnen Sie die Fläche für die allseitige Türbeschichtung von 22 Stück der abgebildeten Türen mit Futter und Bekleidung.

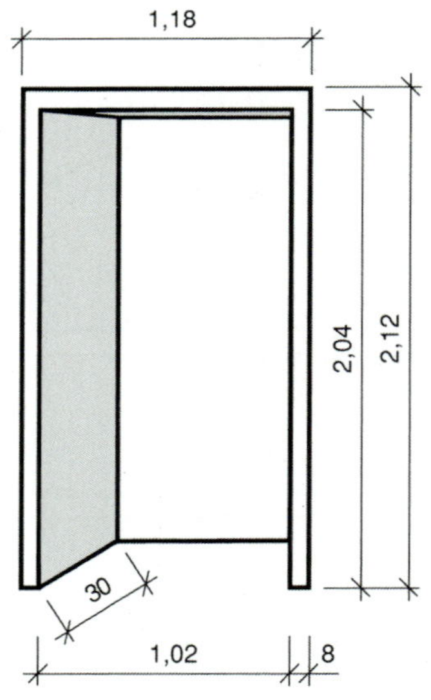

14.27 Berechnen Sie die Beschichtungsfläche von drei Futtertüren mit Halbkreisbögen für die allseitige Bearbeitung.

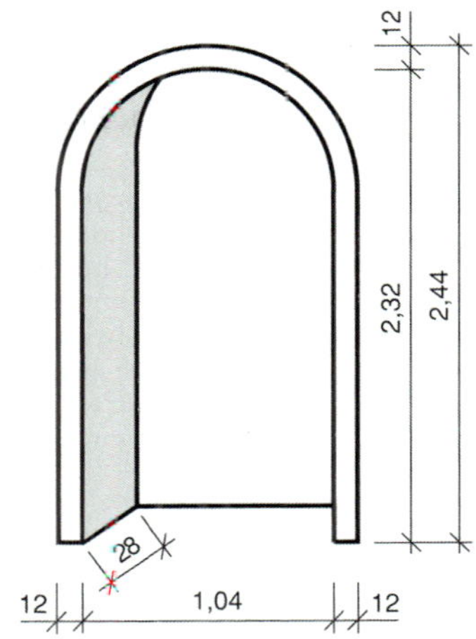

14.28 Bestimmen Sie die fehlenden Maße in der Tabelle, und schreiben sie dann mit den erforderlichen Werten das Aufmaß für die Türbeschichtung der rechteckigen Türen mit Futter und Bekleidung (Maße in cm)

lichte Türblattbreite	88		90			100		88	140	
lichte Türblatthöhe	198					200	204	196	202	200
Futtertiefe (Wanddicke und Putz)	14	15	18	12	18	24	30	25	22	20
Bekleidungsbreite	7	6	8	8	10		12			
Türbreite		110		106	110	120	116			120
Türhöhe		210	205	206	210			208	215	210
Abwicklung des Türrahmens										
Anzahl der Türen	1	1	2	4	7	2	12	5	1	2
Beschichtungsfläche										

14.29 In der Lagerhalle einer Spedition sind drei Kühlraumtüren allseitig mit Polyurethanharzlack zu beschichten. Die Türblattdicke beträgt wegen der Dämmkonstruktion 18 cm. Schreiben Sie das Aufmaß, und berechnen Sie die Fläche.

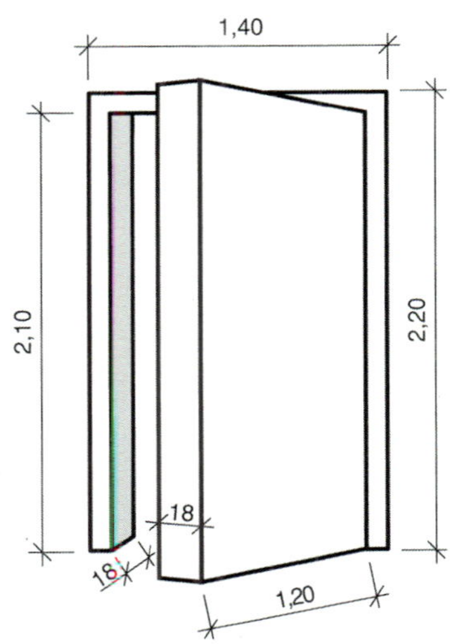

14.30 Interpretieren Sie die folgenden Maßansätze für Türen, und fertigen Sie eine Skizze an.

a) $1{,}90 \cdot 2{,}10 \cdot 2$
$+ (1{,}90 + 2{,}10 \cdot 2) \cdot 0{,}35$

b) $4 \cdot [(1{,}50 \cdot 2{,}10 + 2/3 \cdot 1{,}50 \cdot 0{,}45) \cdot 2$
$+ (1{,}58 + 2{,}10 \cdot 2) \cdot 0{,}18]$

c) $3 \cdot \left\{\left(1{,}24 \cdot 2{,}00 + \frac{1{,}24}{2} \cdot \frac{0{,}32}{2} \cdot \frac{3{,}14}{2}\right) \cdot 2\right.$
$\left. + \left[\left(\frac{1{,}24}{2} + \frac{0{,}32}{2}\right) \cdot \frac{3{,}14}{2} + 2{,}00 \cdot 2\right] \cdot 0{,}44\right\}$

15 Aufmaß und Abrechnung von Treppenhäusern

15.1 Decken, Wände, Untersichten

Um den Aufwand beim Messen der Beschichtungsflächen im Treppenhaus zu begrenzen, wird der Treppenhausschacht auf die geometrische Grundform zurückgeführt (Decken, Wandabwicklungen). Die Höhe eines Treppenhauses besteht aus der Summe der einzelnen Geschosshöhen.
Zur Vereinfachung der Abrechnung werden in Treppenhäusern die Wände in ihrer gesamten Höhe ohne Berücksichtigung begrenzender Bauteile, z. B. einbindende Treppenläufe und -podeste, gemessen.

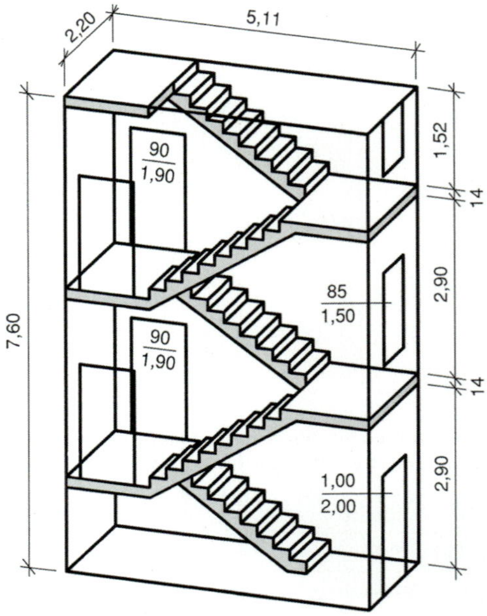

■ **Beispiel 15.1:**
Schreiben Sie das Aufmaß für die Wandflächen des Treppenhauses, und berechnen Sie die Beschichtungsfläche. Leibungen sind nicht vorhanden.

Lösung:
Treppenhausschacht
$(5{,}11 + 2{,}20) \cdot 2 \cdot 7{,}60$
$A = \underline{\underline{111{,}11\ m^2}}$

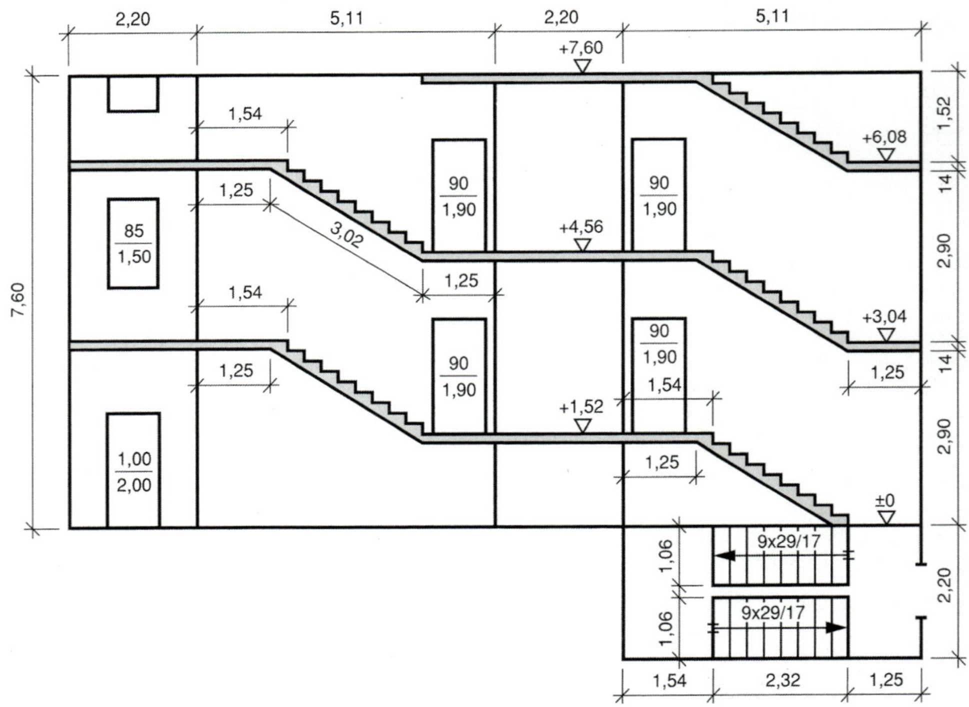

Die Tür- und Fensteröffnungen werden nicht abgezogen, da deren Einzelgröße geringer als 2,50 m^2 ist.

Podestdecken
5 · 1,25 · 2,20
A = 13,75 m^2

Treppenuntersichten
5 · 3,02 · 1,06
A = 16,01 m^2

Einbindende Stufen werden ebenso wie die Köpfe von Deckenbalken übermessen.

In den Bauzeichnungen sind die Podestbreiten bis zur Stufe bemaßt. Diese Stufenmaße stimmen zumeist nicht mit dem durch den Knick bestimmten Treppenlauf in der Treppenuntersicht überein. Beim Aufmaß aus Bauzeichnungen müssen in einem solchen Fall Näherungswerte herangezogen werden.

Beispiel 15.2:

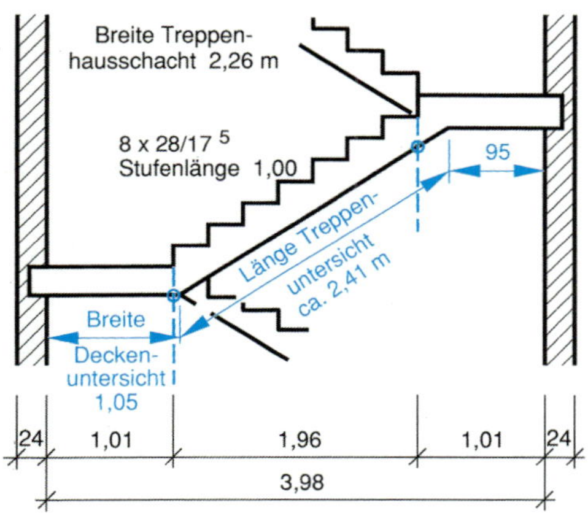

Schreiben Sie das Aufmaß für Decken und Untersichten aus der Bauzeichnung mit Näherungswerten.

Lösung:
  0,95 · 2,26 (obere Decke)
+ 2,41 · 1,00 (Treppenuntersicht)
+ 1,05 · 2,26 (untere Decke)
A = 6,93 m^2

Geschweifte Untersichten an gewendelten Treppen werden mit ihrer Mittellinie (Lauflinie) und der ausgemittelten Breite ins Aufmaß aufgenommen.

Beispiel 15.3:

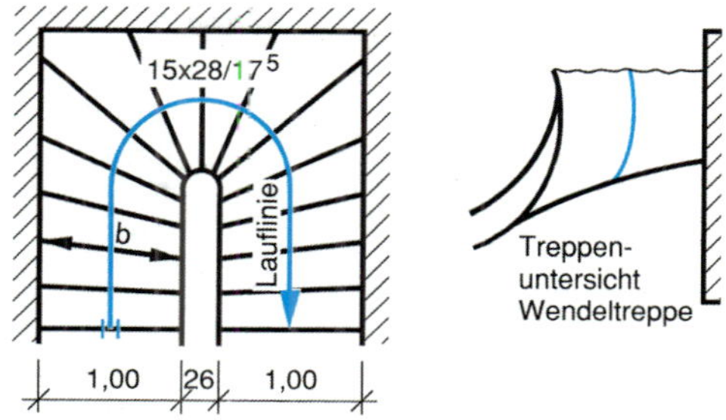

Schreiben Sie das Aufmaß für die Treppenuntersicht einer Wendeltreppe mit 15 Steigungen zu 28 cm x 175 cm.

Lösung:
Länge der Lauflinie = 14 · 0,28 = 3,92 m (die Austrittstufe gehört bereits zum Podest); ausgemittelte Breite b (Stufenlänge) 1,08 m.
Treppenuntersicht
3,92 · 1,08
A = 4,23 m^2

Seitenansichten der Treppenläufe gehören rechnerisch weder zur Wand- noch zur Deckenfläche. Sie werden nach Längenmaß unter Angabe der größten Breite gesondert abgerechnet, damit dem erhöhten Beschneideaufwand an den Stufen Rechnung getragen wird. Die VOB/C Ausgabe Oktober 2019 schlägt in der ATV DIN 18363 im Abschnitt 5.2.2 bei vieleckigen Einzelflächen, z. B. bei Treppenwangen, das kleinste umschriebene Rechteck als Messgrundlage vor.

Beispiel 15.4:

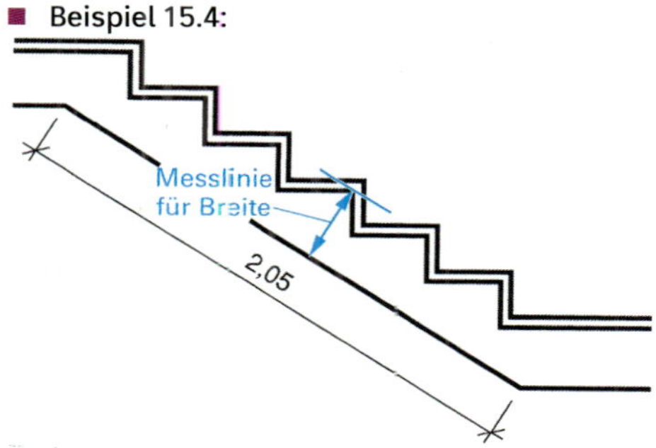

Schreiben Sie das Aufmaß für die Seitenansicht des abgebildeten Treppenlaufes.
Lösung:
l = 2,05 m
Größte Breite des Treppenlaufs 28 cm.

Schräglaufende Wandflächen in den Treppengeschossen können als Rhomboide auf zwei verschiedene Arten aufgemessen werden.

■ **Beispiel 15.5:**

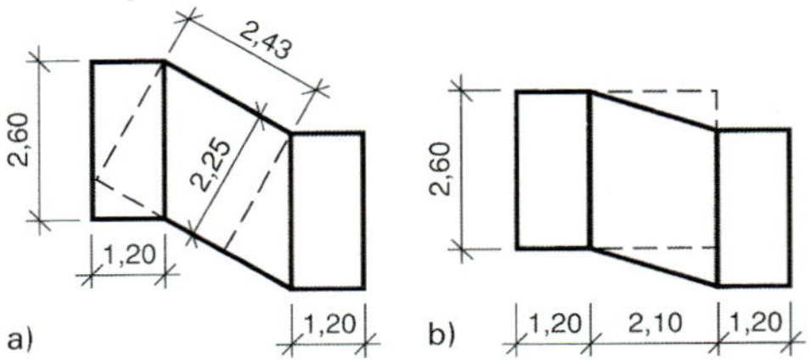

Schreiben Sie das Aufmaß für einen Treppenaufgang a) in der Schräge, b) in der Waagerechten gemessen.

Lösung:

a) $2 \cdot 1{,}20 \cdot 2{,}60$
$+ 2{,}43 \cdot 2{,}25$
$A = \underline{\underline{11{,}71\ m^2}}$

b) $(1{,}20 \cdot 2 + 2{,}10) \cdot 2{,}60$
$A = \underline{\underline{11{,}70\ m^2}}$

Das Messen in Schrägrichtung erscheint sinnvoller, da sich diese Maße auch für das Aufmaß der Treppenuntersichten sowie der Seitenansichten der Treppen und der Treppenwangen verwenden lassen. Die Seitenwandhöhe des Treppenaufganges muss dann rechtwinklig zum Treppenlauf gemessen werden.

15.2 Treppen, Wangen, Geländer

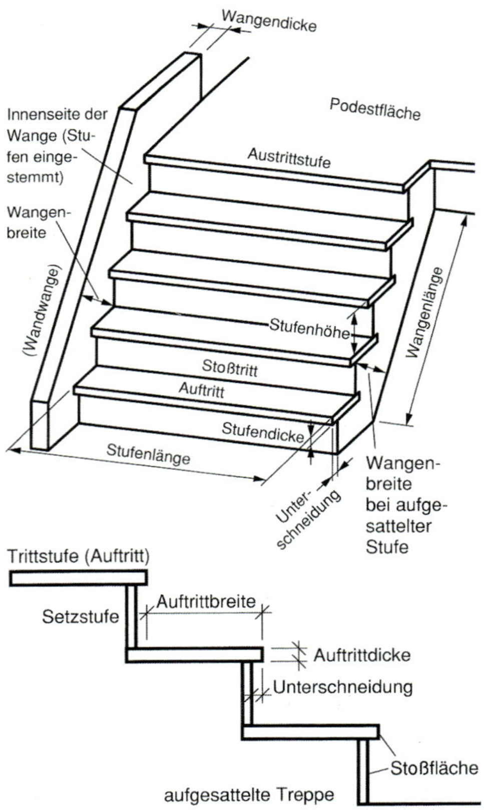

Zur Berechnung der Beschichtungsflächen von Treppen gelten keine besonderen Regeln. Sie können nach Flächenmaß (insbesondere bei geraden ein- oder zweiläufigen Treppen) oder aber nach Stückzahl für Treppenstufen (bei gebogenen oder gewendelten Treppenläufen) abgerechnet werden. Beim Aufmaß sind die Teilflächen (Auftritt, Stoßtritt, äußere und innere Wange) nach Anzahl und Einzelabmessungen zu erfassen.
Treppenwangen werden in der größten Breite aufgemessen (z. B. bei aufgesattelten Treppenstufen).

Treppengeländer und Handläufe werden unter Angabe der Querschnittsmaße und Konstruktionsmerkmale nach Längenmaß abgerechnet (s. Kapitel 13, S. 73).

15.1 Schreiben Sie das Aufmaß von dem in Grundriss und Schnitt dargestellten Treppenhaus für

a) die Decken (Etagen- und Podestdecken),

b) die Wandflächen (Haustür und Fenster 12 cm verputzte Leibung),

c) die Treppenuntersichten,

d) die Seitenansichten der Treppenläufe (achten Sie dabei darauf, dass im Treppenauge ein Teil der Seitenansicht der Podest- und Etagendecken sichtbar bleibt),

e) das Treppengeländer (achten Sie auf den Geländerverlauf beim Treppenaustritt),

f) die Wohnungseingangstüren mit Blendrahmen (Treppenhausseite),

g) die Treppenhausfenster (Innenseite),

h) die Hauseingangstür mit Blendrahmen, beidseitig.

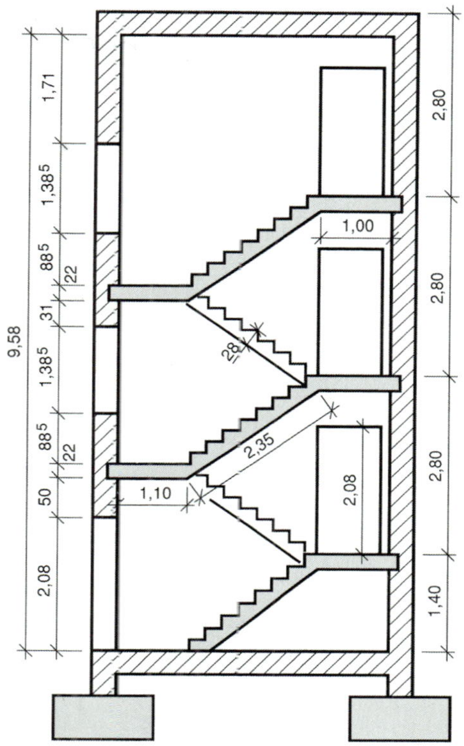

A - A

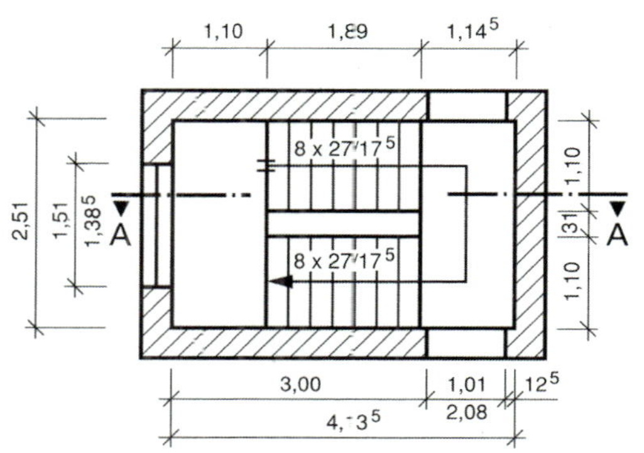

15.2 Schreiben Sie das Aufmaß, und berechnen Sie die folgenden Flächen für das abgebildete Treppenhaus:

a) Deckenflächen,
b) Treppenuntersichten,
c) Wandflächen, Leibung 15 cm tief,
d) Seitenansichten der Treppenläufe,
e) Treppengeländer,
f) Wohnungseingangstüren mit Futter und Bekleidung (Futtertiefe 24 cm, Bekleidungsbreite 8 cm) zur Treppenhausseite hin,
g) Treppenhausfenster (Innenseite),
h) Hauseingangstür (Blockrahmenkonstruktion 58 mm x 58 mm), beidseitige Beschichtung.

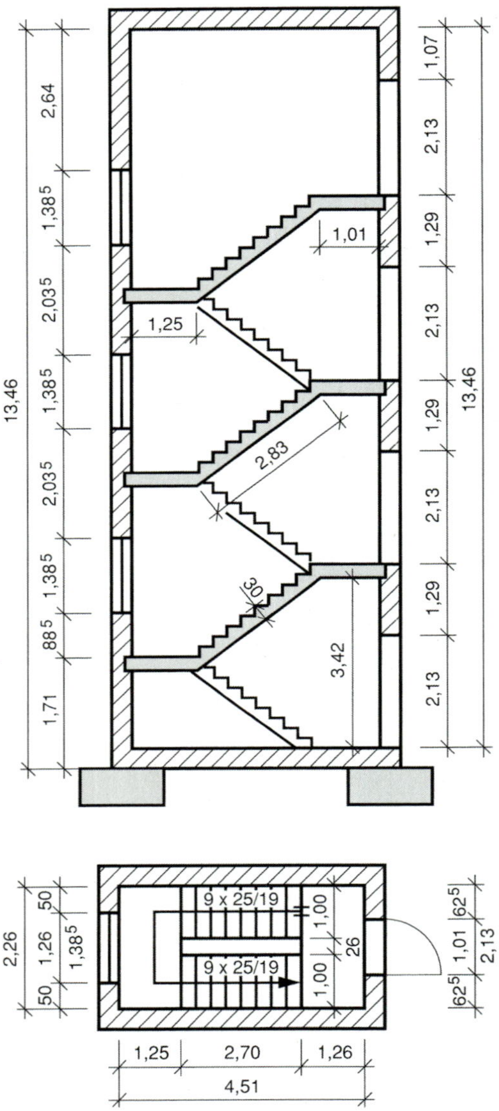

15.3 Ein Treppenhaus mit untenstehendem Erdgeschossgrundriss hat sechs gleichhohe Geschosse. Die Länge der Treppenuntersichten ist mit 2,51 m überall gleich. Die Breite der Seitenansicht der Treppenläufe beträgt 24 cm.

a) Berechnen Sie die Geschosshöhe (aus den Angaben über die Treppensteigung).
b) Schreiben Sie das Aufmaß, und berechnen Sie die Beschichtungsflächen für die Decken und Treppenuntersichten gemeinsam.
c) Ermitteln Sie anhand einer kleinen Schnittskizze die Anzahl der Treppenläufe. Nehmen Sie die Seitenansicht der Treppenläufe nach Längenmaß auf.
d) Schreiben Sie das Aufmaß, und berechnen Sie die Beschichtungsfläche für die Wandflächen des Treppenhausschachtes. (Vorher müssen Sie die Treppenhaushöhe berechnen. Die Dachgeschossdeckenkonstruktion ist 25 cm dick.) Leibungstiefe 20 cm.
e) Schreiben Sie das Aufmaß, und berechnen Sie die Fläche für die Innenseite der Treppenhausfenster.
f) Schreiben Sie das Aufmaß, und berechnen Sie die Fläche für die Wohnungseingangstüren mit Futter und Bekleidung (Futtertiefe 24 cm, Bekleidungsbreite 6 cm).

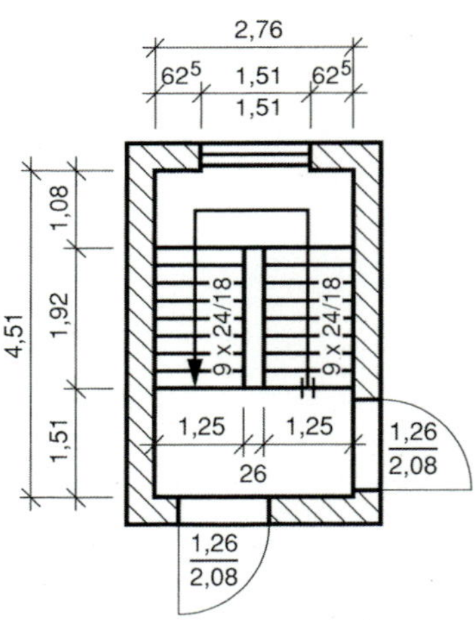

15.4 Das innenliegende Treppenhaus mit Fahrstuhlschacht ist instand gesetzt worden.
Schreiben Sie die Aufmaße für
a) die Decken- und Treppenuntersichten,
b) die Wandflächen,
c) die Fahrstuhl-Schiebetüren aus Stahl, ohne Rahmen wandbündig versetzt,
d) die Wohnungseingangstüren, Blockzargen 58 mm x 58 mm, wandbündig eingesetzt,
e) die Naturholzhandläufe an beiden Wandseiten,
f) ein 1,10 m hohes Stahlgeländer aus MSH-Hohlprofil 40 mm x 40 mm mit einem Stababstand von 11 cm im letzten Stockwerk am Geschosspodest.

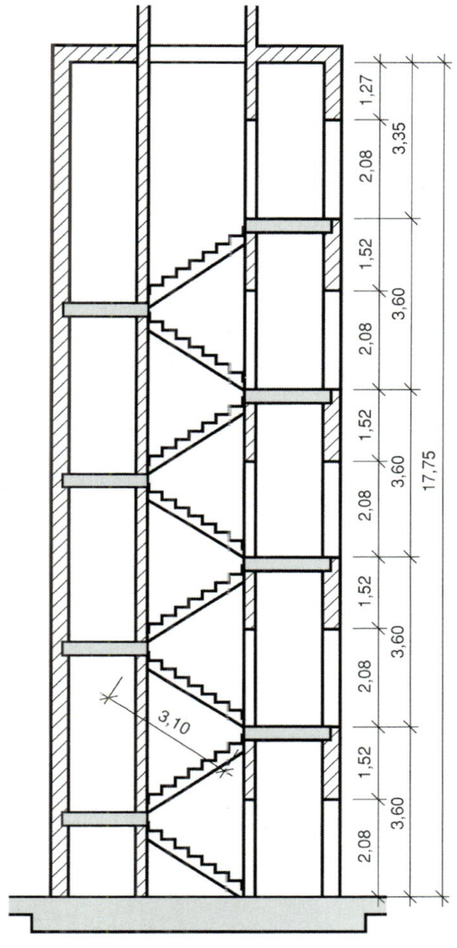

A - A

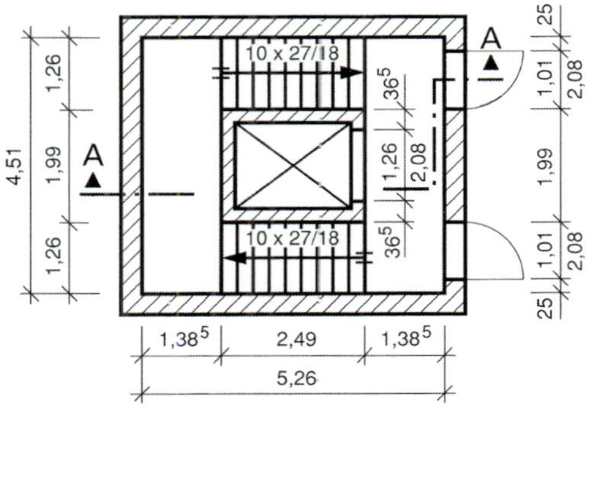

15.5 Schreiben Sie das Aufmaß für Tapezierarbeiten an der abgebildeten Treppenhauswand eines Hausgeschosses.

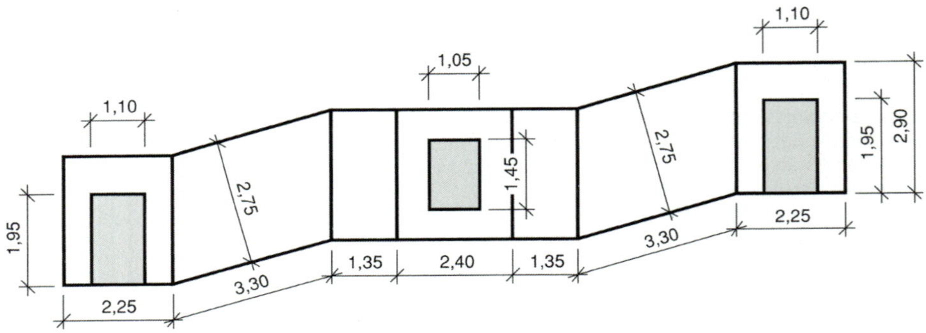

15.6 Berechnen Sie unter Beachtung der Aufmaßregeln die Beschichtungsfläche der abgebildeten Treppenhauswände. Gesimse werden nach Längenmaßen abgerechnet. Beachten Sie die Höhenmaße, da die Gesimsbreite kleiner als 0,30 m ist.

a)

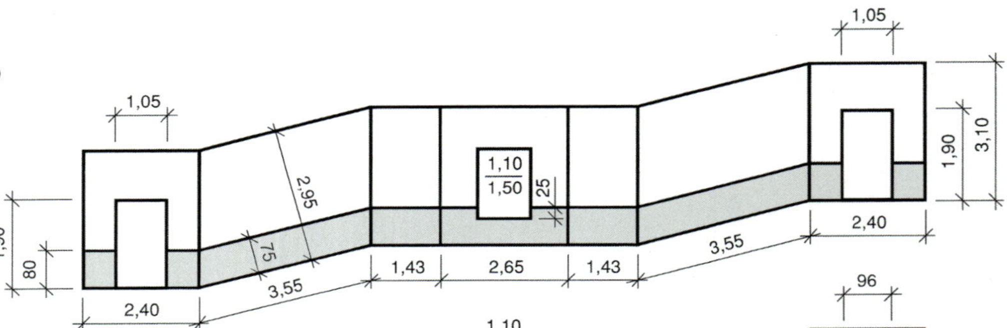

b)

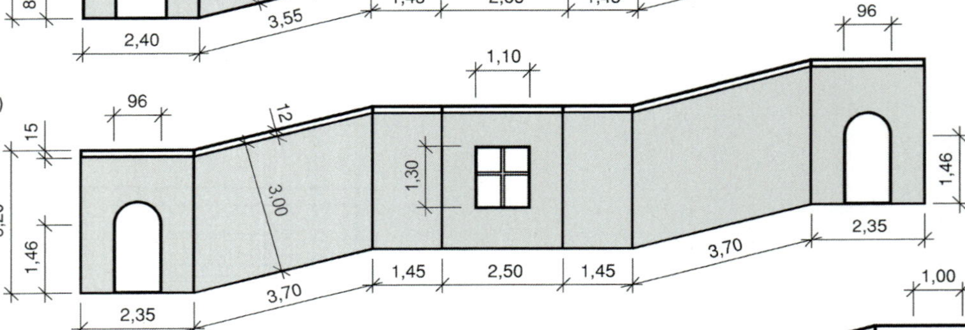

c)

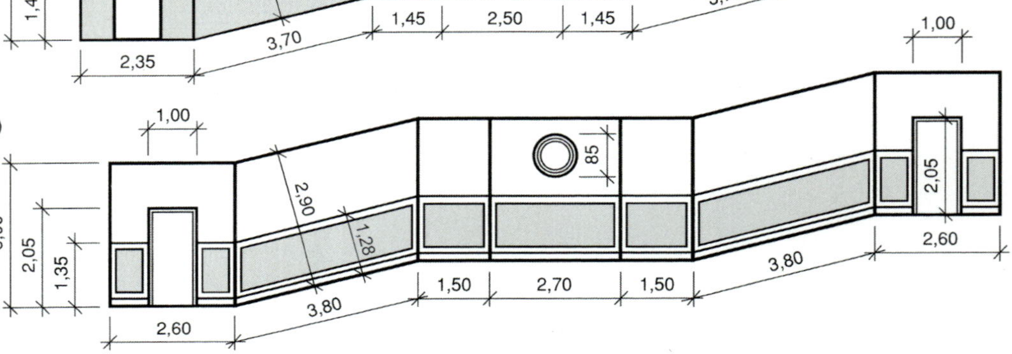

15.7 Schreiben Sie von einem Treppenhausturm mit Wendeltreppe das Aufmaß nach VOB, und berechnen Sie die Beschichtungsflächen für
a) die Decken und Treppenuntersichten,
b) die Wandflächen,
c) das Oberlichtfenster.

Die Länge der Lauflinie ist auch die aufmaßtechnische Mittellinie für die geschweifte Untersicht der Wendeltreppe.
Beachten Sie, dass die letzte Stufe bereits Bestandteil des Podestes ist. Als ausgemittelte Breite der Treppenuntersicht kann der Radius im Treppenturm angesetzt werden.
Die Länge der Treppenseitenansicht ist 3,50 m, die Breite 0,25 m.

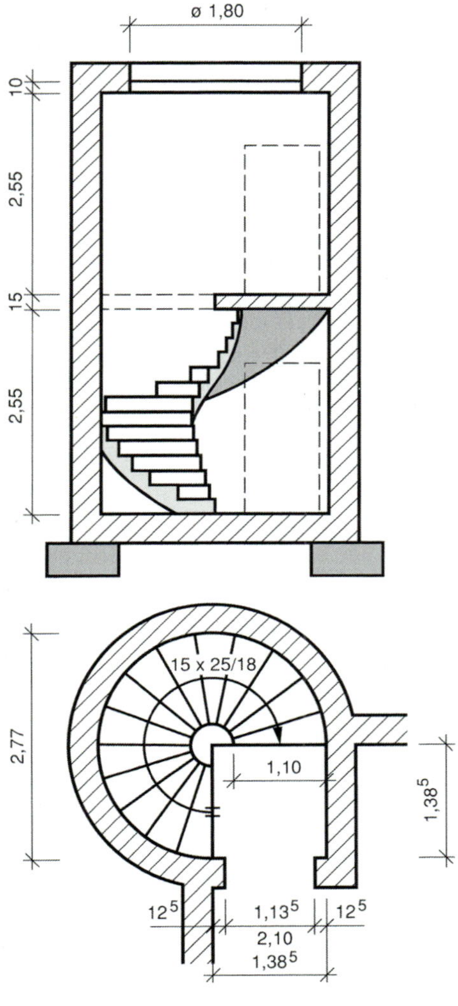

15.8 Eine geradläufige Treppe mit 18 Blockstufen (keine Unterschneidung), Auftrittbreite 28 cm, Stoßtritthöhe 17 cm, Stufenlänge 1,10 m, wird mit Linoleum belegt.
a) Berechnen Sie die abrechenbare Treppenfläche.
b) Berechnen Sie die Länge des Winkelprofils für die Stoßkante.

15.9 Die Treppenuntersicht einer geradläufigen aufgesattelten Holztreppe aus 18 Stufen ist mit Alkydharzlack beschichtet worden. Die Länge des Treppenlaufes beträgt 5,24 m, die Wangendicke 8 cm und die Stufenlänge 1,05 m.
Schreiben Sie das Aufmaß für die gesamte Treppenuntersicht, und berechnen Sie die Fläche.

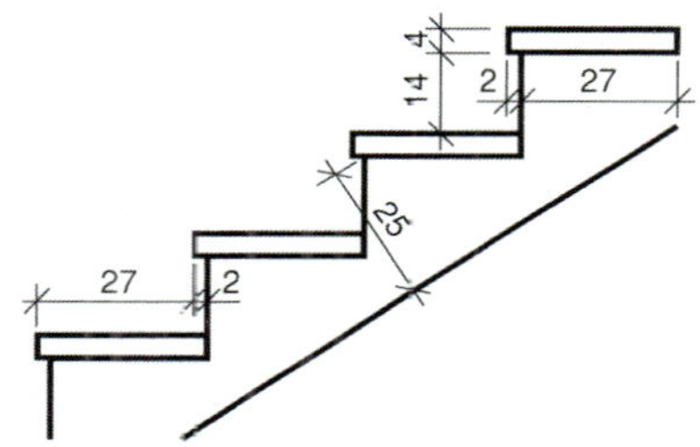

15.10 Die freistehende gestemmte geradläufige Treppe wird allseitig mit Polyurethanharzlack versiegelt. Erstellen Sie das Aufmaß, und berechnen Sie die Fläche.

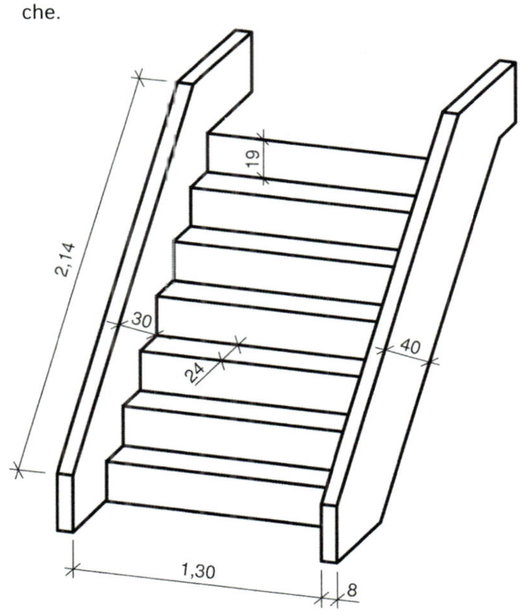

16 Aufmaß von kompletten Innenräumen

Bei Malerarbeiten sind meistens verschiedene Beschichtungstechniken auf unterschiedlichen Objekten und Bauteilen oder -konstruktionen auszuführen. Das Aufmaß und die Abrechnung erfolgen nach Bauteilen und nach Beschichtungstechniken getrennt unter Berücksichtigung der Regelungen der VOB, ATV DIN 18363, Teil 5 (s. Kapitel 12 bis 15).

16.1 Aufmaß von Beschichtungsarbeiten in Einzelräumen

■ **Beispiel 16.1:**

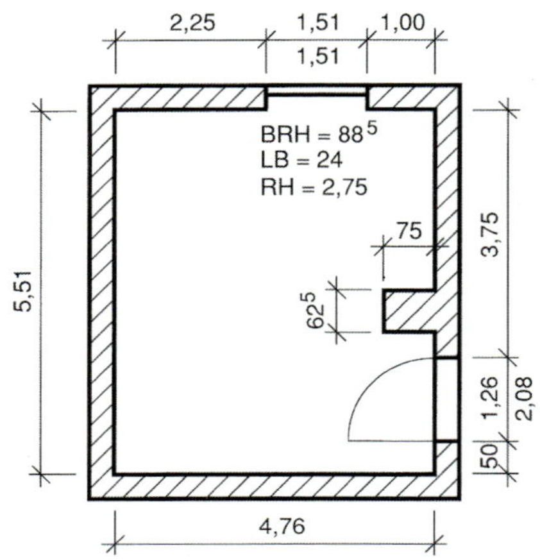

Bei der Renovierung dieses im Grundriss dargestellten Raumes werden folgende Bauteile bearbeitet:

1) Deckenfläche mit Innendispersionsfarbe Nassabriebfestigkeitsklasse 2;
2) Wandflächen mit Latexfarbe, seidenglänzend;
3) Fußleisten mit Alkydharzlack;
4) Fenster (Raumseite) mit ventilationsfähigem Alkydharzlack;
5) Tür (Raumseite) mit Transparent-Seidenglanzlack;
6) Fußboden mit PUR-Lack versiegelt;
7) Scheuerleisten mit PUR-Lack;
8) Rollladenkasten mit weißem Seidenglanzlack.

Ergänzende Angaben, die für das Maleraufmaß erforderlich sind, aber nicht aus der Bauzeichnung hervorgehen:
Bekleidungsbreite der Tür 7 cm;
Leibungstiefe von Fenster und Heizkörpernische 24 cm;
Rollladenkasten wandbündig versetzt, Höhe = Gesamtsturz;
Innenfensterbank aus Werkstein;
Fußleistenhöhe 7 cm;
Scheuerleisten 5 mm × 15 mm.
Schreiben Sie die Aufmaße für die Positionen 1 bis 8.

Lösung:
Pos. 1 Decke
$4{,}76 \cdot 5{,}51$
$A = \underline{\underline{26{,}23\ m^2}}$

Beachten Sie: Die Pfeilergrundfläche wird übermessen, da sie < 2,50 m² ist.

Pos. 2 Wand
$(4{,}76 + 5{,}51 + 0{,}75) \cdot 2 \cdot 2{,}75$
$+ 1{,}51 \cdot 0{,}89$
$+ 3 \cdot 1{,}51 \cdot 0{,}24$
$- 1{,}26 \cdot 2{,}08$
$A = \underline{\underline{60{,}42\ m^2}}$

oder:
Fensterleibung nach Längenmaß $3 \cdot 1{,}51 = 4{,}53$ m

Beachten Sie: Die Rückflächen von Nischen werden addiert. Die Türöffnung wird abgezogen, da sie > 2,50 m² ist; die Fensteröffnung, da < 2,50 m², wird übermessen.

Pos. 3 Fußleisten
$(4{,}76 + 5{,}51 + 0{,}75 + 0{,}24) \cdot 2$
$- 1{,}26$
$l = \underline{\underline{21{,}26\ m}}$

Beachten Sie: Die Kurzstücke in der Brüstungsnische müssen addiert werden.

Pos. 4 Fenster
$1{,}51 \cdot 1{,}51$
$A = \underline{\underline{2{,}28\ m^2}}$

Pos. 5 Tür
$1{,}26 \cdot 2{,}08 + (1{,}26 + 2 \cdot 2{,}08) \cdot 0{,}07$
$A = \underline{\underline{3{,}00\ m^2}}$

Beachten Sie: Die Türrahmen werden gesondert in der Abwicklung abgerechnet.

Pos. 6 Fußboden
$4{,}76 \cdot 5{,}51$
$+ 1{,}51 \cdot 0{,}24$
$A = \underline{\underline{26{,}59\ m^2}}$

Beachten Sie: Die Pfeilergrundfläche wird übermessen, da sie < 0,50 m² ist, die Grundfläche der Brüstungsnische muss addiert werden.

Pos. 7 Scheuerleisten
$(4{,}76 + 5{,}51 + 0{,}75 + 0{,}24) \cdot 2$
$- 1{,}26$
$l = \underline{\underline{21{,}26\ m}}$

Pos. 8 Rollladenkasten
1,51 · 0,35
$A = \underline{\underline{0{,}53\ m}}$

Beachten Sie: Die Höhe von 0,35 m ergibt sich aus dem Differenzmaß der Raumhöhe abzüglich Brüstungs- und Fensterhöhe.

16.2 Aufmaß von komplexen Grundrissen

In Bauplänen findet man die Grundrisszeichnungen, die sich je Geschoss aus mehreren Räumen zusammensetzen. Bei Malerarbeiten in ganzen Wohnungen muss das Aufmaß gemäß VOB aus Zeichnungen ermittelt werden (s. Kapitel 13, S. 75).
Innerhalb einer Wohnung wird an der Eingangstür links begonnen und dann im Uhrzeigersinn Raum für Raum und zuletzt der Flur aufgemessen. In den einzelnen Räumen wiederum geht man positionsweise nach den verschiedenen Beschichtungstechniken vor.

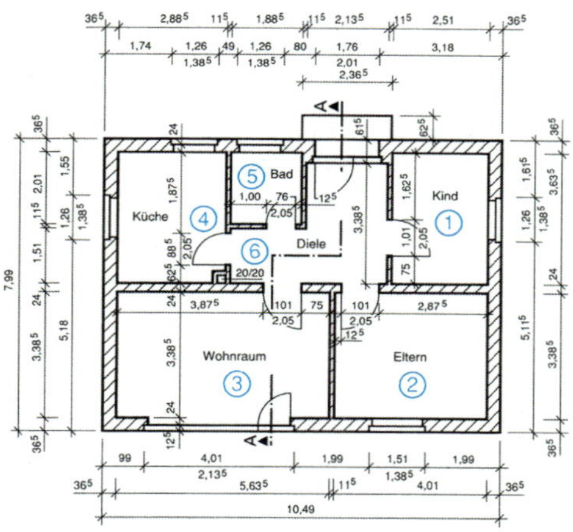

■ **Beispiel** 16.2:

Legen Sie die Reihenfolge fest für das Aufmaß der links abgebildeten Wohnung.

Lösung:
Kinderzimmer
Pos. 1 Decke
Pos. 2 Wand
Pos. 3 Fenster
Pos. 4 Tür
Pos. 5 Fußleisten
Pos. 6 Fußboden

Schlafzimmer
Pos. 7 Decke
Pos. 8 Wand
Pos. 9 Fenster

usw. bis

Diele
Pos. 31 Decke
Pos. 32 Wand
Pos. 33 Türen
Pos. 34 Eingangstür
Pos. 35 Fußleisten
Pos. 36 Fußboden

16.3 EDV-gerechte Abrechnung von Malerarbeiten

Für die EDV-gerechte Bearbeitung des Maleraufmaßes wird, besonders bei Großprojekten, immer häufiger eine Schreibweise in Spaltenform gewählt. Das Setzen von Klammern ist weitgehend überflüssig.
Die Architekten und Baubehörden werten diese Aufmaßlisten EDV-mäßig aus. Dabei ist die Aufmaßliste als Messblatt ein Dokument.
Weitere zukunftsweisende und effiziente Hilfen für das Maleraufmaß sind Skizzenaufmaße durch mobile Erfassungssysteme mit dem Smartphone oder mit dem Tablet. Damit können für Kunden und Architekten leicht verständliche und gut überprüfbare Aufmaße erstellt werden. Selbst bei komplizierten Raumgrundrissen zerlegt die Aufmaß-Software die Flächen automatisch in geometrische Teilflächen, bildet die entsprechenden Formeln und berechnet die Flächen. Danach entsteht ein nachprüfbares Aufmaß mit Messurkunde. Die Flächenzerlegung wird in der Skizze sichtbar gemacht und die Maßketten und Formeln werden ausgegeben. Durch die sichtbare Flächenzerlegung in der Raumskizze können Malerkunden und Bauleiter nachvollziehen, wie das Maleraufmaß berechnet ist. Mithilfe einer App kann auf dem mobilen Endgerät die Handskizze des Raumes erstellt werden. Die Software erkennt die Raumform aus der Handskizze und fragt alle benötigten Maße ab. Die Maße kann der Maler von einem Lasermessgerät mit der Funktechnologie Bluetooth übernehmen oder durch Handeingabe auf das Erfassungsgerät übertragen. Nach Maßeingabe wird die Handskizze automatisch maßstabgerecht korrigiert und das komplette Aufmaß mit allen Formeln und Berechnungsschritten erstellt.
(nach: Malerblatt 1/2012, S. 40/41 Zeichnen – Messen – Fertig)

■ **Beispiel 16.3:**

Füllen Sie die Aufmaßliste für einen Büroraum in einem historischen Verwaltungsgebäude in einer EDV-gerechten Form aus.

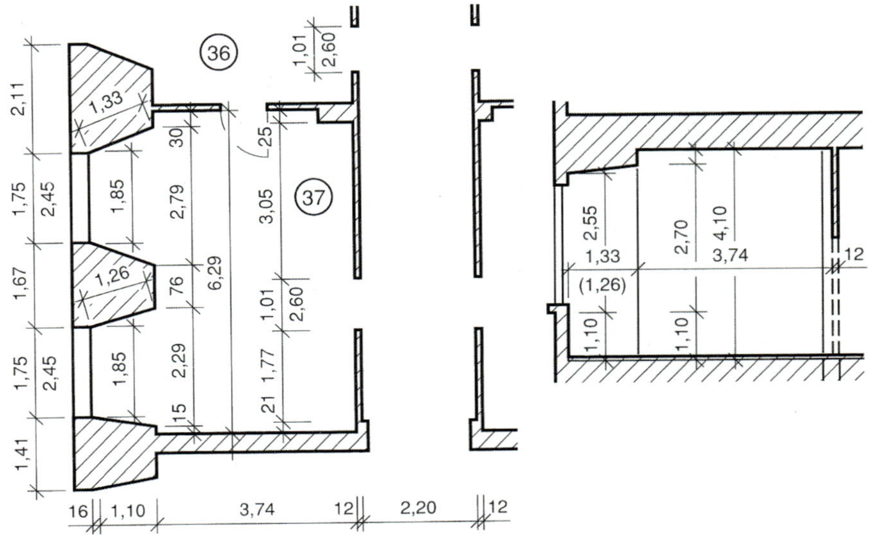

Lösung:

AUFMASSLISTE: Objekt: ______ Blatt-Nr.: ______

Arbeiten: ______ Datum: ______

Z1	Z2	Pos.	V	KZ	Erläuterung	–	Anzahl Faktor	Fo. Nr.	1. Wert L	RZ	2. Wert B	RZ	3. Wert H	RZ	Z.-Summe	RZ	Abzug	RZ	Ergebnis
1	37	10			Decke		1		6,29	*	3,74				23,52				23,52
1	37	20			Wände		2		(6,29	+	3,74)	*	4,10		82,25				
					Fenster	–	1				2,79	*	2,70				7,53		
					F-Nische		2	0,5	(2,55 + 2,70)	*	1,33				6,98				
					F-Sturz		1	0,5	(1,75 + 2,79)	*	1,33				3,02				
					Fenster	–	1				2,29	*	2,70				6,18		
					F-Nische		2	0,5	(2,55 + 2,70)	*	1,26				6,62				
					F-Sturz		1	0,5	(1,75 + 2,29)	*	1,26				2,55				
					Tür	–	1				1,01	*	2,60				2,63		
					HK-Nische		2				1,85	*	1,10		4,07				89,15
1	37	30			Fenster		2				1,75	*	2,45		8,58				8,58
1	37	40			Tür		1				1,01	*	2,60		2,63				
							1				0,90	*	2,01		1,81				4,44

Aufgestellt Datum Für den Auftragnehmer Datum Für den Auftraggeber Datum

Die Kopfleiste der Aufmaßliste hat folgende Bedeutung:

Z1, Z2, Pos.	Ordnungszahl oder Sortierkriterium für die hierarchische Gliederung des Leistungsverzeichnisses und der Nummerierung der Positionen. Hier Z1 ≙ Stockwerk 1; Z2 ≙ Raum 37; Pos. 10 ≙ Decke
I	Positionsindex zur Kennzeichnung von Nachtragspositionen.
V, K, Z	Steuerkennzeichen für erläuternde Texte im Leistungsverzeichnis, die im Rechenprogramm des Aufmaßes jedoch nicht geschrieben sind.
Erläuterungen	Für immer wiederkehrende Bauteilbezeichnungen können Wortabkürzungen eingetragen werden.
–	Abzugsspalte; das Rechenergebnis wird abgezogen.

Anzahl	Multiplikationsfaktor; das Rechenergebnis wird entsprechend vervielfacht.
Fo. Nr.	Hier können die Formelnummern eines EDV-Formelverzeichnisses für die geometrischen Figuren eingetragen werden.
Rechenansätze in freier Schreibweise RZ	1. Wert = Länge; 2. Wert = Breite; 3. Wert = Höhe. Rechenzeichen; es entfällt bei der EDV-gerechten Verwendung der Formelnummer im entsprechenden Schlüsselverzeichnis. Dann werden nur Rechenwerte eingetragen.
Zwischensumme, Abzug, Ergebnis	Dies sind nur Hilfsspalten für den Maler zur Erleichterung der Flächenermittlung für die Rechnungsstellung. Sie werden bei der Aufmaßerstellung nicht ausgefüllt.

16.1 Schreiben Sie das Aufmaß nach VOB für den im Grundriss abgebildeten Wohnraum für die Abrechnungspositionen

a) Deckenflächen,
b) Wandflächen,
c) Fensterflächen (Raumseite),
d) Türflächen (Raumseite),
e) Fußleisten.

Ergänzende Angaben: Raumhöhe 2,65 m; Leibungstiefe der Fensternische 15 cm; keine Heizkörpernische; Fensterbank aus Marmor; Bekleidungsbreite der Tür 6 cm: Fußleistenhöhe 5 cm.

16.2 Schreiben Sie das Aufmaß nach VOB für den im Grundriss dargestellten Aufenthaltsraum.
Es gelten die gleichen Abrechnungspositionen und ergänzenden Angaben wie in Aufgabe 16.1.

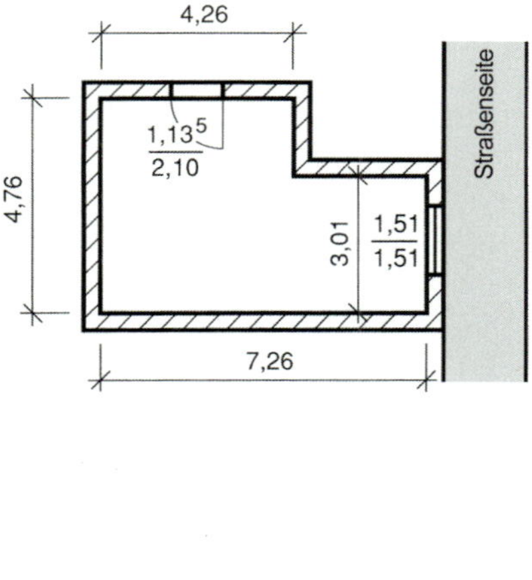

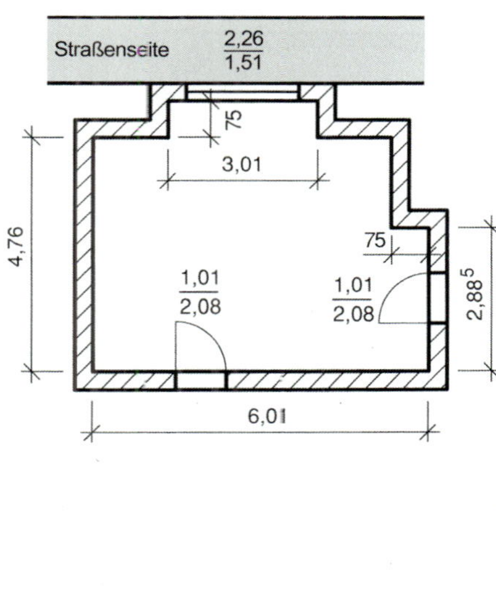

16.3 Bei der Instandsetzung des Werkstattraumes werden die Deckenflächen mit Dispersionsfarbe, die Wandflächen mit Latexfarbe und die Fenster, die Tür und die Fußleisten mit Alkydharzlack beschichtet.
Erstellen Sie das Aufmaß nach VOB, und berechnen Sie die Flächen bzw. Längen der einzelnen Positionen.
Ergänzende Angaben: Leibungstiefe der Fenster und Brüstungsnische 12 cm; Brüstungshöhe 90 cm; Bekleidungsbreite der Tür 8 cm, Fußleistenhöhe 8 cm.

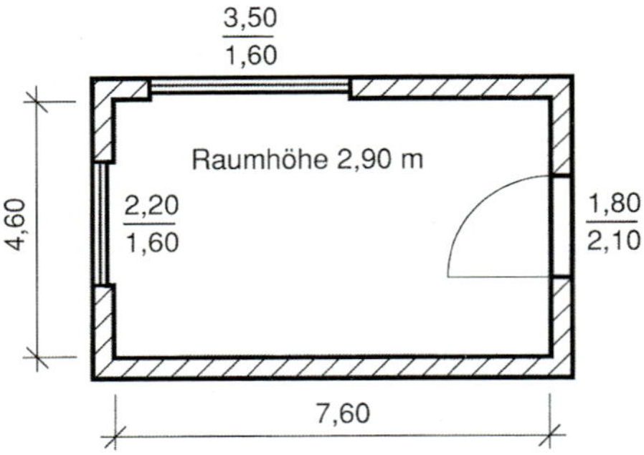

16.4 Das Wartezimmer in einer Arztpraxis wird wie folgt behandelt:
Decke mit Dispersionsfarbe beschichtet. Wände mit Raufaser tapeziert und mit Seidenglanzlatex beschichtet, Fenster- und Türflächen mit Seidenglanzlack lackiert, Fußleisten mit Emaillelack lackiert, Fußboden mit 2K-Lack versiegelt.
Ergänzende Angaben: Fensterleibungstiefe 18 cm; Bekleidungsbreite der Tür 10 cm; Leibungstiefe der Brüstungsnische 18 cm, Brüstungshöhe 88 cm; Fußleistenhöhe 9 cm.
Schreiben Sie die Aufmaße zu den einzelnen Abrechnungspositionen, und berechnen Sie die Beschichtungsflächen bzw. -längen.

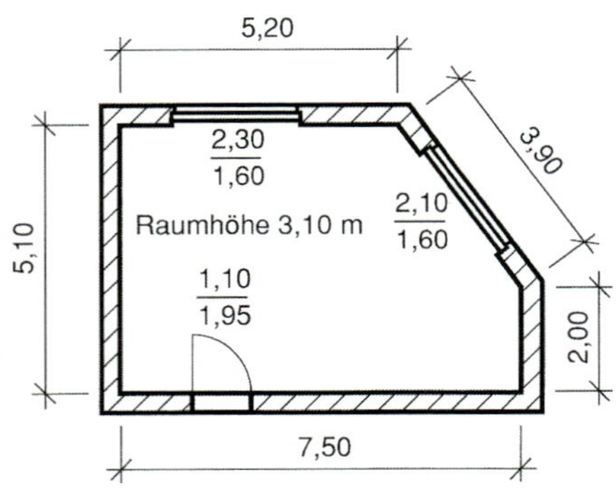

16.5 Der Nebenraum einer Kantine ist renoviert worden. Folgende Flächen wurden bearbeitet:
a) Deckenflächen mit Isolier-Mattlackfarbe,
b) Wandflächen mit Kettfaden-Textiltapete tapeziert (Fensterleibungstiefe 15 cm; Brüstungsleibungstiefe 15 cm; Brüstungshöhe 1,00 m),
c) Fenster mit Dickschichtlasur,
d) Fensterbänke frei herauskragend (innen 22 cm tief und 3 cm dick) mit Polyurethanharzlack,
e) Tür mit Transparent-Seidenglanzlack (Bekleidungsbreite 7 cm),
f) Fußboden mit Fußbodenlackfarbe beschichtet,
g) Fußleisten, Kernsockelleisten montiert,
h) alle Außenecken haben vor dem Verkleben der Textiltapete eine verklebte Hart-PVC-Stoßschutzkante erhalten.
Schreiben Sie die Aufmaße nach VOB, und berechnen Sie die Abrechnungsflächen bzw. -längen.

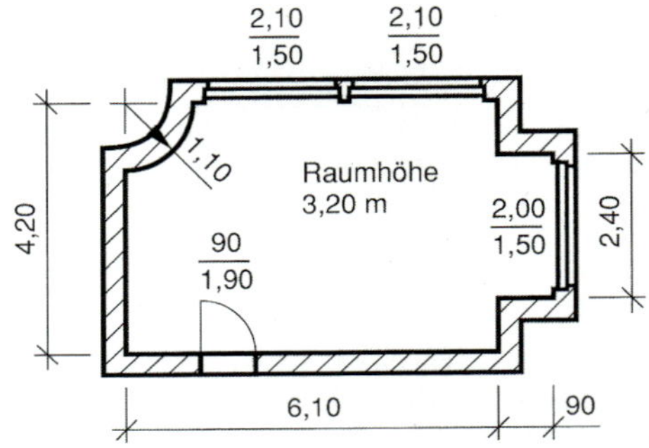

16.6 In einem kleinen Saal werden folgende Malerarbeiten ausgeführt:

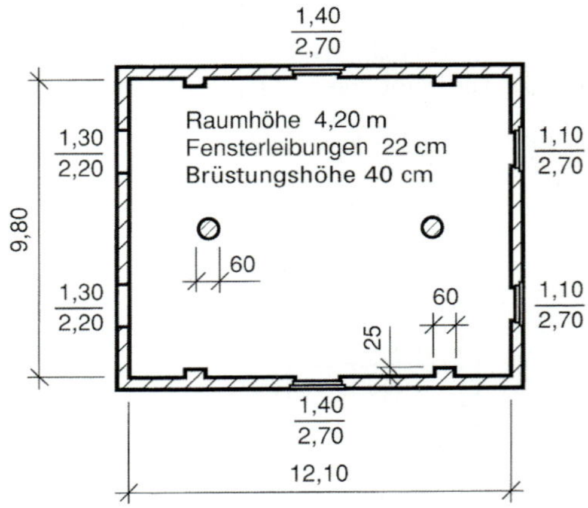

a) Deckenflächen mit Organo-Silicatfarbe,
b) Wandflächen mit Rein-Mineralfarbe,
c) Säulenflächen mit Silicatputz,
d) Fensterflächen mit Dickschichtlasur (Fensterbänke aus Werkstein),
e) Türflächen mit Transparent-Seidenglanzlack (Bekleidungsbreite 10 cm; Futtertiefe 30 cm), Öffnungsrichtung als Fluchtweg nach außen,
f) Fußleisten mit Seidenglanzlack weiß lackieren (die Säulen haben keine Fußleisten),
g) Fußbodenflächen mit 2K-Lack versiegelt.

Ergänzende Angaben: Tiefe der Brüstungsnischen beträgt, wie die der Fensternischen, 0,22 m; die Brüstungshöhe beträgt 40 cm.
Schreiben Sie die ordnungsgemäßen Aufmaße, und berechnen Sie die Flächen bzw. Längen der einzelnen Positionen.

16.7 Schreiben Sie anhand des Grundrisses, nach Einzelräumen und nach den Beschichtungsflächen geordnet, das ordnungsgemäße Aufmaß nach VOB für
a) die Deckenflächen,
b) die Wandflächen, die Fensteröffnungen < 2,50 m^2 Einzelgröße haben keine mitbehandelten Leibungen,
c) die Fensterflächen (beidseitig),
d) die Türen mit Futter und Bekleidung (jeweils raumseitig),
e) die Fußleisten.

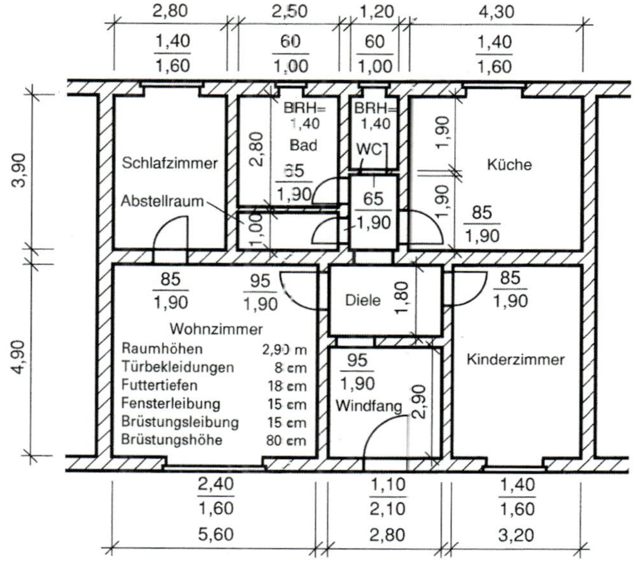

16.8 Durch einen Mieterwechsel bedingt, soll eine ganze Wohnung instand gesetzt werden. Dazu ist ein Kostenvoranschlag zu erstellen. Grundlage ist das Aufmaß nach VOB.
Schreiben Sie ein ordnungsgemäßes Aufmaß, geordnet nach Einzelräumen und Beschichtungstechniken der einzelnen Bauteilflächen, für
a) Deckenflächen,
b) Wandflächen,
c) Fensterflächen (raumseitig),
d) Türflächen mit Futter und Bekleidung (jeweils raumseitig),
e) Fußleisten.

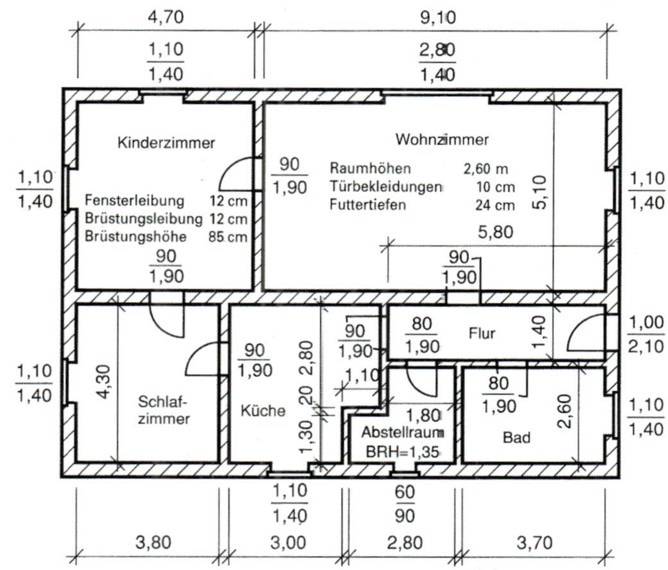

16.9 Schreiben Sie das Aufmaß für die Malerarbeiten in dem abgebildeten Wochenendhaus. Die Fensterleibungen sind 15 cm tief, Brüstungsleibungen sind nicht vorhanden. Folgende Flächen wurden bearbeitet:

a) die Deckenflächen,

b) die Wandflächen,

c) die Fensterflächen (allseitig),

d) die Türen mit Futter und Bekleidung (jeweils raumseitig),

e) die Fußleisten.

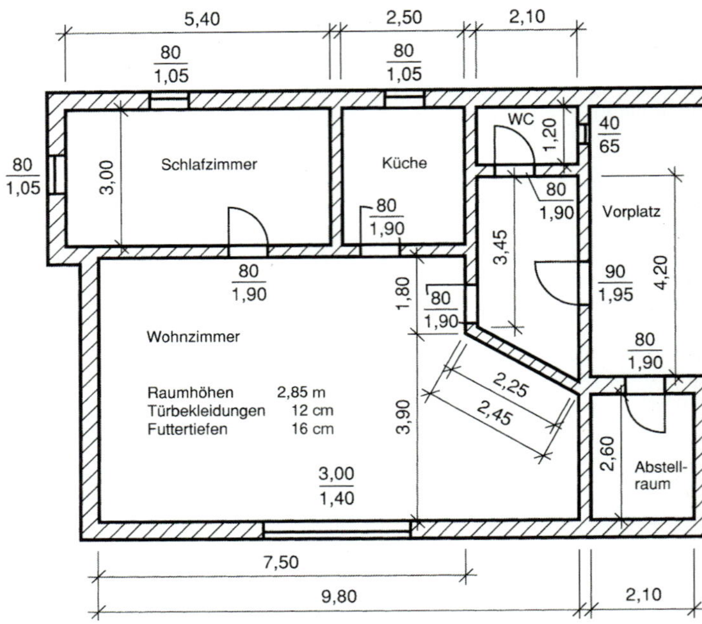

16.10 Schreiben Sie die Aufmaße nach VOB für die folgenden Wohnungsgrundrisse, und berechnen Sie die Beschichtungsflächen für die Abrechnungspositionen in den einzelnen Räumen.

Pos. 1 Decke, Beschichtung mit Innendispersionsfarbe, Nassabriebfestigkeitsklasse 2, DIN EN 13300

Pos. 2 Wandflächen, Beschichtung mit Latexfarbe, Nassabriebfestigkeitsklasse 3, DIN EN 13300 tuchmatt

Pos. 3 Fenster, raumseitige Beschichtung, mit ventilationsfähigem, seidenglänzendem Alkydharzlack, weiß

Pos. 4 Türflächen, Beschichtung mit Seidenglanzlack, weiß oder hellgetönt

Pos. 5 Fußleisten, Beschichtung mit schlagfestem Alkydharzlack, farbig

Pos. 6 Fußboden, Holzfußböden mit PUR-2K-Siegellack beschichtet

Ergänzende Angaben:

Wandflächen: Die Badezimmer sind raumhoch mit Keramik gefliest. Die Küchen sind im Bereich der Arbeitsplatten mit einem 1,50 m hohen Fliesensockel versehen. Alle Fenster- und Brüstungsnischen sind 24 cm tief. Die Brüstungshöhen betragen 88,5 cm, Abweichungen stehen in der Bauzeichnung.

Türen: Alle Türen bestehen aus Holzzargenkonstruktionen mit der Zargentiefe der jeweiligen Wanddicke.

Fußleisten aus Holz, Höhe 6 cm.

Fußböden in Küchen und Bädern sind gefliest. Innenfensterbänke aus Marmor.

Zeichnung 1: Kleines Vorstadthaus (S. 119)

Zeichnung 2: Einfamilienwohnhaus (S. 120)

Zeichnung 3: Mehrfamilienwohnhaus (S. 121)

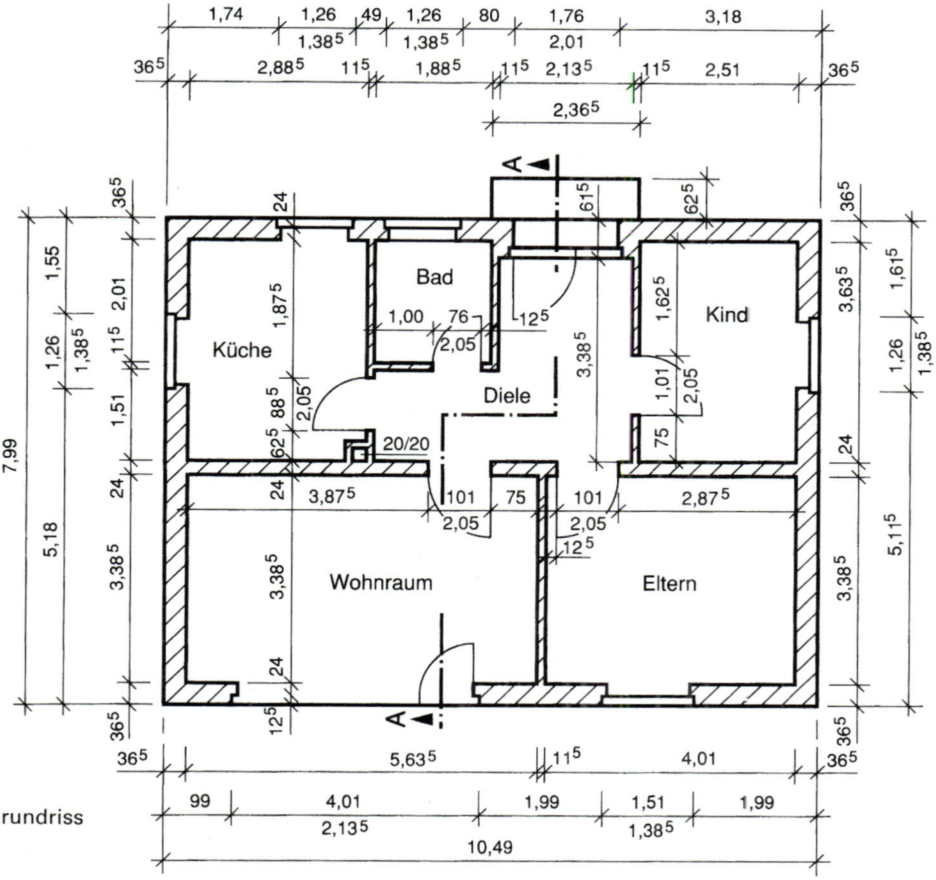

Grundriss

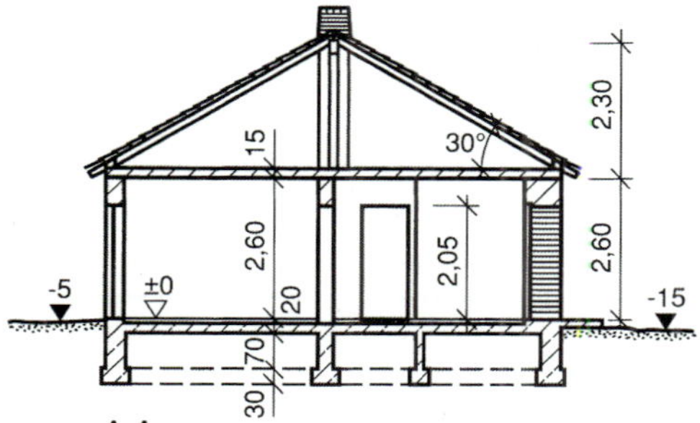

A-A

Zeichnung 1: Kleines Vorstadthaus

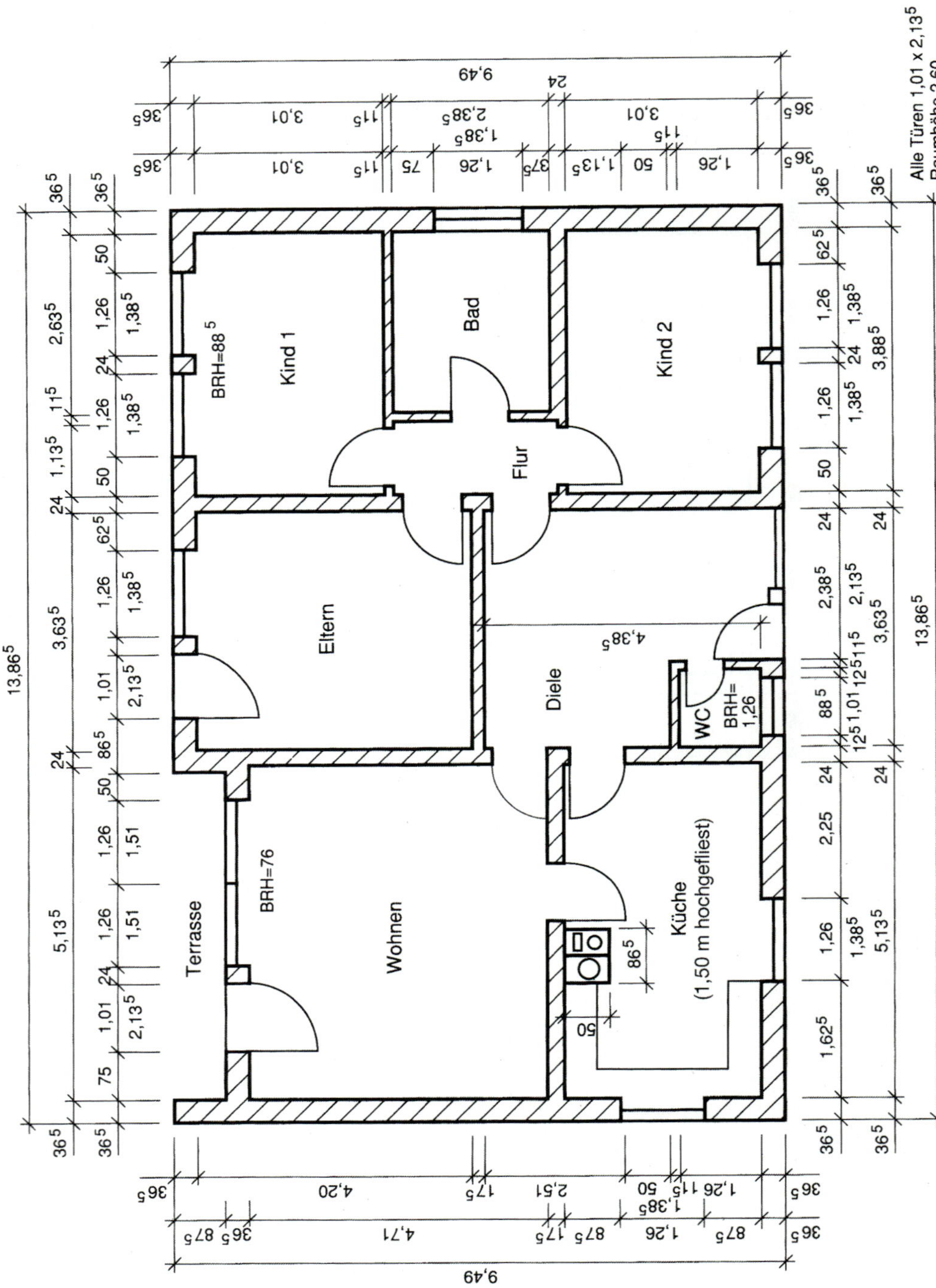

Zeichnung 2: Einfamilienhaus - Grundriss

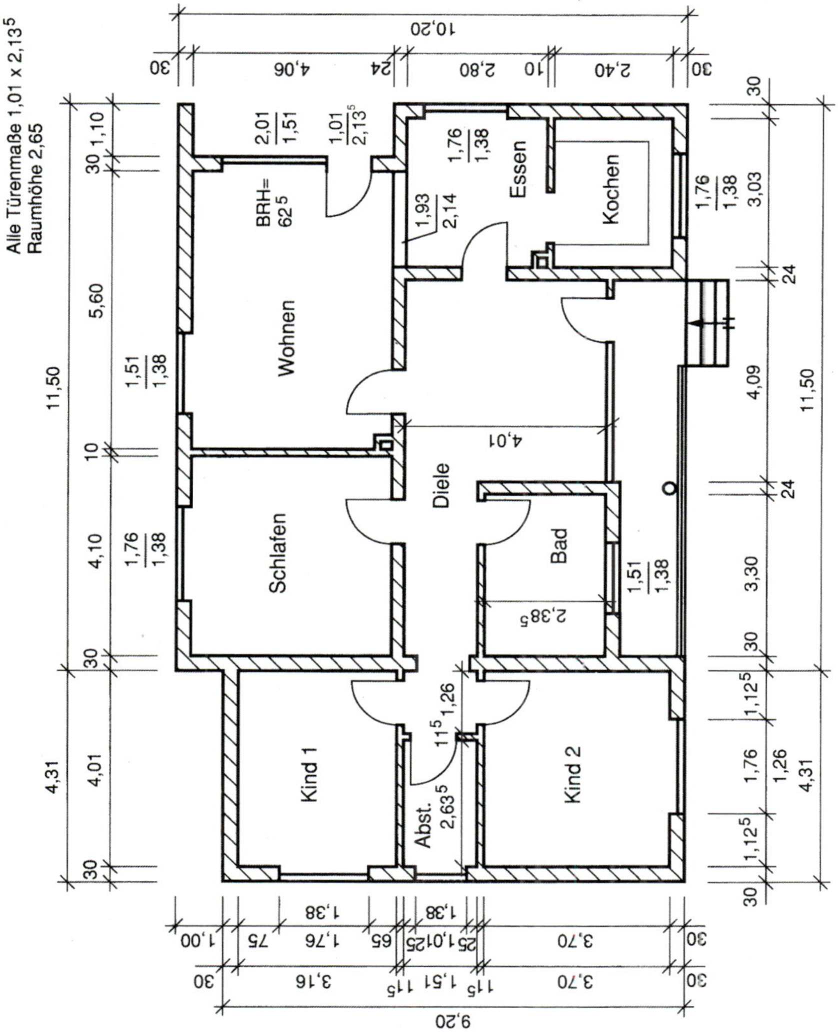

Zeichnung 3: Mehrfamilienhaus - Erdgeschoss

17 Aufmaß und Abrechnung von Fassaden

17.1 Elementarflächen

Bei den meisten freistehenden Gebäuden können die Fassadenflächen nach Abwicklungen berechnet werden, sofern die Höhe als gemeinsames Maß gilt (s. Kapitel 13, S. 75).
Reihenhausfassaden werden als Einzelflächen aufgemessen. Dabei gelten immer die Grundsätze für das Aufmaß von Beschichtungsarbeiten am Objekt und die Aufmaßregeln (s. Kapitel 12, S. 65).

■ **Beispiel 17.1:**
Schreiben Sie das Aufmaß für die fensterlose Fassadenfläche.

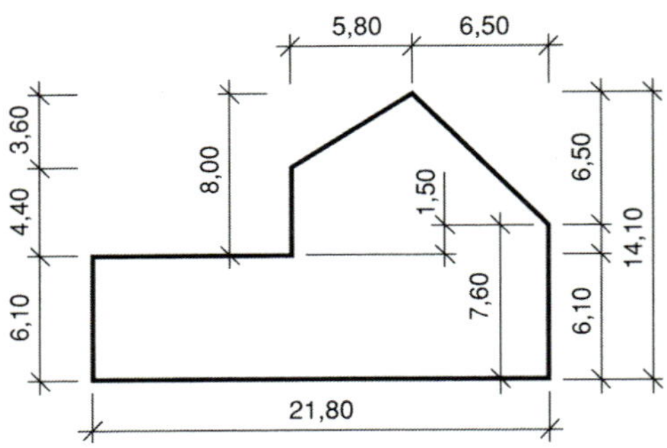

Lösung:

$21{,}80 \cdot 6{,}10$

$+\,5{,}80 \cdot \dfrac{4{,}40 + 8{,}00}{2}$

$+\,6{,}50 \cdot \dfrac{8{,}00 + 1{,}50}{2}$

$A = \underline{\underline{199{,}82\ \text{m}^2}}$

Die VOB ATV DIN 18363, Ausgabe Oktober 2019 schreibt bei Fassaden für die Abrechnung die behandelte Fläche, also Fertigmaße vor. Diese Fertigmaße sind bei einer Fassadenbeschichtung die sichtbaren Maße der erbrachten Malerarbeit, also die Maße der Bekleidung, nicht aber die Konstruktionsmaße der zu bekleidenden Flächen.

■ **Beispiel 17.2:**

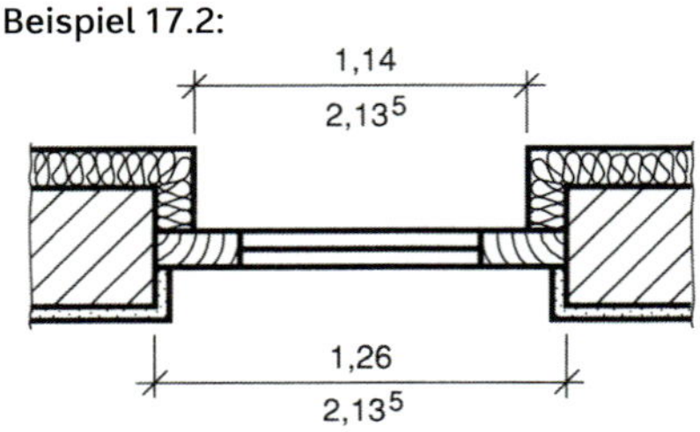

Öffnung außen (Fertigmaß)
$1{,}14 \cdot 2{,}14 = \underline{\underline{2{,}44\ \text{m}^2}}$

Diese Öffnung wird, da < 2,50 m², übermessen, die Leibung jedoch gesondert berechnet.

Öffnung innen (Konstruktionsmaß)
$1{,}26 \cdot 2{,}14 = \underline{\underline{2{,}70\ \text{m}^2}}$

Die lichte Öffnung wird abgezogen, die Leibungsfläche addiert.

Außer der Festlegung auf Fertigmaße gelten für Fassaden die gleichen Abzugs- und Zuzugsregeln für Öffnungen, Nischen und Aussparungen nach VOB wie für Innenräume (s. Kapitel 13, S. 77).

Leibungen, die bei fassadenbündig versetzten Fenstern und Türen durch ein Wärmedämm-Verbundsystem entstanden sind, werden als solche berücksichtigt.
Zur Vereinfachung der Abrechnung nach VOB werden bei Fassaden die Wände ohne Berücksichtigung begrenzender Bauteile, z. B. Kragplatten über Eingängen oder Balkonplatten, gemessen.

■ **Beispiel 17.3:**
Schreiben Sie das Aufmaß für die Fassadenfläche. Die Leibungstiefe der Öffnungen beträgt 15 cm.

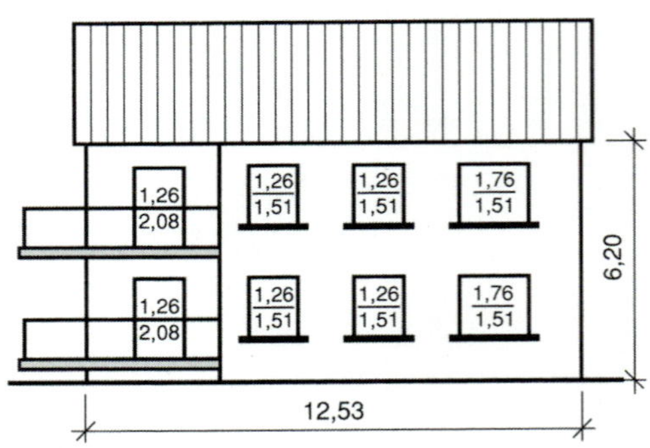

Beachten Sie:
1) Die Flächen der einbindenden Kragplatten bleiben der Vereinfachung wegen unberücksichtigt.
2) Die Fenster 1,26 m x 1,51 m werden übermessen (die Einzelgröße ist < 2,50 m²). Die Leibungen werden unabhängig der Öffnungsgröße mit ihren Maßen gesondert berechnet.

3) Alle anderen Öffnungen > 2,50 m² Einzelgröße werden abgezogen und alle Leibungsflächen werden addiert.

Lösung:

$$\begin{aligned} & 12{,}53 \cdot 6{,}20 \\ + \; & 2 \cdot (1{,}76 + 1{,}51 \cdot 2) \cdot 0{,}15 \\ + \; & 4 \cdot (1{,}26 + 1{,}51 \cdot 2) \cdot 0{,}15 \\ + \; & 2 \cdot (1{,}26 + 2{,}08 \cdot 2) \cdot 0{,}15 \\ - \; & (2 \cdot 1{,}76 \cdot 1{,}51 \\ + \; & 2 \cdot 1{,}26 \cdot 2{,}08) \\ A = \; & \underline{\underline{72{,}76\ \text{m}^2}} \end{aligned}$$

17.2 Verschiedene Fassadenbauteile

Gesimse, Umrahmungen und Faschen von Füllungen oder Öffnungen werden beim Aufmaß der Fassadenfläche übermessen. Faschen sind die frontseitigen Einfassungen in Putz, Stein oder Holz bei Fenster- und Türöffnungen.
Gesimse und Umrahmungen werden unter Angabe der Höhe und Ausladung zusätzlich berechnet. Sie werden in ihrer größten Länge aufgemessen.

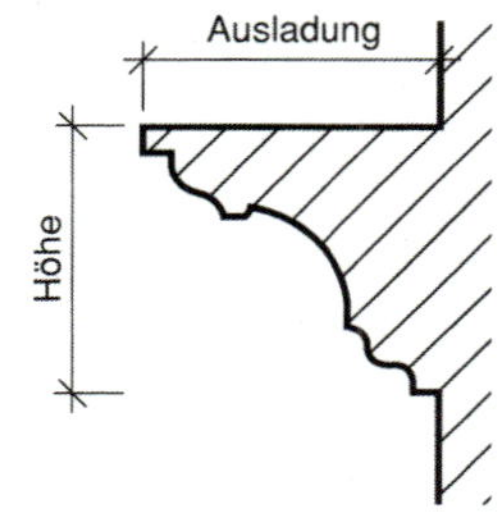

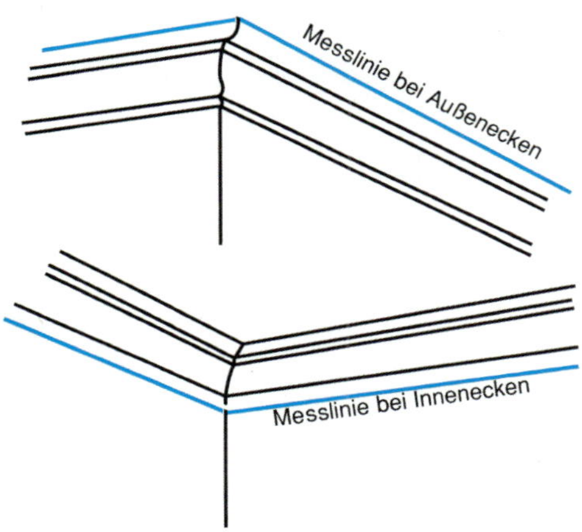

Beschichtete Gesimse, Gurtgesimse auf Fassadenflächen sowie Tür- und Fensterumrahmungen werden zusätzlich zur behandelten Fassadenfläche berechnet. Unterbrechungen < 1,00 m Einzellänge bleiben dabei unberücksichtigt.

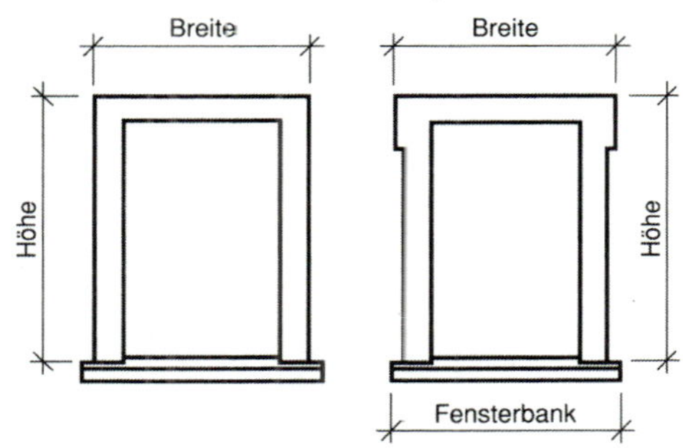

Dachrinnen und Geländer werden unter Angabe der Bauteilabmessung nach Längenmaß abgerechnet. Die Messlinie liegt bei der Dachrinne am Wulst, bei Regenfallrohren wird immer im Außenbogen gemessen (s. Kapitel 13, S. 73).

Untersichten von Dächern und Dachüberständen mit sichtbaren Sparren werden in der Abwicklung abgerechnet.

■ **Beispiel 17.4:**

Schreiben Sie das Aufmaß für den Dachüberstand nach den Angaben auf der folgenden Seite.

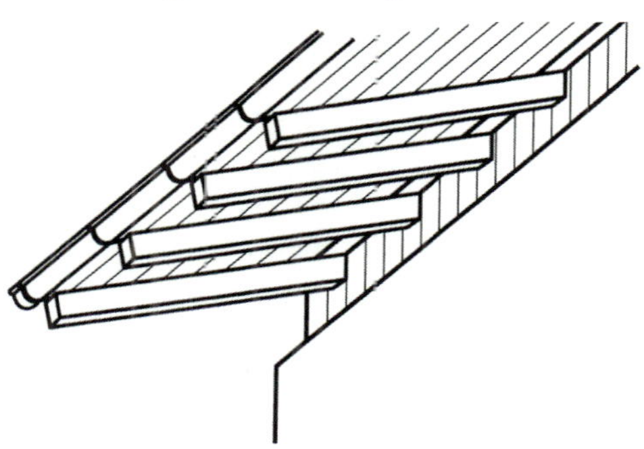

Länge 12,60 m;
Sparrenabstand (Achsmaß) 70 cm;

Anzahl der Felder $\frac{12{,}60\ \text{m}}{0{,}70\ \text{m}} = 18$ Felder;

19 Sparren 10 cm x 18 cm;
Tiefe des Dachüberstandes 67 cm.

Lösung:

$$\begin{aligned} & 12{,}60 \cdot 0{,}67 \\ + \; & 19 \cdot 2 \cdot 0{,}67 \cdot 0{,}18 \\ A = \; & \underline{\underline{13{,}02\ \text{m}^2}} \end{aligned}$$

17.3 Fachwerkfassaden

Bei Fachwerkfassaden werden die Hölzer bis 30 cm Einzelbreite übermessen. Sofern diese Fachwerkhölzer farbig abgesetzt oder in einer anderen Beschichtungstechnik bearbeitet werden, erfolgt eine zusätzliche Abrechnung nach Längenmaß. Man geht in der Praxis so vor, dass zuerst die waagerechten Balken (Schwellen, Deckenbalken, Rähm, Brustriegel), dann die senkrechten Hölzer (Stiele, Ständer, Säulen) und zuletzt alle übrigbleibenden Hölzer (Knaggen, Streben, Bugbänder) gemessen werden. An den Kreuzungsstellen müssen Doppelmessungen vermieden werden.

■ **Beispiel 17.5:**

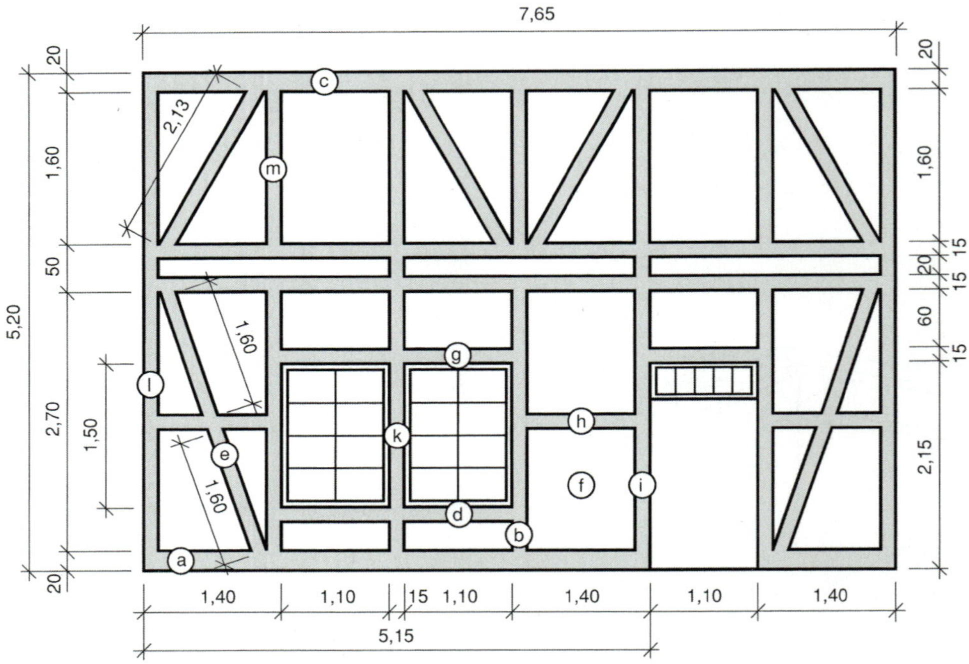

(a)	Schwelle, Bundschwelle	(g)	Sturzriegel
(b)	Stiel, Ständer, Säule, Pfosten	(h)	Zwischenriegel
(c)	Rähm, Oberschwelle, Bundbalken	(i)	Türpfosten
(d)	Brustriegel	(k)	Fensterpfosten
(e)	Strebe, Bug	(l)	Eckpfosten
(f)	Gefach	(m)	Zwischenpfosten

Schreiben Sie das Fassadenaufmaß für den Fachwerkbau unter Berücksichtigung folgender Angaben:
Schwelle und Rähm sind 20 cm breit, alle anderen waagerechten und senkrechten Balken (Stiele, Brustriegel, Streben) sind 15 cm breit.
Beachten Sie: Für das Fassadenaufmaß werden die Fachwerkbalken übermessen, da sie schmaler sind als 0,30 m. Die Fenster und die Türen werden übermessen, da die Einzelöffnungen < 2,50 m² sind.

Lösung:
Fassadenaufmaß
7,65 · 5,20
$A = \underline{\underline{39{,}78\ m^2}}$

Schwelle und Rähm (20 cm breit)
5,15 + 1,40 + 7,65
$l = \underline{\underline{14{,}20\ m}}$

Brustriegel, Ständer, Stiele, Bugbänder (15 cm breit)
2 · 7,65 + 8 · 1,10 + 7 · 2,70 + 4 · 0,20
+ 7 · 1,60 + 4 · 1,60 + 4 · 2,13
$l = \underline{\underline{69{,}92\ m}}$

Fenster
2 · 1,10 · 1,50
$A = \underline{\underline{3{,}30\ m^2}}$

Tür
1,10 · 2,15
$A = \underline{\underline{2{,}37\ m^2}}$

17.4 Erker, Balkone und Loggien

Erker sind ein- oder mehrgeschossige Vorbauten an Obergeschossen einer Fassade. Bei rechteckiger Grundfläche liegt die Vorderansicht innerhalb der gemessenen Fassadenflächen, sodass nur die Grundrissfläche (Erkeruntersicht) und die beiden Seitenflächen hinzugerechnet werden.

■ **Beispiel 17.6:**

Schreiben Sie das Aufmaß für die in Vorder- und Seitenansicht gezeigte Fassade.
Nur die Leibungen der Hauseingangstüren werden beschichtet.

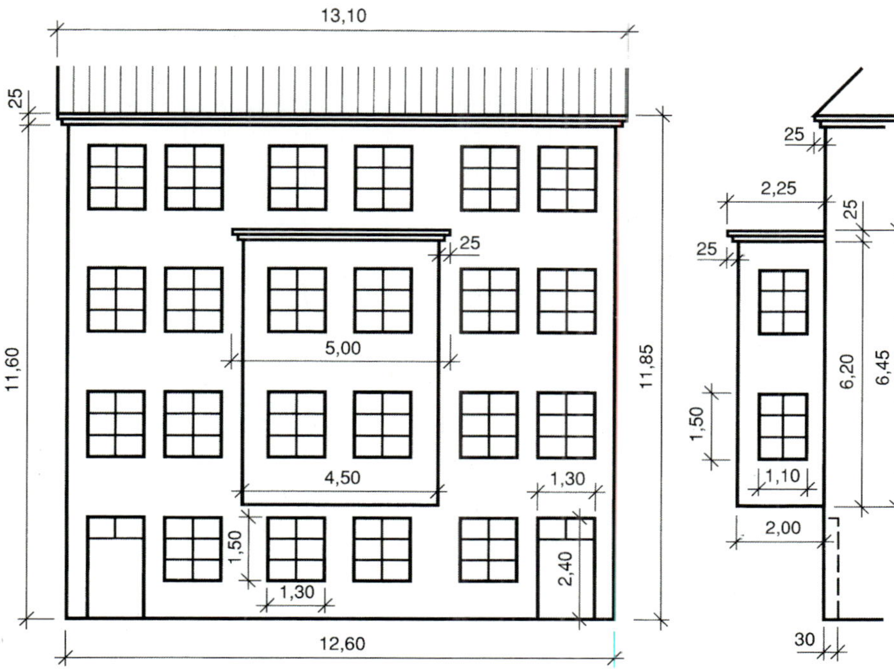

Lösung:
Fassadenaufmaß

$$12{,}60 \cdot 11{,}85$$
$$+\ 4{,}50 \cdot 2{,}00$$
$$+\ 2 \cdot 2{,}00 \cdot 6{,}45$$
$$+\ 2\,(1{,}30 + 2{,}40 \cdot 2) \cdot 0{,}30$$
$$-\ 2 \cdot 1{,}30 \cdot 2{,}40$$
$$A = \underline{\underline{181{,}53\ \text{m}^2}}$$

Gesimse

$$13{,}10 + 2 \cdot 0{,}25$$
$$+\ 5{,}00 + 2 \cdot 2{,}25$$
$$l = \underline{\underline{23{,}10\ \text{m}}}$$

Fenster

$$22 \cdot 1{,}30 \cdot 1{,}50$$
$$+\ 4 \cdot 1{,}10 \cdot 1{,}50$$
$$A = \underline{\underline{49{,}50\ \text{m}^2}}$$

Türen

$$2 \cdot 1{,}30 \cdot 2{,}40$$
$$A = \underline{\underline{6{,}24\ \text{m}^2}}$$

Ist eine Erkergrundrissfläche nicht rechteckig, so muss der Erkerausschnitt der ebenen Fassadenfläche abgezogen und die beschichtete Erkerabwicklung sowie die Erkeruntersicht müssen hinzugerechnet werden.

■ **Beispiel 17.7:**

Schreiben Sie das Fassadenaufmaß für den Erker mit trapezförmigen Grundriss.

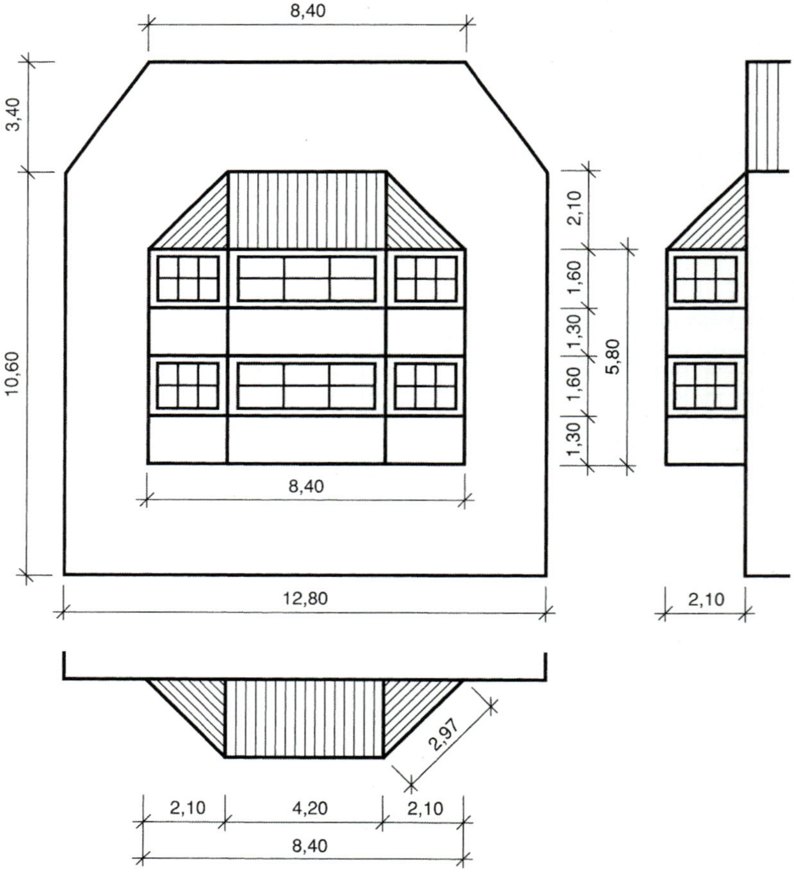

Lösung:

$$
\begin{aligned}
& 12{,}80 \cdot 10{,}60 \\
+ \; & \frac{12{,}80 + 8{,}40}{2} \cdot 3{,}40 \\
+ \; & \frac{8{,}40 + 4{,}20}{2} \cdot 2{,}10 \\
+ \; & 2 \cdot (2{,}97 \cdot 2 + 4{,}20) \cdot 1{,}30 \\
- \; & \left(8{,}40 \cdot 5{,}80 + \frac{8{,}40 + 4{,}20}{2} \cdot 2{,}10\right)
\end{aligned}
$$

$A = \underline{\underline{149{,}36\ m^2}}$

Fenster

$2 \cdot (2{,}97 \cdot 2 + 4{,}20) \cdot 1{,}60$

$A = \underline{\underline{32{,}45\ m^2}}$

Balkone kragen aus der Gebäudeflucht hervor und sind brüstungshoch abgemauert oder mit einem transparenten Geländer umwehrt.

■ **Beispiel 17.8:**

Schreiben Sie das Aufmaß für die Fassade unter Berücksichtigung folgender Angaben:

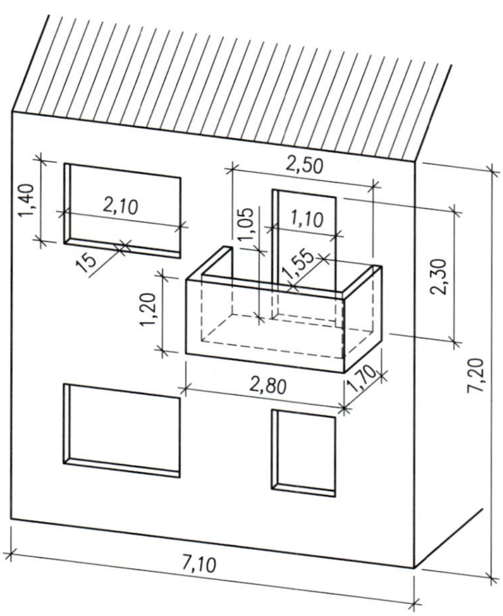

Die Vorderansicht der Fassade soll mit Fassadendispersionsfarbe beschichtet werden. Die Stahlbetonfläche des Balkons ist mit einem Betonschutzsystem instandzusetzen.

Der Balkonfußboden besteht aus frostbeständigem Spaltklinkerbelag, und die Brüstungsflächen sind mit Leichtmetall-Abdeckungen versehen.

Lösung:

Fassadenaufmaß

$$
\begin{aligned}
& 7{,}10 \cdot 7{,}20 \\
+ \; & 2 \cdot (2{,}10 + 1{,}40 \cdot 2) \cdot 0{,}15 \\
+ \; & (1{,}10 + 2{,}30 \cdot 2) \cdot 0{,}15 \\
+ \; & (1{,}10 + 1{,}40 \cdot 2) \cdot 0{,}15 \\
- \; & (2 \cdot 2{,}10 \cdot 1{,}40 \\
+ \; & 1{,}10 \cdot 2{,}30)
\end{aligned}
$$

$A = \underline{\underline{45{,}63\ m^2}}$

Balkonfläche

$$
\begin{aligned}
& 2{,}80 \cdot 1{,}70 \\
+ \; & (2{,}80 + 1{,}70 \cdot 2) \cdot 1{,}20 \\
+ \; & (2{,}50 + 1{,}55 \cdot 2) \cdot 1{,}05
\end{aligned}
$$

$A = \underline{\underline{18{,}08\ m^2}}$

Beachten Sie: Die Flächen der einbindenden Kragplatte und der Brüstungen bleiben aus Vereinfachung unberücksichtigt.

Loggien liegen innerhalb der Gebäudeflucht und sind meist nur vorderseitig offen mit einer Brüstung oder einem Geländer.

■ **Beispiel 17.9:**

Schreiben Sie das Aufmaß für die Fassade mit Loggia.

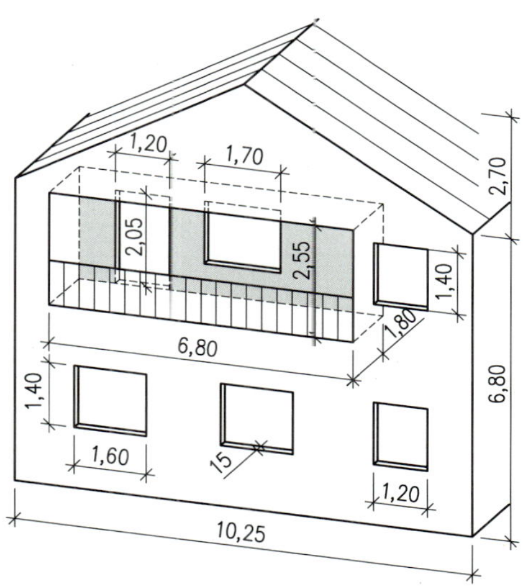

Lösung:
Fassadenaufmaß

$$10{,}25 \cdot 6{,}80 + \frac{10{,}25 \cdot 2{,}70}{2} + 6{,}80 \cdot 1{,}80 + 2 \cdot 1{,}80 \cdot 2{,}55$$
$$+ (1{,}20 + 2{,}05 \cdot 2) \cdot 0{,}15 + (1{,}70 + 1{,}40 \cdot 2) \cdot 0{,}15 + 2 \cdot (1{,}20 + 1{,}40 \cdot 2) \cdot 0{,}15 + 2 \cdot (1{,}60 + 1{,}40 \cdot 2) \cdot 0{,}15$$
$$A = \underline{\underline{108{,}95\ m^2}}$$

Brüstungsgeländer aus senkrechten Stäben im Abstand von 13 cm
$l = \underline{\underline{6{,}80\ m}}$

17.1 Schreiben Sie die Aufmaße für die Fassadenflächen der folgenden freistehenden Gebäude ohne Berücksichtigung von Fenster- oder Türöffnungen.

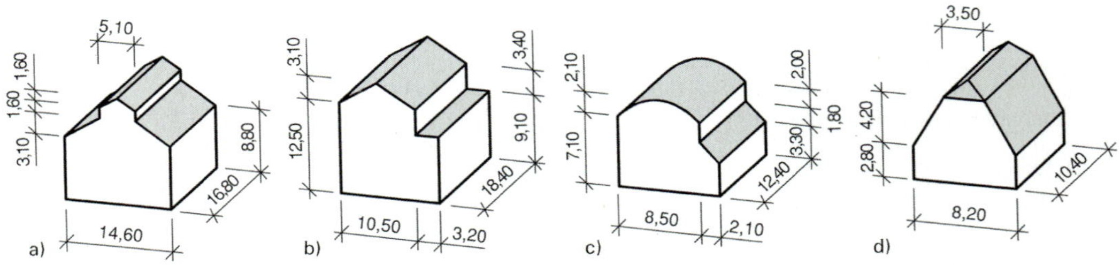

17.2 Schreiben Sie das Aufmaß für die in der Abwicklung dargestellte Fabrikhalle, und berechnen Sie die Flächen.

a) Putzflächen der Fassade mit Dispersionsfarben-Beschichtung. Die Fenster- und Türleibungen sind 40 cm tief und werden mitbeschichtet. Es sind Fensterbänke aus Betonwerkstein vorhanden.

b) Stahlfenster der Außenflächen mit Rostschutzsystem

c) Holztore und -türen mit Alkydharzlack.

d) Dachrinnen an den Traufseiten aus Zink, 100 mm Durchmesser, mit Zinkhaftfarbe.

e) Die an allen Gebäudeecken angebrachten Regenfallrohre aus Titanzink, 80 mm Durchmesser, werden ebenfalls mit Zinkhaftfarbe beschichtet.

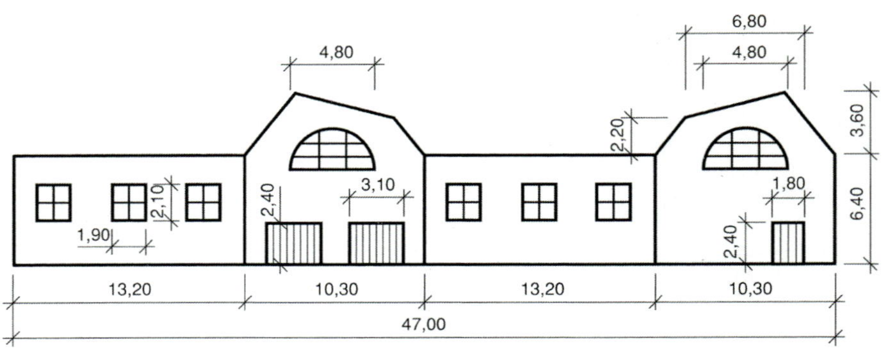

17.3 Schreiben Sie die Aufmaße nach VOB, und berechnen Sie jeweils die Flächen der auf Seite 129 aufgezeigten Fassadenabwicklungen für

a) Putzflächen mit Dispersionsfarben-Beschichtung. Alle Fenster- und Türleibungen sind 30 cm tief, die Fensterbänke bestehen aus Werkstein.

b) Fenster aus Holz mit ventilationsfähigem Alkydharzlack auf der Außenseite.

c) Tür- und Torflächen mit Alkydharzlack auf der Außenseite.

17.3 a)

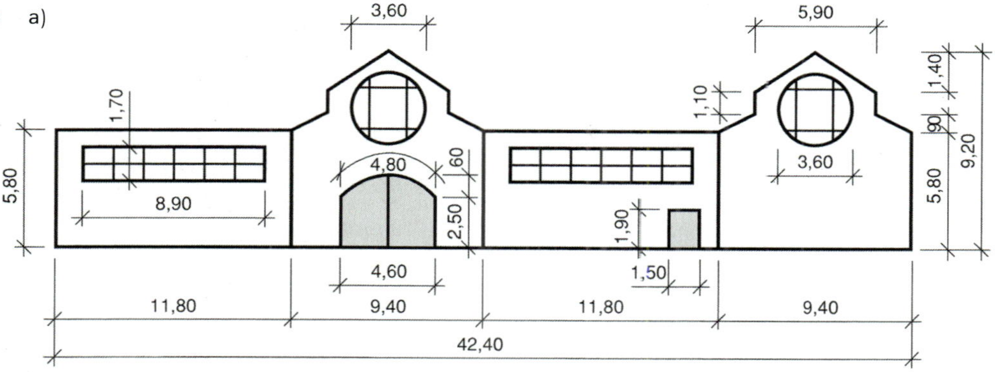

17.3 b)

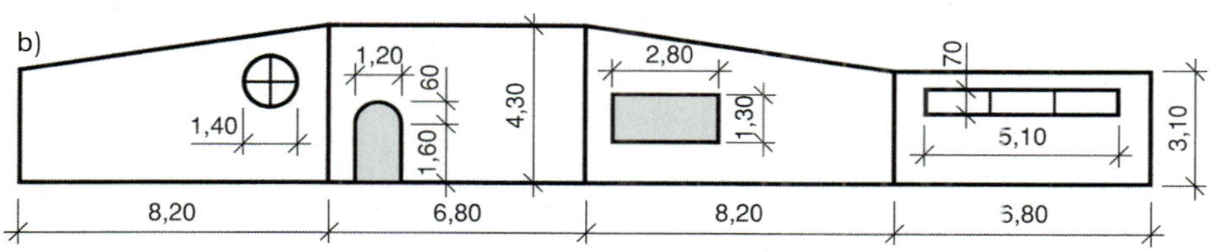

17.3 c)

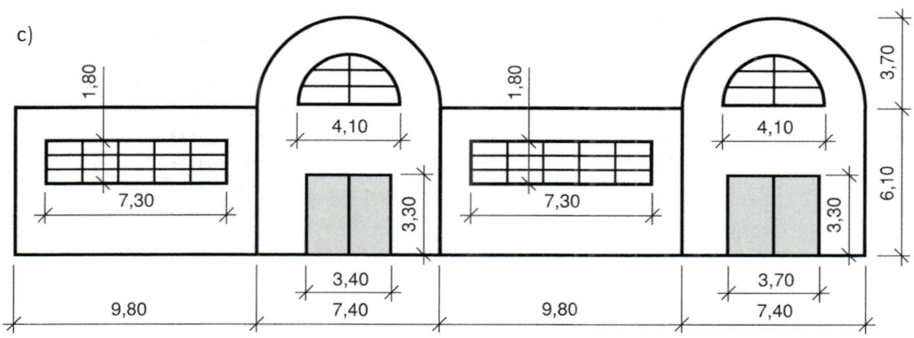

17.3 d)

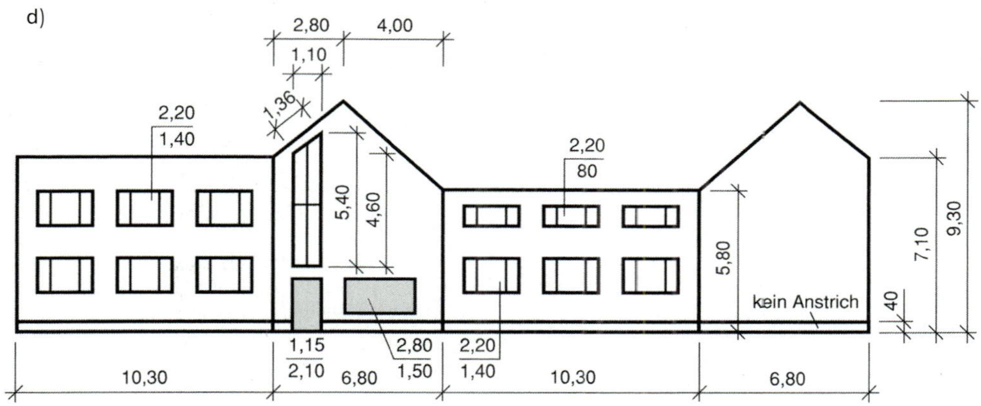

17.4 Die Straßenfront eines Wohnhauses wird mit Silicatfarbe beschichtet. Die Fenster- und Türleibungen sind 25 cm tief und werden mitbehandelt. Sie haben Leichtmetall-Fensterbänke.

a) Schreiben Sie das Aufmaß für die Fassadenputzfläche, und berechnen Sie die Fläche.

b) Schreiben Sie das Aufmaß für die Außenbeschichtung der Holzfenster.

c) Schreiben Sie das Aufmaß der Außenseite für die Hauseingangstür.

d) Schreiben Sie das Aufmaß für die Abrechnung der Giebelgesimse (20 cm Überstand).

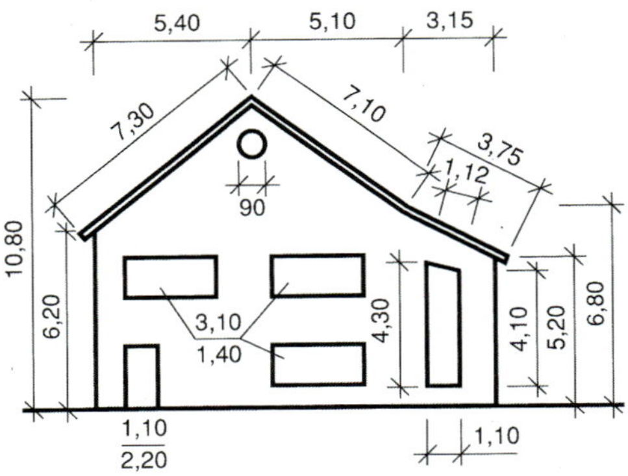

17.5 Ein Wochenendhaus am See wurde instand gesetzt. Die dargestellte und die gegenüberliegenden Seiten wurde in gleicher Weise behandelt. Die Rückseite (Länge 10,20 m) ist ganz holzverschalt. Die Vorderseite (Länge 10,20 m) besteht aus einer Ganzglaskonstruktion und wird nicht beschichtet, mit Ausnahme der Stirnseite einer 20 cm dicken Stahlbeton-Bodenplatte. Die Holzdachuntersichten sind ringsum 35 cm breit.

Schreiben Sie die Aufmaße nach VOB, und berechnen Sie die Beschichtungsflächen für

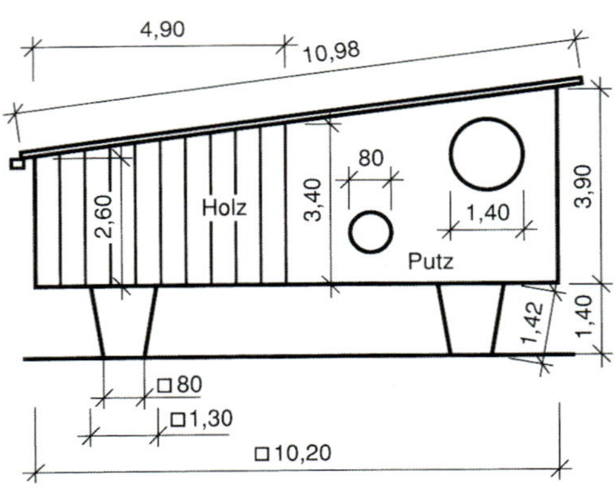

a) die Holzverschalung der Seitenwandteile und der Rückseite,

b) die Putzflächen, die Öffnungen haben keine mitbehandelten Leibungen,

c) die Rundfenster,

d) die Gesimsuntersichten aus Profilbrettern,

e) die Deckenuntersicht der Bodenplatte sowie die Aufkantung der Frontseite (20 cm) und die Pfeilermantelflächen.

17.6 Ein Erweiterungsbau mit quadratischem Grundriss an einem Verwaltungsgebäude wird mit Dispersionsfarbe beschichtet. Die Fensterleibungen sind 25 cm tief und haben Werkstein-Fensterbänke, die beiden anderen Seiten sind fensterlos. Der Anbau steht auf neun Säulen gleichen Durchmessers.

Erstellen Sie die Aufmaße nach VOB, und berechnen Sie die Fläche für

a) den dreiseitigen Fassadenanstrich mit Dispersionsfarbe,

b) die Deckenuntersicht des Erweiterungsbaues,

c) die Säulenflächen,

d) die Holzfensterflächen.

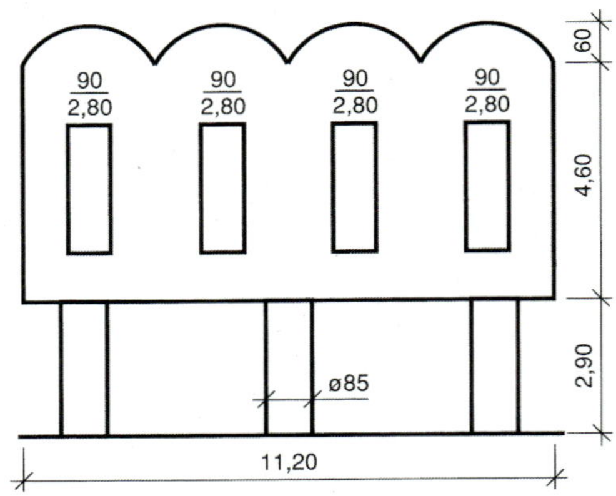

17.7 Eine Giebelfläche mit Werkstattanbau wird instand gesetzt. Die Putzflächen und die Brüstungsflächen des Anbaus werden mit Silicatfarbe, die Pfeilervorsprünge zwischen den Fenstern (45 cm tief) mit Betonschutzfarbe und die Stahlfenster von der Außenseite mit Alkydharzlack beschichtet. Das Giebelgesims aus Profilbrettern ist 40 cm breit und das Windbrett 8 cm hoch. Das Sparrengesims (10 cm x 18 cm; Sparrenabstand 60 cm; Dachüberstand 80 cm) und das Giebelgesims werden mit Holzschutzlasur behandelt. Schreiben Sie die Aufmaße, und berechnen Sie die Beschichtungsflächen für

a) die Silicatfarben-Beschichtung der Putz- und Brüstungsflächen,
b) die Betonbeschichtung der Pfeilervorlagen,
c) die Stahlfensterfläche (Außenseite),
d) das Giebelgesims,
e) das Sparrengesims des Werkstattanbaus,
f) die Dachrinne am Werkstattgebäude.

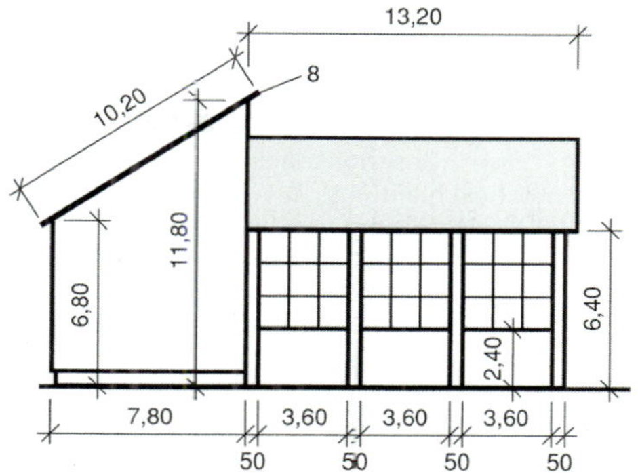

17.8 Schreiben Sie das Aufmaß nach den Regelungen der VOB, und berechnen Sie die Beschichtungsflächen von vier Gebäuden mit je zwei gleichen Giebeln und Balkonen für Dispersionsfarben-Beschichtung.
Die Balkonfußböden und die Abdeckungen der Balkonbrüstungen sowie die Fensterbänke sind aus frostbeständigen Keramikfliesen. Die Leibungstiefe der Fenster und Türöffnungen beträgt 15 cm.

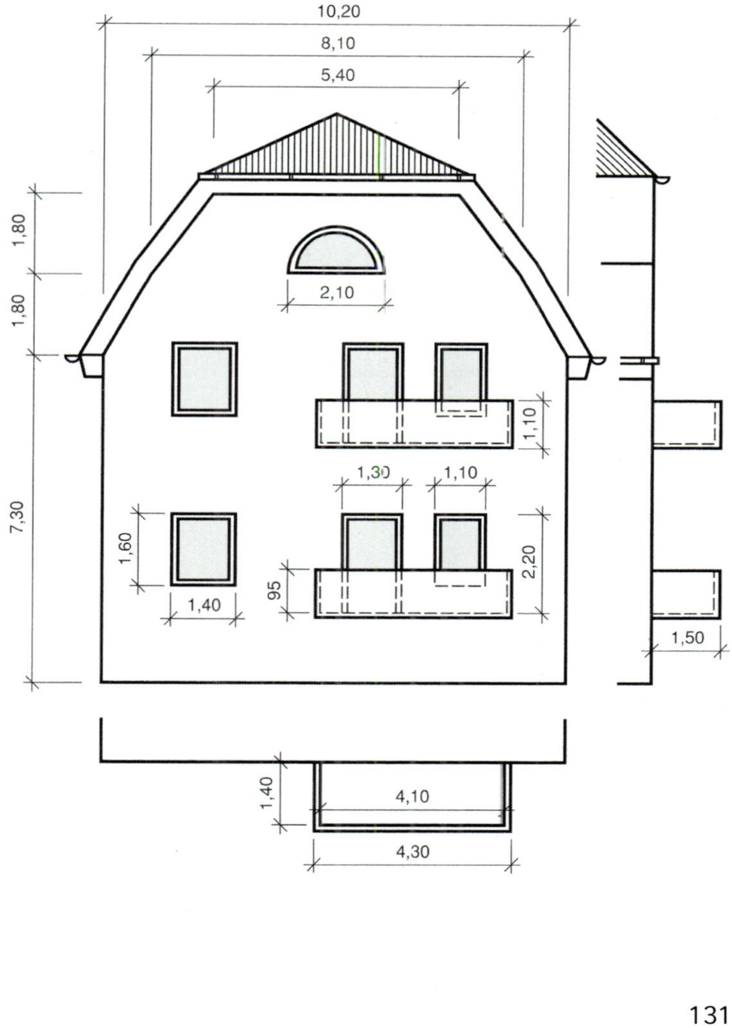

17.9 Die Putzfläche des Giebels im abgebildeten Obergeschossbereich werden mit Dispersions-Silicatfarbe beschichtet. Die Sichtbetonflächen des Erdgeschosses, einschließlich Erkeruntersicht und Aufkantung der Geschossdecke, erhalten eine Betonschutzbeschichtung. Die Erkerseiten sind in einer Stahlkonstruktion verglast und werden mit schlagfester Lackfarbe behandelt. Die Ortgänge des Giebels und des Erkers sind aus Zinkblech und werden mit 2K-Epoxidharzfarbe beschichtet.
Schreiben Sie die ordnungsgemäßen Aufmaße, und berechnen Sie die Beschichtungsflächen für

a) die Putzflächen des Giebels,
b) die Sichtbetonflächen des Erdgeschosses,
c) die Stahlfensterfläche des Erkers,
d) die Ortgänge (Längen- oder Flächenaufmaß?).

17.10 Alle Bauteilanschlüsse zwischen Putzflächen, Betonflächen und Erker der in Aufgabe 17.9 abgebildeten Fassade werden mit einer Silicon-Dichtungsmasse ausgefüllt.
Stellen Sie die entsprechenden Längen in einem Aufmaß zusammen.

17.11 Schreiben Sie das Aufmaß nach VOB für die Fassadenfläche einschließlich Anbau. Die Fensterleibungen sind 20 cm tief. Die Ortgänge sind aus Sichtbeton und werden mit Betonlasur nachbehandelt.

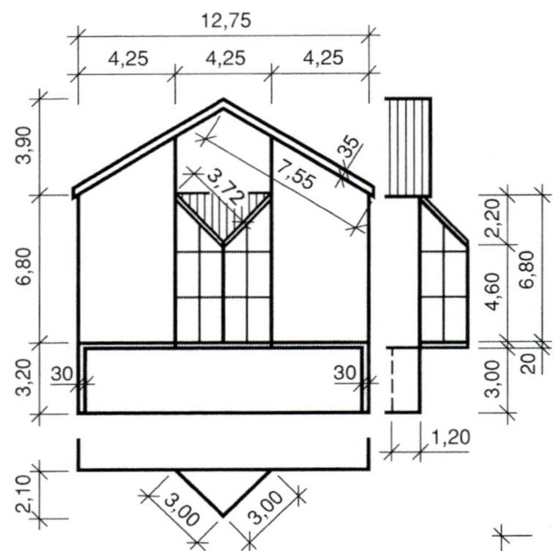

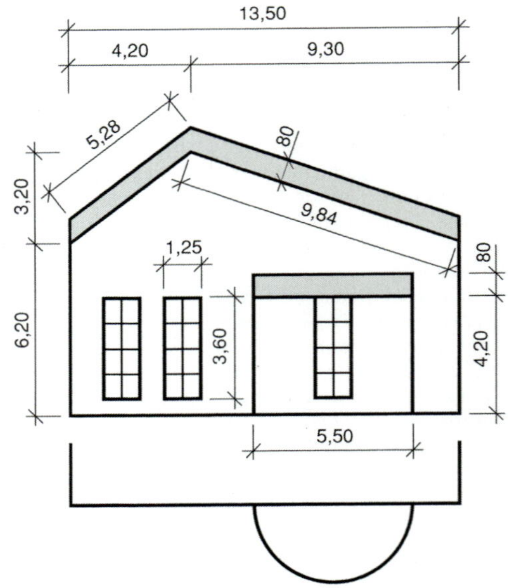

17.12 Schreiben Sie die Aufmaße nach VOB, und berechnen Sie die Beschichtungsflächen (Abb. rechts) für

a) die Fassadenbeschichtung des Giebels,
b) die Betonbeschichtung der Erkeruntersicht und der Aufkantungen,
c) die Brüstungsflächen am Erker,
d) die Holzfensterbeschichtung,
e) die Zinkblechblende am Erker.

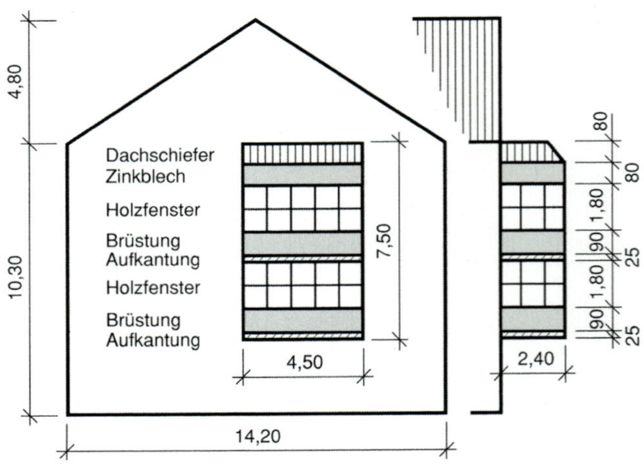

17.13 Erstellen Sie ein korrektes Aufmaß nach VOB mit Flächenberechnung für eine Fassadeninstandsetzung. Beschichtet werden
a) die Fassade einschließlich Erker sowie Tür- und Fensterleibungen (15 cm tief),
b) die Gesimse (farbig abgesetzt), Bauhöhe 25 cm, Ausladung 20 cm (Achten Sie auf die Messlinie bei Innen- und Außenecken.),
c) die Fenster außen,
d) die Hauseingangstüren innen und außen.

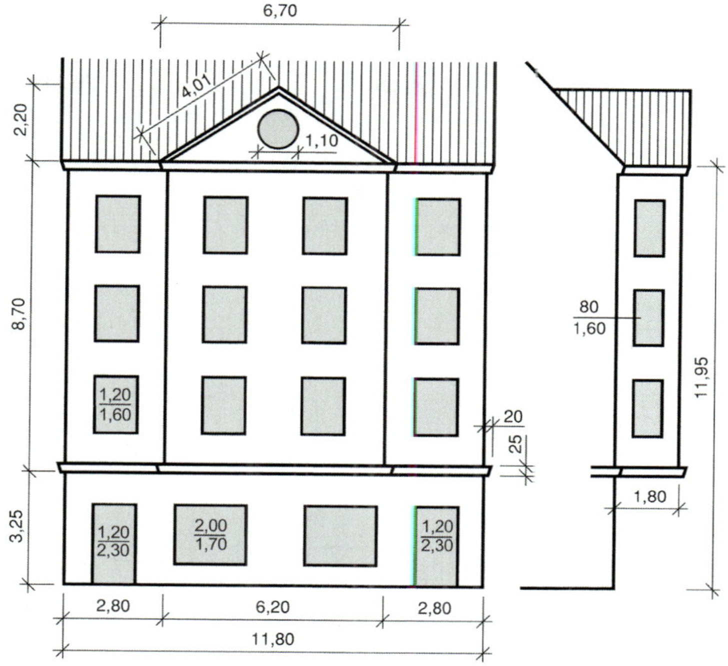

17.14 Schreiben Sie das Aufmaß nach VOB für
a) die Straßenansicht der Fassade einschließlich Untersicht der halbkreisförmigen Balkone und Aufkantung der Kragplatten. Die Fenster- und Türleibungen sind einheitlich 15 cm tief, und die Fensterbänke werden nicht mitbeschichtet.
b) die Betonbeschichtung der Balkonfußböden,
c) die 90 cm hohen Stabgeländer aus Stahl an den Balkonen,
d) die Außenseiten der Holzfenster,
e) die Außenseiten der Balkontüren und die Hauseingangstür aus Holz.

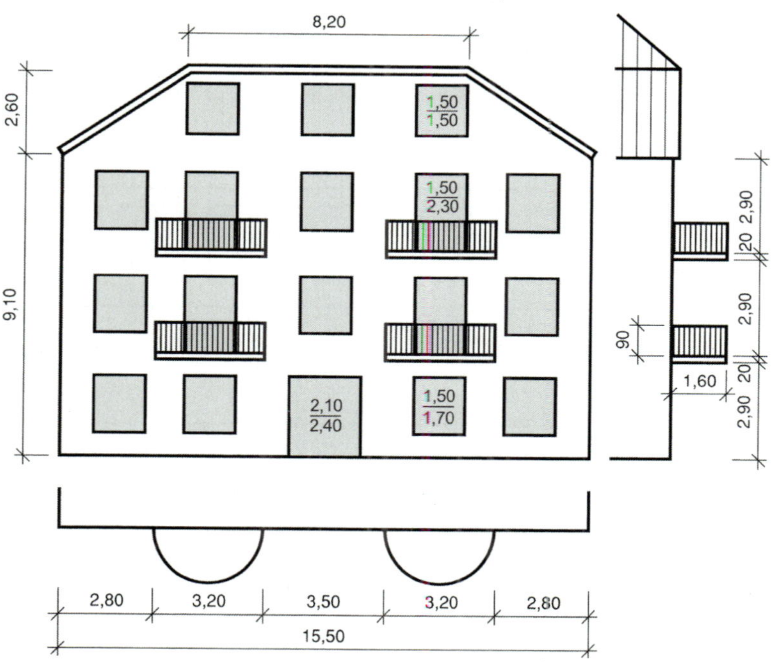

17.15 Schreiben Sie das Aufmaß nach VOB für

a) Fassadenbeschichtung einschließlich der Erker und senkrechten Seitenwände des Zwerchdaches (die Leibungstiefe aller Öffnungen beträgt 18 cm).

b) alle Gesimse einschließlich Zwerchhaus und Erker (Ausladung 25 cm; Höhe 28 cm).

Beachten Sie dabei die Messlinie bei Innen- und Außenecken.

c) das Stahl-Balkongeländer aus senkrechten Rundstäben (8 mm Durchmesser) im Abstand von 12 cm (Handlauf aus Flachstahl 40 mm x 5 mm; Geländerhöhe 95 cm).

d) die Betonbeschichtung der Balkonfußbodenfläche.

e) die Fenster außen.

f) die Außenseiten der Balkon- und Hauseingangstür.

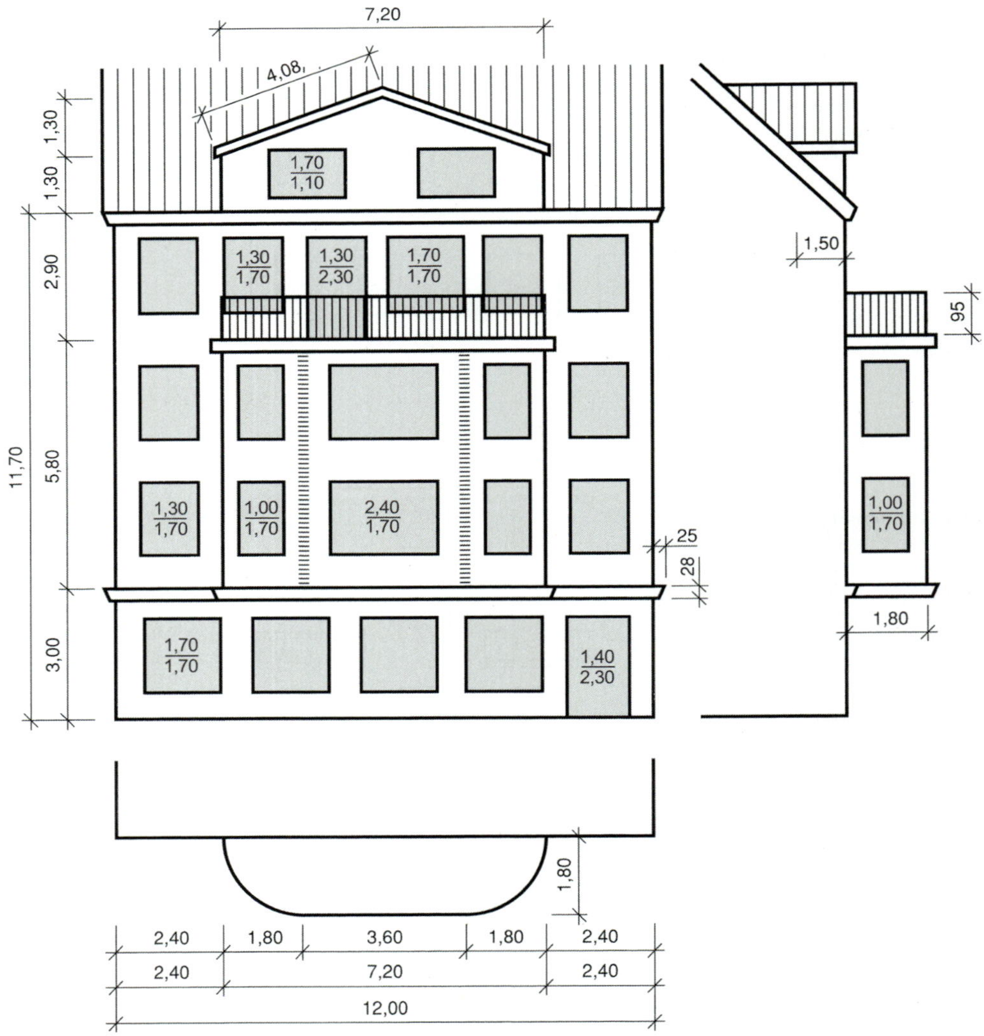

17.16 Im Anschluss an die Instandsetzung einer Jugendstil-Fassade ist ein ordnungsgemäßes Aufmaß nach den Regelungen der VOB zu erstellen für

a) die Fassadenbeschichtung. Die Leibungstiefe der Tür- und Fensteröffnungen beträgt 22 cm.
Die Fensterbänke wurden nicht mitbeschichtet.

b) die Balkonuntersichten und die gemauerten Balkonbrüstungen in der Grundrissform einer halben Ellipse. Die Abdeckungen der Balkonbrüstungen wurden nicht beschichtet.

c) die Balkonfußboden-Beschichtung (einschließlich der Türnischenflächen).

d) die Außenseiten der Holzfenster.

e) die Außenseiten der Balkontüren und der Hauseingangstür.

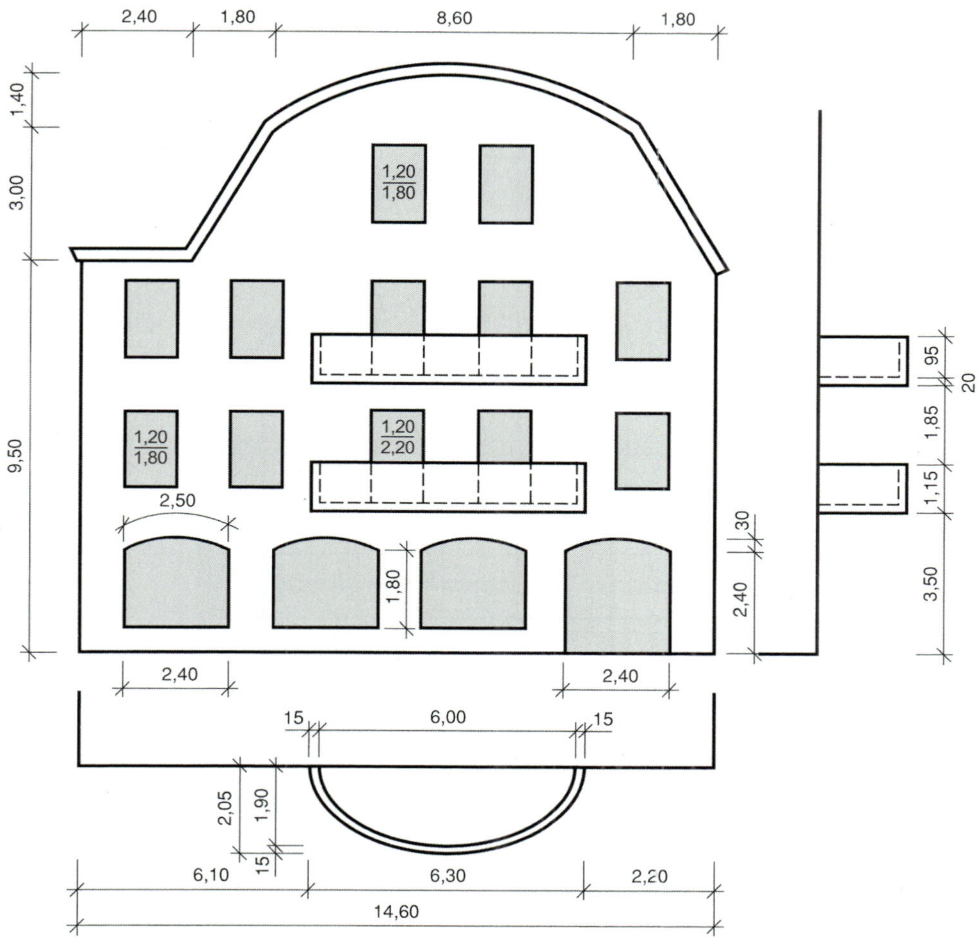

17.17 Die Straßenansicht einer Fachwerkfassade wurde instand gesetzt. Dabei sind die Gefache mit Mineralfarbe, die Fachwerkbalken mit Holzschutzfarbe und der verputzte Sockel mit Dispersions-Silicatfarbe beschichtet worden. Alle Fenster und Türen sind fassadenbündig gesetzt. Die Breite der waagerechten Balken (Schwelle, Rähm, Brustriegel) beträgt 20 cm, die der senkrechten Stützen (Ständer, Stiele) und diagonalen Streben 15 cm.

Schreiben Sie das Aufmaß nach VOB für

a) die Fassadenfläche,
b) den Sockel,
c) die Fachwerkbalken,
d) die Holzfenster,
e) die Haustür.

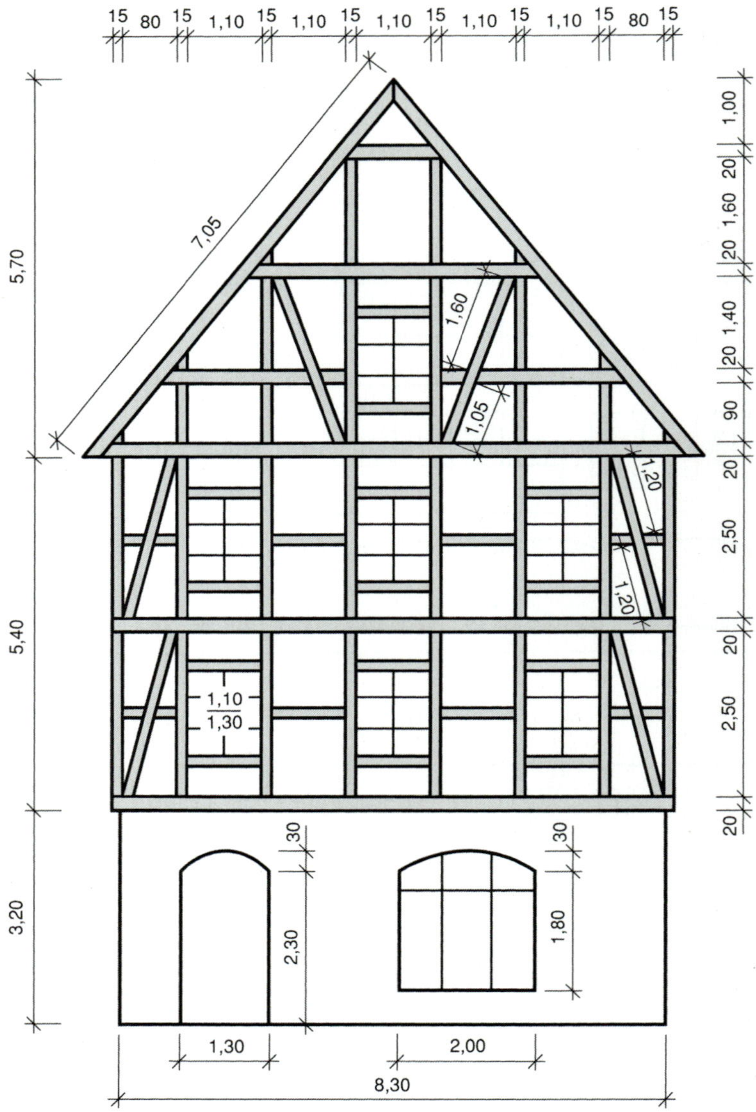

17.18 Die Fassade des perspektivisch dargestellten Vierfamilien-Wohnhauses soll nach den Beschichtungsarbeiten laut VOB aufgemessen werden. Die Einzelöffnungen rundum sind alle < 2,50 m^2, haben keine mitbehandelten Leibungen und sind somit zu übermessen.
Schreiben Sie das Aufmaß für
a) die allseitige Fassadenbeschichtung einschließlich der Loggien,
b) die Brüstungselemente der Loggien,
c) das Flachdachgesims (Attika),
d) die Sockelbeschichtung.

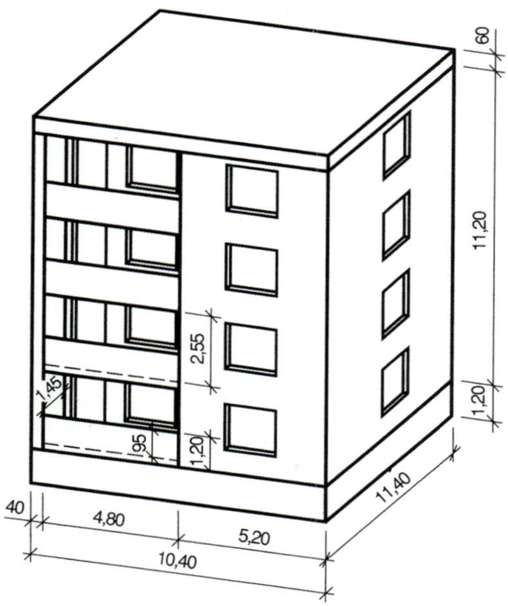

17.19 Die Untersicht eines Sparrendachüberstandes ist nach der Beschichtungsarbeit mit Holzlasur aufzumessen. Folgende Angaben sind bekannt: Gebäudelänge 11,20 m; Giebelgesimsbreite 30 cm; Tiefe des Dachüberstandes 65 cm; Sparren 8 cm x 18 cm; Sparrenabstand (Achsmaß) 70 cm.
Erstellen Sie das Aufmaß für die Beschichtung der Dachüberstände an der Vorder- und Rückseite des Gebäudes (evtl. mit Überlegungsskizze).

17.20 An einer Lagerhalle in Betonskelett-Bauweise sind nach der Ausfachung der Zwischenfelder die restlichen Pfeilervorlagen mit Betonlasur zu bearbeiten und aufzumessen.
Länge der Gebäudeflucht in den Achsen der Pfeilervorlagen 28,05 m; Achsabstand der Pfeilervorlagen 1,65 m; Pfeilerrestmaße nach Ausfachung 30 cm x 45 cm; Höhe der Pfeiler 8,75 m. Schreiben Sie das Aufmaß, und berechnen Sie die Beschichtungsfläche (mit Überlegungsskizze).

17.21 Nach Fertigstellung der Betoninstandsetzungsarbeiten an einem Flüssigkeitsbehälter auf dem Gelände eines Industriebetriebes und nach Abbau des Gerüstes stellt der Malermeister fest, dass es versäumt wurde, das Maß für die Mantellinie des umgekehrten Kegelstumpfes aufzuschreiben.
a) Bestimmen Sie dieses Maß für die Mantellinie rechnerisch.
b) Schreiben Sie das Aufmaß für die Betoninstandsetzungsmaßnahme einschließlich Deckfläche.
c) Berechnen Sie die Beschichtungsfläche.
d) Schreiben Sie das Aufmaß für das 1,10 m hohe Schutzgeländer auf der Plattform des Flüssigkeitsbehälters.

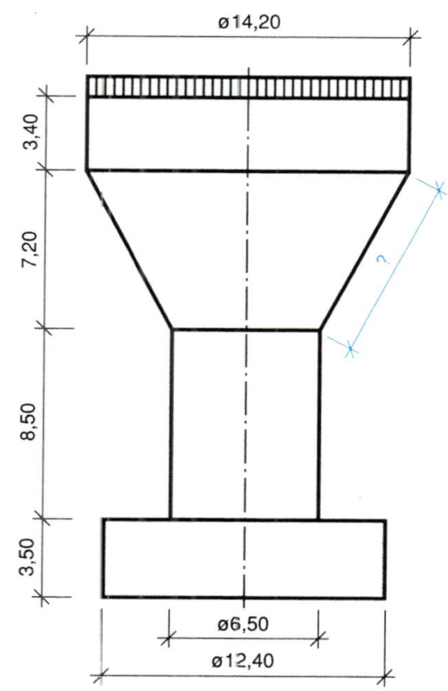

18 Aufmaß und Abrechnung von Heizkörpern und Stahlkonstruktionen

An jedem Bauwerk gibt es nicht nur Raumbegrenzungsflächen wie Decken, Wände, Fußböden und Fassaden, sondern auch Bauteile und Gegenstände wie Pfeiler, Träger, Stützen und Heizkörper aus Stahl. Diese Bauteile werden nach besonderen Regeln aufgemessen und berechnet. Stahlfenster und -türen sind aufmaßtechnisch genauso wie Holzfenster und -türen zu behandeln.
Flächen von Stahlbauprofilen, Heizkörpern, Trapezblechen und Wellblechen sollten nach Tabellen abgerechnet werden. Nur wenn solche Unterlagen nicht vorhanden sind, ist mit der abgewickelten Fläche zu rechnen.

18.1 Heizkörper

Für das Aufmaß von Heizkörpern ist die Heizfläche, d. h. die abgewickelte Oberfläche, maßgebend. Sie kann entsprechenden DIN-Tabellen entnommen werden, die dem Heizungsbauer zur Berechnung der Heizleistung eines Heizkörpers dienen. Bei älteren Heizkörpern, für die keine Tabellen zur Verfügung stehen, ist man auf die Abwicklung angewiesen.

■ **Beispiel 18.1:**

Für einen Heizkörper älterer Bauart mit 28 Gliedern liegen folgende Maße vor: in der Abwicklung gemessene Tiefe eines Heizgliedes 18 cm, in der Abwicklung gemessene Höhe eines Heizgliedes 58 cm. Schreiben Sie das Aufmaß.

Lösung:
$28 \cdot 0{,}18 \cdot 0{,}58 \cdot 2$
(Gliederzahl · gemessene Tiefe · gemessene Höhe · 2)
$A = \underline{\underline{5{,}85\ m^2}}$

In Tabellenwerken findet man z. B. für Guss- und für Stahlradiatoren nach DIN 4703, Ausgabedatum 1999-12, Teil 1 Maße von Gliedheizkörpern folgende Angaben.

Abmessungen und Oberfläche von Gussradiatoren nach Tabelle 1 DIN 4703-1

Bauhöhe h_1 in mm	Nabenabstand h_2 in mm	Bautiefe b in mm	Oberfläche je Glied in m^2
280	200	250	0,185
430	350	70 110 160 220	0,09 0,128 0,185 0,255
580	500	70 110 160 220	0,120 0,180 0,255 0,345
680	600	160	0,306
980	900	70 160 220	0,205 0,440 0,580

Aus einer derartigen Tabelle kann für den entsprechenden Heizkörpertyp die Beschichtungsfläche pro Heizkörperglied in Abhängigkeit von Nabenabstand, Bauhöhe und Bautiefe abgelesen werden.

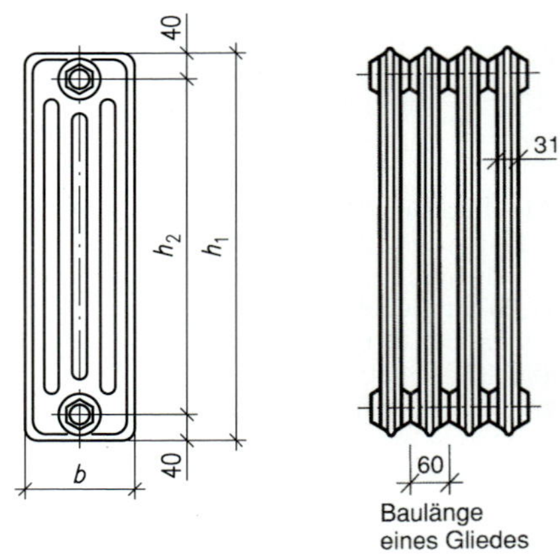

Abmessungen und Oberfläche von Stahlradiatoren nach Tabelle 3 DIN 4703-1

Bauhöhe h_1 in mm	Nabenabstand h_2 in mm	Bautiefe b in mm	Oberfläche je Glied in m^2
300	200	160 250	0,105 0,160
400	350	110 160 220	0,105 0,155 0,210
600	500	110 160 220	0,140 0,205 0,285
1 000	900	110 160 220	0,240 0,345 0,480

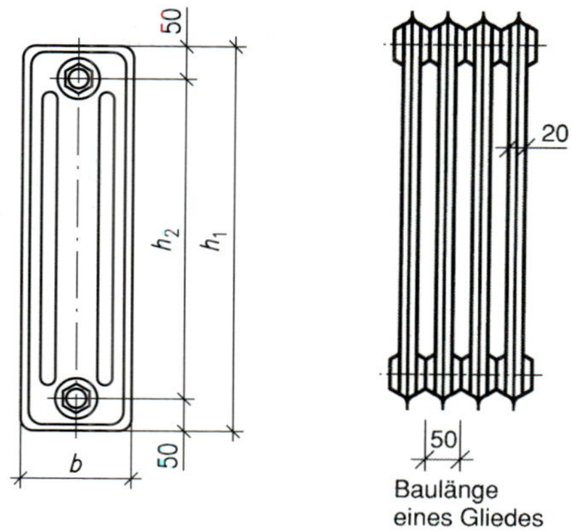

■ **Beispiel 18.2:**

Ein Stahlradiator nach DIN 4703 mit 28 Heizgliedern, Bauhöhe h_1 600 mm, Bautiefe b 160 mm, soll lackiert werden.
Schreiben Sie mithilfe der obenstehenden Tabelle das Aufmaß.
Lösung:
Tabellenwert = 0,205 m² Beschichtungsfläche/Glied

28 · 0,205 m² Beschichtungsfläche/Glied
A = 5,74 m²

Beachten Sie: Beim Ablesen der Tabellenwerte müssen die Angaben vollständig, auf drei Kommastellen genau, übernommen werden. Das Runden auf zwei Kommastellen verfälscht die Ergebnisse für die Beschichtungsflächen zu sehr, weil besonders bei Großprojekten durch die Multiplikation der Gliederzahl mit gerundeten Werten erhebliche Abweichungen auftreten. Weitere Tabellen zur Bestimmung der Heizkörperanstrichflächen sind im Anhang B 4 „Grundlagen der Preisberechnung im Maler- und Lackiererhandwerk", DVA, 2017, S. 467–482 enthalten.

18.2 Bauteile nach Längen- und Flächenmaß

Für Beschichtungen von Stahlbauteilen, für die eine Festigkeitsberechnung (Statik) erforderlich ist, gilt die VOB, ATV DIN 18364 (Korrosionsschutzarbeiten an Stahl- und Aluminiumbauten September 2019 redaktionell überarbeitet).
Die Flächenmaßabrechnung beschränkt sich dort auf Profile, deren abgewickelter Umfang > 100 cm ist. Stahlbauprofile mit einer Abwicklung ≤ 100 cm sind nach Längenmaß abzurechnen, denn Arbeitszeit und Werkstoffaufwand verringern sich kaum bei kleiner werdender Abwicklung. Die Messlinie bei gekrümmten Bauteilen liegt immer im Außenbogen. Alle Abrechnungseinheiten müssen nach Bauart und nach Abmessung getrennt aufgelistet werden. Zur Vereinfachung der Abrechnung werden Öffnungen und Aussparungen ≤ 0,10 m² Einzelgröße übermessen.

■ **Beispiel 18.3:**

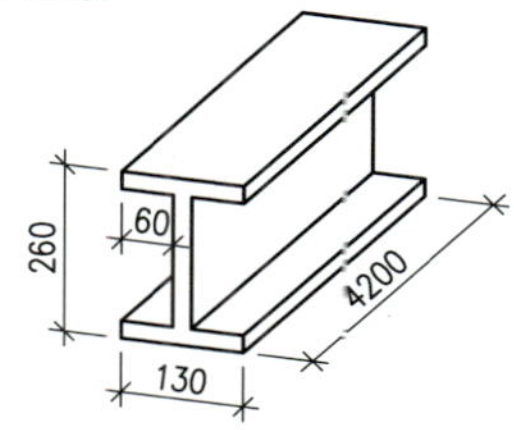

Schreiben Sie das Aufmaß für drei I-Träger (sprich: Doppel-T-Träger) mit den in der Zeichnung eingetragenen Maßen.

Lösung:
3 · (0,13 + 0,26 + 0,06 · 2) · 2 · 4,20
A = 12,85 m²

Beachten Sie: Die Stirnflächen der Träger werden nicht berücksichtigt. Die Beschichtungsfläche wird nach Flächenaufmaß ermittelt, weil die Profilabwicklung 102 cm beträgt und damit > 100 cm ist.

■ **Beispiel 18.4:**

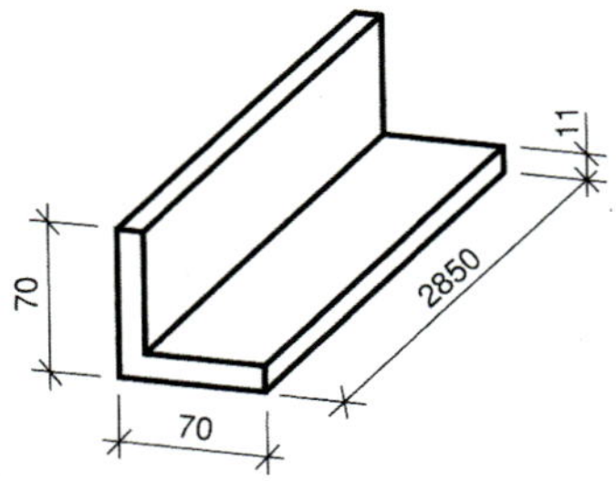

Schreiben Sie das Aufmaß für fünf gleichschenklige Winkelstähle mit den in der Zeichnung eingetragenen Maßen.

Lösung:
Die Abwicklung ergibt ein geringeres Maß als 100 cm (70 mm · 4 = 280 mm).
Deshalb erfolgt die Abrechnung nach Längenmaß für Winkelstähle 70 × 70 × 11
5 · 2,85 = 14,25 m

18.3 Stahlprofile, Abrechnung nach Tabellen

I-, H- und U-Profile sind die im Stahlbau am meisten verwendeten Profile, die bei Abmessungen ≥ 80 mm im Handel als Formstahl geführt werden. Bei den I- und H-Profilen werden fast ausschließlich parallelflanschige Profile eingebaut, bei den U-Profilen werden auch noch solche mit geneigten Flanschen eingesetzt.

Die Bezeichnung für ein einzelnes Profil setzt sich aus dem Kurzzeichen der Reihe und der Nennhöhe zusammen, z. B. IPE 140. Die Nennhöhe entspricht der Profilhöhe. Für die Kurzzeichen der Reihen gelten alternativ die deutschen oder die europäischen Bezeichnungen, z. B. IPB 180 = HEB 180.

Die Stahlwerke bieten noch abgeleitete Reihen an, z. B.:

IPE a	(leichte Ausführung)
IPE o	(optimierte Ausführung)
IPE v	(verstärkte Ausführung)
HEAA	(besonders leichte Ausführung)
HL	(besonders breite Flansche und große Höhen)
HD	(Breitflansch – Stützenprofile)
HP	(Breitflansch – Pfähle)

Handelsübliche parallelflanschige Profilreihen

Bezeichnung	mittelbreite I-Träger	breite I-Träger, leichte Ausführung	breite I-Träger	breite I-Träger, verstärkte Ausführung	U-Profilstahl
deutsch	IPE-Reihe	IPB l-Reihe	IPB-Reihe	IPB v-Reihe	U-Reihe
europäisch		HEA-Reihe	HEB-Reihe	HEM-Reihe	UPE-Reihe
Form	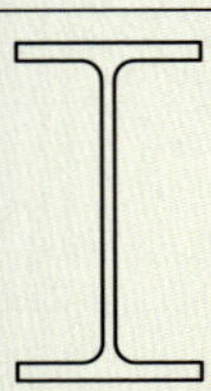	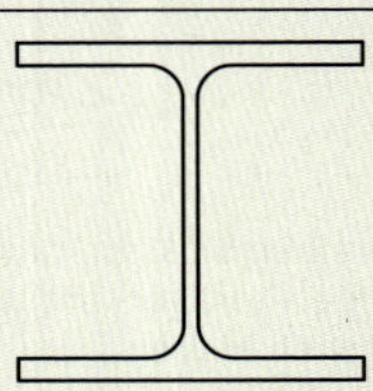	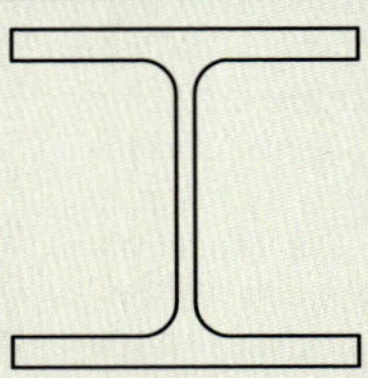	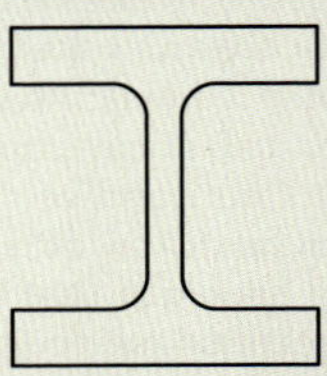	
Höhe *h* in mm	80–600	96–990	100–1000	120–1008	80–400
Breite *b* in mm	46–220	100–300	100–300	106–302	50–115
Norm	DIN EN 1025-5	DIN EN 1025-3	DIN EN 1025-2	DIN EN 1025-2	DIN EN 1026

Genormte oder standardisierte Bauteile werden nach örtlichem Aufmaß und bei Aufmaß nach Zeichnung anhand von Tabellen abgerechnet. Die Abwicklung der Profile bzw. die Beschichtungsfläche je m kann aus den entsprechenden Tabellen der DIN-Normen oder der Profilbücher der Hersteller abgelesen werden. Die Profillänge wird mit der in der Tabelle angegebenen Beschichtungsfläche multipliziert. Praxishilfen für die Beschichtungsflächenberechnung von Stahlkonstruktionen finden Sie auch im Anhang B 8 von „Grundlagen der Preisberechnung im Maler- und Lackiererhandwerk" hrsg. vom Hauptverband Farbe Gestaltung Bautenschutz, 2017, S. 486–502 Oberflächenberechnung für die Beschichtung von Stahlkonstruktionen. Auszüge aus den Tabellen zu Abmessungen und Beschichtungsflächen von Stahlteilen finden Sie auf den Seiten 199 und 200.

Beachten Sie: Die Stahlbaumaße werden in der Regel in mm angegeben, für das Maleraufmaß müssen sie also in m umgerechnet werden.

■ **Beispiel 18.5:**

In einer Stahlkonstruktion sind drei normale I-Träger INP 300 mit einer Länge von je 3,25 m zu beschichten.

Lösung:
Der Tabellenwert nach DIN EN 10024 für die Beschichtungsfläche beträgt 1,03 m^2/m. (Tabelle Seite 199)
$3 \cdot 3{,}25 \cdot 1{,}03$
$A = \underline{\underline{10{,}04\ m^2}}$

In den angeführten Tabellen werden auch Angaben über die Beschichtungsfläche je Tonne des entsprechenden Profils gemacht. Diese Abrechnungsmethode hat den Nachteil, dass nur Konstruktionsteile mit gleichen oder kaum voneinander abweichenden Profilen verglichen werden können. Nur unter dieser Bedingung kann das Verhältnis zwischen Beschichtungsfläche in m^2 und Gewicht in t mit ausreichender Genauigkeit angegeben werden.

Folgende Unterschiede ergeben sich beispielsweise nach Anhang B 6 „Grundlagen der Preisberechnung im Maler- und Lackiererhandwerk", DVA, 2017, S. 485, bei der gewichtsabhängigen Betrachtungsweise:

Kleinprofile	85 $m^2/t \cdots$ 38 m^2/t;
Normalträger	51 $m^2/t \cdots$ 10 m^2/t;
Breite Träger	28 $m^2/t \cdots$ 10 m^2/t.

18.4 Werkstoff- und Materialbedarf

Aus brandschutztechnischen Gründen werden auf Stahl Spezialbeschichtungsstoffe aufgebracht. Für die Wirksamkeit eines schaumschichtbildenden Brandschutzsystems auf Stahlstützen und Stahlträgern ist die Schichtdicke maßgebend. Zur Bestimmung der erforderlichen Trockenschichtdicke eines derartigen Brandschutzsystems ist der *U/A*-Wert (Quotient aus Umfang *U* und Querschnittsfläche *A*, Einheit 1/m = m^{-1}) des betreffenden Stahlbauteils heranzuziehen. Die Anzahl der Arbeitsgänge und der Materialbedarf sind abhängig von der Auftragsart, dem Stahlprofil, der Oberflächenanforderung und der geforderten Schichtdicke. Beim Streichen oder Rollen sind mehr Arbeitsgänge erforderlich. Mithilfe der U/A-Werte sind die geforderten Schichtdickenwerte den Produkt-Datenblättern der Spezialbeschichtungsstoff-Hersteller entsprechend der Zertifikate durch Prüfinstitute zu entnehmen.
Für Stahlstützen und -träger mit niedrigen *U/A*-Werten sind die Auftragsmengen an Feuerschutzmitteln herabgesetzt. Ein niedriger *U/A*-Wert zeigt eine kleine Oberfläche im Verhältnis zum eingeschlossenen Volumen und damit auch eine langsamere Erwärmung an als beispielsweise bei einem schlanken und flachen Bauteil mit größerer Oberfläche und dadurch hohem *U/A*-Wert.

Die Festlegung der notwendigen Schichtdicken hängt von dem Verhältnis des beflammbaren Querschnittsumfangs zur Querschnittsfläche (*U/A*-Wert), der Profilart (offen/geschlossen) und der Bauteilart ab. Der in der DIN 4102-4 bisher verwendete Verhältniswert *U/A* (Profilfaktor) entspricht dem Verhältniswert A_p/V in DIN 1993-1-2 (Tragwerksbemessung im Brandfall).

Vereinfachte Tabelle zur Bestimmung der erforderlichen Schichtdicken von Brandschutzbeschichtungen nach Angaben der Beschichtungsstoffhersteller in den Technischen Merkblättern.
Für die angewandten Produkte gelten die Angaben der Produkthersteller entsprechend den Normen, Zertifizierungen und Prüfzeichen.

Beispiele für Stahlteile bei Feuerwiderstandsklasse F 60 und F 90

Bauteile	Profile	Feuerwiderstandsklasse	Profilbeiwert U/A in m^{-1}	Schichtdicken trocken in µm
Träger, Druck- und Zugglieder	offen	F 60	≤ 300	3000
			≤ 245	2800
			≤ 230	2600
			≤ 205	2300
			≤ 190	2200
			≤ 170	2100
		F 90	≤ 160	3500
			≤ 140	3300
			≤ 130	3100
			≤ 120	2900
			≤ 110	2700
			≤ 100	2500
			≤ 90	2350

Weitergehende Informationen zu Brandschutzbeschichtungen auf Stahl sind in dem Handbuch „Grundlagen der Preisberechnung im Maler- und Lackiererhandwerk“, hrsg. vom Hauptverband Farbe Gestaltung Bautenschutz, 2017, Abschnitt Brandschutzbeschichtungen auf Stahl, enthalten.

■ **Beispiel 18.6:**

Auf acht breite I-Träger IPB 280, Querschnittsfläche 131 cm^2 (dieser Wert für die Querschnittsfläche des Stahlprofils kann aus der Tabelle 1 DIN 1025-2 abgelesen oder mit den Maßen für die Steg- und Flanschbreite errechnet werden) als Stützen in einer 6,50 m hohen Halle soll ein schaumschichtbildendes Brandschutzsystem aufgetragen werden. Bestimmen Sie die erforderliche Werkstoffmenge der Feuerschutzfarbe bei einem Festkörpergehalt von 60 % für das Airless-Spritzverfahren.

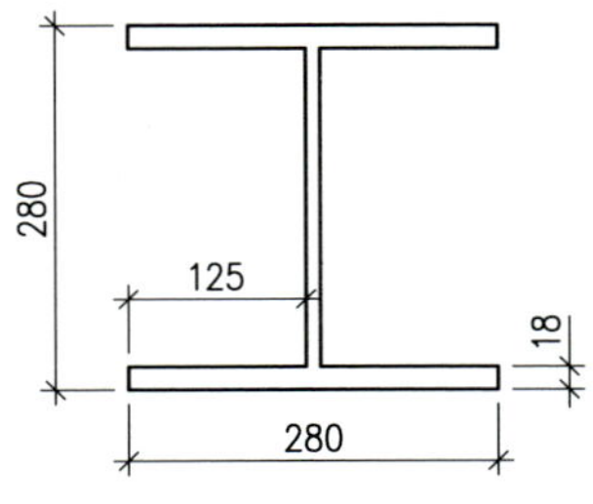

Lösung:

$A_B = 1{,}62\ m^2/m$

(abzulesen aus Tabelle auf S. 200)

$U = 0{,}28 \cdot 4 + 0{,}125 \cdot 4 = 1{,}62\ m$ (siehe dazu den Wert für die Beschichtungsfläche bei 1 m Profillänge)

$$\frac{U}{A} = \frac{1{,}62\ m}{131\ cm^2} = \frac{1{,}62\ m}{0{,}0131\ m^2} = 124\ m^{-1}$$

$124\ m^{-1} < 130\ m^{-1}$

Aus der Tabelle ergibt sich eine Trockenschichtdicke von 3 100 µm. Bei einem Festkörpergehalt von 60 % ist folgende Nassschichtdicke erforderlich:

$$\frac{3\,100\ \mu m \cdot 100\ \%}{60\ \%} = 5167\ \mu m$$

Unter der Voraussetzung, dass für 1 µm Nassschichtdicke 1 ml Beschichtungsstoff benötigt wird (s. Kapitel 11, S. 61), errechnet sich die Auftragsmenge:

$5167\ ml/m^2 = 5{,}167\ \ell/m^2$

$A_B = 8 \cdot 6{,}50\ m \cdot 1{,}62\ m^2/m$

$= 84{,}24\ m^2$

Die dafür erforderliche Werkstoffmenge beträgt $84{,}24\ m^2 \cdot 5{,}167\ \ell/m^2 = \underline{\underline{435{,}268\ \ell}}$

Heizkörper

18.1 Berechnen Sie die Beschichtungsfläche an einem älteren Heizkörpermodell mit 24 Heizgliedern, einer abgewickelten Bautiefe von 17 cm und einer Bauhöhe von 95 cm.

18.2 In einem Verwaltungsgebäude sind in 68 Büroräumen jeweils gleiche Heizkörper älterer Bauart zu lackieren. Jeder Heizkörper hat 18 Heizkörperglieder mit einer abgewickelten Bautiefe von 21 cm und einer Höhe von 68 cm.
Schreiben Sie das Aufmaß, und berechnen Sie die Beschichtungsfläche.

18.3 In einem Hotel mit 14 Gästezimmern, in denen je ein Gussradiator nach DIN 4703 steht mit 24 Heizkörpergliedern, Nabenabstand 500 mm und Bautiefe 160 mm, sind die Heizkörper mit Acryllack lackiert worden.
Schreiben Sie das Aufmaß, und berechnen Sie die Beschichtungsfläche.

18.4 Berechnen Sie nach einem fachgerechten Aufmaß die Gesamtfläche für die Heizkörperbeschichtung bei einem Großauftrag.

Stück	Gliederzahl	Material	Bautiefe in mm	Bauhöhe in mm
8	16	Guss	70	580
15	18	Stahl	110	600
2	8	Stahl	110	400
1	32	Guss	220	980
7	14	Stahl	160	400
22	26	Guss	250	280

18.5 Berechnen Sie die gedämmten Rohrleitungen (⌀ 290 mm) einer Heißdampfheizung nach folgendem Längenaufmaß:
$(4 \cdot 4{,}26 + 2 \cdot 1{,}75 + 3{,}85 + 3 \cdot 5{,}12) \cdot 2$
Überlegen Sie, ob Sie Längen- oder Flächenaufmaß aufnehmen müssen.

18.6 In einem Einfamilienwohnhaus ist das Aufmaß für die Heizkörperbeschichtung zu erstellen und die Fläche sowie die Länge der Anschlussrohre zu ermitteln.

Raum	Stahlradiatoren DIN 4703		Heizkörperglieder	Heizkörper	Anschlussrohre ⌀ 1/2"
	h_2 in mm	*b* in mm			
Wohnzimmer	350	220	44	2	$2 \cdot 2 \cdot 0{,}40$
Esszimmer	500	160	24	1	$2 \cdot 0{,}30$
Küche	500	220	18	1	$2 \cdot 0{,}40$
Schlafzimmer	500	110	14	2	$2 \cdot 2 \cdot 0{,}50$
Bad	900	160	16	1	$2 \cdot 0{,}20$
Gästezimmer	500	110	18	1	$2 \cdot 1{,}10$
Kinderzimmer	900	110	26	1	$2 \cdot 0{,}35$
WC	900	110	8	1	$2 \cdot 1{,}05$
Flur	200	160	16	1	$2 \cdot 0{,}25$

18.7 Schreiben Sie die Aufmaße für die Gussradiatoren nach zwei verschiedenen Arten
a) mit Tabelle nach DIN 4703,
b) nach Aufmaß am Objekt nach den Messwerten der Tabelle.
Berechnen Sie den Flächenunterschied in m² und in Prozent.

Pos.	Bautiefe *b* in mm	Nabenabstand h_2 in mm	abgelesener Tabellenwert in m²/Glied	Bauhöhe h_1 in m	Gemessene Tiefe in cm	Gliederzahl	Heizkörperzahl
1	220	900	?	0,98	25	12	4
2	160	500	?	0,58	19	15	3
3	110	500	?	0,58	13	16	7
4	70	900	?	0,98	9	9	1
5	250	200	?	0,28	27	11	16
6	160	900	?	0,98	20	18	1
7	160	350	?	0,43	18	14	14
8	220	350	?	0,43	22	22	21
9	160	600	?	0,68	18	28	23
10	70	500	?	0,58	9	14	5

18.8 Für einen Kostenvoranschlag zur Heizkörperbeschichtung von 12 Stahlradiatoren nach DIN 4703 mit je 16 Gliedern, $h_1 = 600$ mm und $b = 220$ mm, geben vier Malermeister ein Angebot ab.
Meister A benutzt die Heizflächentabelle.
Meister B misst mit dem gestreckten Gliedermaßstab die Bautiefe mit 19 cm.
Meister C umwickelt ein Heizkörperglied mit dem Maßband und misst dabei 42 cm.
Meister D wickelt mit dem Bandmaß die Vertiefungen einer Heizkörpergliedseite ab und misst dabei 22 cm.
Alle vier Malermeister haben die gleiche Bauhöhe von 60 cm gemessen.

a) Schreiben Sie die Aufmaße nach den unterschiedlichen Messverfahren der Malmeister.

b) Berechnen Sie die Beschichtungsflächen nach den vier Aufmaßen.

c) Um wie viel Prozent weichen die Beschichtungsflächen der Meister B, C, D vom Aufmaß des Malermeisters A nach der Tabelle ab?

Stahlkonstruktionen

18.9 Berechnen Sie die Beschichtungsfläche für 14 I-Träger, wie in der Zeichnung dargestellt.
Ermitteln Sie die erforderliche Werkstoffmenge bei einem Verbrauch an Korrosionsschutzfarbe von 385 ml/m².

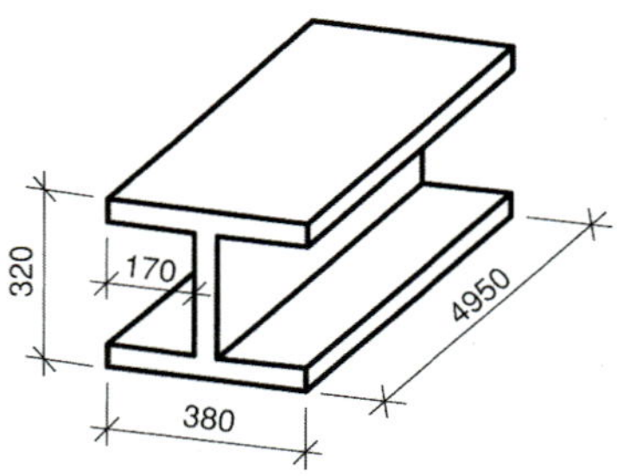

18.10 bis **18.23** Erstellen Sie die Aufmaße und berechnen Sie die Beschichtungsflächen bzw. Beschichtungslängen für die angegebenen Stahlbauteile in den entsprechenden Profilquerschnitten.

	Profilquerschnitt	Einzellänge	Stückzahl
18.10	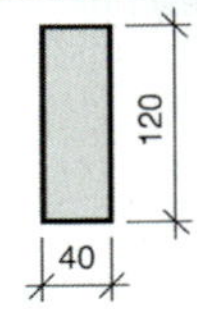	6250 mm	14
18.11	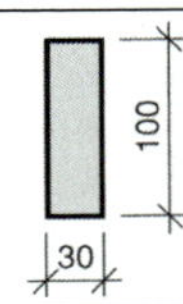	4800 mm	8
18.12	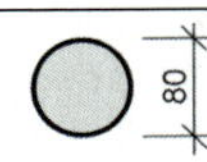	3350 mm	7
18.13	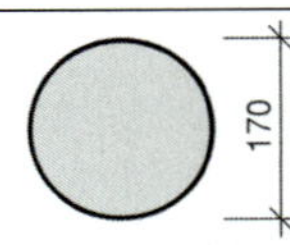	5450 mm	5
18.14	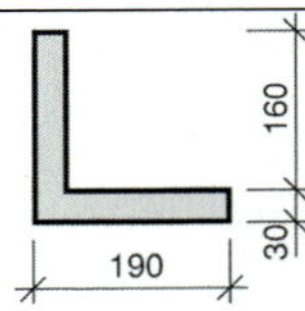	8200 mm	2
18.15	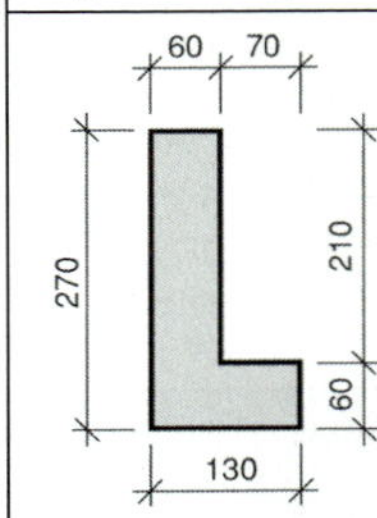	4500 mm	4
18.16	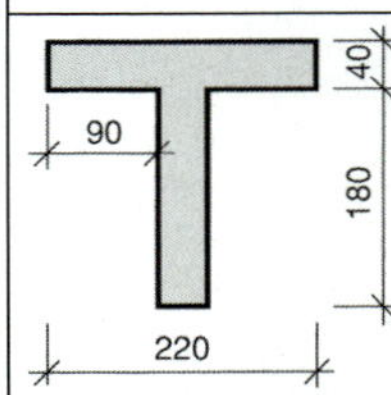	4750 mm	7
18.17	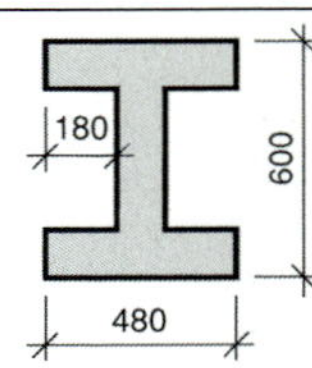	6500 mm	4

	Profilquerschnitt	Einzellänge	Stückzahl
18.18	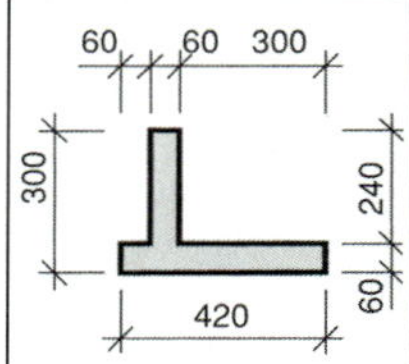	5750 mm	3
18.19	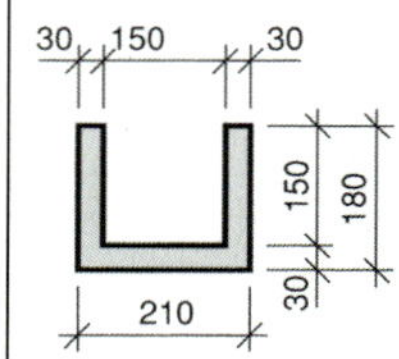	3900 mm	4
18.20	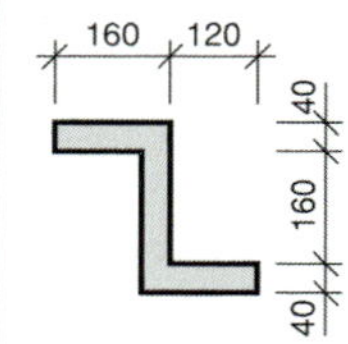	5500 mm	3
18.21	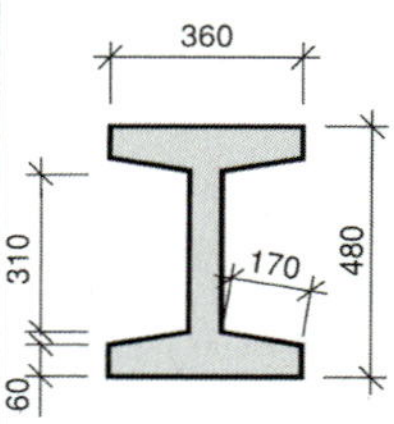	71500 mm	14
18.22	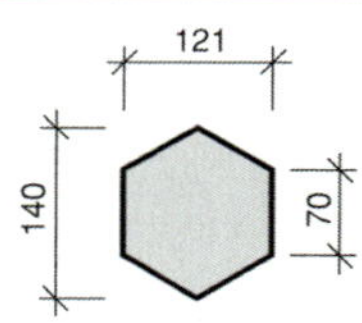	8200 mm	2
18.23	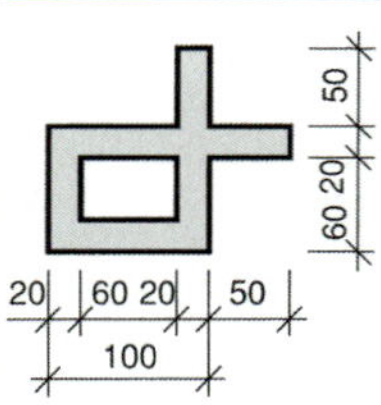	4100 mm	12

18.24 Die Korrosionsschutz-Beschichtung einer Stahlkonstruktion für eine Fahrzeughalle ist aufzumessen und abzurechnen. Laut Stahlbauliste wurden folgende Normstahlteile eingebaut (INP ist die Bezeichnung für schmale I-Stahlprofile mit geneigten Innenflächen der Flansche.):

6 Stück normale I-Träger INP 80, je 3,85 m lang

2 Stück normale I-Träger INP 260, je 5,10 m lang,

4 Stück normale I-Träger INP 320, je 6,50 m lang,

12 Stück mittelbreite I-Träger IPE 180, je 5,50 m lang,

8 Stück breite I-Träger IPB 220, je 6,85 m lang.

10 Stück hochstegiger T-Stahl T 100, je 7,50 m lang.

a) Erstellen Sie ein Aufmaß nach VOB getrennt nach Längenaufmaß und nach Flächenaufmaß.

b) Berechnen Sie die Beschichtungsfläche, und stellen Sie die Werkstoffmenge bei einem Verbrauch von 400 ml/m² für ein Dickschicht-Korrosionsschutzsystem fest.

18.25 Ein Dickschicht-Korrosionsschutzsystem in Industrieatmosphäre soll eine Mindesttrockenschichtdicke von 240 µm aufweisen.
Berechnen Sie die Werkstoffmenge an thixotropem Beschichtungsmaterial bei einem Festkörpergehalt von 80 % für 18 IPB 360; jeweils 6,85 m lang.

18.26 In einer Industrieanlage sind Stahlrohre und Vierkant-Hohlprofile farbig lackiert worden. Die Größen der Stahlteile sind der folgenden Tabelle zu entnehmen. Entscheiden Sie jeweils, ob nach Längen- oder nach Flächenmaß abzurechnen ist.
Schreiben Sie die Aufmaße für die Beschichtungsflächen bzw. für die Beschichtungslängen, und berechnen Sie die Ergebnisse.

Pos.	Stück	Einzellänge in m	Bezeichnung	
1	4	5,30	Breitflachstahl	160 × 15
2	8	8,75	Rundstahl	⌀ 40
3	12	3,40	Flachstahl	100 × 20
4	9	6,25	Quadratrohr	60 × 60
5	7	7,30	Rechteckrohr	120 × 80
6	5	4,65	Muffenrohr	⌀ 70
7	3	4,65	Stahlrohr	⌀ 80
8	3	14,85	Stahlrohr	⌀ 250
9	7	17,30	Stahlrohr	⌀ 400
10	14	12,20	Siederohr	⌀ 419
11	2	5,50	Gewinderohr	⌀ 115
12	4	2,20	Hohlprofil	70 × 40

18.27 Fünf Gittermasten einer Überland-Stromleitung sind für ein Angebot zur Korrosionsschutz-Beschichtung zu kalkulieren. Für einen Gittermast sind 86 t Stahl in der Konstruktion verarbeitet worden. Überschlägig kann dabei mit einer Beschichtungsfläche von 25 m² je Tonne Stahlkonstruktion gerechnet werden.
Ermitteln Sie den Werkstoffbedarf für die Gittermasten bei einem Verbrauch von 300 ml/m² Rostschutzfarbe.

18.28 Für den in der Zeichnung dargestellten verschweißten symmetrischen Fachwerkbinder aus Stahl IPE 80 ist das Aufmaß für die Korrosionsschutz-Beschichtung zu erstellen. In die Halle werden insgesamt zwölf solcher Fachwerkbinder eingebaut.

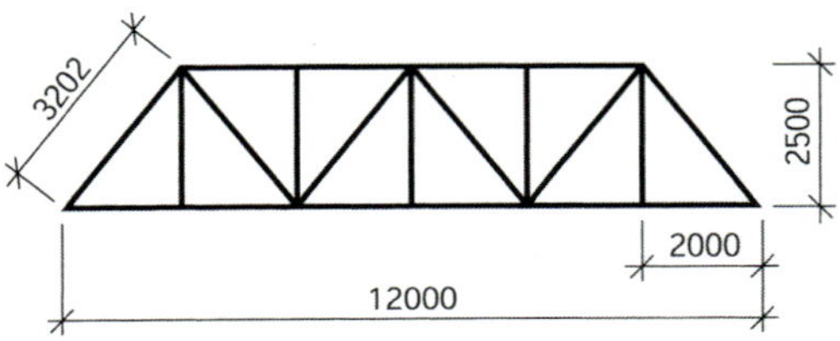

18.29 Die Stahlkonstruktion einer Bahnsteigüberdachung in einstieliger Bauweise und einer Binderentfernung (Stützenabstand) von 6 m bei insgesamt 150 m Bahnsteiglänge soll nach Ausführung der Korrosionsschutz-Beschichtung aufgemessen und abgerechnet werden. Die Aufmaßskizze zeigt einen solchen einstieligen Bahnsteigbinder, der aus IPB 240 zusammengeschweißt ist. Auf diesem Bahnsteigbinder sind jeweils sechs Stahlsparren aus INP 80 angeschweißt. Die Dachuntersicht aus Wellblech 45 × 150 (s. Tabelle in Kapitel 13, S. 80) wurde mitbeschichtet und ist ebenfalls abzurechnen.

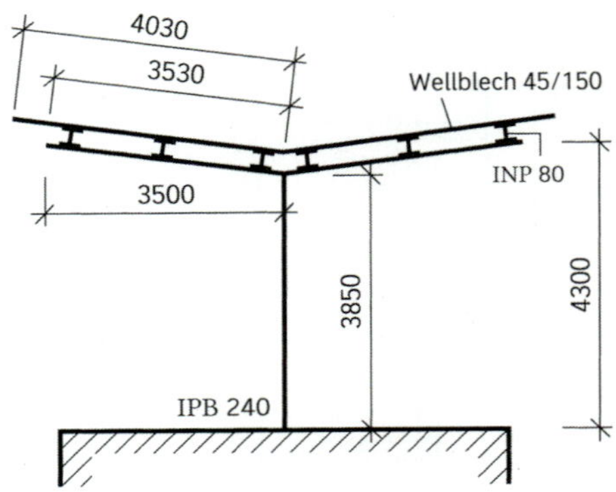

18.30 bis **18.33** Schreiben Sie die Aufmaße, und berechnen Sie die Beschichtungsflächen für die nachfolgend dargestellten Tragwerkkonstruktionen aus Stahlbau-Normteilen.

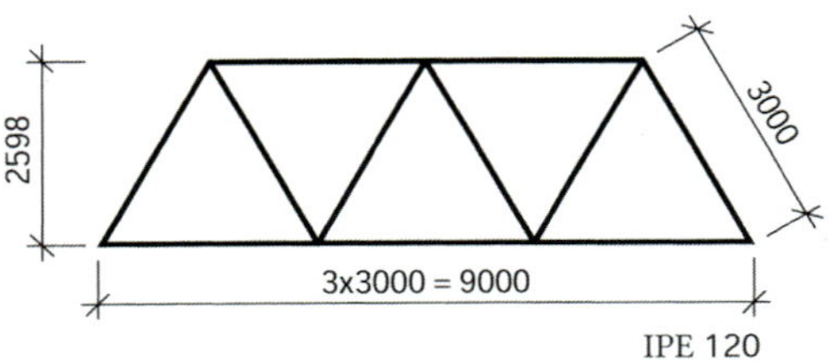

18.30

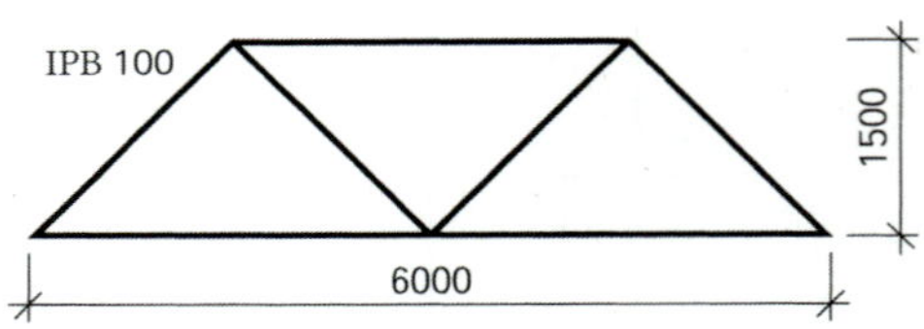

18.31

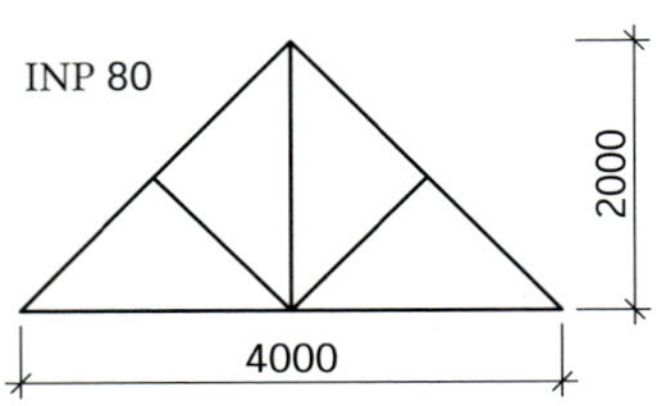

18.32

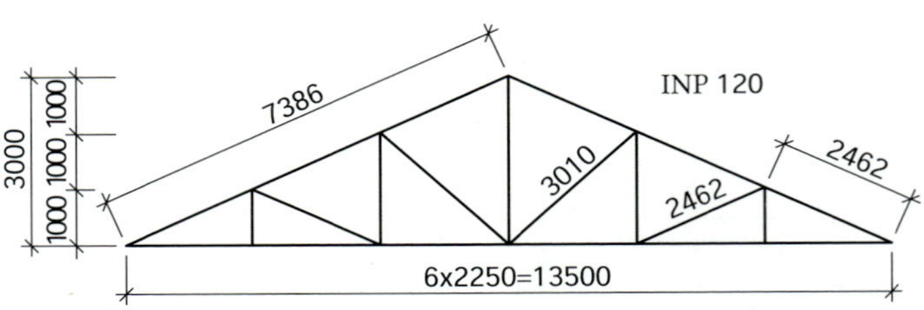

18.33

18.34 bis **18.37** Schreiben Sie die Aufmaße für Beschichtungsarbeiten an den nachfolgend dargestellten Tragwerkskonstruktionen aus Stahlbau-Normteilen. Messen Sie dazu die Längen aus den Zeichnungen und rechnen Sie diese mit dem Maßstab in die wirklichen Längen um. Berechnen Sie die Beschichtungsflächen.

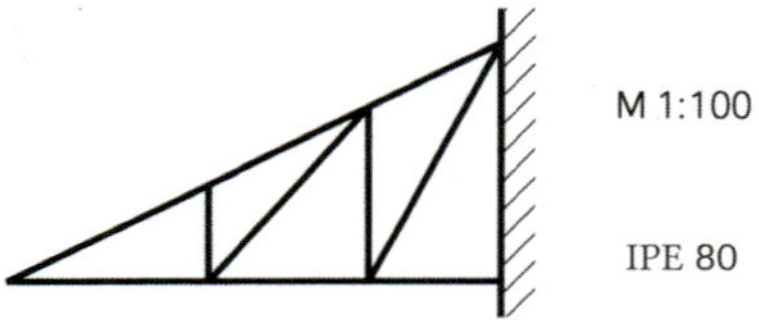

18.34

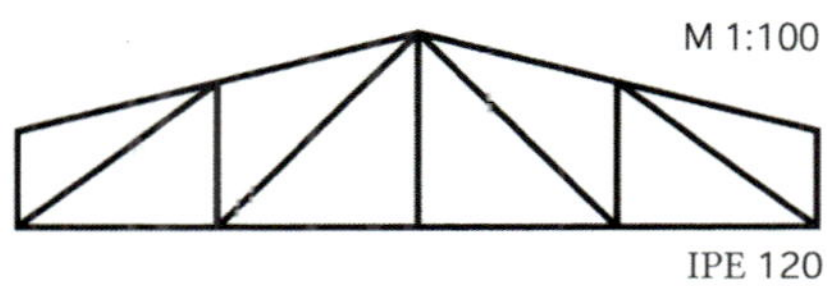

18.35

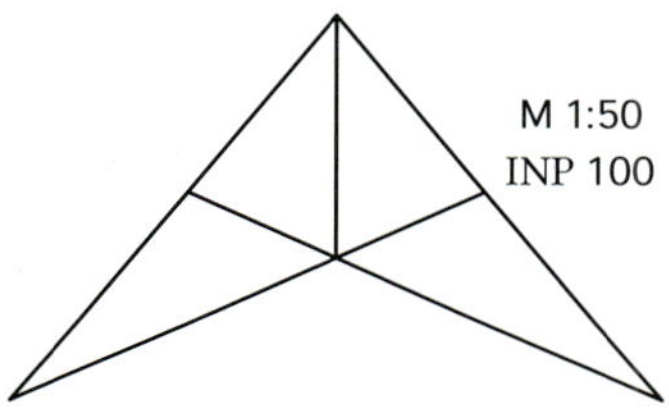

18.36

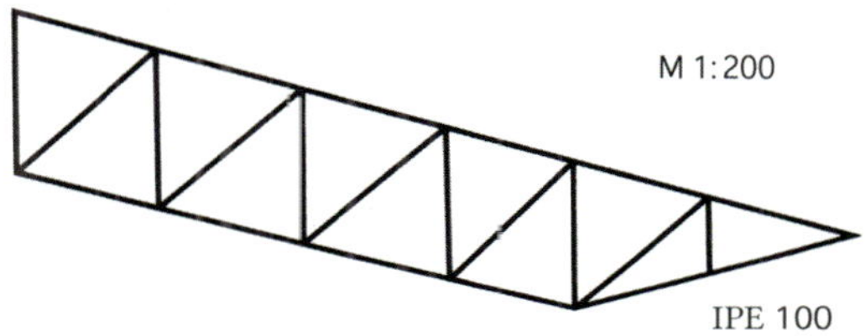

18.37

18.38 Eine Lagerhalle erhält sechs geschweißte Fachwerkbinder aus IPB 100, die mit einem dämmschichtbildenden Brandschutzsystem beschichtet werden.
Ermitteln Sie dazu:

a) den Umfang des Stahlbau-Normteils IPB 100,
b) den *U*/*A*-Wert (Querschnittsfläche 26 cm^2),
c) die Trockenschichtdicke für das Brandschutzsystem nach der Tabelle auf S. 142,
d) die aufzutragende Nassschichtdicke bei einem Festkörpergehalt von 80 %,
e) die Beschichtungsfläche für die sechs Fachwerkbinder (nicht Aufmaß nach VOB),
f) die Werkstoffmenge für das Brandschutzsystem.

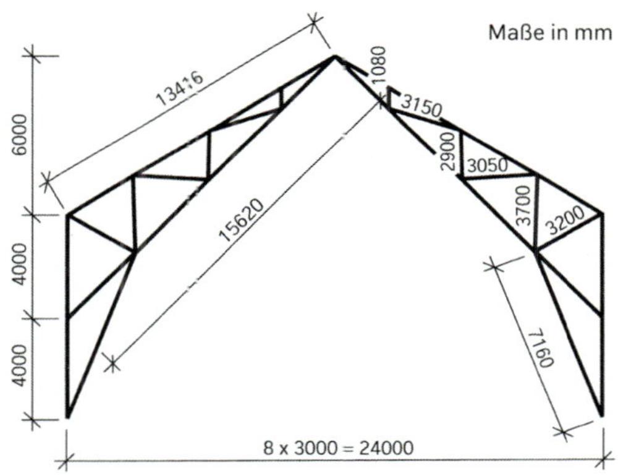

18.39 Zur Verringerung der Eigenlasten wurden in fünf nicht genormten I-Trägern mit abgeschrägten Flanschen die abgebildeten Aussparungen herausgetrennt.
Schreiben Sie die Aufmaße für diese fünf Träger, und berechnen Sie die Beschichtungsfläche.

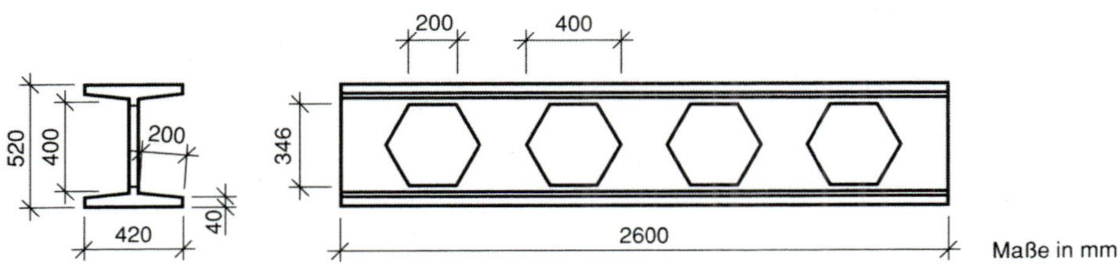

18.40 In einem 6,40 m langen Breitflanschträger IPB 900 sind zur Gewichtseinsparung im Steg fünf Aussparungen wie gezeichnet herausgeschweißt. Schreiben Sie das Aufmaß, und berechnen Sie die Beschichtungsfläche.

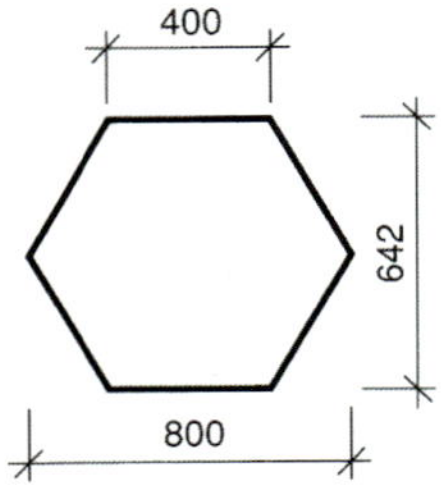

Maße in mm

18.41 In einem 5,30 m langen IPE 400 sind im Steg zur Verringerung der Eigenlasten neun Aussparungen der nachfolgenden Größe herausgetrennt. Schreiben Sie ein ordnungsgemäßes Aufmaß nach den Vorschriften der VOB, und berechnen Sie die Beschichtungsfläche.

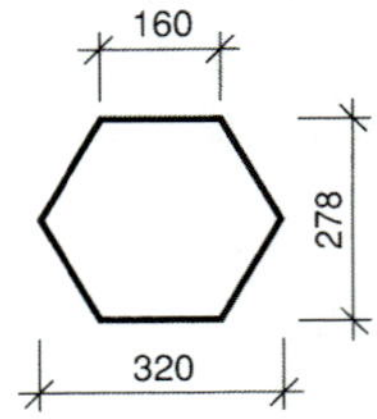

Maße in mm

19 Decken- und Wandbekleidungsarbeiten

Die handelsüblichen Wandbekleidungen in Rollen haben unterschiedliche Maße. Das Standardmaß der Europarolle beträgt 10,05 m × 0,53 m. Mit der Flächenberechnungsformel für das Rechteck (Länge · Breite der Rolle) erhält man die Fläche, die mit einer Wandbekleidungsrolle theoretisch abgedeckt werden kann.

Beispiel 19.1:
Welche Fläche deckt die am häufigsten verwendete Europarolle ab?

Lösung:
$10{,}05\ \text{m} \cdot 0{,}53\ \text{m} = \underline{\underline{5{,}33\ \text{m}^2}}$

19.1 Werkstoff- und Materialbedarf

Beim Tapezieren fallen Reste an, die wegen der verschiedenen Raummaße, besonders wegen der Raumhöhe, sehr unterschiedlich sein können. Um die nutzbare Bekleidungsfläche einer Tapetenrolle näherungsweise zu bestimmen, geht man von prozentualen Abschlägen in Form von Erfahrungswerten aus:

- ansatzfreie Wandbekleidungen 10 % Abzug;
- einfacher Rapport 20 % Abzug;
- großer Rapport/Versatzrapport 30 % Abzug.

Rapport ist die Bezeichnung für die Musterwiederholung des Druckmusters in einer fertigen Wandbekleidung (Walzenumfang, -breite). Beim Einkauf und beim Zuschnitt muss der Rapport berücksichtigt werden, damit das Muster richtig zusammengefügt werden kann.

Symbole der Wandbekleidungsindustrie für den Rapport:

➡ 0 ansatzfrei free match raccord libre	➡ ⬅ gerader Ansatz straight match raccord droit	➡ ⬅ versetzter Ansatz offset match raccord sauté	(z.B. e.g. p.ex.) 53/26,5 Musterhöhe/Versatz design repeat/distance offset hauteur du raccord/décalage

■ **Beispiel 19.2:**

Wie groß ist die nutzbare Fläche einer Europarolle mit einfachem Rapport?

Lösung:
20 % von 5,33 m² = 1,06 m²
5,33 m² – 1,06 m² = 4,27 m²

Rollenmaße einiger Wandbekleidungs-Werkstoffe:

Europarolle Papier-wandbekleidung	10,05 m × 0,53 m
Raufaser	33,50 m × 0,53 m
Raufaser Großrolle	125,00 m × 0,75 m
Textilwandbekleidung	8,15 m × 0,65 m
Naturwerkstoff-Wandbekleidung (Kork)	9,15 m × 0,76 m
Naturwerkstoff-Wandbekleidung (Gras)	7,20 m × 0,91 m

Beachten Sie: Die Methode der Verschnittabschläge ermöglicht nur eine grobe Materialplanung, z. B. für Neubauprojekte. Die Tapezierflächen werden aus den Maßen der Bauzeichnung ermittelt. Restflächen rundet man stets auf ganze Rollen.

■ **Beispiel 19.3:**

Aus einem Bauplan wurde eine zu tapezierende Fläche von 745 m² ermittelt.
Wie viele Rollen Raufaser werden benötigt?

Lösung:

Raufaser (33,50 m × 0,53 m)	17,75 m²/Rolle
abzüglich 10 % Verschnitt	1,78 m²
	15,97 m²
	≈ 16 m²/Rolle

$$\frac{745{,}00\ \text{m}^2}{16{,}00\ \text{m}^2/\text{Rolle}} = 46{,}56 \approx \underline{\underline{47\ \text{Rollen}}}$$

Wenn der Kunde sich die Wandbekleidung verbindlich ausgesucht hat, kann der Rollenbedarf in folgender Weise berechnet werden:

1) Stellen Sie für die zu tapezierenden Flächen durch Abschreiten und Abgreifen der Wände mit einer Rolle die Gesamtzahl der ganzen Bahnen fest, wobei Sie Unterbrechungen durch Öffnungen (Türen, Fenster) nicht mit einbeziehen. Es muss immer auf volle Bahnenbreiten aufgerundet werden.

2) Ermitteln Sie die übergangenen Flächen im Bereich der Türen und Fenster.

3) Berechnen Sie, wie viele Bahnen man aus einer Rolle schneiden kann und wie viele Rollen Wandbekleidung für die ganzen Bahnen erforderlich sind.

4) Überprüfen Sie, ob die Reststücke genügend lang und von der Fläche her ausreichend sind zum Tapezieren im Bereich der Fenster und Türen.

5) Rechnerische Ermittlung:

a) $\frac{\text{Raumabwicklung}}{\text{Bahnenbreite}} = \text{Bahnenzahl}$

b) $\frac{\text{Rollenlänge}}{\text{Raumhöhe + Verschnittzugabe}} = \text{Bahnen/Rolle}$

c) $\frac{\text{Bahnenanzahl}}{\text{Bahnen/Rolle}} = \text{Gesamtrollenzahl}$

■ **Beispiel 19.4:**

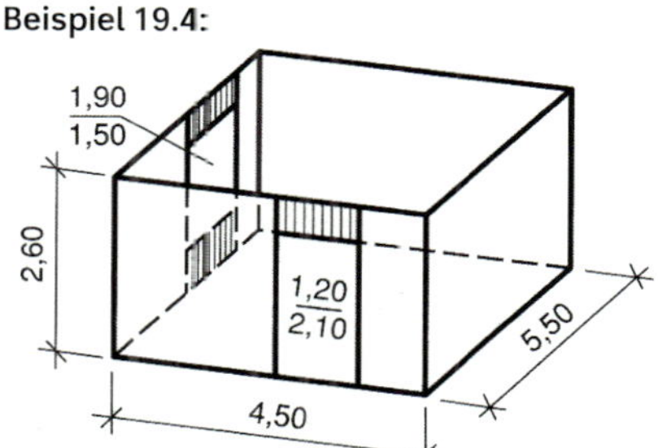

Der abgebildete Raum soll mit einer ansatzfreien Wandbekleidung aus Papier tapeziert werden (Europarollenformat).

Kurzstücke über Fenstern in den Heizkörpernischen werden nicht verarbeitet.
Wie viele Rollen werden benötigt?

Lösung:

a) $\frac{\text{Raumabwicklung}}{\text{Bahnenbreite}} = \text{Bahnenanzahl}$

$\frac{(4{,}50 + 5{,}50) \cdot 2 - (1{,}20 + 1{,}90)}{0{,}53}$

$= \frac{16{,}90 \text{ m}}{0{,}53 \text{ m/Bahn}} = 31{,}9 \text{ Bahnen} \approx 32 \text{ Bahnen}$

b) $\frac{\text{Rollenlänge}}{\text{Raumhöhe + Verschnittzugabe}}$

$= \text{Bahnen/Rolle}$

$= \frac{10{,}05 \text{ m/Rolle}}{2{,}60 \text{ m} + 0{,}05 \text{ m/Bahn}} = 3 \, \frac{\text{Bahnen}}{\text{Rolle}}$

(5 cm Zugabe für sauberen Zuschnitt)

c) $\frac{\text{Bahnenzahl}}{\text{Bahnen/Rolle}} = \text{Gesamtrollenzahl}$

$\frac{32 \text{ Bahnen}}{3 \text{ Bahnen/Rolle}} = 10{,}7 \text{ Rollen} \approx \underline{\underline{11 \text{ Rollen}}}$

■ **Beispiel 19.5:**

Ein Zimmer in einem Altbau wird mit ansatzfreier Wandbekleidung im Europarollenformat tapeziert. Die kurzen Endstücke sollen über dem Fenster, über der Tür und für die Fensterbrüstung verwendet werden.
Wie viele Rollen werden benötigt?

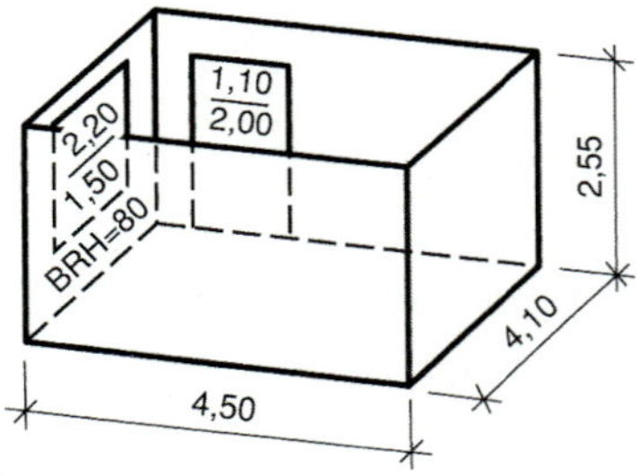

Lösung:

a) Raumabwicklung für die langen Bahnen
$(4{,}50 + 4{,}10) \cdot 2 - (2{,}20 + 1{,}10) = 13{,}90 \text{ m}$

$\frac{13{,}90 \text{ m}}{0{,}53 \text{ m/Bahn}} = 27 \text{ lange Bahnen}$

b) $\frac{\text{Rollenlänge}}{\text{Raumhöhe + Verschnittzugabe}}$

$= \frac{10{,}05 \text{ m}}{2{,}55 + 0{,}05 \text{ m}}$

$= \frac{10{,}05 \text{ m}}{2{,}60 \text{ m}} = 3 \text{ Bahnen/Rolle}$

3 Bahnen · 2,60 m = 7,80 m, Reststück je Rolle 2,25 m

c) $\frac{27 \text{ Bahnen}}{3 \text{ Bahnen/Rolle}} = \underline{\underline{9 \text{ Rollen}}}$

9 Reststücke zu je 2,25 m = 20,25 m

Türsturz
2 Bahnen · 0,60 m = 1,20 m ≙ 1 Reststück
Fensterbrüstung
4 Bahnen · 0,85 m = 3,40 m ≙ 2 Reststücke
Fenstersturz
4 Bahnen · 0,30 m = 1,20 m ≙ 1 Reststück

19.2 Werkstoffbedarf bei Wandbekleidungen mit Rapporten

Die Bahnenlänge beträgt ein ganzes Vielfaches der Rapporte. Hierzu wird der Quotient aus der Höhe der zu bekleidenden Wandfläche und dem Rapportmaß stets aufgerundet. Falls sich die Tapezierhöhe zufälligerweise restlos durch das Rapportmaß teilen lässt, muss noch ein ganzer Rapport zum sauberen Verarbeiten und Zuschneiden zugegeben werden.

■ **Beispiel 19.6:**

Wie viel Rapporte muss eine Bahn haben bei einer Tapezierhöhe von 2,60 m und einer Rapportlänge von 0,13 m?

Lösung:

$\frac{2{,}60 \text{ m}}{0{,}13 \text{ m}} = 20 \text{ Rapporte}$

20 Rapporte + Zugabe = $\underline{\underline{21 \text{ Rapporte}}}$
Bahnenlänge = 2,73 m

■ **Beispiel 19.7:**

Eine 4,20 m lange und 2,70 m hohe Wand soll mit einer Papierwandbekleidung (Europarollen) mit geradem Versatz $\rightarrow|\leftrightarrows_{23}$ tapeziert werden.

Wie viele Rollen werden benötigt?

Lösung:
Tapezierhöhe 2,70 m + 5 cm Zugabe für sauberen Zuschnitt = 2,75 m; Rapportlänge = 23 cm.

$\frac{2{,}75\text{ m}}{0{,}23\text{ m}} = 12$ Rapporte

$12 \cdot 0{,}23\text{ m} = 2{,}76$ m Bahnenlänge

$\frac{10{,}05\text{ m}}{2{,}76\text{ m}} = 3$ Bahnen/Rolle

$\frac{4{,}20\text{ m}}{0{,}53\text{ m}} = 8$ Bahnen

$\frac{8\text{ Bahnen}}{3\text{ Bahnen/Rolle}} = \underline{\underline{3\text{ Rollen}}}$

Beispiel 19.8:

Die dargestellte Wand mit Öffnungen wird mit Textilwandbekleidung 8,15 m × 0,65 m $\rightarrow|\leftarrow_{45}$ tapeziert. Wie viele Rollen werden dafür gebraucht?

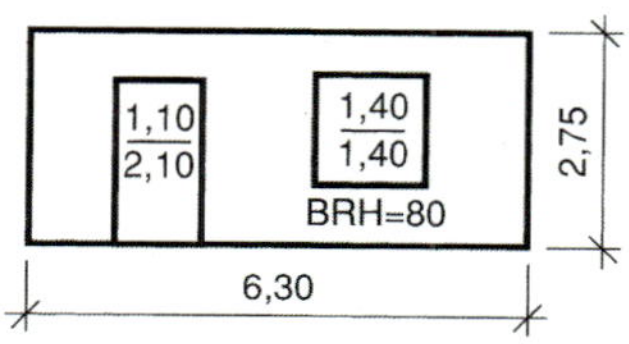

Lösung:

a) Bahnenanzahl

6,30 m	Wandlänge
– 0,65 m	1 lange Bahn (Tür)
– 1,30 m	2 lange Bahnen (Fenster)
4,35 m	für lange Bahnen

$\frac{4{,}35\text{ m}}{0{,}65\text{ m}} = 7$ lange Bahnen

b) Bahnen/Rolle
Tapezierhöhe 2,75 m + 0,05 m = 2,80 m
Rapportlänge 0,45 m

$\frac{2{,}80\text{ m}}{0{,}45\text{ m}} = 7$ Rapporte

$7 \cdot 0{,}45\text{ m} = 3{,}15$ m Bahnenlänge

$\frac{8{,}15\text{ m}}{3{,}15\text{ m}} = 2$ Bahnen/Rolle

c) Gesamtrollenzahl

$\frac{7\text{ lange Bahnen}}{2\text{ Bahnen/Rolle}} = 3{,}5 \triangleq \underline{\underline{4\text{ Rollen}}}$

Reststücke
3 × 1,85 m und 5,00 m
Türsturz
$1 \cdot 2$ Rapporte = 0,90 m ≙ 1 Reststück
Fenstersturz
$2 \cdot 2$ Rapporte = 1,80 m ≙ 1 Reststück
Fensterbrüstung
$2 \cdot 2$ Rapporte = 1,80 m ≙ 1 Reststück

Beachten Sie: Bei geometrischen Mustern und Stiltapeten kann es notwendig sein, wegen der erforderlichen symmetrischen Aufteilung in der Mitte einer Wand zu beginnen.

falsch

richtig

Versetzter Rapport

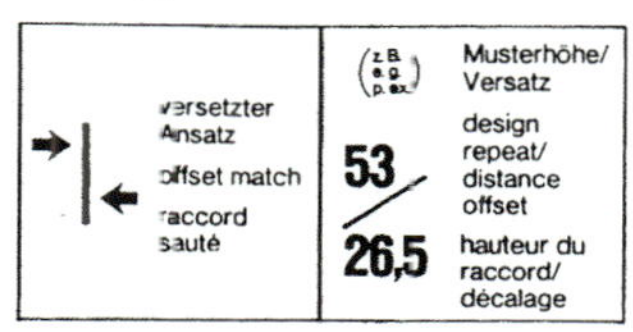

Wandbekleidungen mit versetztem Rapport sind in der Verarbeitung noch materialaufwändiger.

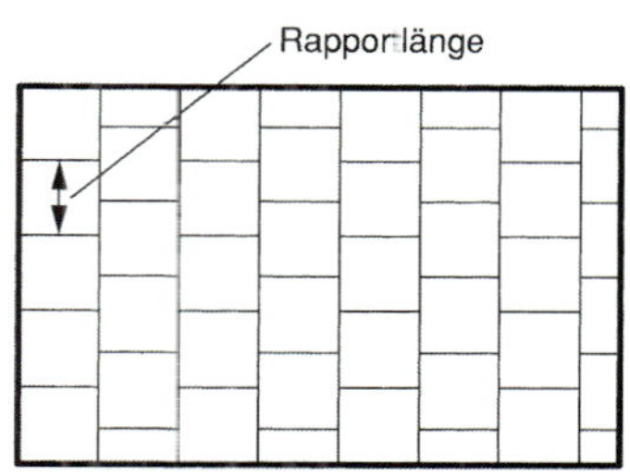

In der Praxis schneidet man beim Tapezieren von Wandbekleidungen mit versetztem Rapport immer zwei Rollen gleichzeitig zu:

- Erste Rolle – ganze Rapporte von Rapportanfang bis Rapportende,
- Zweite Rolle – Teilrapporte von einer Rapportmitte zur nächsten.

Da auch hochwertige Wandbekleidungen mit Kleistergeräten verarbeitet werden, ist die Berechnungsmethode ähnlich wie bei Wandbekleidungen mit geradem Versatz. Es ändert sich nur der Bahnenzuschnitt.

■ **Beispiel 19.9:**

Die Tapezierhöhe einer Wand beträgt 2,90 m, für den Rapport ist 38/2 angegeben.
Wie groß muss die Bahnenlänge sein?

Lösung:

$$\frac{2{,}90\ \text{m}}{0{,}38\ \text{m}} = 7{,}6 \mathrel{\hat{=}} 8\ \text{Rapporte}$$

Bahnenzuschnitt

$$8 \cdot 0{,}38\ \text{m} + \frac{1}{2} \cdot 0{,}38\ \text{m}$$

$$3{,}04\ \text{m} + 0{,}19\ \text{m} = \underline{\underline{3{,}23\ \text{m}}}$$

19.3 Ermittlung des Werkstoffbedarfs nach Tabellen

Tabellen zur Ermittlung des Wandbekleidungsbedarfs findet man in Taschenkalendern und Prospekten der Wandbekleidungs- und Klebstoffindustrie. Es sind nur grobe Werte angegeben. Außerdem müssen evtl. Abzüge für Fenster und Türen berücksichtigt werden. Den Tabellen kann man dann den Bedarf in m² oder in Rollen entnehmen.

Tabelle zur Ermittlung des Bedarfs an Wandbekleidung

Tapezierhöhe in m	Abwicklung der Wände in m	Fläche in m²	Rollenanzahl		Tapezierhöhe in m	Abwicklung der Wände in m	Fläche in m²	Rollenanzahl	
			Europarolle	Raufaser				Europarolle	Raufaser
2,00	5,00	10,00	2	1	2,75	5,00	13,75	3	1
	10,00	20,00	4	2		10,00	27,50	6	2
	15,00	30,00	6	2		15,00	41,25	9	3
	20,00	40,00	8	3		20,00	55,00	11	4
	25,00	50,00	10	3		25,00	68,75	14	4
	30,00	60,00	12	4		30,00	82,50	17	5
2,25	5,00	11,25	3	1	3,00	5,00	15,00	3	1
	10,00	22,50	5	2		10,00	30,00	6	2
	15,00	33,75	7	2		15,00	45,00	9	3
	20,00	45,00	9	3		20,00	60,00	12	4
	25,00	56,25	12	4		25,00	75,00	15	5
	30,00	67,50	14	4		30,00	90,00	18	6
2,50	5,00	12,50	3	1	3,25	5,00	16,25	4	1
	10,00	25,00	5	2		10,00	32,50	7	2
	15,00	37,50	8	3		15,00	48,75	10	3
	20,00	50,00	10	3		20,00	65,00	13	4
	25,00	62,50	13	4		25,00	81,25	17	5
	30,00	75,00	15	4		30,00	97,50	20	6

■ **Beispiel 19.10:**

Bestimmen Sie mit Tabellenwerten den Bedarf an Europarollen für einen Raum der Größe 5,30 m × 6,10 m und einer Tapezierhöhe von 2,65 m ohne Fenster- und Türöffnungen.

Lösung:

Raumabwicklung

$(5{,}30 + 6{,}10) \cdot 2 = 24{,}20$ m

abgelesener Tabellenwert bei 25,00 m Wandabwicklung und 2,75 m Tapezierhöhe

$\underline{\underline{\text{14 Rollen}}}$

19.4 Treppenhauswände

Die Ermittlung der Bahnenanzahl muss auf einer Waagerechten erfolgen. Zur senkrechten Höhe der Treppenhauswand muss cirka ¼ der Tapezierhöhe hinzugerechnet werden. Das Tapezieren an der Schräge wird erleichtert, wenn vor allem der obere Zuschnitt bereits auf dem Tapezierbrett winkelgenau erfolgen kann (verstellbaren Winkel verwenden).

■ **Beispiel 19.11:**

Bestimmen Sie den Rollenbedarf für die schraffierte Fläche.

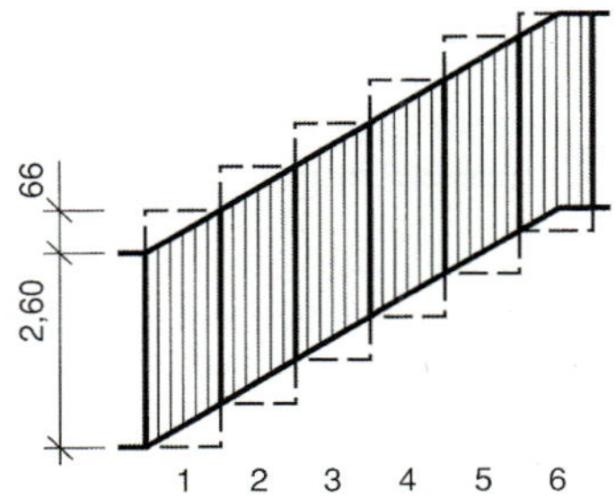

Lösung:
2, 60 m + 0,66 m = 3,26 m ≈ 3,30 m
6 Bahnen je 3,30 m Länge
2 Rollen bei knappem Zuschnitt
3 Rollen bei Wandbekleidungen mit Rapport

Aufmaß und Abrechnung von Tapezierarbeiten

Hierfür gilt die VOB, ATV DIN 18366, Ausgabe September 2016 (Tapezierarbeiten). Im Abschnitt 5 (Abrechnung) sind die gleichen Regeln anzuwenden wie bei den Beschichtungsarbeiten (s. Kapitel 12 und 13). Wird die Lieferung von Wand- und Deckenbekleidungen nach verbrauchter Menge abgerechnet, so ist die tatsächlich verbrauchte Menge nach VOB DIN 18366, Abschnitt 5.2.7 bei wirtschaftlicher Ausnutzung der Werkstoffe zugrundezulegen. Unvermeidbare Reste und Verschnitte gelten dabei als verbraucht.

19.5 Deckensicht- und Dekor-Platten

Deckenplatten aus Styropor werden aus bauphysikalischen Gründen zur Beseitigung von Wärmebrücken, aber auch zur Gestaltung von Deckenflächen eingesetzt. Die Formate mit vielfältigen Oberflächenstrukturen liegen zwischen 30 cm × 30 cm bis 60 cm × 60 cm.
Vor der Verlegung muss mithilfe einer Arbeitsskizze die Platteneinteilung maßgerecht erfolgen, um schmale oder unterschiedlich breite Randstreifen zu vermeiden. Durch sich überkreuzende Schnurschläge von Wandmitte zu Wandmitte legt man den Deckenmittelpunkt fest und beginnt von diesem Punkt aus mit der Verlegung.

■ **Beispiel 19.12:**

Anhand zweier Verlegemuster für Styroporplatten der Größe 50 cm × 50 cm wird die optisch günstigere Einteilung gezeigt.
Bestimmen Sie die jeweils erforderliche Plattenzahl und den Verschnitt.

Lösung:
Plattenbedarf für Einteilung a)
4,20 m ≙ 8,5 Platten
4,70 m ≙ 10 Platten
Bedarf 85 Platten

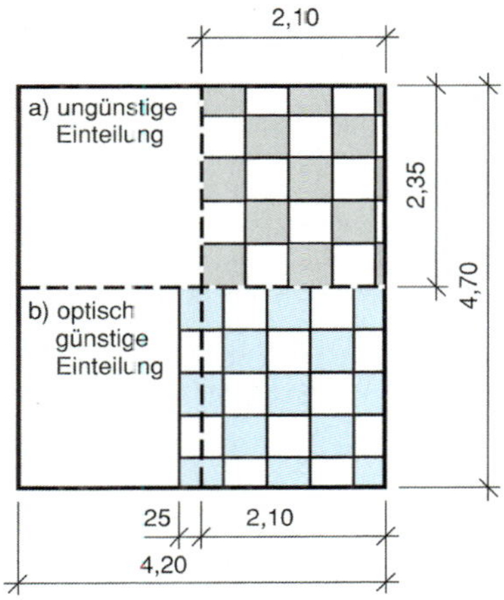

Plattenbedarf für Einteilung b)
9 · 10 = 90 Platten

$A = 4{,}70\ \text{m} \cdot 4{,}20\ \text{m} = 19{,}74\ \text{m}^2$

a) $85 \cdot 0{,}50\ \text{m} \cdot 0{,}50\ \text{m} = 21{,}25\ \text{m}^2$
Verschnitt $1{,}51\ \text{m}^2$ ≙ 7,6 %

b) $90 \cdot 0{,}50\ \text{m} \cdot 0{,}50\ \text{m} = 22{,}50\ \text{m}^2$
Verschnitt $2{,}76\ \text{m}^2$ ≙ 14 %

19.1 Berechnen Sie die theoretische und die nutzbare Bekleidungsfläche für die auf S. 149 angegebenen Wandbekleidungen
a) ansatzfrei,
b) mit einfachem Rapport,
c) mit versetztem Rapport.

19.2 Stellen Sie mit der nachfolgenden Aufstellung fest, wie viele Bahnen sich unter Berücksichtigung der Wandhöhe und des Rapportes aus den Wandbekleidungs-Werkstoffen schneiden lassen.
Berechnen Sie auch den Verschnitt je Rolle in m und in Prozent.

Wandhöhe (Tapezierhöhe) in m	Wandbekleidungsart	Rapport
1,90	Europarolle Raufaser Textil-Wandbekleidung	ansatzfrei – ansatzfrei
2,40	Europarolle Europarolle Naturwerkstoff Kork	ansatzfrei $\rightarrow\|\leftarrow_{22}$ –
2,70	Europarolle Europarolle Naturwerkstoff Gras	ansatzfrei $\rightarrow\|\leftarrow_{35}$ –
3,10	Europarolle Raufaser Großrolle Textil-Wandbekleidung	$\rightarrow\|\leftarrow_{66/2}$ – ansatzfrei

19.3 Ermitteln Sie den Rollenbedarf für einen Raum 4,35 m × 3,90 m (die Tapezierhöhe beträgt 2,55 m, Fenster- und Türöffnungen bleiben unberücksichtigt)
a) mit Europarolle ansatzfrei,
b) mit Raufaser (Normalrolle),
c) mit Textil-Wandbekleidung ansatzfrei.

19.4 Wie viele Rollen brauchen Sie, um den Raum zu tapezieren (ohne Berücksichtigung von Fenster und Türöffnungen), wenn

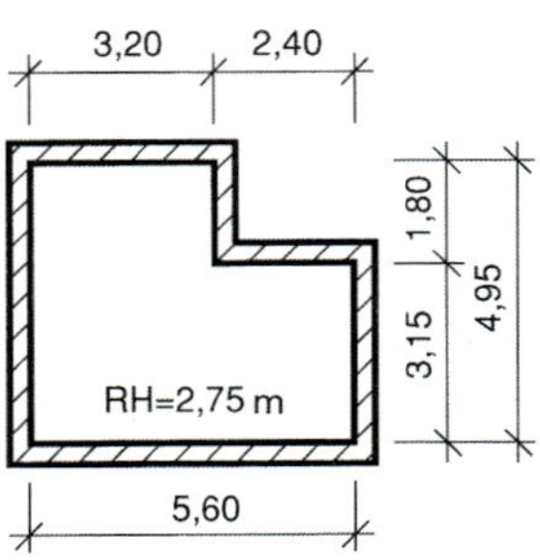

a) Naturwerkstoff-Wandbekleidung Kork,
b) Europarollen $\rightarrow|\leftarrow_{26}$
verwendet werden.

19.5 Berechnen Sie den Rollenbedarf
a) an Raufaser,
b) an Europarollen mit geradem Rapport 18 cm für die Wandflächen in einem Sitzungssaal mit halbrundem Erker. Die Fenster- und Türöffnungen sollen für die Berechnung unberücksichtigt bleiben.

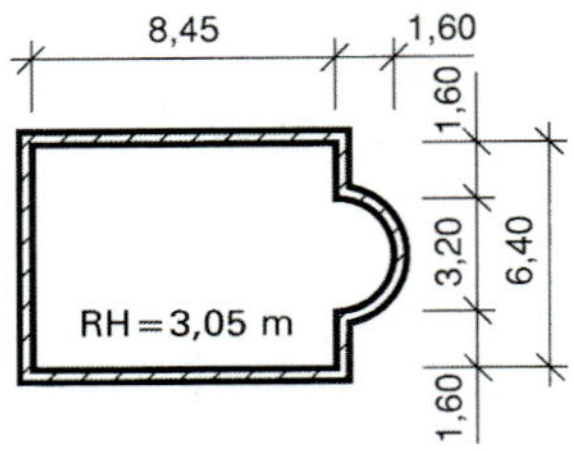

19.6 Ermitteln Sie den Rollenbedarf für ein Schlafzimmer mit den Maßen 4,90 m × 4,30 m, Raumhöhe von 2,70 m, mit zwei Fenstern 1,60 m × 1,50 m, Brüstungshöhe 0,85 m, Tür 1,20 m × 2,10 m.
Vom Kunden wurde eine Europarolle mit geradem Versatz $\rightarrow|\leftarrow_{22}$ ausgesucht.

19.7 Die kreisrunde Empfangshalle eines Verwaltungsgebäudes soll mit Textil-Wandbekleidung, Rapport $\rightarrow|\leftarrow_{45}$ tapeziert werden. Der Raum hat einen Durchmesser von 9,40 m, eine Tapezierhöhe von 3,65 m, zwei Türen 2,10 m × 2,35 m und sechs Fenster 1,45 m × 1,60 m. Die Brüstungshöhe beträgt 0,75 m. Die Brüstungsflächen unter den Fenstern und die 24 cm tiefen Fensterleibungen werden nicht tapeziert, sondern mit Latexfarbe gestrichen.
a) Ermitteln Sie den Bedarf an Textil-Wandbekleidung.
b) Schreiben Sie das Aufmaß für die Decke.
c) Schreiben Sie das Aufmaß für die Wandbekleidung.
d) Schreiben Sie das Aufmaß für die Brüstungsflächen und die Fensterleibungen.

19.8 Ein Wohnzimmer 5,80 m × 4,60 m, 2,85 m hoch, soll mit Europarolle $\rightarrow|\leftarrow_{48/24}$ tapeziert werden.

Der Raum hat eine Tür 1,10 m × 2,10 m und zwei Fenster 1,65 m × 1,40 m; Brüstungshöhe 0,85 m.
a) Berechnen Sie die Rollenzahl.
b) Schreiben Sie das Aufmaß, und berechnen Sie die abrechenbare Bekleidungsfläche.

19.9 Wie viele Europarollen Rapport →|← 42/2 benötigen Sie für die abgebildete Wand?

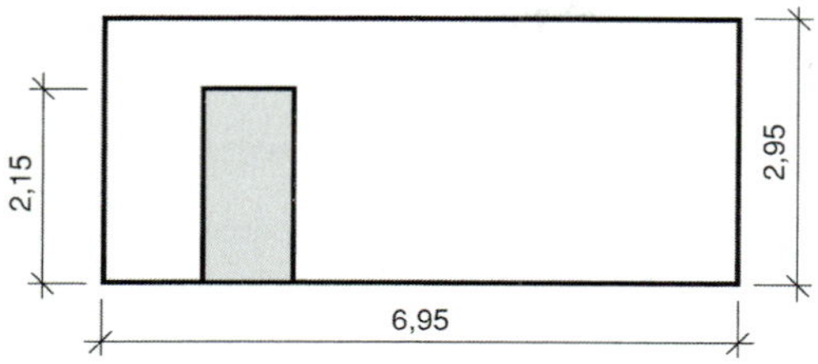

19.10 Der 2,85 m hohe Hausflur einer Altbauwohnung soll tapeziert werden. Die Türen sind 1,10 m × 2,00 m groß.

a) Berechnen Sie sie Anzahl der Europarollen ohne Rapport.

b) Schreiben Sie das Aufmaß nach VOB, und berechnen Sie die Fläche.

c) Berechnen Sie die Länge der Abschlussborte.

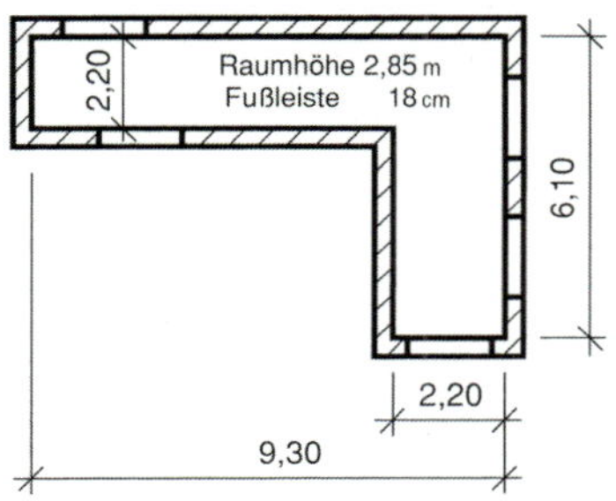

19.11 In einem Wohnzimmer sind die Decke mit Raufaser und die Wände mit Textil-Wandbekleidung zu tapezieren. Die 20 cm tiefen Fensterleibungen werden mit Innendispersionsfarbe beschichtet.

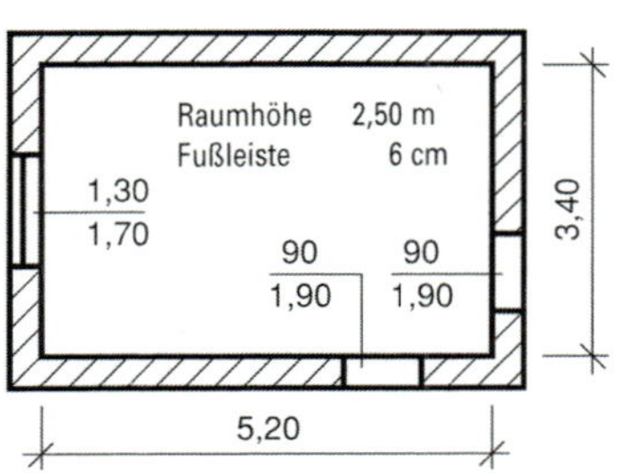

a) Berechnen Sie den Bedarf an Wandbekleidungs-Werkstoffen (ansatzfrei).

b) Schreiben Sie das ordnungsgemäße Aufmaß nach VOB für die zu bearbeitenden Flächen der Decke, der Wand, der Fensterleibungen und der Fußleiste.

19.12 Die im Bild dargestellte Wand mit zwei Pfeilervorlagen soll mit Strukturvinyl-Wandbekleidung im Europarollenformat tapeziert werden.
Als Kantenschutz werden Hart-PVC-Profile auf die Pfeilerecken aufgeklebt.

a) Berechnen Sie den Rollenbedarf für die Strukturvinyl-Wandbekleidung bei einem versetzten Rapport →|← 48/2

b) Wie viel m Eckprofil als Kantenschutz sind anzubringen?

c) Bestimmen Sie die Länge der Abschlussborte.

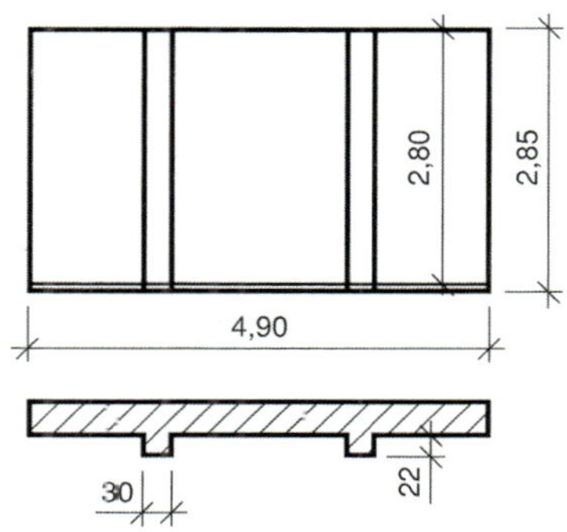

19.13 Schreiben Sie das Aufmaß für Wandbekleidungsarbeiten und ermitteln Sie den Rollenbedarf an Papierwandbekleidung im Europarollenformat mit einer Rapportlänge von 18 cm bei geradem Versatz für die Renovierung des abgebildeten Raumes. Die Fensterleibung wird mittapeziert.

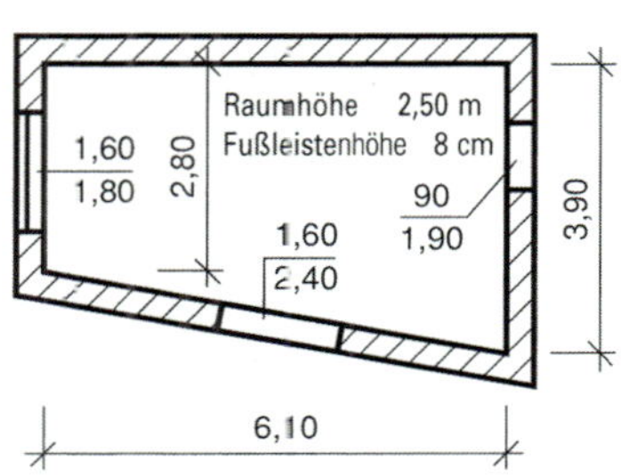

19.14 Der im Bild dargestellte Raum soll tapeziert werden. Wandbekleidungsart Europarolle ohne Rapport.

a) Ermitteln Sie die Rollenzahl.

b) Berechnen Sie den Preis, wenn eine Rolle 35,50 € kostet.

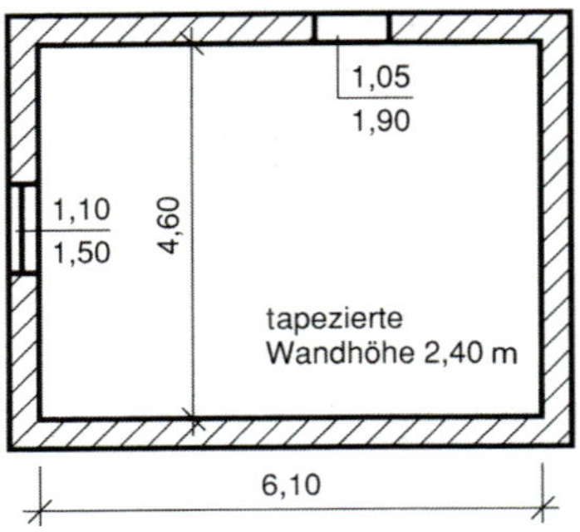

19.15 Das Wohnzimmer soll mit Textil-Wandbekleidung tapeziert werden (ohne Rapport). Alle Außenkanten erhalten eine PVC-Eckschutzschiene.

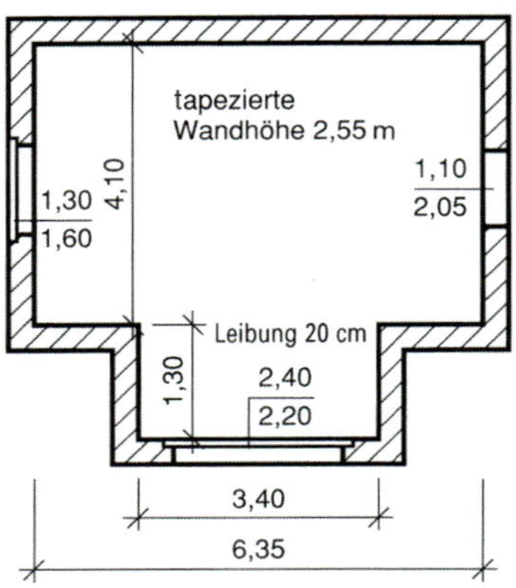

a) Ermitteln Sie den Rollenbedarf.

b) Berechnen Sie die Länge der Eckschutzschienen.

c) Schreiben Sie das Aufmaß.

19.16 Die Deckenfläche des Wohnzimmers aus Aufgabe 19.15 soll mit ansatzfreier Papierwandbekleidung tapeziert werden. Die Laufrichtung der Bahnen soll vom Fenster zur Tür erfolgen.

a) Wie viele Bahnen der einzelnen Längen sind aufzuschneiden?

b) Wie viele Rollen im Europaformat müssen bestellt werden?

c) Wie viel Prozent der Papierwandbekleidung bleiben ungenützt?

19.17 Eine Wand mit Nische soll tapeziert werden. Wandbekleidungsart Naturwerkstoff Kork ohne Rapport. Die Kanten erhalten PVC-Eckschutzschienen, die vor dem Tapezieren im Farbton der Wandbekleidung mit Acryllack lackiert werden.
Berechnen Sie die Rollenzahl, und schreiben Sie das Aufmaß für die Eckschutzschienen und für die Wandbekleidung.

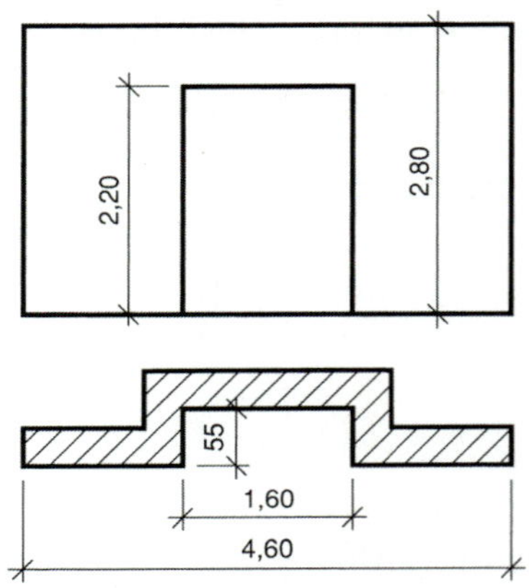

19.18 In dem unten abgewickelten Mansardenzimmer werden Decken- und Wandflächen einheitlich mit einer ansatzfreien Papierwandbekleidung tapeziert. Die Fensterleibungen werden nicht mitbearbeitet. Ermitteln Sie die erforderliche Anzahl Europarollen, und schreiben Sie das Aufmaß für die Wandbekleidung.

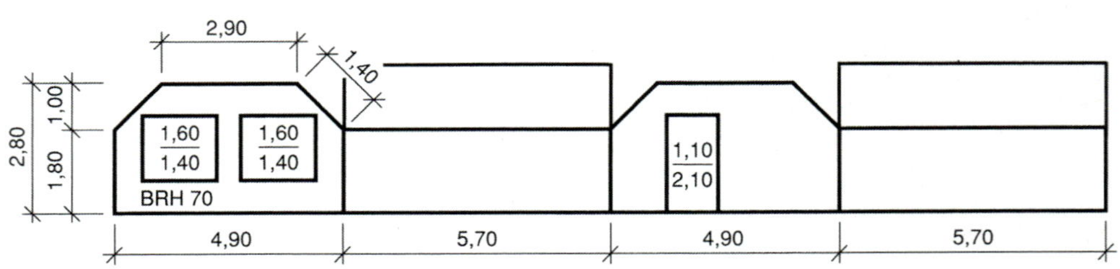

19.19 Die Treppenhauswand soll mit Europarollen tapeziert werden.
a) Zeichnen Sie die Treppenhauswand im Maßstab 1 : 50.
b) Ermitteln Sie die Anzahl und die Länge der Bahnen durch maßstäbliches Eintragen in die Zeichnung.
c) Ermitteln Sie mithilfe der Zeichnung die Anzahl der Europarollen.

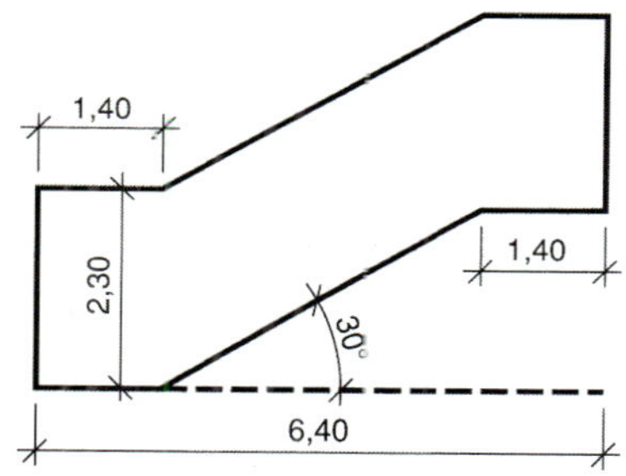

19.20 Bestimmen Sie mithilfe der Tabelle auf S. 152 den Bedarf an Europarollen für die Wandflächen der Räume aus den Aufgaben 16.1 bis 16.9 ohne Berücksichtigung der Öffnungen für Fenster und Türen.

19.21 Auf eine Decke werden Styropor-Hartschaumplatten im Format 60 cm × 60 cm geklebt. Die Deckengröße ist 8,50 m × 6,70 m.
a) Berechnen Sie die Mindestplattenzahl.
b) Fertigen Sie eine Verlegeskizze im Maßstab 1 : 50 für eine optisch günstige Flächenaufteilung an, und berechnen Sie dann den Plattenbedarf.
c) Berechnen Sie den Verschnitt in m² und in Prozent nach beiden Verlegemethoden.

19.22 Führen Sie die gleichen Berechnungen wie in 19.21 a) bis c) aus für die folgenden Decken- und Sichtplattengrößen.

Deckengröße	Sichtplattengröße
a) 3,75 m x 4,30 m	30 cm x 30 cm
b) 6,20 m x 5,40 m	50 cm x 50 cm
c) 4,45 m x 4,65 m	40 cm x 40 cm
d) 5,20 m x 4,50 m	50 cm x 50 cm
e) 4,20 m x 3,80 m	30 cm x 30 cm
f) 8,20 m x 6,55 m	60 cm x 60 cm

20 Aufmaß und Abrechnung von Bodenbelägen

Zu den elastischen Belägen zählen Linoleum, Gummibeläge mit glatter und profilierter Oberfläche, homogene oder Verbund-PVC-Beläge in glatter oder reliefierter Ausführung. Die geläufigsten Lieferformate sind Bahnen von 1,00 m, 1,20 m, 1,50 m, 2,00 m und 4,00 m Breite sowie 1,5 mm bis 6 mm Dicke.
Fliesen haben in der Regel eine quadratische Form. Geläufige Abmessungen sind: 25 cm × 25 cm, 30 cm × 30 cm, 40 cm × 40 cm, 50 cm × 50 cm, 60 cm × 60 cm und 100 cm × 100 cm.

Seltener ist die Rechteckform mit 60 cm x120 cm. Durch die Chemiefasern haben textile Bodenbeläge an Bedeutung gewonnen. Vorzugsgrößen sind Bahnen mit 2,00 m, 4,00 m und 5,00 m Breite. Seltener sind Fliesen der Größen 40 cm × 40 cm und 50 cm × 50 cm.

20.1 Bodenbelagsbedarf

Die VOB, ATV DIN 18365, Ausgabe September 2019 (Bodenbelagarbeiten), überlässt die Verlegerichtung dem Auftragnehmer. Damit wird ihm als Fachmann die Auswahl der wirtschaftlichsten Verlegeweise mit möglichst wenig Verschnitt übertragen.

Kopfnähte sind nur bei Bahnen über 5,00 m Länge zulässig, wobei eine Ansatzlänge von 1 m nicht unterschritten werden darf (VOB ATV DIN 18365, Abschnitt 3.4.5). Nach Abschnitt 3.4.6, Ausgabe September 2019 müssen Bahnen, die auf Türöffnungen, Nischen und dergleichen zulaufen, so verlegt werden, dass diese Flächenbereiche überdeckt werden. Solche Bodenflächen dürfen nicht mit Streifen belegt werden. Nach Abschnitt 3.4.7 dürfen Bodenflächen von Türöffnungen, Nischen und dergleichen, auf die die Bahnen nicht zulaufen, mit Streifen belegt werden.

Beispiel 20.1:

Die Bodenfläche soll mit Linoleum von 2,00 m Bahnenbreite ausgelegt werden.
Bestimmen Sie die erforderlichen Bahnenlängen und die daraus resultierende Bestellmenge. Schreiben Sie das Bodenaufmaß, und ermitteln Sie den Verschnitt.

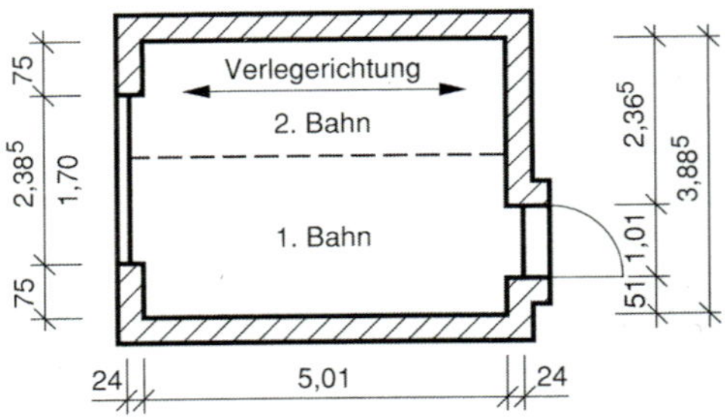

Lösung:

a) Bahnenlängen

Erste Bahn

5,01 + 0,24 + 0,24 + 0,05 (Zuschnitt-Zugabe)

l = 5,54 m

Zweite Bahn

5,01 + 0,24 + 0,05 = 5,30 m

b) Bestellmenge

5,54 m + 5,30 m = 10,84 m

10,84 m · 2,00 m = 21,68 m²

c) Bodenaufmaß

5,01 · 3,89
+ 0,24 · 2,39
+ 0,24 · 1,01
A = 20,30 m²

d) Verschnitt

21,68 m² – 20,30 m² = 1,38 m²

$$\frac{1{,}38\ \text{m}^2 \cdot 100\ \%}{20{,}30\ \text{m}^2} = 6{,}8\ \%$$

Beachten Sie: Die Ausbuchtungen der Fenster- und Türnische dürfen bei dieser Verlegerichtung nicht mit Streifen belegt werden, weil die Bahnen auf die Nischen zulaufen.

Beispiel 20.2:

Ermitteln Sie auf die gleiche Weise wie im vorangehenden Beispiel Bahnenlängen, Bestellmenge, Bodenaufmaß und Verschnitt.

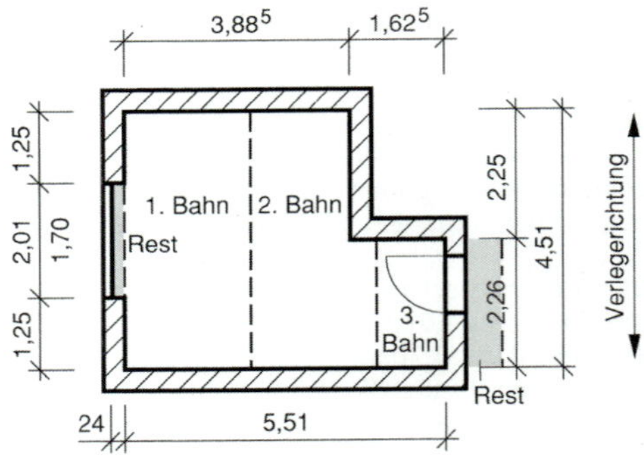

Lösung:

a) Bahnenlängen

Erste Bahn	4,51 + 0,05 =	4,56 m
Zweite Bahn	4,51 + 0,05 =	4,56 m
Dritte Bahn	2,26 + 0,05 =	2,31 m
Gesamtlänge der Bahnen		l = 11,43 m

Beachten Sie: Der Restrand der dritten Bahn kann für die Ausbuchtung in der Fensternische verwendet werden, weil die Bahnen nicht auf die Nische zulaufen.

b) Bestellmenge

11,43 m · 2,00 m

A = 22,86 m²

c) Bodenaufmaß

3,89 · 4,51
+ 1,63 · 2,26
+ 0,24 · 2,01
A = 21,70 m²

d) Verschnitt

22,86 m² – 21,70 m² = 1,16 m² ≙ 5,3 %

Der Bedarf für Bodenfliesen errechnet sich ähnlich, wie im Kapitel 19 für Deckenplatten beschrieben.

20.2 Kleber – Fußleisten

Kleberbedarf

Der Kleberverbrauch für 1 m² hängt von der Kleberkonsistenz, vom Untergrund und vom Auftragsverfahren (Rollen, Sprühen, Spachteln mit Zahnspachtel) ab. Er ist in den Technischen Merkblättern der Hersteller in g/m² angegeben.

■ **Beispiel 20.3:**

Berechnen Sie den Kleberbedarf für die Verklebung des Linoleumbelages im Einseitverfahren für eine 21,70 m² große Bodenfläche. Der Kleberverbrauch liegt bei 270 g/m².

Lösung:
$21{,}70\ m^2 \cdot 0{,}270\ kg/m^2 = \underline{\underline{5{,}859\ kg}}$

Fußleisten

Zu den Übergangsbereichen von Belägen zählen
- der Boden-Wand-Anschluss,
- der Übergang von einem Belag auf einen anderen,
- die Treppenkante.

Alle diese unterschiedlichen Abschlussprofile werden nach Längenmaß abgerechnet.

■ **Beispiel 20.4:**

Sie sollen eine Kernsockelleiste mit Hart-PVC-Ummantelung in dem Raum aus Beispiel 20.1 verlegen.
Wie viel m Sockelleiste benötigen Sie?

Lösung:
$(5{,}01 + 3{,}89 + 0{,}24) \cdot 2 - 1{,}01$
$l = \underline{\underline{17{,}27\ m}}$

Beachten Sie: Die sich nach außen öffnende Tür hat in der Leibung das Futter, an dem keine Kernsockelleiste befestigt wird.

20.3 Aufmaß von Bodenbelagsarbeiten nach VOB

Die VOB, ATV DIN 18365, Ausgabe September 2019 (Bodenbelagarbeiten), Teil 5, schreibt das Aufmaß nach Zeichnung vor. Dann ist die belegte Bodenfläche bis zu den begrenzenden, ungeputzten bzw. unbekleideten Bauteilen zu rechnen, d. h., das Aufmaß wird am Mauerwerk genommen.

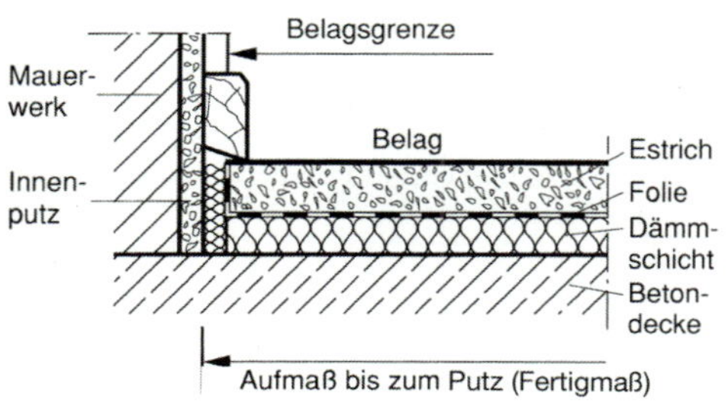

Bei der Abrechnung von Belägen nach Flächenmaß werden Aussparungen, z. B. für Öffnungen, Pfeilervorlagen oder Rohrdurchführungen, ≤ 0,10 m² Einzelgröße nicht abgezogen.
Türnischen und andere Rücksprünge sind immer aufzumessen.
Bei der Abrechnung nach Längenmaß werden Unterbrechungen ≤ 1 m Einzellänge übermessen.

■ **Beispiel 20.5:**

Schreiben Sie die Aufmaße für die abgebildete Bodenfläche, die mit einem Belag und mit Fußleisten ausgestattet werden soll.

Beachten Sie: Die beiden Pfeilervorlagen 36^5 cm × 24 cm werden übermessen, da ihre Einzelgröße kleiner ist als 0,10 m².

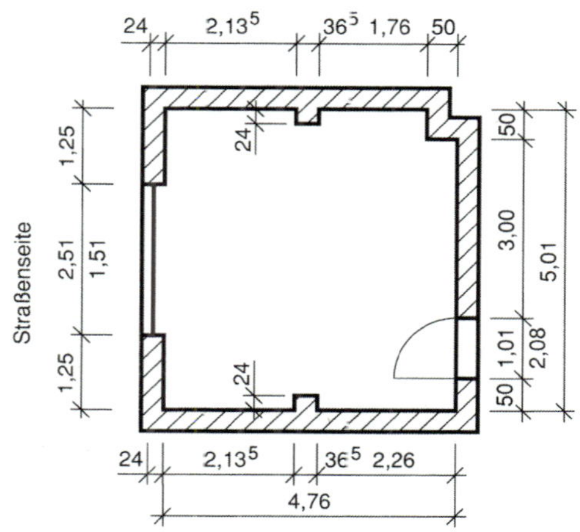

Lösung:

a) Bodenfläche
$5{,}01 \cdot 4{,}76$
$+\ 2{,}51 \cdot 0{,}24$
$-\ 0{,}50 \cdot 0{,}50$
$A = \underline{\underline{24{,}20\ m^2}}$

b) Fußleisten
$(5{,}01 + 4{,}76 + 0{,}24) \cdot 2$
$+ 2 \cdot 0{,}24 \cdot 2$
$- 1{,}01$
$l = \underline{\underline{19{,}97\ m}}$

20.1 Berechnen Sie den Bedarf an Bodenbelag für elastische Beläge für die Räume mit den in der Tabelle angegebenen Werten:

a) Anzahl der Bahnen,
b) Bodenbelagsbedarf in m und in m²,
c) Verschnitt in m² und in Prozent,
d) Kleberbedarf in kg.

Länge der Hauptverlegerichtung in m	Breite in m	Zugabe für den Zuschnitt in cm	Bahnenbreite in m	Kleberverbrauch in g/m²
4,55	3,90	5	2,00	330
3,60	2,45	5	2,00	585
5,65	3,70	5	1,50	390
7,60	5,65	5	1,20	415
11,50	10,40	5	4,00	310
5,50	3,90	5	4,00	295
7,80	7,20	5	1,60	380
5,00	5,00	5	2,00	280
3,00	4,00	5	1,60	635

20.2 Der im Grundriss abgebildete Raum soll mit CV-Belag von 2,00 m Bahnenbreite ausgelegt und verklebt werden.

a) Bestimmen Sie die wirtschaftlichste Verlegerichtung.
b) Schreiben Sie das Aufmaß nach VOB ATV DIN 18365 für den Bodenbelag und für die Fußleisten.
c) Berechnen Sie den Belagsbedarf in m und in m² sowie den Verschnitt in m² und in Prozent.
d) Ermitteln Sie den Kleberbedarf bei einem Verbrauch von 280 g/m².
e) Berechnen Sie den Bedarf an Fußleisten, wenn mit einem Verschnitt von 8 % kalkuliert wird.

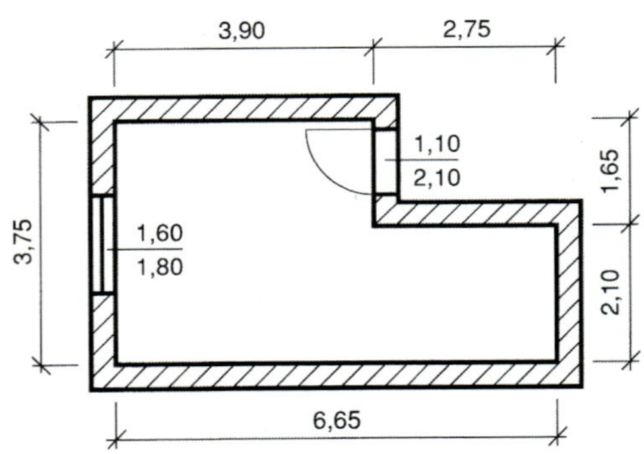

20.3 Ein 6,65 m × 5,60 m großes Wohnzimmer ohne Fenster- und Türnische soll mit einem 4,00 m breiten Tufting-Teppichbelag ausgelegt und vollflächig verklebt werden.

a) Ermitteln Sie die wirtschaftlichste Verlegerichtung. Denken Sie dabei auch an die Möglichkeit einer Kopfnaht.
b) Schreiben Sie das Aufmaß, und berechnen Sie die Fläche.
c) Ermitteln Sie die Bestellmenge an Tufting-Teppichbelag und berechnen Sie den Verschnitt in m² und in Prozent.
d) Bestimmen Sie den Kleberbedarf bei einer Verbrauchsangabe im Technischen Merkblatt von 265 g/m².

20.4 Eine geradläufige Holztreppe, bei der die Stufen in die Wangen eingestemmt sind, soll mit Nadelfilz-Teppichbelag beklebt werden. Der Nadelfilzbelag wird in 2,00 m Breite geliefert. Die Treppe hat 18 Stufen und eine Steigung von 27 cm × 18 cm sowie eine Stufenlänge von 95 cm. Berechnen Sie

a) die erforderlichen Treppenstoßkanten aus PVC,
b) die Bestellmenge an Nadelfilzbelag für das Belegen der Stoß- und Auftritte.

20.5 Eine Hotelhalle mit dem abgebildeten Grundriss erhält einen neuen Velours-Teppichbelag in 4,00 m Lieferbreite.
Berechnen Sie den Belagsbedarf, nachdem Sie in einer Überlegungsskizze die wirtschaftlichste Verlegerichtung ermittelt haben. Schreiben Sie weiter das Aufmaß nach VOB für die Bodenbelagsarbeit einschließlich der Teppichsockelleisten, und berechnen Sie die Flächen bzw. die Längen.

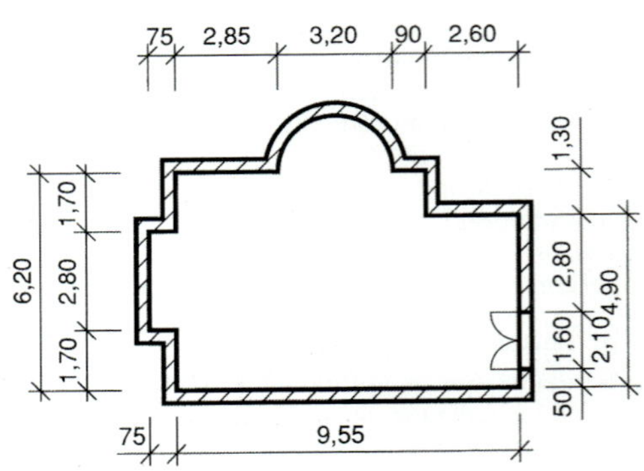

20.6 Schreiben Sie das Aufmaß nach VOB für die Bodenbelagsarbeiten in dem Raum.

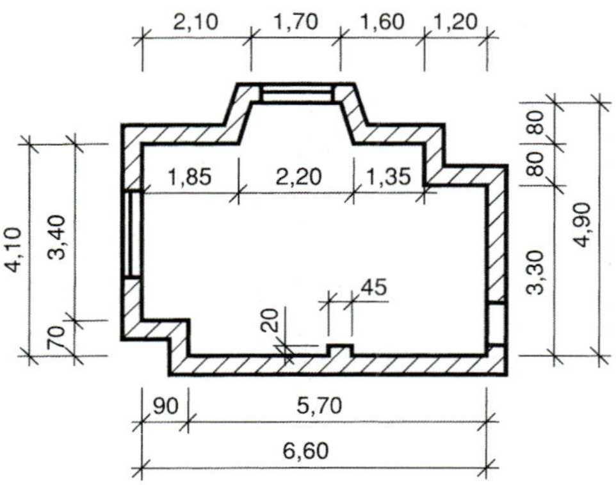

20.7 Der Aktenlagerraum mit zwei Säulen erhält einen neuen Bodenbelag aus CV-Reliefbelag in 2,00 m Lieferbreite.
Ermitteln Sie den erforderlichen Werkstoffbedarf bei günstigster Verlegemethode, und schreiben Sie das Aufmaß nach VOB für den Bodenbelag und für die Hart-PVC-Fußleisten.

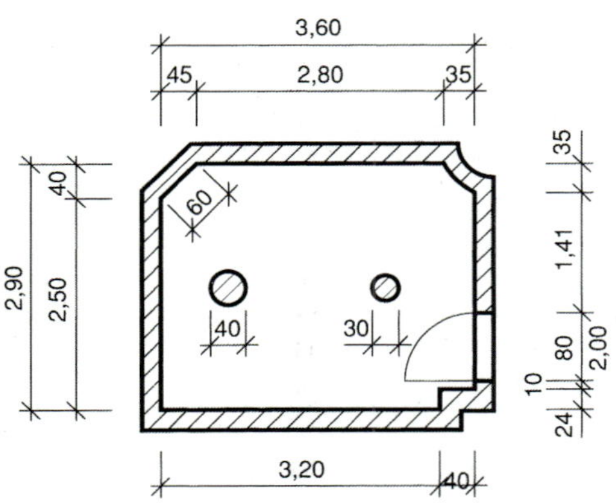

20.8 Ein Raum der Größe 4,40 m × 5,40 m soll mit PVC-Fliesen 50 cm × 50 cm parallel zu den Wänden belegt werden. Die Angaben über den Kleberverbrauch liegen laut Technischem Merkblatt bei 385 g/m².
Ermitteln Sie
a) die abrechenbare Bodenfläche nach VOB ATV DIN 18365,
b) die Anzahl der Fliesen,
c) den Verschnitt in m² und in Prozent,
d) den Kleberbedarf.

20.9 Ein Badezimmerfußboden der Größe 2,40 m × 2,70 m wird mit PVC-Fliesen 30 cm × 30 cm beklebt, und die Fugen werden thermisch verschweißt. Der Kleberverbrauch wird mit 315 g/m² angegeben.
a) Wie viel Fliesen und Kleber müssen bestellt werden?
b) Wie viel m Schweißnaht müssen ausgeführt werden?

20.10 Auf den Fußboden eines Raumes werden homogene PVC-Fliesen im Format 50 cm × 50 cm verklebt. Die Fußbodengröße ist 7,70 m × 5,20 m.
a) Berechnen Sie die Mindestanzahl an PVC-Fliesen, die bestellt werden müssen.
b) Zeichnen Sie eine Verlegeskizze im Maßstab 1 : 50, und berechnen Sie nach einer optisch günstigen Plattenaufteilung ohne schmale Randstreifen den Fliesenbedarf.
c) Berechnen Sie den Verschnitt in m² und in Prozent.

20.11 Ein kreisförmiger Raum mit 7,40 m Durchmesser soll mit PVC-Fliesen im Format 40 cm × 40 cm belegt werden.
a) Berechnen Sie die abrechenbare Fläche des Raumes.
b) Ermitteln Sie die Anzahl der zu bestellenden Platten, wenn ein Verschnitt von 7 % einkalkuliert wird.

20.12 Drei Säulen mit einem Durchmesser von 60 cm sollen ringsrum mit einem Velours-Teppichbelag beklebt werden. Der Teppichbelag ist 2,00 m breit. Die Raumhöhe beträgt 3,65 m.
a) Wie groß ist die zu beklebende Fläche?
b) Wie viel m Teppichbelag müssen bestellt werden?

20.13 In einem Mehrfamilien-Wohnhaus mit sechs Geschossen und vier Wohnungen je Geschoss werden alle Badezimmer mit PVC-Fliesen im Format 30 cm × 30 cm belegt.
Die Größe eines Badezimmers beträgt 2,07 m × 2,63 m.
a) Berechnen Sie die Anzahl der benötigten PVC-Fliesen.
b) Schreiben Sie das Aufmaß für den gesamten Auftrag, und berechnen Sie die Fläche.
c) Berechnen Sie den Verschnitt in m² und in Prozent.
d) Berechnen Sie den Plattenbedarf und den Verschnitt bei einer Auftragsänderung auf Fliesen des Formats 40 cm × 40 cm.

20.14 Ein winkelförmiger Flur erhält einen neuen Bodenbelag aus Nadelfilz in 2,00 m Breite. Berechnen Sie die Bestellmenge für den Belag, nachdem Sie eine Verlegeskizze angefertigt haben. Schreiben Sie das Aufmaß nach VOB für den Bodenbelag und für die Fußleisten. Die Türen gehen in die angeschlossenen Räume nach innen auf und haben Futter und Bekleidung.

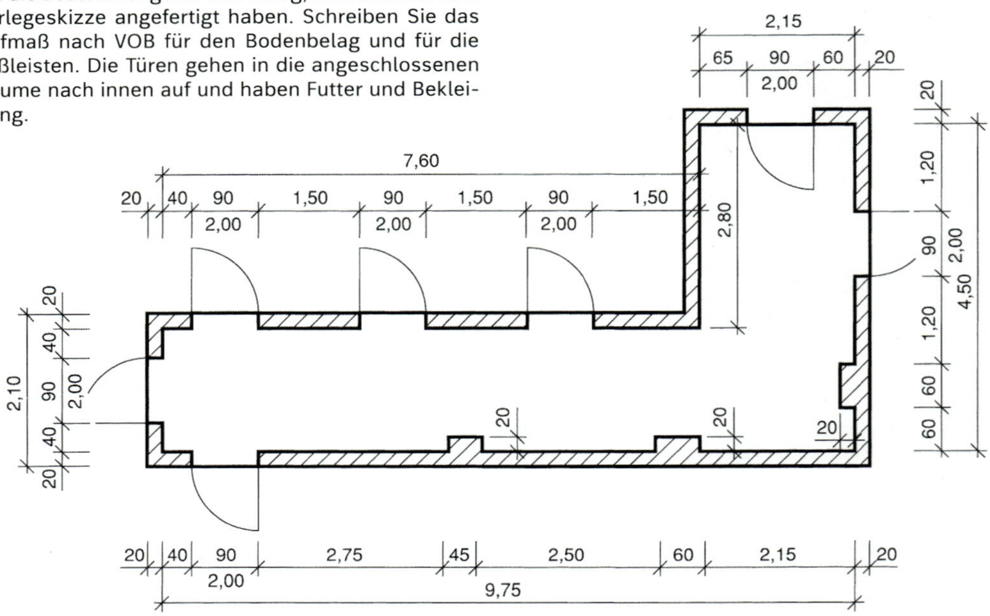

20.15 Berechnen Sie die Länge eines Treppenläufers mit 1,20 m Breite für eine geradläufige Treppe mit 14 Stufen 28 cm × 16 cm, einer oberen Podestlänge von 1,40 m und einer unteren Podestlänge von 1,20 m.

20.16 Die Fußböden der Räume in den Aufgaben 16.1 bis 16.6 (s. S. 115f.) sollen mit Bodenbelag CV-Relief belegt und ganzflächig verklebt werden.

a) Bestimmen Sie die wirtschaftlichste Verlegerichtung für Beläge in den Lieferbreiten von 2,00 m.

b) Schreiben Sie das Aufmaß für die Bodenbelagsarbeit nach den Vorschriften der VOB, ATV DIN 18365.

c) Berechnen Sie den Bodenbelagsbedarf in m und in m².

d) Berechnen Sie den Verschnitt in m² und in Prozent.

e) Ermitteln Sie den Kleberbedarf bei einer Verbrauchsangabe von 265 g/m² im Technischen Merkblatt.

20.17 In einem Mehrzweckraum mit dem Grundriss aus Aufgaben 13.16 Seite 84 sollen in zwei Farben PVC-Fliesen der Größe 60 cm × 60 cm verklebt werden. Der Untergrund muss gespachtelt und vorgestrichen werden.

a) Schreiben Sie das Aufmaß nach VOB für die Klebearbeit und berechnen Sie die Fläche.

b) Berechnen Sie den Bedarf an Nivelliermasse bei einer Auftragsdicke von 4 mm und einem Verbrauch von 1,4 kg/m² je 1 mm Schichtdicke.

c) Berechnen Sie den Bedarf an Vorstrichmittel bei einem Verbrauch von 115 g/m².

d) Berechnen Sie den Fliesenbedarf für jede Farbe, wenn 5 % Verschnitt eingerechnet werden.

e) Berechnen Sie den Klebstoffbedarf für den Auftrag bei einem Verbrauch von 350 g/m².

21 Wärmedämmung

Nach DIN 4108 ist für Wohngebäude eine Mindestwärmedämmung vorgeschrieben. Sachgerechte Wärmedämmung beugt Bauschäden vor, hilft Heizenergie sparen und schafft ein gesundes, hygienisches Wohnklima.
Aus diesem Grunde müssen Decken und Wände eine bestimmte Oberflächentemperatur haben, und die Luftfeuchte darf bestimmte Werte nicht überschreiten. Darüber hinaus dürfen die Bauteile nicht durch Temperaturausdehnung oder Kondenswasser beeinträchtigt werden.
In DIN 4108 und in der Energieeinsparungsverordnung sind Mindestwerte für Wärmedurchlasswiderstände R und Maximalwerte für zulässige Wärmedurchgangskoeffizienten U von Bauteilen festgelegt, die beachtet werden müssen. Beim Bauteilverfahren ist kein Nachweis des Lüftungswärmebedarfs erforderlich und auch kein Nachweis über interne Wärmegewinne.

Wärmedurchlasswiderstand *R* dient zur Beurteilung der Wärmedämmung.

Dieser Wärmedurchlasswiderstand ist nicht bedeutsam für die Erhaltung energieeinsparender Bauqualität, sondern für die Verhinderung von Kondensatbildung an den Bauteiloberflächen. Ein günstiger R-Wert soll die Bewohner und die Baukonstruktion vor schädlichen Feuchteeinwirkungen schützen. Dieser Wärmedurchlasswiderstand als R-Wert ist Kenngröße des Mindestwärmeschutzes nach der DIN 4108.
Für die Energieeinsparung ist die Energieeinsparungsverordnung (EnEV 2016) anzuwenden.

$$R = \frac{d}{\lambda} = \frac{\text{Dicke des Bauteile}}{\text{Wärmeleitfähigkeit}}$$

$$\text{Wärmedämmwert} \left[\frac{m^2 \cdot K}{W}\right]$$

Bei Bauteilen aus mehreren Schichten verschiedener Baustoffe werden die Wärmedämmwerte addiert.

$$R = \sum \frac{d}{\lambda}$$

Wärmedurchgangskoeffizient *U*
kurz U-Wert genannt, ist die wichtigste Kenngröße im Wärmeschutz. Er dient zur Beurteilung des Wärmeverlustes durch Wärmeleitung. Der Wärmedurchgangskoeffizient U gibt an, welche Wärmemenge in Ws innerhalb einer Sekunde (s) durch 1 m² eines Bauteiles von der Dicke d in Meter und der beiderseits angrenzenden Luftschicht strömt, wenn die Temperaturdifferenz von der Raumluft zur Außenluft 1 K beträgt.

$$U = \frac{1}{R_T} \quad \left[\frac{1}{\frac{m^2 \cdot K}{W}} = \frac{W}{m^2 \cdot K}\right]$$

Je niedriger der Wärmedurchgangskoeffizient U eines Bauteiles ist, umso niedriger ist sein Wärmeverlust und umso besser ist der Wärmeschutz.

Ein kleiner U-Wert entspricht einer großen Energieeinsparung.

Die umgangssprachlich als EnEV 2016 bezeichnete Novellierung lautet korrekt „Zweite Verordnung zur Änderung der Energieeinsparverordnung vom 18. November 2013" mit der Festlegung von verschärften Grenzwerten mit Gültigkeitsbeginn 01.01.2016. Die neuen Regeln betreffen besonders die Erhöhung des Energiestandards bei Neubauten, d. h., dass durch die Verschärfung der EnEV 2016 das KfW-Effizienzhaus 70 zum Mindeststandard der EnEV deklariert ist. Die Energieeinsparungsverordnung (EnEV 2016) begrenzt weiterhin den maximalen U-Wert für das Bauteil Außenwände bei Gebäuden mit normalen Innentemperaturen auf

$$U_{wand} \leq 0{,}24 \frac{W}{m^2 \cdot K}$$

Bei der Dämmung einer Fassade ist das also grundsätzlich der maximale U-Wert. Ausnahme ist, wenn bei der Dämmung an Bestandsgebäuden der alte Putz nicht entfernt wird, bevor das Wärmedämmverbundsystem aufgebracht wird.

Rohdichte und Wärmeleitfähigkeit verschiedener Baustoffe

Werkstoff	Rohdichte in kg/dm³	Wärmeleitfähigkeit λ in W/m · K
Gips, Kalkgipsmörtel	1,400	0,70
Kalk-, Kalkzementmörtel	1,800	0,87
Kunstharzputze	1,100	0,70
Zementmörtel	2,000	1,40
Normalbeton nach DIN 1405	2,400	2,10
Gasbeton gemauert G 2	0,500	0,22
Gasbeton geklebt G 6	0,800	0,27
Vollklinker	2,000	0,96
Hochlochklinker	1,800	0,81
Vollziegel, Lochziegel	1,400	0,58
Leichthochlochziegel nach DIN 105	0,800	0,39
Kalksandsteine nach DIN 106	1,000	0,50
Kalksandsteine nach DIN 106	2,200	1,30
Hohlblocksteine (Leichtbeton)	0,500	0,30
Hohlblocksteine (Leichtbeton)	1,200	0,60
Vollblöcke (Bims)	0,600	0,22
Holzwolle-Leichtbauplatten (d = 15 mm)	0,570	0,15
Polystyrol-Hartschaumplatten	0,015	0,04
Mineralfaser-Dämmplatten	0,130	0,04
PUR – Hartschaum B_1, B_2	0,030	0,03

Der U-Wert (Wärmedurchgangskoeffizient) lässt sich nach dem Bauteilverfahren als vereinfachtes Verfahren als Nachweis bei Wärmedämmverbund-Systemen anwenden.
Dieser U-Wert für Gebäudewände kann nach folgendem Schema berechnet werden:

1) In einem Formblatt (s. Beispiel 21.1) wird der Wandaufbau Schicht um Schicht von innen nach außen eingetragen.
2) Die Wärmeleitfähigkeit der einzelnen Baustoffe ist Tabellenwerken (DIN 4108 T 4) zu entnehmen und in die entsprechende Spalte einzutragen. Die oben stehende Tabelle ist ein Auszug.
3) Die Schichtdicke der Baustoffe wird durch die zugehörige Wärmeleitfähigkeit dividiert. Man erhält so den Wärmedurchlasswiderstand, der in die vorgesehene Spalte eingetragen wird.
4) Die Werte in der letzten Spalte werden addiert und ergeben den Wärmedurchlasswiderstand der Wand (Wärmedämmwert) insgesamt.
5) Die Wärmeübergangswiderstände R_{si} und R_{se} werden hinzuaddiert, sodass sich der Wärmedurchgangswiderstand R_T ergibt.

$$R_{si} = 0{,}13\,\frac{m^2 \cdot K}{W},\; R_{se} = 0{,}04\,\frac{m^2 \cdot K}{W}$$

6) Teilen Sie die Zahl 1 durch den Wärmedurchgangswiderstand, das Ergebnis ist der gesuchte U-Wert.

■ **Beispiel 21.1:**

Der Aufbau eines Außenmauerwerks wird wie folgt angegeben: 1,5 cm Kalkgipsmörtel als Innenputz, 36 cm Hochlochklinker-Mauerwerk, 2 cm Außenputz aus Kalkzementmörtel.

a) Entspricht der Wandaufbau der EnEV 2016, d. h., wird ein U-Wert von weniger als 0,24 W/m² · K erreicht?

b) Reicht ein Wärmedämm-Verbundsystem mit 14 cm Polystyrol-Hartschaum aus, um die geforderten Bedingungen zu erfüllen?

Lösung:
s. S. 165

Zulässige Wärmedurchgangskoeffizienten von Bauteilen nach dem Bauteilverfahren

Bauteile	Maximaler U-Wert $\frac{W}{m^2 \cdot K}$
Außenwände	$U_w \leq 0{,}24$
Fenster	$U_{m,eq,F} \leq 1{,}30$
Decken unter nicht ausgebautem Dachraum, Dachschrägen	$U_D \leq 0{,}24$

Mindestwerte der Wärmeübergangswiderstände R_{si} und R_{se} und Wärmeübergangskoeffizienten h_i und h_e von Bauteilen nach DIN 4108

Bauteil	Wärmeübergangswiderstand		Wärmeübergangskoeffizient	
	R_s $\frac{m^2 \cdot K}{W}$	R_{se} $\frac{m^2 \cdot K}{W}$	h_i $\frac{m^2 \cdot K}{W}$	h_i $\frac{m^2 \cdot K}{W}$
Außenwand	0,13	0,04	8	23
Außenwand, hinterlüftet	0,13	0,08	8	12
Wohnungstrennwand	0,13	0,13	8	8
Decken unter nicht ausgebautem Dachraum	0,13	0,04	8	23

* *Bauphysikalische Grundlagen der Wärmeübertragung S. 195*

Lösung der Beispielaufgabe 21.1

a) Bestimmung des U-Wertes (ohne Wärmedämm-Verbundsystem)

Schichtenfolge des Bauteiles von innen nach außen	Schicht-dicke **d in m**	Wärmeleitfähigkeit $\lambda = \frac{W}{m \cdot K}$	Wärmedurchlass-widerstand $R = \frac{d}{\lambda}$ in $\frac{m^2 \cdot K}{W}$
Schicht 1: Innenputz Kalkgipsmörtel	0,015	0,70	0,02
Schicht 2: HLZ-Mauerwerk	0,36	0,81	+ 0,44
Schicht 3: Außenputz Kalkzementm.	0,02	0,87	+ 0,02
Schicht 4:			
Schicht 5:			
Schicht 6:			
Schicht 7:			
Wärmedurchlasswiderstand	Dämm-wert	$R = \Sigma \frac{d}{\lambda}$	= 0,48
Wärmeübergangswiderstand	innen	$\boldsymbol{R_{si}}$	+ 0,13
Wärmeübergangswiderstand	außen	$\boldsymbol{R_{se}}$	+ 0,04
Wärmedurchgangswiderstand		$\boldsymbol{R_T = R_{si} + R + R_{se}}$	= 0,65
Wärmedurchgangskoeffizient		$U = \frac{1}{R_T}$ $\left[\frac{W}{m^2 \cdot k}\right]$	**1,54**
Beurteilung	$1{,}54 \frac{W}{m^2 \cdot K} > 0{,}24 \frac{W}{m^2 \cdot K}$; d.h., der U_{Aw}-Wert reicht nach der EnEV 2016 nicht aus, weil er größer als der maximale Wert ist.		

Lösung der Beispielaufgabe 21.1

b) Bestimmung des U-Wertes (mit Wärmedämm-Verbundsystem)

Schichtenfolge des Bauteiles von innen nach außen	Schicht-dicke **d in m**	Wärmeleitfähigkeit $\lambda = \frac{W}{m \cdot K}$	Wärmedurchlass-widerstand $R = \frac{d}{\lambda}$ in $\frac{m^2 \cdot K}{W}$
Schicht 1: Innenputz Kalkgipsmörtel	0,015	0,70	0,02
Schicht 2: HLZ-Mauerwerk	0,36	0,81	+ 0,44
Schicht 3: Außenputz Kalkzementm.	0,02	0,87	+ 0,02
Schicht 4: Polystyrol-Hartschaum	0,14	0,04	+ 3,50
Schicht 5: Kleber und Kunstharz-Putz	0,004	0,60	+ 0,007
Schicht 6:			
Schicht 7:			
Wärmedurchlasswiderstand	Dämm-wert	$R = \Sigma \frac{d}{\lambda}$	= 3,987
Wärmeübergangswiderstand	innen	$\boldsymbol{R_{si}}$	+ 0,13
Wärmeübergangswiderstand	außen	$\boldsymbol{R_{se}}$	+ 0,04
Wärmedurchgangswiderstand		$\boldsymbol{R_T = R_{si} + R + R_{se}}$	= 4,157
Wärmedurchgangskoeffizient		$U = \frac{1}{R_T}$ $\left[\frac{W}{m^2 \cdot k}\right]$	**0,240**
Beurteilung	$0{,}240 \frac{W}{m^2 \cdot K} < 0{,}24 \frac{W}{m^2 \cdot K}$; d.h., der U_{Aw}-Wert erfüllt die geforderten Bedingungen gerade noch nach der EnEV 2016.		

21.1 Ein Außenmauerwerk hat folgenden Aufbau: 2 cm Kalkgipsmörtel, 24 cm Normalbeton, 0,5 cm Kunstharzputz.

a) Wie groß ist der U-Wert der Außenmauer?

b) Reicht ein Wärmedämm-Verbundsystem mit 16 cm Polystyrol-Hartschaum, um einen U-Wert von weniger als 0,24 $W/m^2 \cdot K$ zu erreichen?

21.2 Ein Außenmauerwerk hat vor dem Anbringen einer Wärmedämmung einen U-Wert von 1,657 $W/m^2 \cdot K$ und nach Anbringen eines Wärmedämm-Verbundsystems einen U-Wert von 0,514 $W/m^2 \cdot K$.

a) Wie dick ist die aufgebrachte Wärmedämmschicht bei $\lambda = 0{,}035 \frac{W}{m^2 \cdot K}$?

21.3 Ein Außenmauerwerk hat folgenden Aufbau: 2 cm Kalkgipsmörtel, 36 cm Vollklinker, 2,5 cm Kalkputz.
Auf welchen U-Wert verbessert sich die Konstruktion, wenn anstatt des Vollklinkers ein Bimsvollblock mit 0,6 kg/dm^3 verwendet wird?

21.4 Eine 24 cm dicke Betonaußenwand wird mit einer 1,5 cm dicken Holzwolle-Leichtbauplatte mit dazwischenliegender 2 cm Polystyrol-Hartschaumplatte gedämmt. Auf welchen U-Wert verbessert sich die Wärmedämmung gegenüber der ungedämmten Wand?

21.5 Ein Reihenhaus ist innen verputzt mit 2 cm Putz der MG P V, das Mauerwerk besteht aus 36 cm geklebten Gasbeton-G-6-Steinen.
Wird der Wärmedurchgangskoeffizient (U-Wert) nach der WSchVO erreicht, wenn außen noch 0,5 cm Kunstharzputz aufgetragen wird?

21.6 Eine Treppenhausaußenwand aus Kalksandstein (Dichte 2,2 kg/dm^3) ist 24 cm dick und beidseitig je 1,5 cm dick mit Kalkmörtel verputzt.

a) Berechnen Sie den Wärmedurchgangskoeffizienten (U-Wert).

b) Ist der Wert ausreichend nach der WSchVo?

21.7 Berechnen Sie den Wärmedurchlasswiderstand R einer beidseitig verputzten 24 cm dicken Außenwand aus Gasbeton-Blocksteinen mit einer Rohdichte von 0,5 kg/dm^3, Außenputz 2 cm Kalkzementmörtel, Innenputz 1,5 cm Kalkgipsmörtel.
Beurteilen Sie den Wärmeschutz nach WSchVO.

21.8 Eine 37,5 cm dicke Außenwand ist innen aus Leichtbeton-Hohlblocksteinen (24 cm dick; Gasbetonrohdichte 0,8 kg/dm^3) gemauert und außen mit Vollziegeln (Dichte 1,4 kg/dm^3) 11,5 cm dick verblendet. Die Mörtelfuge besteht aus 2 cm Kalkzementmörtel, der Innenputz aus 1,5 cm Kalkgipsmörtel.
Berechnen Sie den Wärmedurchlasswiderstand R und den Wärmedurchgangskoeffizienten (U-Wert), und prüfen Sie den Wärmeschutz nach WSchVO.

21.9 Ein Bauherr wünscht für sein Wohnhaus Außenwände von 31 cm Dicke, bestehend aus 11,5 cm Verblendung aus Lochziegeln (Dichte 1,4 kg/dm^3), 2 cm Kalkzementmörtelfuge, 17,5 cm Gasbeton-Blocksteinen (Rohdichte 0,8 kg/dm^3) und 1,5 cm Innenputz aus Kalkgipsmörtel.
Berechnen Sie den Wärmedurchlasswiderstand R und den U-Wert, und beurteilen Sie die Konstruktion bezüglich des Mindestwärmeschutzes.

21.10 Ein 29 cm dicker Stahlbeton-Fenstersturz wird außen mit einer 5 cm dicken Gasbeton-Bauplatte (Dichte 0,8 kg/dm^3) und innen mit 25 mm dicken Holzwolle-Leichtbauplatten bekleidet. Für den 2 cm dicken Außenputz wird Kalkzementmörtel, für den 1,5 cm dicken Innenputz Kalkmörtel verwendet.
Berechnen Sie den Wärmedurchlasswiderstand R und den U-Wert, und beurteilen Sie den Wärmeschutz.

21.11 Für eine Fensterbrüstung liegen folgende Materialwerte vor: 11,5 cm Lochziegel (Dichte 1,4 kg/dm^3), 2 cm Außenputz Kalkzementmörtel, innen 8 cm Wärmedämmschicht aus Mineralfaser sowie 2 cm Innenputz aus Kalkgipsmörtel auf Rippenstreckmetall.
Berechnen Sie den Wärmedurchlasswiderstand R und den Wärmedurchgangskoeffizienten.
Sind die Bedingungen der WSchVO erfüllt?

21.12 Ein Außenmauerwerk aus Normalbeton hat einen Dämmwert von 0,19 $\frac{m^2 \cdot K}{W}$ (Wärmedurchlasswiderstand R).

a) Wie dick ist die Betonwand?

b) Wie dick müsste die Betonwand konstruiert werden, damit die Mindestanforderung der EnEV 2016 für gedämmte Bauteile ($U \leqq 0{,}24 \frac{W}{m^2 \cdot K}$) erfüllt ist?

c) Mit welcher Schichtdicke aus Polystyrol kann der gleiche Dämmeffekt erzielt werden?

22 Lohnberechnung

22.1 Rahmentarifvertrag (RTV, Fassung Januar 2012)

Der RTV ist eine Vereinbarung zwischen dem die Arbeitgeber vertretenden Hauptverband des Maler- und Lackiererhandwerks und dem Hauptvorstand der Industriegewerkschaft (IG) Bauen-Agrar-Umwelt, der die Interessen der Arbeitnehmerschaft wahrnimmt. Auch der Ausbildungsvergütungsvertrag wird von diesen Verbänden ausgehandelt.
Die wöchentliche Arbeitszeit beträgt 40 Stunden, die werktägliche 8 Stunden, ausschließlich der Ruhepausen.

Ecklohn

Im Lohntarifvertrag wird der Ecklohn (Richtstundenlohn) festgeschrieben. Darauf beziehen sich alle anderen Löhne.

Zuschläge

Der RTV legt folgende Zuschläge fest, die aus dem jeweils vereinbarten Stundenlohn des Arbeitnehmers zu berechnen sind:

Zuschlagspflichtige Leistung	Lohnzuschlag
Überstunden (Mehrarbeit), die über die tarifliche Arbeitszeit hinaus geleistet werden. Zur Vermeidung von witterungsbedingten Kündigungen kann ein Arbeitszeitkonto geführt werden. Darauf werden die Gutstunden (vorgearbeitete Arbeitszeit) und die Minusstunden (nachzuarbeitende Arbeitszeit) erfasst. Diese Stunden des Arbeitszeitkontos über die regelmäßige wöchentliche Arbeitszeit hinausgehende Arbeitszeit ist zuschlagsfrei. Für die Überstunden sind die Grenzen des Arbeitszeitgesetzes von höchstens 10 Stunden täglicher Arbeitszeit einzuhalten. Das Arbeitszeitkonto darf höchstens 170 Gutstunden oder 30 Minusstunden aufweisen. Ab der 171. Stunde ist die Vergütung für mehrgearbeiteten Stunden auszuzahlen.	25 %
gelegentliche Nachtarbeit von 20 Uhr bis 6 Uhr	25 %
Sonntagsarbeit von 0 Uhr bis 24 Uhr	50 %
Feiertagsarbeit	
– an gesetzlichen Feiertagen, auch wenn es ein Sonntag ist	125 %
– am Oster- und Pfingstmontag, am 1. Mai, an den Weihnachtstagen, am Neujahrstag	200 %

Für folgende Arbeiten sind nachstehende Zuschläge auf den vereinbarten Lohn zu zahlen:

Arbeiten mit:	
– ungewöhnlicher Staubentwicklung	10 %
– Sicherheitsgurt oder Fangleine	10 %
Arbeiten in:	
– Kanälen oder Versorgungsschächten	10 %
Ablaugen, Abbrennen oder Abbeizen alter Beschichtungen	10 %
Auf- und Abbau von Gerüsten, soweit die Arbeit eine Stunde überschreitet	10 %
Arbeiten auf Gerüsten über 20 m Erdniveau	15 %
Arbeiten mit Atemschutzmaske	20 %
Fallen mehrere dieser Arbeiten zusammen, so liegt die Obergrenze des Zuschlages bei	30 %

Übersicht Lohntabelle Maler und Lackierer **01.04.2018–31.10.2020**
(Die Lohntabelle im Einzelnen wird auf Landesebene vereinbart)

Gesellenlöhne (ab 01.05.2020)	Stundenlohn (in €)	
	Tarifgebiet West	Tarifgebiet Ost
Ecklohn; Geselle nach 2 Jahren Tätigkeit (100 %)	17,15	16,52
nach bestandener Prüfung (90 %)	15,44	14,87
nach 1 Jahr Tätigkeit (95 %) (Rheinland-Pfalz 90 %)	16,29 (15,44)	15,69
Einstiegslohn (nach längerer Arbeitslosigkeit oder Wiedereinstieg)	13,50	13,50
Helferlöhne (ohne bestandene Gesellenprüfung)		
im ersten und zweiten Jahr der *Gewerbe*zugehörigkeit (60 %)	10,29	9,91
im dritten und vierten Jahr der *Gewerbe*zugehörigkeit (70 %)	12,01	11,56
ab dem fünften Jahr der *Gewerbe*zugehörigkeit (80 %)	13,72	13,22
ab dem fünften Jahr der *Betriebs*zugehörigkeit (85 %)	14,58	14,04

Tarifgebiet West umfasst: Landesinnungsverbände Baden-Württemberg, Bayern, Bremen, Hamburg, Hessen, Niedersachsen, Nordrhein, Rheinland-Pfalz, Westfalen, Schleswig-Holstein, Südbaden
Tarifgebot Ost umfasst: Landesinnungsverbände Brandenburg, Mecklenburg-Vorpommern, Sachsen-Anhalt, Sachsen, Thüringen

22.2 Lohnabzüge

Der Arbeitnehmer erhält für seine Arbeit einen Bruttolohn, von dem verschiedene Steuern sowie Beiträge für die Sozialversicherung einbehalten und vom Arbeitgeber weitergeleitet werden. Ausgezahlt wird der um Lohnsteuer und Sozialversicherungsbeiträge verminderte Nettolohn.

Bruttolohn – Lohnabzüge = Nettolohn

Lohnabzüge für	Abzug in % des Bruttolohns
Steuern	je nach Bruttolohn und Steuerklasse
– Lohnsteuer, Solidaritätszuschlag	
– Kirchensteuer (Prozentsatz ist auf die Lohnsteuer bezogen, bei Kinderfreibetrag fallend)	
Bayern, Baden-Württemberg,	8 %
alle übrigen Bundesländer	9 %
Sozialversicherungen (nur Arbeitnehmeranteil)	
– Rentenversicherung	9,3 %
– Arbeitslosenversicherung	1,2 %
– Krankenversicherung, je nach Krankenkasse ist ein kassenindividueller Zusatzbeitrag fällig, durchschnittlich 0,55 %	7,3 %
– Pflegeversicherung	1,525 %

für kinderlose Mitglieder ab Vollendung des 23. Lebensjahres erhöht sich Beitragssatz um 0,25 % auf 1,775 %, allerdings nicht der Arbeitgeberanteil. In Sachsen bestehen in der Pflegeversicherung bei der Beitragsverteilung auf Arbeitgeber und auf Arbeitnehmer Unterschiede zu den anderen Bundesländern. Die Arbeitnehmer zahlen dort einen höheren Anteil, nämlich 2,025 %; Kinderlose einen mit Beitragszuschlag 2,275 %. Der Arbeitgeberanteil beträgt 1,025 %.

Durch die Einordnung in eine Steuerklasse werden Personen mit gleichen Besteuerungsvoraussetzungen zusammengefasst.

Steuerklasse	Arbeitnehmer
I	ledig, geschieden, verwitwet
II	ledig, geschieden, verwitwet mit mindestens einem Kind, Alleinerziehende
III	verheiratet, Allein- oder Hauptverdiener
IV	verheiratet, beide Ehegatten verdienen etwa gleich viel
V	verheiratet, Ehegatte oder eingetragener Lebenspartner haben Steuerklasse III
Vl	ab dem zweiten Arbeitsverhältnis

Von der Lohnsumme, dem Bruttolohn müssen Abzüge vom Arbeitgeber einbehalten und an die zuständigen Stellen weitergeleitet werden. Der ausgezahlte Lohn ist der Nettolohn.

Bruttolohn							
Steuern			Sozialversicherungs-Beiträge				Nettolohn
Lohnsteuer	Kirchensteuer	Solidaritätszuschlag	Krankenversicherung	Rentenversicherung	Arbeitslosenversicherung	Pflegeversicherung	

Die Beiträge zur gesetzlichen Unfallversicherung (Berufsgenossenschaft) werden vom Arbeitgeber alleine getragen

■ **Beispiel 22.1:**

Ein 20-jähriger Malergeselle im Tarifgebiet West im ersten Gesellenjahr arbeitet 43 Stunden pro Woche und in dem Monat 4 Wochen. Sein Arbeitszeitkonto ist im Spätsommer mit 170 Stunden ausgefüllt. Wie viel Euro bekommt der Geselle in diesem Monat ausgezahlt?

Arbeitnehmeranteil
(KV, Zusatzbeitrag KV 1,1 % davon Arbeitgeber und Arbeitnehmer auch jeweils die Hälfte, RV, ALV, Pfl. vers.)

Lösung:

160 Std. 15,44 € =	2 470,40 €
12 Std. 19,30 € =	231,60 € (Überstd.)
Bruttolohn	2 702,00 €
– Lohnsteuer (Steuerklasse I)	354,25 €
– Solidaritätszuschlag	19,48 €
– Kirchensteuer (9 %)	31,88 €
– Sozialversicherung:	
Krankenversicherung (7,3 % + 0,55 %) 7,85 %	212,11 €
Rentenversicherung (9,3 %)	251,29 €
Pflegeversicherung (1,525 %)	41,21 €
Arbeitslosenversicherung (1,2 %)	32,24 €
Nettolohn	1759,54 €

Das Schema für die Lohnberechnung finden Sie als Kopiervorlage auf der Seite 201.

Auszug aus der Lohnsteuer-Tabelle 2020
Monatliche Lohnsteuer und Solidaritätszuschlag in Euro bei den üblichen Steuerklassen I/IV und III

zu versteuernder Monatslohn ab	Abzüge in den üblichen Steuerklassen			
	Steuerklasse I/IV		Steuerklasse III	
	Lohnsteuer	Solidaritätszuschlag	Lohnsteuer	Solidaritätszuschlag
1323,00	40,91	–	–	–
1353,00	46,58	–	–	–
1404,00	56,58	–	–	–
1455,00	67,16	–	–	–
1500,00	76,91	–	–	–
1551,00	88,33	1,46	–	–
1602,00	99,91	3,78	–	–
1653,00	111,58	6,11	–	–
1701,00	122,66	6,74	–	–
1752,00	133,50	7,34	–	–
1803,00	144,33	7,93	–	–
1851,00	154,58	8,50	–	–
1899,00	164,91	9,07	–	–
1902,00	165,58	9,10	–	–
1905,00	166,25	9,14	–	–
1908,00	166,91	9,18	–	–
1911,00	167,58	9,21	–	–
1914,00	168,25	9,25	–	–
1917,00	168,83	9,28	–	–
1920,00	169,50	9,32	–	–
1980,00	182,66	10,04	3,50	–
1983,00	183,25	10,07	3,83	–
1986,00	184,00	10,12	4,33	–
1995,00	185,91	10,22	5,33	–
2019,00	191,25	10,51	8,16	–
2040,00	195,91	10,77	10,66	–
2049,00	197,91	10,88	11,83	–
2052,00	198,58	10,92	12,16	–
2055,00	199,25	10,95	12,50	–
2070,00	202,58	11,17	14,66	–
2082,00	205,25	11,28	15,83	–
2085,00	205,91	11,32	16,33	–
2088,00	206,58	11,36	16,66	–
2091,00	208,25	11,39	17,16	–
2100,00	209,25	11,50	18,50	–
2121,00	214,00	11,77	21,50	–
2139,00	218,00	11,99	24,16	–
2142,00	218,75	12,03	24,66	–
2145,00	219,41	12,06	25,00	–
2148,00	220,08	12,10	25,50	–
2160,00	222,83	12,25	27,33	–
2172,00	225,20	12,40	29,16	–
2184,00	228,25	12,55	31,00	–
2196,00	231,00	12,70	32,83	–
2199,00	231,66	12,74	33,33	–
2202,00	232,33	12,81	34,16	–
2205,00	233,00	21,81	34,16	–

zu versteuernder Monatslohn ab	Abzüge in den üblichen Steuerklassen			
	Steuerklasse I/IV		Steuerklasse III	
	Lohnsteuer	Solidaritätszuschlag	Lohnsteuer	Solidaritätszuschlag
2208,00	233,75	12,85	34,66	–
2214,00	235,08	12,92	35,66	–
2217,00	235,75	12,96	36,16	–
2220,00	236,41	13,00	36,50	–
2223,00	237,16	13,04	37,00	–
2226,00	237,83	13,08	37,50	–
2250,00	243,33	13,38	41,33	–
2298,00	254,41	13,99	49,16	–
2349,00	266,25	14,64	57,66	–
2397,00	277,50	15,26	66,00	–
2400,00	278,25	15,30	66,50	–
2406,00	279,66	15,38	67,66	–
2409,00	280,30	15,41	68,16	–
2412,00	281,08	15,45	68,66	–
2415,00	281,75	15,49	69,16	–
2418,00	282,50	15,53	69,66	–
2451,00	290,25	15,96	75,66	–
2499,00	301,75	16,59	84,50	–
2544,00	312,50	17,18	93,00	–
2547,00	313,25	17,22	93,50	–
2550,00	314,00	17,27	94,16	–
2553,00	314,66	17,30	94,66	–
2601,00	326,33	17,94	104,00	–
2652,00	338,75	18,63	114,16	–
2700,00	350,50	19,27	123,83	–
2715,00	354,25	19,48	126,66	–
2718,00	355,00	19,52	127,33	–
2721,00	355,75	19,56	127,83	–
2730,00	359,00	19,69	129,50	–
2742,00	360,91	19,85	131,83	–
2751,00	363,16	19,97	133,50	–
2760,00	365,41	20,09	135,13	–
2772,00	368,41	20,26	137,50	–
2781,00	370,66	20,38	139,16	–
2784,00	371,41	2042	139,83	–
2787,00	372,16	20,46	140,33	–
2790,00	372,91	20,51	141,00	–
2850,00	388,00	21,34	152,83	–
2856,00	389,50	21,42	154,00	–
2901,00	400,83	22,04	163,00	0,20
2949,00	413,08	22,71	172,66	2,13
2952,00	413,83	22,76	173,33	2,26
2955,00	414,66	22,80	174,00	2,40
3000,00	426,66	22,80	174,00	4,23
3252,00	492,33	27,07	235,00	12,92
3501,00	560,08	30,80	287,50	15,81
3999,00	702,41	38,63	396,00	21,78

22.1 Ein Geselle im zweiten Gesellenjahr arbeitet 45 Stunden. Laut digitalem Zeiterfassungssystem führte er dabei neben den Überstunden die folgenden zuschlagspflichtigen Arbeiten aus: 2 Stunden im Aufzugschacht Isolierbeschichtung unter Atemschutzmaske aufgetragen, 2 Stunden Fassade abgebeizt. Berechnen Sie den Brutto-Wochenlohn in Euro nach der Lohntabelle S. 167. Das Arbeitszeitkonto ist bereits mit 170 Gutstunden aufgefüllt.

22.2 Ein Verkaufsraum im Tarifgebiet West wird an einem Wochenende renoviert und neu eingerichtet. Ein Vorarbeiter und zwei Gesellen erledigen die Malerarbeiten von Sonnabend 14 Uhr bis Sonntagabend 21 Uhr. Dazwischen ist die nach Arbeitszeitgesetz vorgeschriebene Ruhezeit von 0.00 Uhr bis 11.00 Uhr eingehalten.
Wie viel verdienen Vorarbeiter (110 % vom Ecklohn) und Gesellen nach der Lohntabelle brutto in Euro an diesem Wochenende? Die Obergrenzen in den Arbeitszeitkonten sind in allen Fällen erreicht.

22.3 In einem Malerbetrieb im Tarifgebiet Ost werden folgende Arbeitszeiten in das digitale Zeiterfassungssystem eingetragen:

Arbeitnehmer	Wochenstunden
Vorarbeiter (110 % vom Ecklohn)	44
Geselle 1. Gesellenjahr	42
Geselle 1. Gesellenjahr	43
Geselle 2. Gesellenjahr	44
Helfer A ohne Berufsausbildung, 6 Jahre *Betriebs*zugehörigkeit	42
Helfer B ohne Berufsausbildung, 1 Jahr *Gewerbe*zugehörigkeit	40

Berechnen Sie die Bruttolohnsumme in Euro für diesen Betrieb bei Erschöpfung der Arbeitszeitkonten?

22.4 In einem Ausbildungsbetrieb arbeiten Andreas und Jörg, beide 21 Jahre alt, im ersten Jahr nach Ausbildungsabschluss. Andreas hat die Gesellenprüfung mit Erfolg abgelegt, Jörg hat diese nicht bestanden und will sie auch nicht wiederholen. Beide arbeiten 40 Stunden wöchentlich.
Wie viel verdienen sie im ersten Gesellenjahr und wie viel verdient danach Jörg brutto weniger als Andreas?

22.5 Ein Vorarbeiter in einem Korrosionsschutzbetrieb im Tarifgebiet Ost erhält 110 % des Ecklohnes.
a) Wie hoch ist sein monatlicher Bruttoverdienst (nach vier Wochen), wenn er wöchentlich 41 Stunden gearbeitet hat und sein Arbeitszeitkonto bereits mit 170 Gutstunden ausgefüllt ist?
b) Wie hoch ist sein Nettolohn, wenn er nach Steuerklasse III veranlagt wird und 9 % Kirchensteuer sowie 20,075 % Sozialabgaben abführen muss?

22.6 Ein Helfer hat in einem Jahr bei 1776 Arbeitsstunden folgende Bruttolöhne erzielt: Januar 1 980,50 €; Februar 1 980,50 €; März 2 050,70 €; April 2 090,40 €; Mai 2 220,80 €; Juni 2 145,45 €; Juli 2 200,80 € (ohne Urlaubsgeld); August 2 413,65 €, September 2 220,80 €, Oktober 1 980,50 €; November 2 050,70 €; Dezember 1 980,50 € (ohne Weihnachtsgeld).
a) Wie hoch ist der Durchschnitts-Stundenlohn des Helfers in dem Jahr gewesen?
b) Wie viel Euro bezahlte er für Kranken- (Zusatzbeitrag 0,5 %), für Renten-, für Arbeitslosen- und für Pflegeversicherung nach den Beitragssätzen von Seite 168.
c) Wie viel Lohnsteuer müsste er abführen, wenn er nach Steuerklasse I veranlagt wird?
d) Wie viel Prozent Lohnsteuer muss ein Helfer weniger abführen, der in Steuerklasse III veranlagt ist?

22.7 Auf einer Baustelle im Tarifgebiet West arbeiten ein 23-jähriger Arbeitnehmer im 6. Jahr Gewerbezugehörigkeit, ohne abgeschlossene Berufsausbildung und ein Geselle einen Monat zusammen. Der Helfer arbeitet 46 Stunden in der ersten Woche, der Geselle 43 Stunden in der ersten und beide je 45 Stunden in der zweiten bis vierten Woche.
a) Wie hoch sind jeweils die Nettolöhne, wenn der Geselle in Steuerklasse III und der Helfer in Steuerklasse I ist, beide kinderlos sind und die Obergrenze bei den Arbeitszeitkonten erreicht ist?
b) Wie viel Prozent verdient der Geselle mehr als der Helfer?

22.8 Ein Malergeselle kam in einem Jahr 54mal 15 Minuten zu spät zur Arbeit. An 75 Tagen verlängerte er selbstständig seine Pausenzeiten um 10 Minuten.
a) Wie viel Stunden produktiver Arbeitszeit gingen verloren?
b) Wie viel Euro Verlust sind jeweils im Tarifgebiet Ost und West für den Betrieb (19,825 %) entstanden, wenn man zu den Sozialleistungen, die der Arbeitgeber zu zahlen hat, noch Aufwendungen von 2,8 % für die Berufsgenossenschaft, 14,1 % für die Urlaubskasse und 2,2 % für Haftpflichtversicherungsbeiträge berücksichtigt?

22.9 Eine Kolonne von fünf Malern arbeitet 305 Stunden im Tarifgebiet Ost im Akkord (20 % Zuschlag). In der Kolonne arbeiten ein Vorarbeiter (110 %), drei Altgesellen (105 %) und ein Helfer im 6. Jahr Betriebszugehörigkeit.
a) Berechnen Sie für jeden den Bruttolohn.
b) Wie hoch ist ihr Stundenlohn, wenn der Meister jedem 80,00 € zusätzlich an Prämie auszahlt? Lohnangaben Seite 167.

22.10 Ein Helfer im Malerbetrieb bekam bei 40-stündiger Arbeitszeit und einem Abzug von 136,17 € für Lohnsteuer und Sozialleistungen 275,43 € ausbezahlt.
Wie hoch ist sein Brutto-Stundenlohn?

22.11 Ein 25-jähriger, kinderloser Malergeselle erhält am Monatsende brutto 2775 36 €.
a) Wie viel Stunden hat er bei einem Stundenlohn von 16,52 € geleistet?
b) Berechnen Sie den Netto-Monatslohn bei Steuerklasse I und den Beitragssätzen für Sozialversicherung von Seite 168 (Zusatzbeitrag Krankenversicherung 0,5 %), Beitrag zur Pflegeversicherung für kinderlosen Versicherten.

23 Kalkulation

Die Abwicklung eines Auftrages im Maler- und Lackiererhandwerk erfordert den Einsatz von Arbeitskräften, Werkstoffen und Kapital. Diese Produktionsfaktoren verursachen Aufwändungen, die als Lohn-, Material-, Geräte- und Gemeinkosten zu veranschlagen sind.

Lohnkosten sind direkt verrechenbare (produktive) Kosten, die der Arbeitgeber allein aufbringen muss.

Werkstoffkosten. Werkstoffverbrauch nach Volumen, Gewicht oder Stückzahl mal Werkstoffpreis pro Einheit.

Gerätekosten. Geräte und Maschinen veralten technisch und werden abgenutzt. Die Wertminderung dadurch nennt man Absetzung für Abnutzung (AfA). In Tabellen des Hauptverbandes Farbe, Gestaltung, Bautenschutz sind AfA-Werte in Jahren für die Geräte des Maler- und Lackiererhandwerks festgehaltn (vgl. dazu „Grundlagen der Preisberechnung im Maler- und Lackiererhandwerk“ 2017, DVA, Anhang A 4 AfA-Tabellen, S. 455–462).
Die kalkulatorische Verzinsung ist der Zinsverlust, der dem Meister entsteht, weil das Kapital für die Anschaffung eines Gerätes oder einer Maschine danach nicht mehr für eine andere Geldanlage zur Verfügung steht.

Gemeinkosten sind allgemein anfallende Kosten für Löhne, Werkstoffe sowie Betriebskosten (Miete, KFZ, Strom, Heizung, Porto usw.)

- lohnabhängige Gemeinkosten: Arbeitgeberanteil an den Sozialleistungen, bezahlte Freistellungen, z. B. Heirat, Urlaub u. Ä. Weil es schwierig ist, diese anfallenden Kosten einem Malerauftrag direkt zuzurechnen, wird aus der Buchführung der vergangenen Abrechnungsperiode ein prozentualer Gemeinkostenzuschlag errechnet. (Zuschlag 140–200 %).
- werkstoffabhängige Gemeinkosten: Kosten für Fracht, Gebühren, Porto, Lohnkostenanteil für Fahrer, Schütt- und Schwundverluste usw. (Zuschlag 10–25 %).

Gewinn und Wagnis. Um einen Gewinn zu erzielen (z. B. für Investitionen), um Unsicherheitsfaktoren (Wagnis) bei der Angebotskalkulation auszugleichen und um andere Risiken (Fehlleistungen, Wetter o. Ä.) abzudecken, erfolgt gegenwärtig ein Aufschlag von ca. 10 % auf die Selbstkosten.

23.1 Lohnpreis

Zur Vorkalkulation eines Betriebes gehört die Berechnung des Lohnpreises. Der Lohnpreis eines Gesellen lässt sich nach folgendem Schema ermitteln:

	Stundenlohn
+	Zuschlag für lohnabhängige Gemeinkosten (175 %)
=	Selbstkosten
+	Zuschlag für Gewinn und Wagnis (10 %)
=	Lohnpreis (netto, ohne Mehrwertsteuer)

■ **Beispiel 23.1:**
Wie hoch ist der Lohnpreis pro Stunde für einen Gesellen mit einem Stundenlohn von 17,15 €.

Lösung:

	17,15 €
+ 175 %	30,01 €
	= 47,16 €
+ 10 %	4,72 €
	= 51,88 €

Der Lohnpreis lässt sich auch mit einem Lohnmalnehmer berechnen:

Tariflohn		100,00
+ 175 %	Zuschlag für lohnabhängige Gemeinkosten	175,00
	= Selbstkosten	275,00
+ 10 %	Zuschlag für Gewinn und Wagnis	27,50
	= Lohnpreis/Stunde	302,50

$$\text{Lohnmalnehmer} = \frac{302{,}50}{100} = \underline{\underline{3{,}025}}$$

Lohn/Stunde · Lohnmalnehmer = Lohnpreis/Stunde

Mit dem Lohnmalnehmer errechnet sich der Lohnpreis des Gesellen aus Beispiel 23.1 zu:

17,15 €/Stunde · 3,025 = <u>51,88 €/Stunde</u>

Bei der Kalkulation einzelner Arbeitsgänge pro m^2 oder Stück wird die Lohnminute zugrunde gelegt. Die entsprechenden Zeitwerte der Leistungsbeschreibung weisen die gültigen Handbücher für das Maler- und Lackiererhandwerk aus.

$$\text{Lohnminute} = \frac{\text{Nettolohnpreis}}{60\ \text{min}}$$

Beispiel 23.2:

Wie viel Euro beträgt die Lohnminute des Gesellen aus dem Beispiel 23.1?

Lösung:

$$\frac{51{,}88\ €}{60\ \text{min}} = \underline{\underline{0{,}86\ €/\text{min}}}$$

Beispiel 23.3:

Der Geselle soll eine fertige Wandbekleidung für hohe Beanspruchung entfernen und durch eine neue Tapete ersetzen.
Welche Lohnkosten fallen für 1 m^2 an?

Lösung:

Arbeitsgänge	min/m^2
wasserfeste Tapete aufrauen, Tapetenablöser auftragen, Tapeten entfernen, Schutt abfahren	9,5
gipshaltige Spachtelung und Schleifen	8,5
auf die vorbereitete Fläche hochbeanspruchbare Wandbekleidung auf Stoß tapezieren	13,5
	31,5

31,5 min/m^2 · 0,86 €/min = <u>27,09 €/m^2</u>

23.2 Werkstoffpreis

Bei der Werkstoffpreisberechnung muss besonders auf die Unterscheidung zwischen Gewichts- und Volumeneinheiten geachtet werden. Der Werkstoffverbrauch wird in g, kg oder ℓ angegeben. Der Werkstoffpreis wird nach folgendem Schema berechnet:

Einkaufspreis
\+ Zuschlag für werkstoffabhängige Gemeinkosten (14 %)
= Selbstkosten
\+ Zuschlag für Gewinn und Wagnis (10 %)
= Werkstoffpreis

Der Werkstoffpreis kann aber auch mit einem Werkstoffmalnehmer berechnet werden:

Einkaufspreis	100,00
+ 14 % Gemeinkosten	14,00
= Selbstkosten	114,00
+ 10 % Gewinn und Wagnis	11,40
= Werkstoffpreis	125,40

$$\text{Werkstoffmalnehmer} = \frac{125{,}40}{100} = 1{,}254$$

Einkaufspreis (netto) · Werkstoffmalnehmer = Werkstoffpreis

Beispiel 23.4:

750 ml Acryllack wird mit 28,30 € (netto) eingekauft. Berechnen Sie den Werkstoffpreis je m^2 bei einem Verbrauch von 0,060 ℓ/m^2.

Lösung:

Berechnung des Literpreises

$$\frac{28{,}30\ €}{0{,}750\ \ell} = 37{,}73\ €/\ell$$

37,73 €/ℓ · 1,254 = 47,31 €/ℓ

Berechnung des Werkstoffpreises für 1 m^2

47,31 €/ℓ · 0,060 ℓ/m^2 = <u>2,84 €/m^2</u>

Allgemein wird eine Leistung wie folgt kalkuliert:

	Lohnpreis
+	Werkstoffpreis
=	Nettopreis
+	Mehrwertsteuer
=	Angebots- oder Rechnungspreis

■ **Beispiel 23.5:**

Der Geselle soll eine fertige Wandbekleidung für hohe Beanspruchungen entfernen und die Wände mit Raufaser neu tapezieren. Er benötigt hierfür 17 Lohnminuten/m². Der Preis für eine Lohnminute beträgt 0,86 €. Der Werkstoffpreis für Tapetenlöser, Spachtelung und Kleister beträgt 0,35 €/m². Kalkulieren Sie den Angebotspreis/m² bei einem Einkaufspreis für eine Rolle Raufaser von 11,40 € und 5 % Verschnitt.

Lösung:

Werkstoffpreis für 1 m² Wandbekleidung (Raufaser)

33,50 m · 0,53 m = 17,76 m²

5 % ≙ 0,89 m²

17,76 m² – 0,89 m² = 16,87 m²

11,40 € : 16,87 m² = 0,68 €/m²

0,68 €/m² · 1,254 = 0,85 €/m²

	Lohnpreis (17 LM · 0,86 €/min)	14,62 €/m²
+	Werkstoffpreis (Tapetenlöser usw.)	0,35 €/m²
+	Werkstoffpreis (Wandbekleidung)	0,85 €/m²
=	Nettopreis	15,82 €/m²
+	19 % Mehrwertsteuer	3,01 €/m²
=	Angebotspreis	18,83 €/m²

23.3 Preis für den Einsatz von Geräten

Bei der Preisberechnung für Maschinen- und Geräteeinsatz wird zwischen festen Kosten und den laufenden Betriebskosten unterschieden. Die festen Kosten entstehen innerhalb eines Jahres unabhängig vom Betreiben des Gerätes und die Betriebskosten fallen an, wenn die Maschine im Gebrauch ist.

feste Kosten	Betriebskosten
• Anschaffungskosten/AfA • Verzinsung • Versicherungen • Mieten für Abstellmöglichkeiten	• Energiekosten (Strom, Benzin, Öl) • Reparaturen • Wasserkosten • Reinigung, Entsorgung

■ **Beispiel 23.6:**

Zum Beschichten einer Werkstatthalle soll ein Airlessgerät eingesetzt werden. Für den Auftraggeber muss ein Angebot über den Preis für den Geräteeinsatz je Stunde erstellt werden.

Zur Berechnung stehen folgende Werte zur Verfügung:

Anschaffungswert	5 400,00 €
Nutzungsdauer nach AfA	5 Jahre
Verzinsung	2,5 %
Wartung	8 % der Anschaffungskosten
Anschlussleistung	1 500 Watt
Energiepreis	0,26 €/kWh
Einsatzstunden im Jahr	650 Stunden
Zuschlag für Gewinn und Wagnis	12 %

Lösung:

1. feste Kosten

$$\frac{\text{Anschaffungswert}}{\text{Nutzungsdauer nach AfA}} \quad \frac{5\,400{,}00\ €}{5\ \text{Jahre}} = 1\,080{,}00\ €$$

mittlere Verzinsung = halber Anschaffungswert · Zinssatz

$$\frac{5\,400{,}00\ € \cdot 2{,}5\ \%}{2 \cdot 100\ \%} = 67{,}50\ €$$

Wartungskosten 8 % vom Anschaffungswert

$$\frac{5\,400{,}00\ € \cdot 8\ \%}{100\ \%} = 432{,}00\ €$$

Summe feste Kosten im Jahr: = 1 579,50 €

feste Kosten je Einsatzstunde: $\frac{1\,579{,}50\ €}{650\ \text{Std.}} = 2{,}43\ €/\text{Std.}$

2. Betriebskosten

Energiekosten 1,5 kW · 0,26 €/kWh = 0,39 €/h

Zusammenstellung der Gesamtselbstkosten je Einsatzstunde:

	feste Kosten je Einsatzstunde	2,43 €/Std.
+	Betriebskosten je Einsatzstunde	0,39 €/Std.
=	Gesamtselbstkosten je Stunde	2,82 €/Std.
+	12 % Zuschlag für Gewinn/Wagnis	0,34 €/Std.
=	Nettopreis je Einsatzstunde	3,16 €/Std.
+	19 % Mehrwertsteuer	0,60 €/Std.
=	Angebotspreis je Einsatzstunde	3,76 €/Std.

Die Lohnkosten für die Bedienung des Gerätes müssen zusätzlich eingerechnet werden.

23.1 Berechnen Sie Ihren Lohnpreis/Stunde und Ihre Lohnminute nach bestandener Gesellenprüfung.

23.2 Ermitteln Sie den Netto-Lohnpreis pro Stunde und pro Minute sowie den Lohnmalnehmer mit folgenden Angaben:

Berechnungsgrundlagen	A	B	C	D	E
Stundenlohn in €	17,15	15,44	14,87	11,56	9,91
lohnabhängige Gemeinkosten	180 %	170 %	145 %	150 %	165 %
Gewinn und Wagnis	10 %	13 %	25 %	20 %	30 %

23.3 Für einen Malerauftrag wurden 83 Arbeitsstunden und Werkstoffe zu einem Einkaufspreis von 1 542,62 € benötigt.
Errechnen Sie den Rechnungspreis mit folgenden Angaben durch Einsetzen in ein Schema wie oben dargestellt.
Stundenlohn 14,87 €. lohnabhängige Gemeinkosten 155 %, Zuschlag für Gewinn und Wagnis (Lohnpreis) 14 %, werkstoffabhängige Gemeinkosten 12 %, Zuschlag für Gewinn und Wagnis (Werkstoffpreis) 10 %, gesetzliche Mehrwertsteuer.

23.4 Ein Malergeselle führte einen Auftrag in 52 Stunden aus. Sein Stundenlohn wird mit 13,72 € angesetzt, die lohnabhängigen Gemeinkosten betragen 135 %, für Gewinn und Wagnis werden 12 % angesetzt.
Berechnen Sie
a) den Lohnmalnehmer,
b) die Lohnminute,
c) die Netto-Lohnkosten.

23.5 Ein Auftrag wird von drei Gesellen in 9 Stunden ausgeführt. Jeder hat einen Stundenlohn von 15,44 €. Der Betrieb kalkuliert für lohnabhängige Gemeinkosten 142 % und für Gewinn und Wagnis 11 %.
Berechnen Sie
a) den Lohnmalnehmer,
b) den Nettolohnpreis pro Stunde,
c) die Nettolohnkosten.

23.6 Ein Geselle (Lohnminute 0,82 €) soll eine Wandfläche mit Folie oder starkem Papier abdecken, Stöße verkleben und nach Gebrauch wieder entfernen. Dabei ist eine Vorgabe von 3,5 min/m² gegeben.
Berechnen Sie die Lohnkosten für 34 m² Wandfläche.

23.7 Eine geputzte Fassadenfläche von 83 m² wird mit einer KD-Dispersionsfarbe beschichtet. Folgende Zeitangaben sieht das Handbuch für Maler und Lackierer vor: („Grundlagen der Preisberechnung im Maler- und Lackiererhandwerk" 2017, DVA)

Leistung	min/m²
Putz säubern	2,0
Beschädigungen beispachteln	2,5
Grundieren mit wasserverdünnbarem Tiefgrund	3,5
zweimal deckend mit KD-Farbe rollen	7,0

Berechnen Sie die Lohnkosten für die Fassade, wenn die Lohnminute mit 0,78 €/min angesetzt wird.

23.8 Ein Malerbetrieb hat Kosten für Werkstoffverbrauch auf einer Baustelle von netto 1 234,56 €.
Berechnen Sie
a) den Werkstoffmalnehmer,
b) den Werkstoffpreis, wenn der Zuschlag für werkstoffabhängige Gemeinkosten 15 % und für Gewinn und Wagnis 11 % beträgt.

23.9 Für eine Beschichtung im Innenbereich auf Putz mit Latexplastik werden folgende Angaben zur Kalkulation gemacht:
Zeitvorgabe 14,00 min/m²,
Lohnminute 0,75 €,
Werkstoffmalnehmer 1,25,
Einkaufs-Werkstoffpreis 5,22 €/m².
Berechnen Sie
a) den Nettopreis/m²,
b) den Rechnungspreis für 76 m² Putzfläche unter Berücksichtigung der gültigen Mehrwertsteuer.

23.10 Von einer 132 m² großen Fassadenfläche ist eine alte, mehrschichtige Dispersionsfarbe abzubeizen und gründlich nachzuwaschen; kleine Beschädigungen werden beigespachtelt. Die Fläche wird mit lösemittelverdünnbarem Tiefgrund grundiert, je ein Zwischen- und Schlussanstrich wird mit hellgetönter Dispersionsfarbe ausgeführt. Hierfür sind folgende Zeitvorgaben und Werkstoffpreise vorgegeben:

Leistung	Lohneinsatz min/m²	Werkstoffeinsatz €/m²
abbeizen, nachwaschen, spachteln	30,0	14,28
mit Tiefgrund grundieren	4,0	0,70
Zwischen- und Schlussanstrich	13,0	2,52

Berechnen Sie
a) den Nettogesamtpreis für die Fassade, wenn die Lohnminute mit 0,80 € angegeben ist,
b) den Rechnungspreis für die Fassade bei Berücksichtigung der gültigen Mehrwertsteuer.

23.11 Eine Fassadenfläche soll ganzflächig armiert werden. Für die Materialien sind folgende Einkaufspreise eingeholt worden:

Werkstoff	Einkaufspreis	Verbrauch/m²
lösemittelhaltiger Tiefgrund	8,60 €/ℓ	0,100 ℓ
Riss-Spachtel	7,63 €/kg	0,800 kg
Rissgewebe, 1 m breit	4,42 €/m²	1,10 m²
Rissgrundfilm	9,70 €/ℓ	0,700 ℓ
Rissdeckschicht	10,20 €/ℓ	0,300 ℓ

Berechnen Sie
a) den Werkstoffmalnehmer, wenn der Zuschlag für werkstoffabhängige Gemeinkosten 15,5 % und für Gewinn und Wagnis 12,5 % beträgt,
b) den Werkstoffpreis je m²,
c) den Werkstoffpreis für 246 m² Fassadenfläche.

23.12 Für folgenden Auftrag ist ein Angebot zu erstellen:

Leistung	Lohneinsatz min/m²	Werkstoffeinsatz €/m²
115 m² Fassadenfläche aus Putz, reinigen mit Heißdampf-Hochdruckreiniger	6,5	
Beschädigungen beispachteln	1,0	0,21
Tiefgrund, lösemittelverdünnbar	4,0	0,70
Zwischenanstrich mit Kunstharz-Streichputz	3,5	1,25
Fläche mit Kunstharz-Reibeputz, Korngröße 2,5 mm, beschichten	20,0	12,60

Stundenlohn 17,15 €, lohnabhängige Gemeinkosten 165 %, Zuschlag für Gewinn und Wagnis 15 %, gesetzliche Mehrwertsteuer. Bestimmen Sie den Angebotspreis.

23.13 Die Wände des abgebildeten Appartements werden mit Raufaser tapeziert und mit Dispersionsfarbe weiß gestrichen.
Erstellen Sie den Angebotspreis nach folgenden Angaben:
– Bodenfläche mit starkem Papier abdecken, Stöße verkleben und nach Gebrauch wieder entfernen
Zeitvorgabe 3,0 min/m²
Werkstoffverbrauch 1,10 m²/m²
Einkaufspreis 0,10 €/m²
Werkstoffverbrauch 0,05 Rolle/m²
Einkaufspreis 2,90 €/Rolle

– kleine Beschädigungen beispachteln
Zeitvorgabe 1,0 min/m²
Werkstoffverbrauch 0,120 kg/m²
Einkaufspreis 0,88 €/kg

– mit Leim unter Zusatz von 20 % Dispersions-Kleber vorleimen
Zeitvorgabe 2,6 min/m²
Werkstoffverbrauch 0,020 kg/m²
Einkaufspreis 3,15 €/kg

– Lieferung der Wandbekleidung, auf die vorbereiteten Flächen Raufaser auf Stoß tapezieren
Zeitvorgabe 6,9 min/m²
Werkstoffverbrauch 1,05 m²/m²
Einkaufspreis 0,48 €/m²

– mit Dispersionsfarbe, weiß, matt, zweimal gut deckend rollen
Zeitvorgabe 7,3 min/m²
Werkstoffverbrauch 0,150 ℓ/m²
0,100 ℓ/m²
Einkaufspreis 2,06 €/ℓ

Stundenlohn 15,35 €
lohnabhängige Gemeinkosten 165 %,
Gewinn und Wagnis 13 % (Lohnkosten),
werkstoffabhängige Gemeinkosten 15 %,
Zuschlag für Gewinn und Wagnis 10 % (Werkstoffkosten),
gesetzliche Mehrwertsteuer.

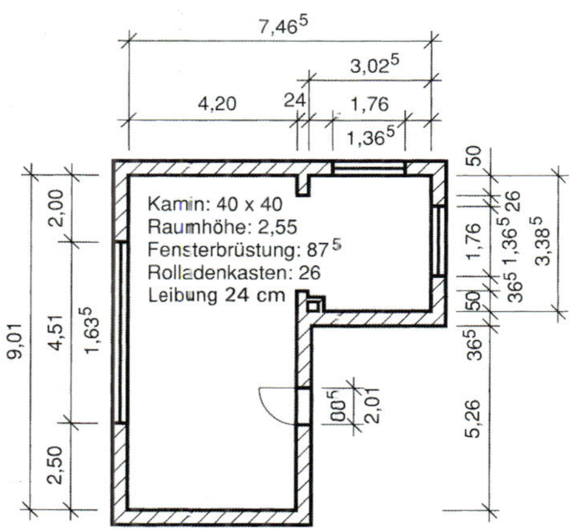

23.14 Für die abgebildete Fassade ist ein Angebot mit folgenden Positionen zu erstellen:

Position 1

Fassadengerüst, erschwerte Aufstellung.

Position 2

Kalkmörtel-Putzflächen mit alter Mineralfarben-Beschichtung, geringe Mengen loser Anstrichteile abkratzen, abbürsten und abwaschen;
kleine Putzschäden mit Silicatspachtel ausbessern, 10,0 Minuten.

Position 3

Mit Fixativ grundieren, Verdünnung abgestimmt auf die Saugfähigkeit des Untergrundes;
mit Silicat-Schlemmgrundierung vorstreichen, abgestimmt auf die Saugfähigkeit des Untergrundes;
einen Zwischen- und einen Schlussanstrich mit 2K-Silicatfarbe matt, Farbstufe II, 24,0 Minuten.

Position 4

Gesimsbänder mit einem Zwischen- und einem Schlussanstrich mit 2K-Silicatfarbe matt, Farbstufe III, farbig absetzen, 14,0 Minuten.

Position 5

Holzfenster Überholungsanstrich;
zwei Zwischenanstriche mit Kunstharz-Vorlackfarbe;
Schlussanstrich mit Alkydharzlack, weiß; Einseitig gemessen und bearbeiten, 40,0 Minuten.

Position 6

Dachrinnen und Fallrohre aus Zink mit Ammoniak-Netzmittelgemisch vorbehandeln und gründlich nachwaschen;
Zwischenanstrich mit Fassadenfüllfarbe, matt;
Schlussanstrich mit Dispersionslack, glänzend, 10,0 Minuten.

Position 7

Holztürfläche außen mit Grundanstrich nach DIN 68805;
Vorlackieren mit Kunstharzvorlack;
Schlussanstrich mit Kunstharzlack, seidenglänzend, weiß, 34,0 Minuten.

a) Erstellen Sie das Aufmaß für die einzelnen Positionen.

b) Bestimmen Sie aus den unten angegebenen Werten den Lohn- und Werkstoffmalnehmer.

c) Kalkulieren Sie den Werkstoffbedarf und die Werkstoffkosten pro m².

d) Kalkulieren Sie die Lohnkosten pro m².

e) Erstellen Sie ein Angebot nach folgendem Schema:

Pos.	Leistungs-beschreibung	Menge Einheit	Einzel-preis	Gesamt-preis

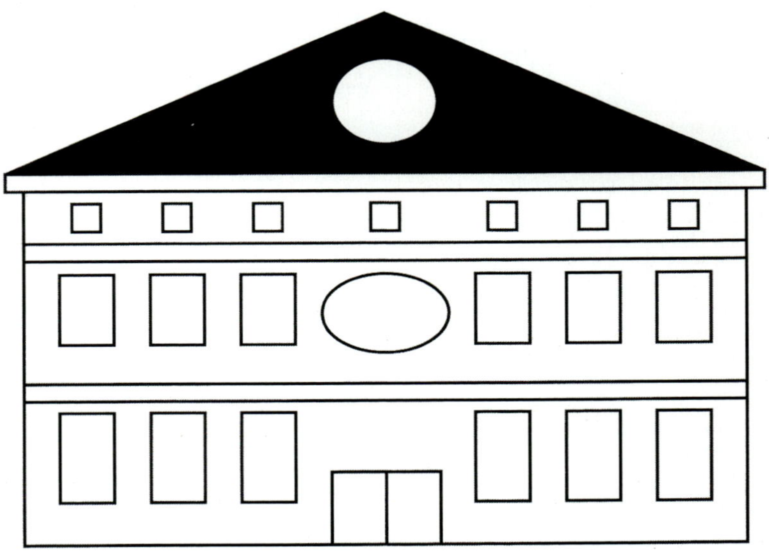

Angaben:

Material	Einkaufspreis	Verbrauch
Gerüst	14,70 €/m²	
Fixativ	8,25 €/ℓ	0,100 ℓ/m²
Silicatspachtel	5,90 €/kg	0,100 kg/m²
Silicat-Schlemmgrundierung	8,25 €/kg	0,400 kg/m²
2K-Silicatfarbe Farbstufe II	7,38 €/kg	0,380 kg/m²
2K-Slilicatfarbe Farbstufe III	7,87 €/kg	0,380 kg/m²
Bläuesperrgrund	14,00 €/ℓ	0,050 ℓ/m²
Vorlack, weiß	15,50 €/ℓ	0,060 ℓ/m²
Alkydharzlack	18,50 €/ℓ	0,060 ℓ/m²
Ammoniak	4,50 €/ℓ	0,150 ℓ/m
Füllfarbe, außen	9,50 €/ℓ	0,200 ℓ/m
Dispersionslack	18,50 €/ℓ	0,100 ℓ/m

Stundenlohn 17,15 €,
lohnabhängige Gemeinkosten 155 %,
Zuschlag für Gewinn und Wagnis (Lohnkosten) 12 %,
werkstoffabhängige Gemeinkosten 13 %,
Zuschlag für Gewinn und Wagnis (Werkstoffkosten) 11 %,
gesetzliche Mehrwertsteuer.

23.15 Die Fassadenfläche (Mörtelgruppe PII) ist mit Dispersions-Silicatfarbe nach folgenden Angaben zu beschichten.
Wie hoch ist der Angebotspreis?

– Fenster und Tür
mit Folie abdecken, Stöße verkleben und nach Gebrauch wieder entfernen
Zeitvorgabe 3,0 min/m²
Werkstoffverbrauch 1,10 m²/m²
Einkaufspreis 0,10 €/m²
Werkstoffverbrauch 0,05 Rolle/m²
Einkaufspreis 2,90 €/Rolle

– Fassadenfläche
mit Heißdampf-Hochdruckreiniger gründlich reinigen
Zeitvorgabe 6,5 min/m²

– Fixativ für Dispersions-Silicatfarbe auftragen, verdünnt auf die Saugfähigkeit des Untergrundes
Zeitvorgabe 6,5 min/m²
Werkstoffverbrauch 0,100 ℓ/m²
Einkaufspreis 6,65 €/ℓ

– kleine Beschädigungen, Fehlstellen, Unebenheiten und Risse mit Dispersions-Silicatspachtel ausspachteln und nachschleifen
Zeitvorgabe 3,5 min/m²
Werkstoffverbrauch 0,100 kg/m²
Einkaufspreis 5,90 €/kg

– mit Dispersions-Silicatfarbe, hell getönt matt, nach Angaben des Herstellers verdünnt, zweimal gut deckend streichen
Zeitvorgabe 14,0 min/m²
Werkstoffverbrauch 0,350 kg/m² für zweimaligen Anstrich
Einkaufspreis 6,90 €/kg,
Stundenlohn 16,52 €,
lohnabhängige Gemeinkosten 155 %,
Zuschlag für Gewinn und Wagnis (Lohnkosten) 10 %,
werkstoffabhängige Gemeinkosten 15 %,
Zuschlag für Gewinn und Wagnis (Werkstoffkosten) 11 %,
gesetzliche Mehrwertsteuer.

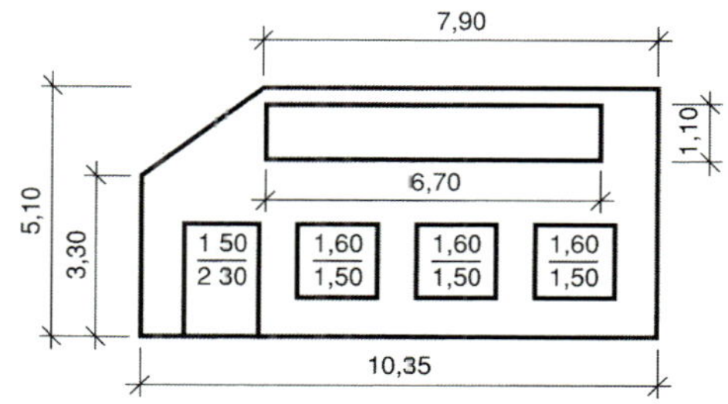

23.16 Drei der abgebildeten Türen mit Futter und Bekleidung erhalten eine Alkydharz-Beschichtung. Folgende Materialangaben liegen zugrunde:

Material	Einkaufs-preis	Verbrauch pro m²
Bläuesperrgrund	14,00 €/ℓ	0,080 ℓ
Lack-Spachtel	9,50 €/kg	0,750 kg
Alkydharz-Vorlack, weiß	15,50 €/ℓ	0,100 ℓ
Alkydharzlack, weiß	22,00 €/ℓ	0,080 ℓ

Folgende Arbeiten sind zu berücksichtigen:

Leistung	Zeitvorgabe in min/m²
Türen mit Futter und Bekleidung von Staub, Schmutz u. Ä. säubern	3,5
mit Bläuesperrgrund grundieren	8,0
mit Lack-Spachtel die ganze Fläche einmal spachteln und schleifen	9,5
Vorlackieren mit Alkydharz, weiß	8,0
ein Schlussanstrich mit Alkydharzlack, weiß	11,0

Stundenlohn 16,52 €,
lohnabhängige Gemeinkosten 145 %,
Gewinn und Wagnis (Lohnkosten) 15 %,
werkstoffabhängige Gemeinkosten 12 %,
Zuschlag für Gewinn und Wagnis (Werkstoffkosten) 14 %,
gesetzliche Mehrwertsteuer.
Berechnen Sie

a) den Nettowerkstoffpreis pro m^2,
b) den Nettolohnpreis pro m^2,
c) den Rechnungspreis für alle Türen einschließlich Futter und Bekleidung.

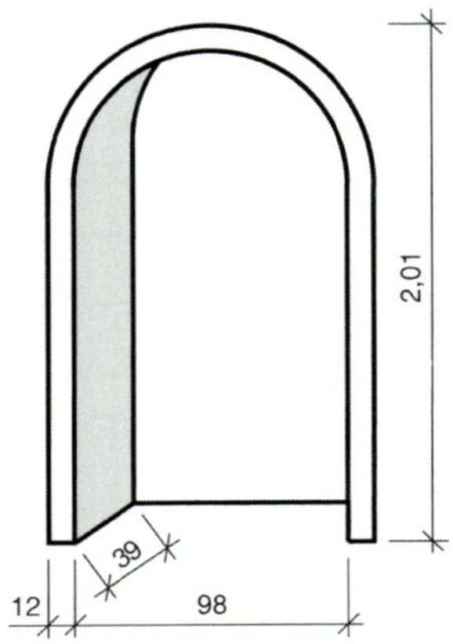

23.17 Zur Untergrundvorbereitung wird auf einer Baustelle ein Hochdruckreiniger eingesetzt. Berechnen Sie den Preis für den Geräteeinsatz pro Stunde.

Anschaffungswert des Hochdruckreinigers	6 000,00 €
Nutzungsdauer nach AfA	5 Jahre
Verzinsung	2,8 %
Wartungskosten pro Jahr	12 % der Anschaffungskosten
Einsatzstunden pro Jahr	1 450
Betriebskosten	12 ℓ Heizöl je Einsatzstunde zu 0,84 €/ℓ
Gewinn und Wagnis	13 %
gesetzliche Mehrwertsteuer	

23.18 Ein Malerbetrieb kauft ein neues Hochdruckspritzgerät.
Berechnen Sie den Angebotspreis für eine Maschinenstunde.

Anschaffungswert des Hochdruckspritzgerätes	2 950,00 €
Nutzungsdauer nach AfA	5 Jahre
Verzinsung	3,5 %
Wartungskosten pro Jahr	4 % der Anschaffungskosten
Einsatzstunden pro Jahr	620
Betriebskosten	1,5 KW je Einsatzstunde zu 0,30 € je kWh
Gewinn und Wagnis	8 %
gesetzliche Mehrwertsteuer	

23.19 Berechnen Sie die Selbstkosten für eine Kompressorstunde.

Anschaffungswert des Luftverdichters	3 365,00 €
Nutzungsdauer nach AfA	7 Jahre
Verzinsung	3,25 %
Wartungskosten pro Jahr	3 % der Anschaffungskosten
Einsatzstunden pro Jahr	1 350
Leistung	1 800 W je Einsatzstunde zu 0,32 € je kWh
Gewinn und Wagnis	10 %
gesetzliche Mehrwertsteuer	

24 Projekt: Renovierung einer Kindertagesstätte

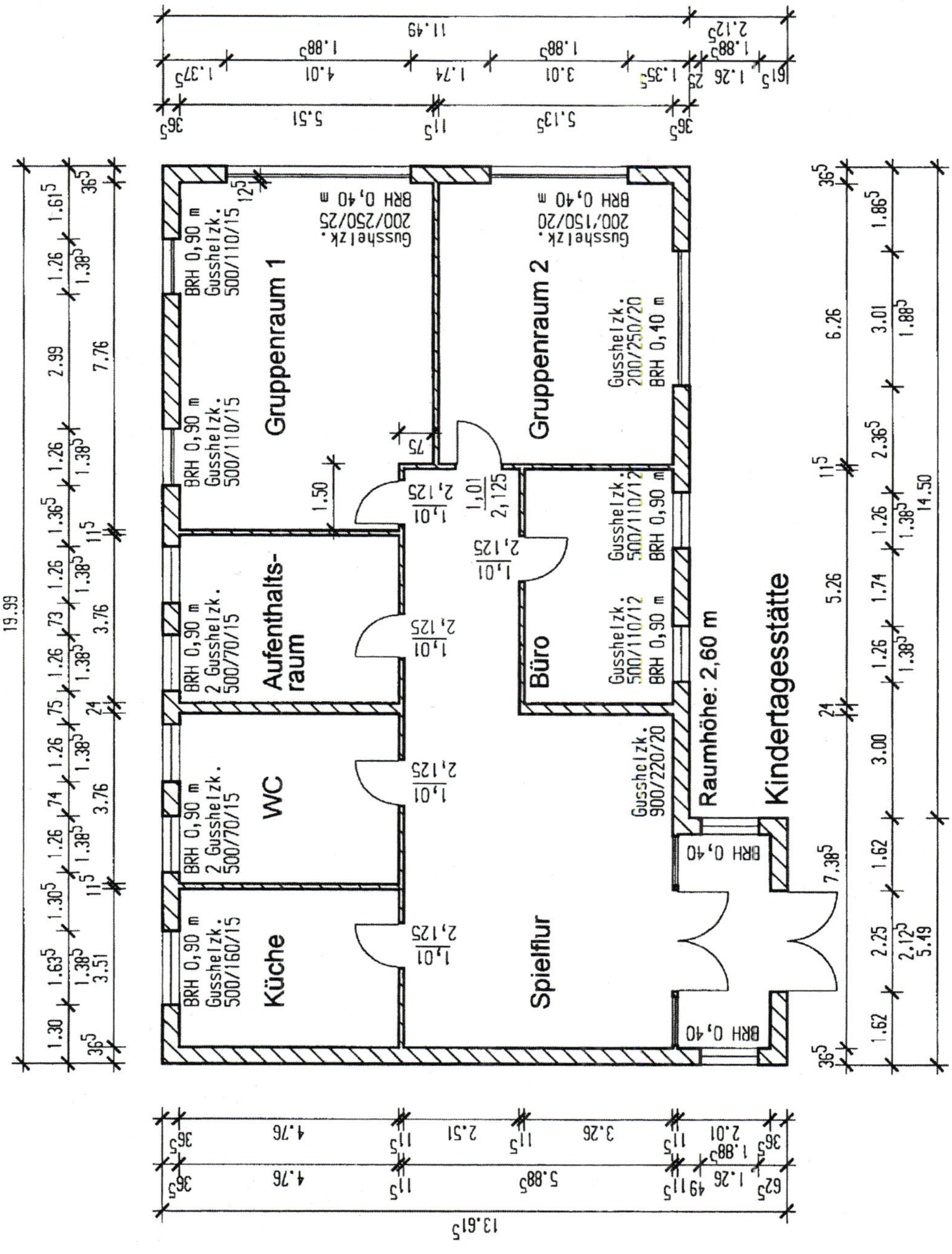

Teil-Projekte:
- Innenanstrich aller Räume
- Wärmedämm-Verbundsystem an den Außenwänden mit Gestaltung einer geometrischen Flächenteilung an der Ostfassade
- Bodenbelagsarbeit

Die einzelnen Projekte können in Gruppenarbeit gelöst werden. Als Hilfe für die mathematischen Teillösungen sind die entsprechenden Kapitel in der Fachmathematik zu bearbeiten, die zur Projektumsetzung benötigt werden. Suchen Sie dazu die Kapitel heraus. Am Ende der Projekte sollen Lösungsvorschläge ausgearbeitet sein, die sowohl technisch als auch wirtschaftlich durchdacht sind. Dazu kann jede Arbeitsgruppe eine „Übungsfirma" bilden, die für die Planung, die Durchführung und für die Kalkulation und die Abrechnung der jeweiligen Aufträge verantwortlich ist. Im Gestaltungsunterricht kann für jede „Übungsfirma" ein eigenes Firmenzeichen entworfen und durchgestaltet werden.

Das bestehende Gebäude (Baujahr 1958) soll renoviert werden. Dabei sind besonders energieeinsparende und andere umweltschonende Gesichtspunkte zu berücksichtigen und die besonderen hygienischen Anforderungen an die Oberflächen für den Aufenthalt von Kindern zu erfüllen.

Firmenbeschreibung

Firmenname
Mitarbeiter
Firmenzeichen

Projekt: **Kindertagesstätte**

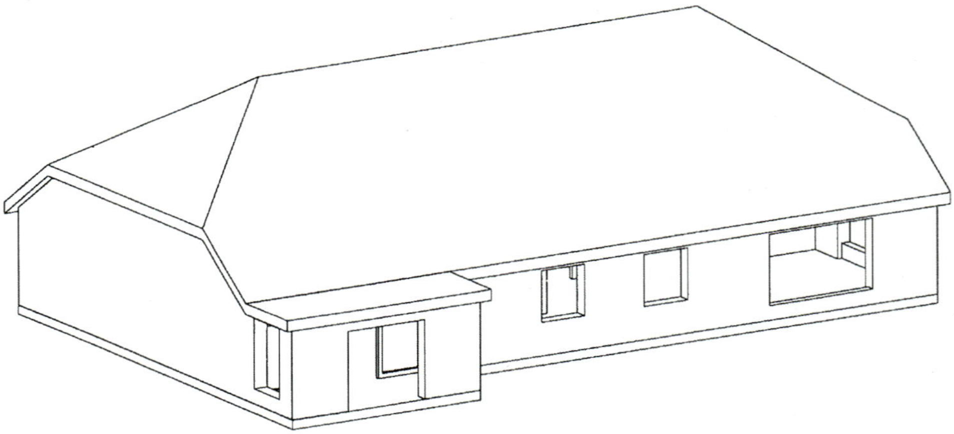

Aufgaben und Arbeitsbereiche

Aufgabenbereich	Sachbearbeiter	Abgabetermin	Bestätigung (Datum, Unterschrift)

Bestandsaufnahme:

Baujahr	1958
Wandkonstruktion	36,5 cm dickes Hohlblockstein-Mauerwerk, ρ = 1,2 kg/dm^3 mit außen 2,0 cm dickem und innen 1,5 cm dickem Kalkzementmörtelputz
Innenwände	teilweise mit Raufasertapete tapeziert und mehrfach mit Innenfarbe überstrichen, Struktur stark zugeschlämmt
Decken	aus Stahlbeton, verputzt mit Kalkzementputz und mehrfach mit Leimfarbe überstrichen
Fenster	Holzfenster, stark verwittert, teilweise abblätternd, Isolierverglasung, Blendrahmenbreite 8 cm
Rolladen	Holz, Natur lackiert, Abstand der Alu-Rollladenlaufschienen 4 cm von der Leibung entfernt
Haustür	Rohaluminium-Türelement mit Verglasung
Innentüren	aus Holz mit Futter und Bekleidung, deckend lackiert mit stellenweisen Abplatzungen, Bekleidungsbreite 8 cm
Heizung	Warmwasser-Zentralheizung mit Stahlheizkörpern DIN 4703
Fußleisten	farbig lackierte Holzfußleisten mit stark verschmutzten Naturholz-Scheuerleisten
Fußböden	PVC-Fliesen auf Zementestrich verklebt, teilweise lose
Fassade	Kalkzementputz, Rissbildung im Stoß- und Lagerfugenbereich, teilweise abblätternde Dispersionsfarbenbeschichtung
Dachdeckung	Faserzementplatten, eingelegte Dachrinnen mit Verkleidung aus Faserzementplatten, Dachüberstände im Trauf- und Ortgangbereich 12 cm

Arbeitsauftrag

Studieren Sie ausführlich die Bauzeichnungen und überprüfen Sie, ob alle erforderlichen Zahlen und Maße vollständig sind. Ergänzen Sie, falls für Ihr Projekt erforderlich, die vorliegende Baubeschreibung. Nach der Durchführung der Renovierungsarbeit sollen Sie eine neue, dem Stand der Renovierung entsprechende Baubeschreibung zusammenstellen.

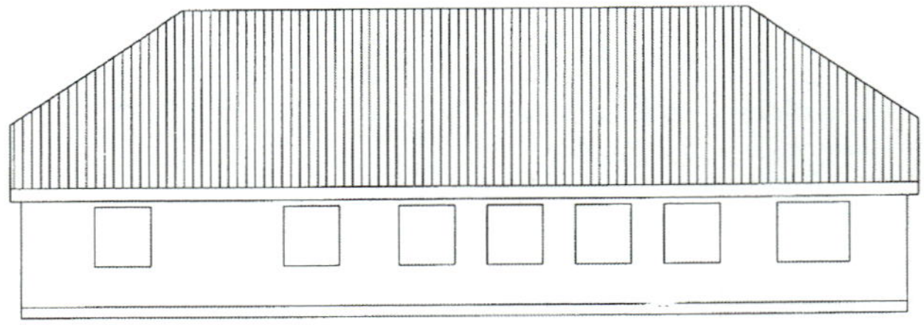

Nordansicht

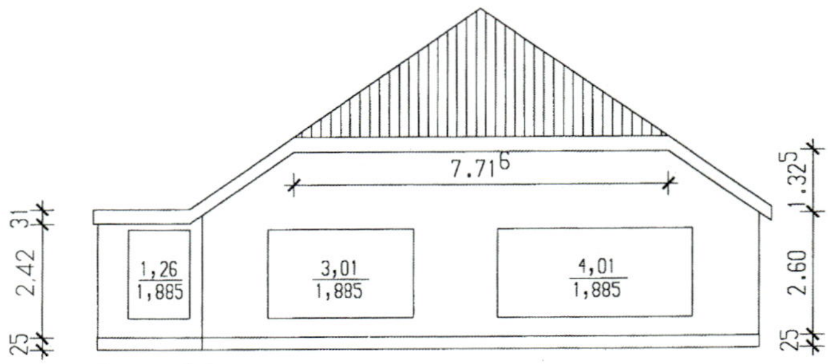

Ostansicht

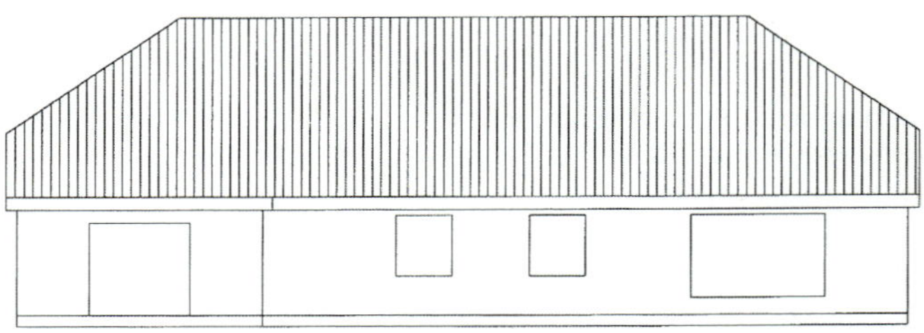

Südansicht

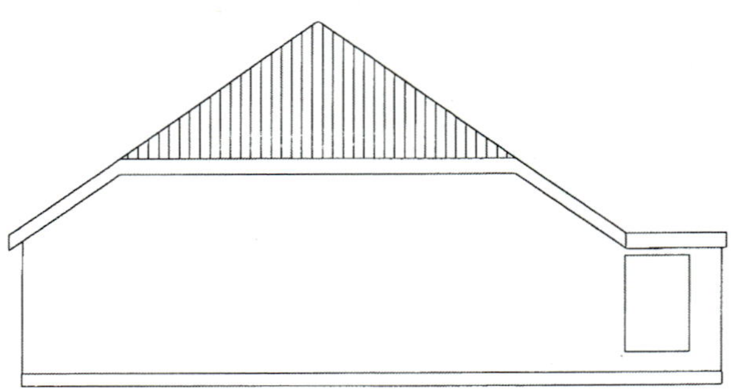

Westansicht

24.1 Projekt A Innenrenovierung

Das gesamte Gebäude entspricht nicht den Anforderungen einer ökologisch bewussten Bauweise. Der Bauherr wünscht strapazierfähige Oberflächen, die den Anforderungen der Nutzung durch die Kinder gerecht wird. Für alle Oberflächen sollen begründet geeignete Werkstoffe ausgewählt werden. Außerdem sind Materialbedarfsermittlungen und eine Kostenberechnung durchzuführen. Wegen der starken Farbigkeit der Spielgegenstände und einer mittleren Farbigkeit der Einrichtungsgegenstände sollen die Raumbegrenzungsflächen in einer zurückhaltenden Farbigkeit gestaltet werden.

Arbeitsaufträge

Sammeln Sie in Ihrer Gruppe alle Begriffe, die Ihnen zur Innenrenovierung der Kindertagesstätte einfallen. Ordnen Sie die Begriffe in einem Schema.
Begründen Sie in einem Fachbericht die Gestaltungsmaßnahmen in der Kindertagesstätte.
Planen Sie detailliert die Innenraumgestaltung. Erarbeiten Sie Alternativen für die Gestaltung der Decken, Wände, Türen, Fenster, Fußleisten und Heizkörper.
Geben Sie auf einem gesonderten Blatt an, welche Anforderungen an die Oberflächen in der Kindertagesstätte gestellt werden.
Wählen Sie die entsprechenden Werkstoffe für die Oberflächengestaltung aus und begründen Sie Ihre Entscheidung.
Beschreiben Sie ausführlich die erforderlichen Arbeitsgänge.
Berechnen Sie alle Flächen und ermitteln Sie anschließend den Werkstoffbedarf. Unterscheiden Sie dabei zwischen den Beschichtungsflächen für den Werkstoffbedarf und der Abrechnungsfläche nach VOB für die Erstellung eines Kostenvoranschlages.
Berechnen Sie für alternative Gestaltungen die Längen der Eckschutzschienen usw.
Erstellen Sie ein differenziertes Leistungsverzeichnis für die Innenrenovierung und einen Kostenvoranschlag.
Erstellen Sie ein Aufmaß nach den Vorschriften der VOB.

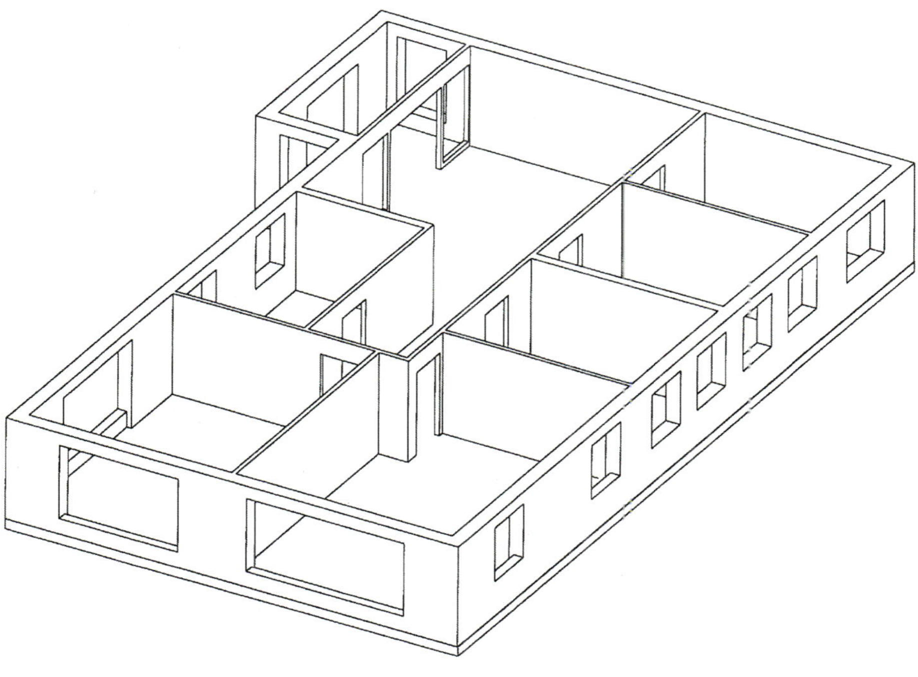

24.2 Projekt B Fassadendämmung

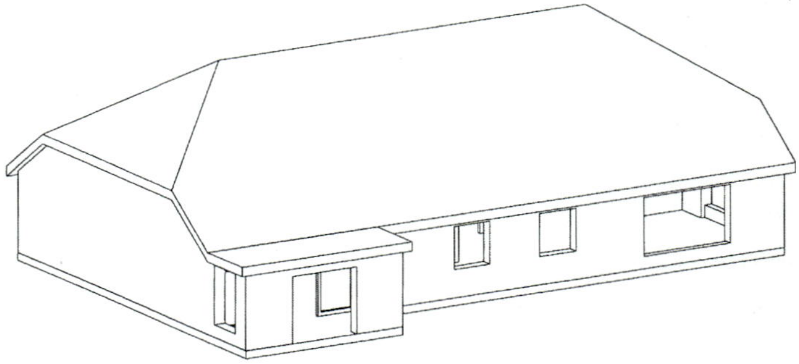

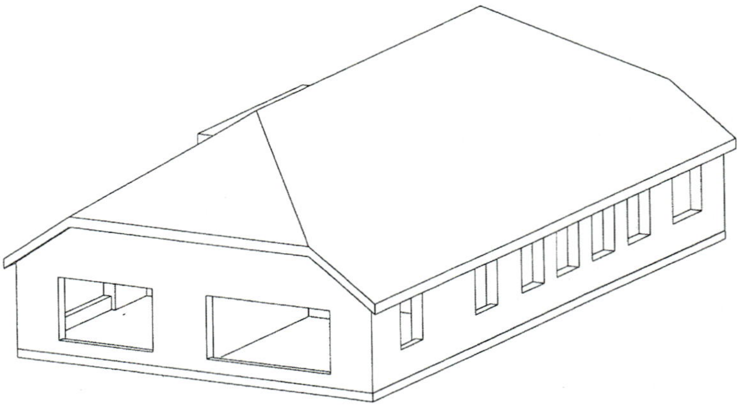

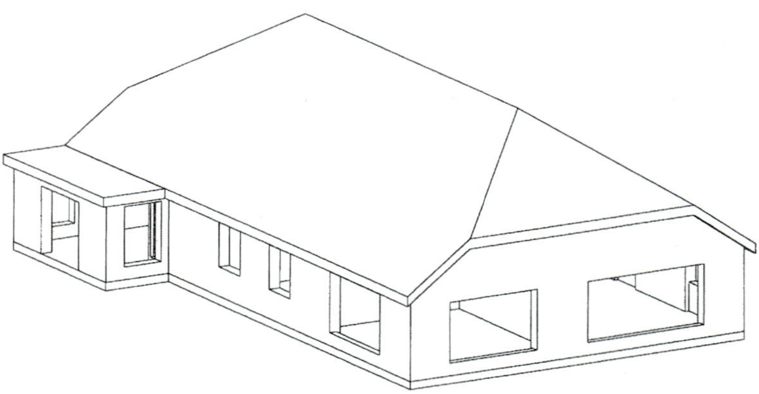

Da das gesamte Gebäude nicht den Anforderungen einer ökologisch bewussten Bauweise entspricht, erfordern die Außenwände auch eine verbesserte Dämmung. Der Bauherr wünscht ein Wärmedämm-Verbundsystem an der Fassade.

Arbeitsaufträge

Suchen Sie in der Baukonstruktion nach Schwachstellen im Mauerwerk, die typische Wärmebrücken darstellen. Für alle Dämm-Maßnahmen sind begründet geeignete Werkstoffe zu wählen. Außerdem sind Werkstoffbedarfsermittlungen und eine Kostenberechnung durchzuführen. Die alten und neuen Dämmwerte des Mauerwerks sind in einer Berechnung nachzuweisen und die erforderliche Dämmschichtdicke für die Anforderungen nach der Wärmeschutzverordnung zu ermitteln.
Sammeln Sie in Ihrer Gruppe alle Begriffe, die Ihnen zur nachträglichen Dämmung eines bestehenden Gebäudes einfallen. Ordnen Sie die Begriffe in einem Schema.

Planen Sie detailliert die nachträgliche Dämmung. Erarbeiten Sie Alternativen für die Gestaltung der Fassadenoberfläche (Putzarten, Farbgestaltung, evtl. Verarbeitung von Flachverblendern im Sockelbereich, Fensterfaschen usw.)
Beachten Sie evtl. erforderliche Einrüstungen.
Zeichnen Sie die Ansichten, Maßstab frei zu wählen für Gestaltungs- und Farbpläne. Gestalten Sie die Westansicht mit einer Flächengliederung nach den Gesetzen des „Goldenen Schnittes".
Geben Sie auf einem gesonderten Blatt an, welche Anforderungen an die Außenflächen der Wärmedämmung gestellt werden. Wählen Sie die geeigneten Werkstoffe für das Wärmedämmsystem aus und begründen Sie Ihre Entscheidungen.
Machen Sie auch Aussagen über die Möglichkeiten der Entsorgung, der Wiederverwertung bzw. über evtl. Recyclingmöglichkeiten der ausgewählten Werkstoffe.
Beschreiben Sie ausführlich die erforderlichen Arbeitsgänge.
Berechnen Sie die zu dämmenden Flächen und ermitteln Sie anschließend den Materialbedarf. Unterscheiden Sie dabei die Fassadenflächen abzüglich der Öffnungen und die Fassadenflächen als Abrechnungsfläche nach VOB zur Erstellung eines Kostenvoranschlages.
Berechnen Sie die Länge der Sockelprofile und bestimmen Sie die erforderliche Breite der Profile für die Dicke der Dämmung.
Berechnen Sie die Längen der Gebäudeecken und die Längen der Fenster- und Türleibungen für die erforderlichen Eckschutzschienen.
Berechnen Sie die Länge der evtl. neu zu versetzenden Fensterbänke, weil möglicherweise die alten Fensterbänke keinen ausreichenden Überstand mehr haben.
Erstellen Sie ein differenziertes Leistungsverzeichnis für die Fassadendämmung und einen Kostenvoranschlag.
Erstellen Sie ein Aufmaß nach den Vorschriften der VOB.

24.3 Projekt C Bodenbelagsarbeiten

Die Beurteilung des Bauherren macht es erforderlich, den vorhandenen Nutzboden aus PVC zu entfernen, weil er keine ausreichende Haftung zum Estrich mehr hat. Der neu zu verlegende Bodenbelag soll die Sicherheit in der Kindertagesstätte gewährleisten und den Hygieneanforderungen genügen.

Arbeitsaufträge

Sammeln Sie in Ihrer Gruppe alle Begriffe, die Ihnen zu den gestellten Anforderungen eines Bodenbelags für diese Eignung einfallen. Ordnen Sie die Begriffe in einem Schema.
Das Prüfen und Beurteilen eines Untergrundes ist dann eine wichtige Voraussetzung für die mängelfreie Ausführung der Bodenbelagsarbeiten. Bei dieser Altbausanierung ist sie von besonderer Bedeutung, da ja über die Art und die Beschaffenheit der Unterbodenkonstruktion kaum Angaben vorliegen. Überlegen Sie, auf welche Problembereiche der Untergrund zu prüfen ist und stellen Sie die entsprechenden Prüfkriterien in einem Bericht zusammen.
Erstellen Sie zu den so unterschiedlich herausgearbeiteten Problemsituationen entsprechende Problembeschreibungen und erarbeiten Sie detaillierte Lösungsvorschläge für eine Neuverlegung.
Planen Sie detailliert die Neuverlegung. Erarbeiten Sie Alternativen für die Gestaltung der Fußbodenflächen. (Intarsien, Farbgestaltung, evtl. Verarbeitung von mehreren Farbtönen usw.)
Zeichnen Sie die evtl. gewählten Fußbodeneinteilungen, Maßstab frei zu wählen für Gestaltungs- und Farbpläne.
Geben Sie auf einem gesonderten Blatt an, welche Anforderungen an die Fußbodenflächen gestellt werden. Wählen Sie die geeigneten Werkstoffe für die Verlegung aus und begründen Sie Ihre Entscheidungen.
Machen Sie auch Aussagen über die Möglichkeiten der Entsorgung, der Wiederverwertung bzw. über evtl. Recyclingmöglichkeiten der ausgewählten Werkstoffe.
Beschreiben Sie ausführlich die erforderlichen Arbeitsgänge.
Berechnen Sie die zu verlegenden Flächen und ermitteln Sie anschließend den Materialbedarf. Unterscheiden Sie dabei den Materialbedarf und die Fußbodenflächen als Abrechnungsfläche nach VOB zur Erstellung eines Kostenvoranschlages.
Berechnen Sie die Länge der Scheuerleistenprofile.
Erstellen Sie ein differenziertes Leistungsverzeichnis für die Fußbodenverlegearbeit und einen Kostenvoranschlag. Erstellen Sie ein Aufmaß nach den Vorschriften der VOB.

Materialbedarf und Kostenermittlung für die verschiedenen Positionen des Projektes A Innenrenovierung

Materialien/Arbeitszeit	Vorarbeiten	Grund-beschichtung	Spachtelung	Zwischen-beschichtung	Klebearbeit	Schluss-beschichtung
Bauteil: kurze Positionsbeschreibung						
Materialverbrauch je Einheit (m, m^2, Stück)						
Materialeinsatzpreis je Einheit (kg, ℓ)						
Materialkosten je Einheit (kg, ℓ, Stück)						
Arbeitszeit in Minuten je Einheit (m, m^2, Stück)						
Lohnpreis für eine Lohnminute						
Gesamtlohnkosten je Einheit (m, m^2, Stück)						
Materialkosten je Einheit (m, m^2, Stück)						
Fläche für den Materialbedarf						
Gesamtmaterialbedarf						
Gesamtarbeitszeit						
Gesamtpreis je Einheit (m, m^2, Stück)						
Fläche nach Aufmaß						
Gesamtpreis						

Materialbedarf und Kostenermittlung für die verschiedenen Positionen des Projektes B Fassadendämmung

Materialien/Arbeitszeit	Vor-arbeiten	Grund-beschich-tung	Aus-besse-rung	Dämm-platten	Klebung	Dübel	Armie-rungs-putz	Gewebe	Aus-gleichs-Beschich-tung	Oberputz
Bauteil: kurze Positionsbeschreibung										
Materialverbrauch je Einheit (m, m², Stück)										
Materialeinsatzpreis je Einheit (kg, ℓ)										
Materialkosten je Einheit (kg, ℓ, Stück)										
Arbeitszeit in Minuten je Einheit (m, m², Stück)										
Lohnpreis für eine Lohnminute										
Gesamtlohnkosten je Einheit (m, m², Stück)										
Materialkosten je Einheit (m, m², Stück)										
Fläche für den Materialbedarf										
Gesamtmaterialbedarf										
Gesamtarbeitszeit										
Gesamtpreis je Einheit (m, m², Stück)										
Fläche nach Aufmaß										
Gesamtpreis										

Hilfstabelle zur Berechnung des Materialbedarfs beim Projekt C Bodenbelagsarbeit

Materialien/Arbeitszeit	Vorarbeiten	Haft- beschichtung	Spachtelung	Klebearbeit	Bodenbelag	Nebenarbeiten Scheuerleisten
Bauteil: kurze Positionsbeschreibung						
Materialverbrauch je Einheit (m, m^2, Stück)						
Materialeinsatzpreis je Einheit (kg, ℓ)						
Materialkosten je Einheit (kg, ℓ, Stück)						
Arbeitszeit in Minuten je Einheit (m, m^2, Stück)						
Lohnpreis für eine Lohnminute						
Gesamtlohnkosten je Einheit (m, m^2, Stück)						
Materialkosten je Einheit (m, m^2, Stück)						
Fläche für den Materialbedarf						
Gesamtmaterialbedarf						
Gesamtarbeitszeit						
Gesamtpreis je Einheit (m, m^2, Stück)						
Fläche nach Aufmaß						
Gesamtpreis						

Hilfstabelle zur Berechnung des Materialbedarfs beim Projekt C Bodenbelagsarbeit

	Längen in Haupt-verlege-richtung	Breite	Längen-Zugabe	Bahnen-breite	Anzahl der Bahnen	Bodenbelags-bedarf		Raum-fläche $A = \ldots$	Verschnitt Grundwert = Raumfläche		Kleber-ver-brauch	Kleber-bedarf
Raum	in m	in m	in cm	in m	Stück	m	m^2	m^2	m^2	%	g/m^2	kg

Zur Verfügung stehende Werkstoffe mit Verbrauchsangaben

Die aufgeführten Verbrauchsangaben zu den Werkstoffen und die Werkstoffpreise sowie die Zeitangaben sind Anhaltspunkte aus Erfahrungswerten. Für Beschichtungsarbeiten lassen sich kaum allgemeine Preise benennen, weil die Zeitwerte und die Werkstoffverbrauchsmengen schwanken. Sie sind abhängig von der Ergiebigkeit des ausgewählten Werkstoffs, von der Beschaffenheit des Untergrundes (Saugvermögen, Porigkeit usw.) und auch von der unterschiedlichen Arbeitsweise des Malers. Die Werte sollen als Hilfestellung zur Lösung der gestellten Aufgaben verstanden werden.

	Werkstoffart	Einstandspreis	Verbrauch
Vorarbeiten	Abdeckpapier 120 g/m^2	0,10 €/m^2	1,10 m^2/m^2
	Abdeckfolie 100 µm	0,20 €/m^2	1,05 m^2/m^2
	Filzpappe 500 g/m^2	0,35 €/m^2	1,10 m^2/m^2
	Abdeckvlies	1,00 €/m^2	1,10 m^2/m^2
	Malerabdeckband 25 mm breit, 50 m/Rolle	4,50 €/Rolle	
	Nitroverdünnung, Universalverdünnung	5,00 €/ℓ	
	Kunstharzverdünnung	7,50 €/ℓ	
	Netzmittel	4,00 €/ℓ	100 ml/m^2
	Kitt	3,00 €/kg	
	Dichtstoff Acryl	5,50 €/kg	
	Dichtstoff Silikon	16,00 €/kg	
Holzbeschichtung	Holzschutzgrund lösemittelhaltig biozid	13,90 €/ℓ	90 ml/m^2
	Holzschutzgrund wasserverdünnbar	15,80 €/ℓ	90 ml/m^2
	Vorlack L	22,60 €/ℓ	150 ml/m^2
	Vorlack W	19,40 €/ℓ	160 ml/m^2
	Vorstreichfarbe L	17,50 €/ℓ	140 ml/m^2
	Vorstreichfarbe W	21,50 €/ℓ	150 ml/m^2
	Fenstergrund L	27,50 €/ℓ	160 ml/m^2
	Fenstergrund W	25,00 €/ℓ	160 ml/m^2
	Imprägnierlasur L	16,00 €/ℓ	90 ml/m^2
	Dickschichtlasur L	21,50 €/ℓ	90 ml/m^2
	Dickschichtlasur W	16,40 €/ℓ	90 ml/m^2
Lackfarbenbeschichtung	Lackfarbe L, glänzend, weiß, KH-Basis	21,40 €/ℓ	140 ml/m^2
	Lackfarbe L, glänzend, farbig	26,50 €/ℓ	140 ml/m^2
	Dispersionslackfarbe, glänzend, weiß	31,00 €/ℓ	140 ml/m^2
	Dispersionslackfarbe, glänzend, farbig	32,50 €/ℓ	140 ml/m^2
	Dispersionslackfarbe, seidenmatt, weiß	26,50 €/ℓ	160 ml/m^2
	Dispersionslackfarbe, seidenmatt, farbig	28,50 €/ℓ	160 ml/m^2
	Klarlack, glänzend, L	20,00 €/ℓ	110 ml/m^2
	Klarlack, matt, L	22,00 €/ℓ	120 ml/m^2
	Dispersionsklarlack	25,20 €/ℓ	110 ml/m^2
	2K-Lack, glänzend und seidenglänzend	23,40 €/ℓ	160 ml/m^2
	Zinkhaftfarbe, KH-Basis	22,30 €/ℓ	160 ml/m^2
	Kunstharz-Grund Stahl	18,70 €/ℓ	160 ml/m^2
	Zinkstaubfarbe	65,00 €/ℓ	160 ml/m^2
	Heizkörpergrund	8,50 €/ℓ	180 ml/m^2
	Dispersionsprimer	21,50 €/ℓ	160 ml/m^2
	Zinkhaftfarbe, Dispersionsbasis	21,50 €/ℓ	160 ml/m^2

	Werkstoffart	Einstandspreis	Verbrauch
	2K-Grundierung	14,80 €/ℓ	160 ml/m^2
	Heizkörperlack, Dispersionsbasis	20,80 €/ℓ	280 ml/m^2
	2K-Lackfarbe	31,50 €/ℓ	160 ml/m^2
	Kunstharz-Lackspachtel vollflächig	17,00 €/kg	600 g/m^2
	Kunstharz-Lackspachtel fleckspachteln	17,00 €/kg	150 g/m^2
	Abtönfarben Alkyd	23,00 €/ℓ	10 ml/m^2
Dispersionsfarbenbeschichtung	Putzgrund W	10,50 €/ℓ	60 ml/m^2
	Putzgrund L	8,50 €/ℓ	200 ml/m^2
	Dispersionsfarbe wischbeständig	6,50 €/ℓ	300 ml/m^2
	Dispersionsfarbe Nassabriebfestigkeit Klasse 2 EN 13300	5,20 €/ℓ	250 ml/m^2
	Dispersionsfarbe Nassabriebfestigkeit Klasse 2 EN 13300 hochdeckend	8,50 €/ℓ	200 ml/m^2
	Dispersionsfarbe Nassabriebfestigkeit Klasse 2 EN 13300 getönt	9,20 €/ℓ	200 ml/m^2
	Dispersionsfarbe Nassabriebfestigkeit Klasse 2 EN 13300 geruchsfrei	6,00 €/ℓ	200 ml/m^2
	Dispersionsfarbe Nassabriebfestigkeit Klasse 2 EN 13300 geruchsfrei und getönt	7,50 €/ℓ	200 ml/m^2
	Latexfarbe Nassabriebfestigkeit Klasse 3 EN 13300	14,50 €/ℓ	225 ml/m^2
	Latexfarbe seidenglänzend Nassabriebfestigkeit Klasse 3 EN 13300	17,00 €/ℓ	225 ml/m^2
	Latexfarbe seidenglänzend, geruchsfrei	19,50 €/ℓ	225 ml/m^2
	Dispersionsfarbe für Glasfasergewebe (Gewebefinish)	11,00 €/ℓ	250 ml/m^2
	gipshaltige Spachtelmasse innen vollflächig	1,50 €/kg	600 g/m^2
	gipshaltige Spachtelmasse innen, fleckspachteln	1,50 €/kg	100 g/m^2
	Dispersionsspachtel innen vollflächig	2,80 €/kg	600 g/m^2
	Dispersionsspachtel innen, fleckspachteln	2,80 €/kg	100 ml/m^2
	Dispersionsspachtel außen vollflächig	2,20 €/kg	600 g/m^2
	Dispersionsspachtel außen, fleckspachteln	2,20 €/kg	100 g/m^2
	Abtönfarben Dispersion	12,50 €/ℓ	10 ml/m^2
	Abtönfarben Acryl	19,50 €/ℓ	10 ml/m^2
Silicatfarbenbeschichtung	Ätzflüssigkeit	12,20 €/ℓ	100 ml/m^2
	Fixativ	7,30 €/ℓ	100 ml/m^2
	Dispersions-Silicat-Fixativ	6,20 €/ℓ	100 ml/m^2
	Silicatgrundierung, farblos	8,00 €/ℓ	150 ml/m^2
	Dispersions-Silicat-Füllfarbe	5,20 €/ℓ	300 ml/m^2
	Silicatspachtel vollflächig	3,10 €/kg	600 g/m^2
	Silicatspachtel fleckspachteln	3,10 €/kg	150 g/m^2
	Dispersions-Silicatfarbe innen	9,50 €/ℓ	250 ml/m^2
	Dispersions-Silicatfarbe innen getönt	13,50 €/ℓ	250 ml/m^2
	Zementspachtelmasse vollflächig	2,20 €/kg	800 g/m^2
	Zementspachtelmasse fleckspachteln	2,20 €/kg	200 g/m^2
	Abtönfarben Silicat	18,50 €/ℓ	10 ml/m^2
Wandbekleidung	Tapetenablöser	6,20 €/ℓ	100 ml/m^2
	Tapetenwechselgrund	4,80 €/ℓ	100 ml/m^2
	Kleister Normal	18,50 €/kg	10 g/m^2
	Kleister Spezial	22,50 €/kg	10 g/m^2
	Kleister TG	18,00 €/kg	10 g/m^2
	Textiltapetenkleister	9,00 €/kg	10 g/m^2

	Werkstoffart	Einstandspreis	Verbrauch
	Dispersionskleber, Vliestapetenkleber	3,20 €/kg	300 g/m²
	Wandbelagskleber	4,00 €/kg	400 g/m²
	Montagekleber	12,50 €/kg	100 g/m
	Raufaser	0,70 €/m²	1,05 m²/m²
	Glasfasergewebe A	4,50 €/m²	1,10 m²/m²
	Glasfasergewebe B	5,50 €/m²	1,10 m²/m²
	Eckschutzschienen innen	1,10 €/m	1,10 m/m
	Renoviervlies	1,60 €/m²	1,05 m²/m²
Entschichtung, Entsorgung	Abbeizmittel CKW-frei; Lösemittel (LM) zum Nacharbeiten	10,20 €/kg	600 g/m² und 150 ml/m² LM
Entschichtung, Entsorgung	Anlauger	10,50 €/ℓ	20 ml/m²
Entschichtung, Entsorgung	Schleifpapier Trockenschliff	0,70 €/Bogen	0,5 Bogen/m²
Entschichtung, Entsorgung	Schleifpapier wasserfest	1,10 €/Bogen	0,5 Bogen/m²
Entschichtung, Entsorgung	Entsorgungskosten Sonderabfall	1,30 €/kg	
Entschichtung, Entsorgung	Entsorgungskosten Altverdünnung	1,25 €/ℓ	
Entschichtung, Entsorgung	Entsorgungskosten CKW-haltig	1,90 €/kg	
Entschichtung, Entsorgung	Entsorgungskosten Abwasser	3,90 €/m³	
Entschichtung, Entsorgung	Entsorgungskosten Normalabfall	0,80 €/kg	
Wärmedämmung	WDS Kleber und Ansatzmörtel, Armierungsspachtel	1,40 €/kg	300 g/m²
Wärmedämmung	WDS Betonspachtel	2,60 €/kg	300 g/m²
Wärmedämmung	Sockelschiene aus Aluminium je cm Breite	1,20 €/m	1,05 m/m
Wärmedämmung	Eckprofile aus Aluminium, außen Spreizdübel	1,40 €/m 0,55 €/Stück	1,05 m/m
Wärmedämmung	Gewebeanschluss	6,20 €/m	1,05 m/m
Wärmedämmung	Gewebeleiste	3,60 €/m	1,05 m/m
Wärmedämmung	Kunststoff-Eckschiene	1,20 €/m	1,05 m/m
Wärmedämmung	Fugendichtband	6,40 €/m	1,05 m/m
Wärmedämmung	WDS-Dehnfugenprofil	9,30 €/m	1,05 m/m
Wärmedämmung	Fensterbänke Aluminium natur, Breite 24 cm	13,50 €/m	1,05 m/m
Wärmedämmung	Seitenteile zum Abschluss	6,60 €/Stück	
Wärmedämmung	WDS-Fassadendämmplatte EPS/035 je cm Dicke	0,85 €/m²	1,05 m/m²
Wärmedämmung	Mineralfaserplatten je cm Dicke	0,85 €/m²	1,05 m²/m²
Wärmedämmung	Armierungsgewebe aus Polyester	1,60 €/m²	1,05 m²/m²
Wärmedämmung	Panzergewebe	4,20 €/m²	1,05 m²/m²
Wärmedämmung	WDS-Dispersionsputz, Korndurchmesser 2 mm	3,20 €/kg	2,8 kg/m²
Wärmedämmung	WDS-Dispersionsputz, Korndurchmesser 3 mm	2,60 €/kg	3,5 kg/m²
Wärmedämmung	WDS-Silicatputz	2,60 €/kg	2,8 kg/m²
Wärmedämmung	Antidröhnstreifen 80 mm breit	1,60 €/m	1,05 m/m
Wärmedämmung	WDS-Egalisierungsfarbe, Schlussbeschichtung	9,80 €/ℓ	300 ml/m²
Bodenbelag	Dispersions-Bodengrund, farblos	8,20 €/ℓ	120 ml/m²
Bodenbelag	Ausgleichmasse	1,70 €/kg	1,2 kg/m² mm
Bodenbelag	Kleber für Kork	7,50 €/kg	400 g/m²
Bodenbelag	Kleber für elastischen Bodenbelag	8,80 €/kg	350 g/m²
Bodenbelag	Kleber für Linoleum	5,80 €/kg	450 g/m²
Bodenbelag	Kleber für Textilbelag	7,70 €/kg	300 g/m²
Bodenbelag	Scheuerleisten bzw. Viertelstäbe aus Holz	2,80 €/m	1,05 m/m
Bodenbelag	Vinyl-Schweißschnur 4 mm ø	1,20 €/m	1,05 m/m

25 Projekt: Lackierung eines Lkw-Aufliegers

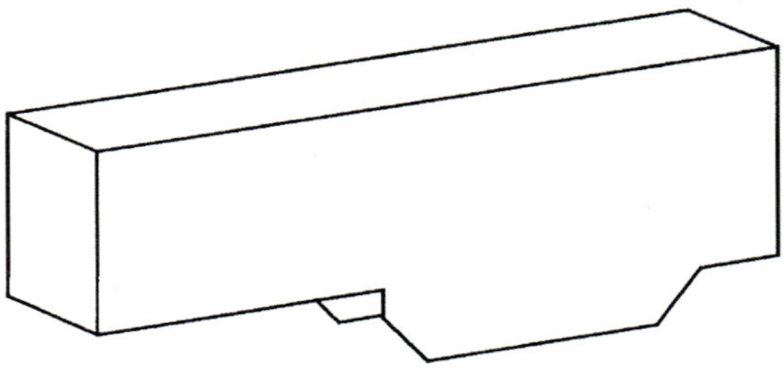

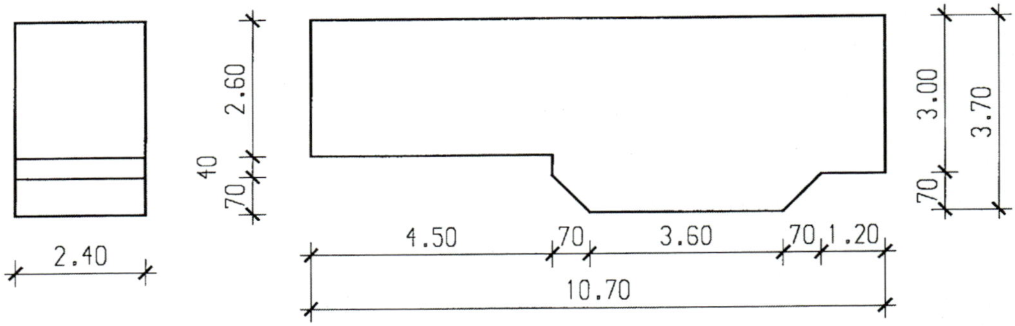

Aufgabe

Der 2,40 m breite Lkw-Auflieger ist allseitig im Spritzverfahren zu lackieren. Die Nassschichtdicke soll 120 µm betragen.
1 µm Beschichtungsdicke erfordert 1 ml Beschichtungsstoff je m^2.

a) Berechnen Sie die Beschichtungsfläche.
b) Berechnen Sie die Mindestmenge Beschichtungsstoff, die aufzutragen ist.
c) Die Spritzverluste betragen 17 %. Berechnen Sie die Mindestmenge Beschichtungsstoff, die angemischt werden muss.
d) Der spritzfertige Lack ist 4 : 1 mit Härter gemischt und 15 % verdünnt. Berechnen Sie die Einzelmengen der Werkstoffe.
e) Berechnen Sie die Werkstoffkosten bei folgenden Einzelpreisen: Stammlack 32,75 €/ℓ; Härter 22,50 €/ℓ; Verdünnung 6,00 €/ℓ.
f) Berechnen Sie den Literpreis für den spritzfertigen Lack.

Lösungen:
a) $A = 105{,}74\ m^2$
b) Mindestmenge = 12,689 ℓ
c) Mindestmenge = 14,846 ℓ
d) 10,327 ℓ Stammlack
2,582 ℓ Härter
1,937 ℓ Verdünnung
e) Gesamtkosten 407,93 €
f) Literpreis 27,48 €

Bauphysikalische Größen der Wärmeübertragung

Bezeichnung	Formelzeichen	Einheit	Definition
Wärmeleitfähigkeit	λ	$\frac{W}{m \cdot K}$	Die Wärmeleitfähigkeit λ gibt bei einem Baustoff an, welche Wärmemenge Q in 1 Stunde durch 1 m^2 einer 1 m dicken Wand bei 1 K Temperaturdifferenz strömt.
Wärmedurchlasswiderstand	R	$\frac{m^2 \cdot K}{W}$	Der Wärmedurchlasswiderstand R dient zur Beurteilung der Wärmedämmung. Es ist der Quotient aus der Bauteildicke d und der Wärmeleitfähigkeit λ $R = \frac{d}{\lambda}$ Bei Bauteilen aus mehreren Schichten verschiedener Baustoffe werden die Wärmedämmwerte addiert. $R = \frac{d_1}{\lambda_1} + \frac{d_2}{\lambda_2} + ... + \frac{d_n}{\lambda_n}$ $R = \Sigma \frac{d}{\lambda}$
Wärmeübergangskoeffizient	h	$\frac{W}{m^2 \cdot K}$	Zwischen der Oberflächentemperatur eines Bauteils und der angrenzenden Luftschicht besteht ein Temperaturunterschied. Deshalb ist neben dem Wärmedämmwert der Konstruktion auch dieser Wärmeübergang zu berücksichtigen.
Wärmeübergangswiderstand	R_S	$\frac{m^2 \cdot K}{W}$	Der Wärmeübergangswiderstand R_s ist der Kehrwert des Wärmeübergangskoeffizienten h. Es gibt unterschiedliche Wärmeübergangswiderstände und Wärmeübergangskoeffizienten für Innenoberflächen (R_{si} und h_i) von Bauteilen und für die Außenoberflächen (R_{se} und h_e).
Wärmedurchgangswiderstand	R_T	$\frac{m^2 \cdot K}{W}$	Der gesamte Wärmedurchgangswiderstand R_T wird berechnet, indem zum Wärmedurchlasswiderstand R die Wärmeübergangswiderstände innen R_{si} und außen R_{se} addiert werden. Dieser Wärmedurchgangswiderstand R_T ist für die Ermittlung des Temperaturverlaufes in einem Bauteil erforderlich.
Wärmedurchgangskoeffizient oder *U*-Wert	U	$\frac{W}{m^2 \cdot K}$	Der U-Wert ist die Kenngröße für die Beurteilung des Wärmeverlustes durch Wärmeleitung. Er gibt an, welche Wärmemenge stündlich durch 1 m^2 eines Bauteiles von der Dicke d bei 1 K Temperaturunterschied strömt. $U = \frac{1}{R_T}$

Anwendung der Abrechnungsregeln nach VOB ATV DIN 18363, Ausgabe 2019

Die Ermittlung der Leistung (Beschichtungsarbeiten) – gleichgültig ob sie nach Zeichnung oder nach Aufmaß am Objekt erfolgt - sind die Maße der behandelten (beschichteten, fertigen) Flächen zugrunde zu legen (DIN 18363; 5.1.1). Die übergeordnete DIN 18299 „Allgemeine Regelungen für Bauarbeiten jeder Art", Ausgabe 2010, schreibt in Abschnitt 5 „Abrechnung" vor, dass die Leistung aus Zeichnungen zu ermitteln ist, soweit die ausgeführte Leistung diesen Zeichnungen entspricht. Das bedeutet für Maler- und Lackiererarbeiten, dass in der Regel nur bei Altbauten keine Baupläne mehr vorliegen und dann am Objekt aufzumessen ist, sonst grundsätzlich nach Zeichnungen.

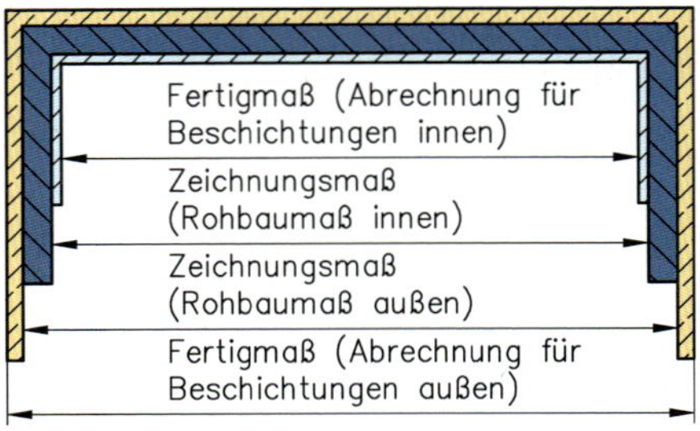

Übersicht über die Messlinien für Beschichtungsflächen im Grundriss

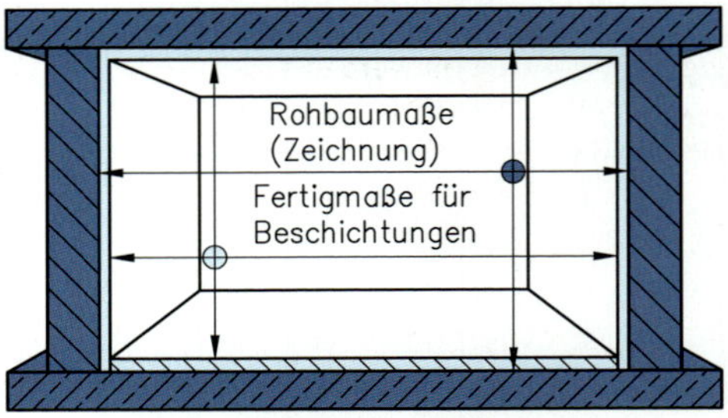

Übersicht über die Messlinien für Beschichtungsflächen im Aufriss

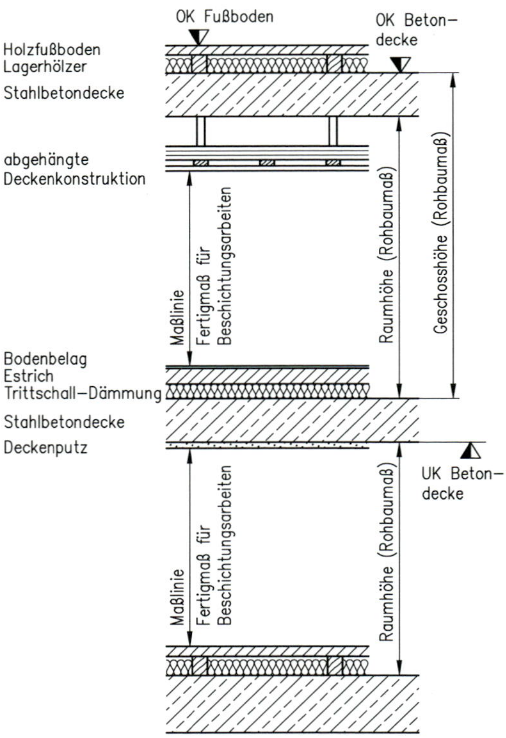

Übersicht über die Messlinien für die Höhen von Beschichtungsflächen

Das Aufmessen der Beschichtungsflächen ist nicht immer aus Zeichnungen möglich, weil das Maß der Bauzeichnungen als Rohbaumaß anders ist als die fertige, vom Maler zu bearbeitetende Fläche.

Bei den Aufmaßen für die Beschichtungsflächen sind immer die Maße der fertigen Flächen zu berücksichtigen, d. h., beim Aufmessen von Wandhöhen wird immer von der Oberkante des fertigen Fußbodens bis zur Unterkante der fertigen Decke gemessen.

Bei abgehängten Deckenkonstruktionen und bei Fußbodenkonstruktionen auf Lagerhölzern weichen die Fertigmaße für die Beschichtungshöhen dann oft erheblich von den Rohbaumaßen ab.

Nach Abschnitt 5.2.1 der VOB/C DIN 18363, Ausgabe Oktober 2019, sind für das Vorbereiten von Untergründen, Beschichten und Behandeln

- auf Innenflächen ohne begrenzende Bauteile die Maße der ungeputzten, ungedämmten, nicht bekleideten Flächen,
- auf Innenflächen mit begrenzenden Bauteilen die Maße der zu behandelnden Flächen bis zu den sie begrenzenden, ungeputzten, ungedämmten, nicht bekleideten Bauteilen, z. B. Rohfußboden, Rohdecke,
- bei Innenarbeiten die behandelten Flächen, wenn die Rohbaumaße nicht ermittelt werden können,
- bei Fassaden die behandelten Flächen zugrunde zu legen.

Raumbildende Systemböden, Trockenunterböden, Vorsatzschalen sowie Unterdecken und abgehängte Decken gelten als begrenzende Bauteile.

Abrechnungsregel nach der VOB Teil C 2019 und der ATV DIN 18363 Maler- und Lackierarbeiten, Beschichtungen und DIN 18366 Tapezierarbeiten

Eine Aussparung in einer zu beschichtenden Fläche ist immer mit einer Unterbrechung des Arbeitsablaufs verbunden, weil jede Öffnung oder Nische das kontinuierliche Beschichten der Fläche behindert. Damit die Kalkulation von Beschichtungsarbeiten z. B. auf Fassadenflächen ohne Öffnung oder nur mit wenigen Öffnungen im Gegensatz zu einer Fassade mit vielen Öffnungen nach der VOB/C 2019 für die Preisberechnung gleich behandelt werden sollen, ist in der VOB eine Übermessungsgröße von 2,50 m^2 Einzelgröße festgeschrieben. Das bedeutet, dass Aussparungen wie Öffnungen und Nischen ≤ 2,50 m^2 Einzelgröße übermessen werden und > 2,50 m^2 Einzelgröße abgezogen werden.

Diese Übermessung bis 2,50 m^2 Einzelgröße gilt für Aussparungen und dabei spielt es keine Rolle, ob eine Leibung mitbeschichtet wurde oder nicht. Beschichtete Leibungen bei Aussparungen ≤ 2,50 m^2 Einzelgröße wurden nach der Regelung in der VOB vor der Neuregelung nicht gesondert berechnet. In vielen Leistungsverzeichnissen waren auch keine Angaben enthalten, wie die kleinen Leibungen von Aussparungen ≤ 2,50 m^2 Einzelgröße zu bearbeiten waren. Das stellte natürlich ein hohes Kalkulationsrisiko für den Maler dar.

Um dieses Problem zu beseitigen, wurden mit der VOB/C seit 2006 (zuletzt 2016 fachtechnisch und 2019 redaktionell überarbeitet) die Hinzurechnung von Leibungen von Aussparungen ≤ 2,50 m^2 eingeführt. Dadurch ist dem Grundsatz Rechnung getragen, dass jede vom Maler erbrachte Leistung auch zu vergüten ist.

Jede beschichtete Leibung, unabhängig von der jeweiligen Größe der Aussparung (Öffnung oder Nische) ist gesondert zu vergüten. Nicht beschichtete Leibungen bleiben unberücksichtigt.

Wenn nichts anderes vereinbart ist, gilt nach VOB/C 2019 DIN 18363 im Abschnitt 0.5.2:

Leibungen werden grundsätzlich im Längenmaß (m) getrennt nach Bauart und Maßen gerechnet, unabhängig von der Größe der Aussparung, z. B. Öffnung oder Nische.

Diese Abrechnungsregel gilt auch für Wärmedämm-Verbundsysteme (DIN 18345).

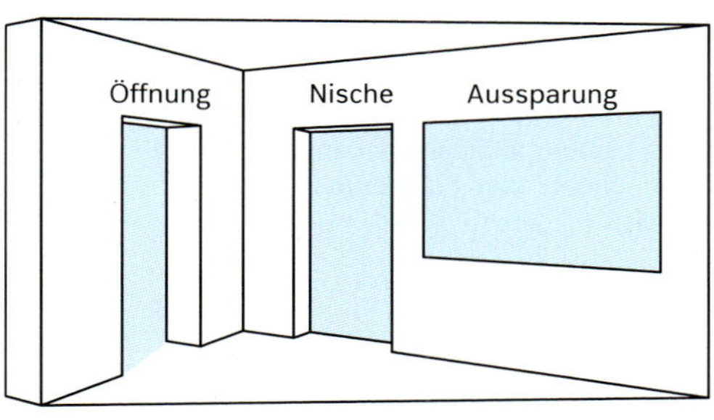

Öffnungen in Wand- und Deckenflächen sind Durchgänge, Türen und Fenster.

Nischen sind innerhalb einer Wand einseitig offene Rücksprünge.

Aussparungen sind Flächen innerhalb einer Decke oder einer Wand, die mit einer anderen Beschichtungstechnik bearbeitet werden.

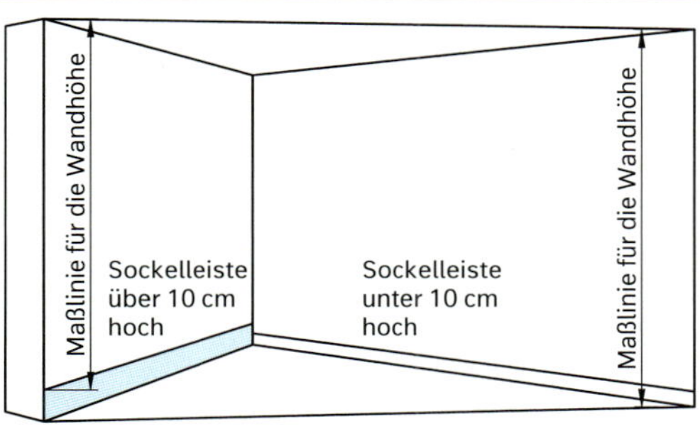

Messlinien der Wandhöhen für die Abrechnung von Beschichtungen von Wandflächen bei verschiedenen Sockelleistenhöhen oder Fußleistenhöhen.

Wenn die Fußleiste weniger als 10 cm hoch ist, wird die Höhe der Wand von der Decke bis zum Fußboden gemessen. Ist die Fußleistenhöhe größer als 10 cm, wird die Wandhöhe von der Decke bis zur Oberkante der Fußleiste gerechnet.

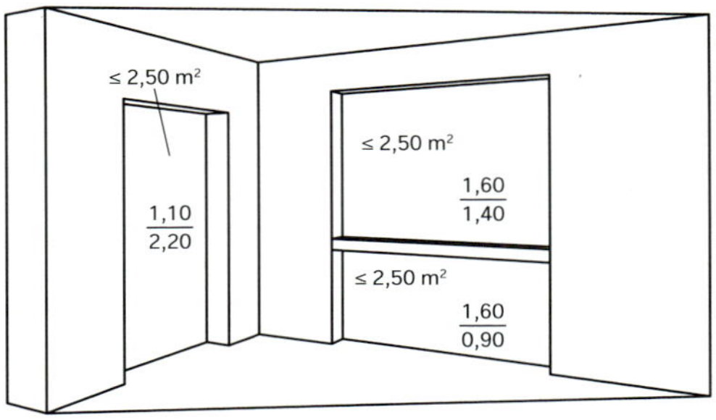

Die Wandnische und die Brüstungsnische sind ≤ 2,50 m².

Das Fenster ist ebenfalls ≤ 2,50 m².

Alle 3 Öffnungen werden übermessen, die Rückflächen der Wandnische und der Brüstungsnische werden zusätzlich berechnet und die Leibung des Fensters wird zusätzlich berechnet.

(VOB ATV DIN 18363, Ausgabe 2019; Abschnitt 5.2.4): Rückflächen von Nischen sowie Leibungen werden unabhängig von ihrer Einzelgröße mit ihren Maßen gesondert gerechnet.

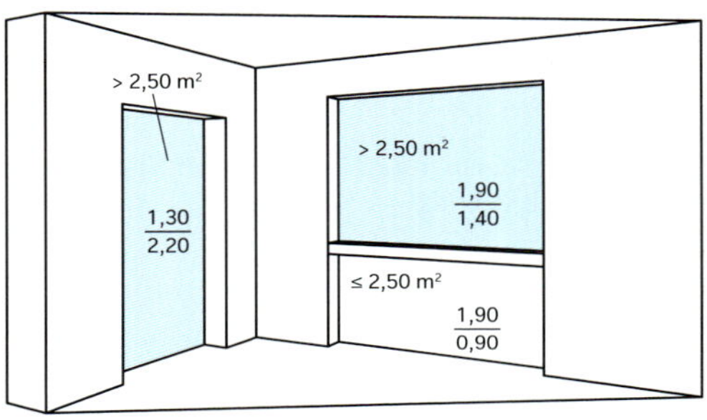

Die Wandnische ist > 2,50 m², die lichte Öffnung wird abgezogen, Rückfläche der Nische und Leibung werden zusätzlich gemessen.

Die Fensteröffnung ist > 2,50 m². Sie wird abgezogen und die Leibung zusätzlich gerechnet (nach Flächenmaß oder nach Längenmaß)

Die Brüstungsnische unter dem Fenster ist ≤ 2,50 m². Sie wird übermessen. Die Rückfläche wird zusätzlich gerechnet.

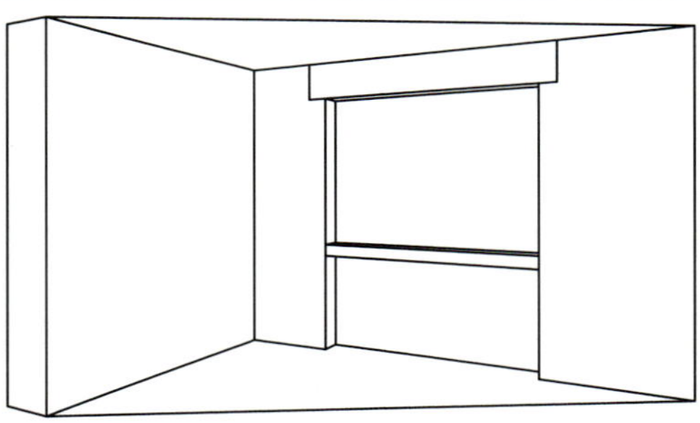

Auch wenn die zusammenhängenden Bauteile Brüstungsnische, Fenster und Rollladenkasten zusammen > 2,50 m² sind, werden sie getrennt betrachtet und im Maleraufmaß nicht abgezogen (VOB ATV DIN 18363, Ausgabe 2019; Abschnitt 5.2.5).

Die Leibungsfläche des Fensters wird besonders berechnet (nach Flächenmaß oder nach Längenmaß).

Beschichtungsfläche von Stahlkonstruktionen

Abmessungen und Beschichtungsflächen von **normalen I-Trägern** nach DIN EN 10024 (alte Norm: DIN 1025) und „Grundlagen der Preisberechnung im Maler- und Lackiererhandwerk", DVA, 2017, Anhang B 7, S. 486–502

	Kurzzeichen INP	Höhe in mm	Breite in mm	Gewicht in kg je m	Beschichtungsfläche in m^2 je m	Beschichtungsfläche in m^2 je t
Abrechnung nach Längenaufmaß	80	80	42	5,94	0,304	51,17
	100	100	50	8,34	0,370	44,36
	120	120	58	11,1	0,439	39,54
	140	140	66	14,3	0,502	35,10
	200	200	90	26,2	0,709	27,06
	220	220	98	31,1	0,775	24,91
	240	240	106	36,2	0,844	23,31
	260	260	113	41,9	0,906	21,62
	280	280	119	47,9	0,966	20,16
Abrechnung nach Flächenaufmaß	300	300	125	54,2	1,03	19,00
	320	320	131	61,0	1,09	17,86
	340	340	137	68,0	1,15	16,91
	400	400	155	92,4	1,33	14,39
	500	500	185	141,0	1,63	11,56
	600	600	215	199,0	1,92	9,65

Abmessungen und Beschichtungsflächen von **mittelbreiten I-Trägern IPE-Reihe** nach DIN EN 10034 (alte Norm DIN 1025- 5) und Anhang B 8 „Grundlagen der Preisberechnung im Maler- und Lackiererhandwerk", DVA, 2017, S. 490

	Kurzzeichen IPE	Höhe in mm	Breite in mm	Gewicht in kg je m	Beschichtungsfläche in m^2 je m	Beschichtungsfläche in m^2 je t
Abrechnung nach Längenaufmaß	80	80	46	6,0	0,328	54,66
	100	100	55	8,1	0,400	49,38
	120	120	64	10,4	0,475	45,67
	140	140	73	12,9	0,551	42,71
	160	160	82	15,8	0,623	39,43
	180	180	91	18,8	0,698	37,12
	200	200	100	22,4	0,768	34,28
	240	240	120	30,7	0,922	30,03
Abrechnung nach Flächenaufmaß	270	270	135	36,1	1,04	28,81
	300	300	150	42,2	1,16	27,48
	360	360	170	57,1	1,35	23,64
	400	400	180	66,3	1,47	22,17
	450	450	190	77,6	1,61	20,74
	500	500	200	90,7	1,74	19,18
	600	600	220	122,0	2,01	16,47

Abmessungen und Beschichtungsflächen von **breiten I-Trägern IPB/HEB-Reihe** nach DIN EN 10034 (alte Norm DIN 1025) und Anhang „Grundlagen der Preisberechnung im Maler- und Lackiererhandwerk", DVA, 2017 S. 488

	Kurzzeichen HEB = IPB	Höhe in mm	Breite in mm	Gewicht in kg je m	Beschichtungsfläche in m² je m	Beschichtungsfläche in m² je t
A. n. L.*	100	100	100	20,4	0,567	27,79
	140	140	140	33,7	0,805	23,88
Abrechnung nach Flächenaufmaß	180	180	180	51,2	1,04	20,31
	200	200	200	61,3	1,15	18,76
	220	220	220	71,5	1,27	17,76
	240	240	240	83,2	1,38	16,58
	260	260	260	93,0	1,50	16,12
	280	280	280	103,0	1,62	15,72
	300	300	300	117,0	1,73	14,78
	320	320	300	127,0	1,77	13,93
	360	360	300	142,0	1,85	13,02
	400	400	300	155,0	1,93	12,45
	500	500	300	187,0	2,12	11,33
	600	600	300	212,0	2,32	10,94
	800	800	300	262,0	2,71	10,34
	900	900	300	291,0	2,91	10,00

Abmessungen/Beschichtungsflächen von **rundkantigem hochstegigem T-Stahl** nach DIN EN 10055 (alte Norm DIN 1024) und Tabelle B 8.7 „Grundlagen der Preisberechnung im Maler- und Lackiererhandwerk", DVA, 2017, S. 491

	Kurzzeichen T	Höhe in mm	Breite in mm	Gewicht in kg je m	Beschichtungsfläche in m² je m	Beschichtungsfläche in m² je t
Abrechnung nach Längenaufmaß	20	20	20	0,88	0,075	85,23
	25	25	25	1,29	0,094	72,87
	30	30	30	1,77	0,114	64,41
	40	40	40	2,96	0,153	51,69
	50	50	50	4,44	0,191	43,02
	70	70	70	8,32	0,268	32,21
	90	90	90	13,40	0,345	25,75
	100	100	100	16,40	0,383	23,35

* *Abrechnung nach Längenaufmaß*

Schema für die Lohnberechnung:

Arbeitszeit	**Anzahl**	**Zuschlag in %**	**€/Std.**	**Betrag in €**
Monatsstunden				
Überstunden Arbeitszeitkonto				
Überstunden zuschlagspflichtig				
			Bruttolohn	

Abzüge (vom Bruttolohn)	**Abzug in %**	**Betrag**		Arbeitgeber-Beiträge
- Krankenversicherung				
- KV-Zusatzbeitrag				
- Rentenversicherung				
- Arbeitslosenversicherung				
- Pflegeversicherung AN				
- Pflegeversicherung AG				
- Lohnsteuer, Klasse	nach LSt.-Tabelle			
- Kirchensteuer (von der LSt.)				
- Solidaritätszuschlag	nach LSt.-Tabelle			
	Summe der Abzüge			
		Nettolohn		

Kostenerstattung	
+ Auslagen	
+ Fahrgelderstattung	
= **Auszahlungsbetrag**	

Sachwortregister

Bildquellenverzeichnis

|Di Gaspare, Michele (Bild und Technik Agentur für technische Grafik und Visualisierung), Bergheim: 34.1, 45.1, 48.1, 55.1, 55.2, 55.3, 56.1, 56.2, 56.3, 56.4, 57.1, 76.1, 76.2, 78.1, 127.1, 127.2, 138.1, 139.1, 139.2, 142.1, 196.1, 196.2, 196.3, 198.1. |stock.adobe.com, Dublin: mitifoto Titel, Titel; namaw Titel; trek6500 Titel.

Wir arbeiten sehr sorgfältig daran, für alle verwendeten Abbildungen die Rechteinhaberinnen und Rechteinhaber zu ermitteln. Sollte uns dies im Einzelfall nicht vollständig gelungen sein, werden berechtigte Ansprüche selbstverständlich im Rahmen der üblichen Vereinbarungen abgegolten.